인간의 한계에 도전하는
극한의 레이싱

일러두기

본 책은 F1 엔지니어링 현장에서 쓰이는 용어를 순화하지 않고 최대한 직접적으로 반영했습니다. 예를 들어 국립국어원 표준국어대사전에 따라 'Balance'는 '밸런스'라고 표기하는 것이 옳지만, 본 책은 F1 실제 현장에서 사용하는 대로 '발란스'로 표기하였습니다.

인간의 한계에 도전하는
극한의 레이싱

F1

김남호 지음

EXTREME RACING CHALLENGES
HUMAN LIMITS

진짜 F1과 만나자

세 가지 목적

한 나라에서 모터스포츠가 차지하는 경제 규모와 인기는 그 나라의 삶의 여유도가 어느 정도인지를 보여준다. 모터스포츠에서는 일반 도로에선 탈 수도 없는 고가의 레이스카 무리가 같은 트랙을 끊임없이 돌며 비싼 고급유를 태워 없애는 광경이 눈앞에 펼쳐진다. 대부분의 사람들은 말초신경을 자극하는 스피드와 굉음, 아슬아슬한 경쟁을 보며 쾌감을 느낄 것이다. 그러나 하루하루 먹고사는 문제로 고통받는 사람들 눈에 모터스포츠는 미친 짓처럼 보일지도 모르겠다.

전 세계에서 모터스포츠 산업이 가장 발달한 나라는 영국이다. F1도 사실상 영국에 기반을 두고 있다. 브리티시 그랑프리

British Grand Prix 티켓은 장당 수십만 원의 비싼 가격에도 불구하고 매년 예매가 시작되기가 무섭게 매진된다. 브리티시 그랑프리가 열리는 주말엔 약 40만 명이 영국의 작은 마을, 실버스톤Silverstone을 찾는다. 영국의 F1 사랑은 '즐길 거리가 스포츠밖에 없어 모든 스포츠에 열광하는 영국인'이란 스테레오타입으로도 설명이 안 될 정도로 유별나다. 영국은 오랜 자동차 엔지니어링 역사를 자랑할 뿐만 아니라, 개인의 삶을 배려하는 노동 문화가 모든 커뮤니티에 뿌리내린 사회다. 영국의 주된 주거 형태도 독립가옥이기 때문에 자신만의 정비 공간에서 자가 정비를 하는 인구가 많고, 자동차를 손수 만드는 '백야드 빌딩Backyard building'도 흔한 취미 중 하나다. 모터스포츠를 직접 취미로 즐기거나 관전하는 인구도 워낙 많다. 백발의 할아버지도 유명 F1 드라이버의 이름 정도는 알고 있는 나라가 영국이다.

모터스포츠를 향한 영국의 애정은 부글부글 뜨겁다. 한국에서도 모터스포츠의 인기가 늘고 있긴 하지만 아쉽게도 그 온도 상승은 겨우 언 바닥을 녹이는 수준이다. 모터스포츠를 대하는 영국과 한국 사이의 극명한 온도 차는 필시 두 사회에서 대중이 짊어진 삶의 무게 차에서 비롯되었을 것이다. 한국은 언제 어디서든 원하는 거의 모든 편의를 취할 수 있는 세계 유일의 멋진 나라다. 하지만 우리가 당연하다 생각하는 이 편리한 세상은 공짜가 아니다. 우리는 '세상에서 가장 편리한 한국'을 유지하기 위해 서로 시간, 노동, 희생, 노력, 감정을 품앗이해야 하고, 타인의 보폭에 맞춰 달리기를 강요받는다. 한국인은 모두 과속 상태다. 속도를 조금 줄여도 편리의 양은 줄지 않을 것이며, 행복의 총량은 늘어날 수 있다. 쌩쌩 달리는 자동차 경주를 보고 즐기는 것도 세상의 속도를 늦추는 한 방법이 될 수 있다고 나는 생각한다. 하지만 자동차 경주도 뭘 알아야 즐길 것 아닌가. 그래서 나는 세 가지 목적을 정하고 이 책을 썼다.

엔지니어의 눈을 갖자

이 책의 첫 번째 목적은 알아두면 유용한 자동차 공학을 독자들과 공유하는 것이다.

영국이 모터스포츠를 사랑하는 이유를 하나둘 찾다 보면 한국에서의 모터스포츠 인기가 저절로 커지길 바라는 것은 무리라는 생각이 든다. OECD 통계에서 매년 최장 노동 시간 국가 1~2위를 다투는 나라가 한국이다. 법정 노동 시간 보장은 인간 존엄의 문제이기 때문에 유럽을 비롯한 해외에선 어떤 경제 논리를 들이밀어도 논쟁의 대상이 될 수 없다. '장시간 노동=미덕'의 망령이 한국에서 사라지지 않는 한 한국에서 자유롭고 여유롭고 다채로운 자동차 문화가 자연 발생하기는 어려울 듯하다.

그래서인지 대다수의 한국인은 자동차를 이야깃거리로 삼을 때 브랜드 이미지, 악평, 디자인, 감가, 유지비, 차의 크기를 논하는 수준에 그친다. 자동차를 엔지니어의 눈으로 이해하고 즐기는 것에 익숙지 않다. 바쁘니까 하기 싫고 모르니 서툴다. 자동차를 엔지니어의 눈으로 바라보는 것은 나와 내 가족이 타는 자동차가 안전한지, 나의 드라이빙 습관에 위험 요소는 없는지, 내가 통제할 수 없는 자동차의 한계는 무엇인지를 알기 위해 꼭 필요한 태도다.

모터스포츠의 진면모를 보자

이 책의 두 번째 목적은 불필요한 선정성에 가려진 모터스포츠, 특히 F1의 진면모를 독자들과 공유하는 것이다.

구글 검색창에 'Racing'이란 검색어를 넣고 이미지 검색을 누르면 레이스카, 경주마, 레이스 트랙 등 '경주Race' 관련 이미지가 스크린을 가득 채운다. 하지만 검색어 'Racing'을 '레이싱'으로 바꾸면 스크린은 걷잡을 수 없이 섹시하게 돌변한다. 스크린은 아슬아슬한 톱과 초미니스커트를 입은 글래머러스한 모델 사진으로 가득하다. 개중 레이스카를 배경으로 포즈를 취한 여성 모델 사진은 그나마 '레이싱'이란 단어와 맥락이라도 통하니 그렇다 치자. 그 외의 사진들은 한국 사회에서 모터스포츠가 어떻게 인식되는지, 모터스포츠의 이미지가 어떻게 소비되는지를 적나라하게 보여준다.

대한민국에서 '레이싱'이란 단어가 언제부터 관능미의 검색어가 되었는지는 정확하게 알 길은 없지만 그 이유는 뻔하다. 멀지 않은 과거, 모터스포츠나 모터쇼 등 각종 자동차 관련 이벤트에선 동서양을 가리지 않고 육감적 여성 모델이 자동차의 들러리로 세워졌다. 한국에선 이 여성 모델을 '레이싱 걸'이라 불렀고, 어느 때부턴가 '레이싱 모델'이란 직업이 생겼다. 해외에선 이 같은 여성 모델이 '그리드 걸Grid Girl'이라 불렸다. 유럽에선 이 그리드 걸 문화가 거의 사라졌고, F1 그리드에선 완전히 퇴출되었다. 하지만 한국에서 섹스어필은 여전히 유효한 마케팅 수단이다. 영국에 20년 가까이 사는 동안 그 어디서도 내가 레이싱 걸, 레이싱 모델이란 단어를 들어보지 못한 걸 보면 아마 이 용어의 원산지는 오랜 세월 한국에 다양한 성인문화를 전파한 일본일 것으로 추측된다.

분명 자동차를 주제로 하는 이벤트에서 분위기 메이커 역할을 하는 여성 모델 직업군을 표현하기 위해 '레이싱'이란 수식어를 붙였을 것이다. 하지만 'Racing Model'이란 조어는 영어 문화권에서조차 무엇을 뜻하는지 단박에 이해하기 어려운 괴상한 단어 조합이다. '언어는 생각을 담는 그릇'이다. 관능적 여성 모델의 이미지에 '레이싱'이란 수식어를 덧붙인 결과 한국에서 '레이싱'이란 키워드는 특정 코스튬을 입은 섹시한 여성 모델을 자동 연상시키는 '파블로비안 큐Pavlovian Cue'가 되었다.

각종 행사에서 섹스어필은 손쉬운 마케팅 전략이다. 모터스포츠 불모지 한국에서 이벤트에 더 많은 관람객을 유도하기 위해 프로모터들이 쓸 수 있는 그 외의 카드는 많지 않다. 문제는 한국에서 자동차 이벤트를 찾는 사진 기자와 아마추어 사진가들의 카메라가 여성 모델들의 몸에 더 오래 머무는 것이다. 온·오프라인을 통틀어 모터스포츠 관련 미디어에서 한국처럼 '그리드 걸'에 대한 관심이 높은 나라는 많지 않다.

전 세계의 다양한 모터스포츠 이벤트에도 과거엔 그리드 걸이 세워졌다. 하지만 한국처럼 미디어와 대중의 관심이 온통 그리드 걸에 집중되고 정작 이벤트는 주목받지 못하는 일은 찾아보기 어려웠다. 적어도 내가 구독하는 유럽의 모터스포츠 미디어에 그리드 걸 섹션은 없다. 모터스포츠를 대하는 한국인의 인식은 이미 크게 오염되었다. 모터스포츠의 중심에 자동차가 없다. 모터스포츠 활성화를 위해 썼던 약이 독이 되었다. 마치 아픈 환자의 병을 치료하기보다 강력한 진통제 투약으로 고통 상태만 넘기는 일을 반복하다가 환자를 중독 상태에 빠뜨린 꼴이다. 이 책이 모터스포츠의 진면모에 조금 더 집중하는 계기가 되었으면 좋겠다.

진짜 F1과 만나자

이 책의 마지막 목적은 F1이라는 모터스포츠의 이모저모를 최대한 정확하게 소개하는 것이다.

F1은 각종 미디어를 통해 전해지는 자극적인 이미지와 전 지구적 스케일 덕분에 전 세계에 수많은 팬을 거느린 인기 스포

츠다. 수백억 연봉을 받는 톱 드라이버들, 언제나 무대의 주인공으로 살지만 F1 그리드엔 기꺼이 조연으로 등장하는 월드 클래스 톱스타들, 헬리콥터로 출퇴근하는 F1 팀의 주인장들, 100억 원에 육박한다는 F1 레이스카 등 F1을 대표하는 이미지는 흡사 라스베이거스의 카지노와 두바이 부호의 초호화 인생을 모은 콜라주 같다. 그래서일까? F1은 대중 스포츠라기보다 일종의 'Show Biz'라는 비판을 받는다. 하지만 F1에 덧씌워진 퇴폐적 이미지는 F1이란 산업 생태계에서 사는 모든 이를 대표하지 않는다. 대중이 소비하는 F1의 이미지는 F1 쇼를 수익 모델로 하는 소매상이 상품 상자에 씌운 예쁜 포장지 같은 것이다. 포장을 벗긴 누드의 F1은 사실 골치 아픈 자동차 엔지니어링 프로젝트다. 나는 이 책을 통해 2010년 이후 내가 직접 보고 경험한 진짜 F1을 독자들과 공유하고자 한다.

나의 자동차 콘텐츠 연재를 최초로 기획하고 출판해준 라이드 매거진www.ridemag.co.kr의 이상재 편집장, 이 책의 첫 에디션 출판을 위해 고생했던 김승용 대표, 나의 부족한 원고를 꼼꼼히 다듬어 책으로 엮어준 윤연경 선생께 감사드린다.

항상 내 삶의 든든한 버팀목이 되어주는 나의 아내 최민이와 이 책의 초고와 함께 태어난 딸 레아, 우리 가족들께 이 책을 바친다.

2022년 10월

김남호

FORMULA ONE

새로운 다짐으로

다시 시작

지난 십수 년 동안 F1 섹터에도 젊고 유능한 한국인 엔지니어들이 들어왔다. 한국인 불모지였던 F1 무대도 이제 한국 공대생의 현실적 꿈이 되었고 나도 이런 변화에 작은 힘을 보탰다. 하지만 F1섹터 전체에서 활동하는 한국인의 수는 아직 다섯 손가락을 넘지 않는다. 나는 여전히 희귀 분야의 자동차 전문가다.

나는 글쓰기를 좋아한다. 말투가 촌스럽고 말솜씨가 모자라 생각을 말로 전달하기가 어색하고 불편하다. 하지만 글로 내 생각을 옮기면 나름 매력이 있어 말하기보다 글쓰기가 좋다. 부끄러운 얘기지만 나는 F1의 최신 정보 따라잡기에 게으르다. 나는 내 직무에 직접적 영향을 미치는 중대한 규정 변화나 시급한 대처와 대응이 필요한 레이스카의 기술 변경에나 관심 있을 뿐, F1 관련 최신 뉴스나 가십성 기사는 손수 챙겨보는 일이 거의 없다. 구글 알고리즘의 은밀한 추천이 없으면 모르고 넘어가는 F1 소식도 부지기수다. 사람들은 내가 F1 전반에 정통한 전문가라고 생각할 수 있지만 F1엔 내가 아는 세계보다 모르는 세계가 더 많다. 다만 나는 어떤 정보가 세간에서 퍼질 때 팩트를 좀 더 객관적으로 판별하거나, F1 테크의 기계적 작동 원리를 설명할 수준은 되는 것 같다.

코비드 판데믹 종식 이후 나는 한국과 영국을 오가며 일하고 있다. 인류는 이 몹쓸 바이러스 덕분에 인터내셔널 원격 근무의 가능성을 현실화시켰고 나는 그 첫 수혜자가 되었다. 인간은 참으로 놀라운 적응력을 가졌다. 한국과 영국의 시차로 인해 밤낮을 바꾸어 일해야 하는 원격 근무의 불편함은 내게 더 이상 스트레스가 되지 않는다. 지금은 한국 내에서 사람들과의 소통이 내게 더 중요한 일이 되었다.

그동안 나는 한국 자동차 미디어에 가끔 얼굴을 내비쳐 나를 알렸다. 공중파 라디오와 뉴스 매체와의 인터뷰를 통해 나를 소개할 기회가 몇 차례 있었고, 온라인 자동차 매거진을 통해 F1에 대한 지식을 글로 쓴 적도 있다. 그러다 2023년 초 '김남호의 F1 스토리' 첫 에디션을 출간했다. 대중의 선택을 받기 어려운 책이지만 나와 계약한 출판사는 출간 과정의 시작부터 끝까지 최선을 다해 나를 도와주었다. 하지만 가격이나 디테일한 부분에서의 아쉬움은 있었다. 특히, 독자들에게 F1이라는 장르에 대한 접근성을 좁히지 못한 부분이 있는 것 같아 못내 마음이 쓰였던 것 같다. 다행히 책을 통해 F1의 거의 모든 내용을 알기 쉽게 전하고자 했던 나의 노력이 빛을 발해 출판사 '책들의정원'의 이주형 편집인으로부터 내 책의 개정 및 재출간 제안을 받았다. 나는 이 책이 F1을 처음 만나는 사람들도 부담없이 장바구니에 담을 수 있는 꾸준한 첫 책이 되기를 희망한다고 말했고, 책들의 정원은 나의 생각에 흔쾌히 동의해 주었다. 내게 재출간 기회를 준 책들의 정원 김용호 대표, 편집인 이주형 선생께 진심으로 감사드린다. 이 기회를 통해 첫 에디션의 많은 오류들을 바로잡았다. 어색한 표현도 최대한 걷어냈다. 설명이 부족하다 생각했던 부분에는 내용을 보충했다. 그리고 그 사이 F1에 있었던 변화를 담으려고 애썼다. 감사한 일이 한둘이 아니다.

메마르고 다디단 혀에 시원한 물을 적시고 헐떡이던 숨을 고른 뒤 다시 뛰는 느낌이다. 나의 우주, 민이와 레아에게 바친다.

2024년 12월
김남호

FORMULA ONE

차례

Part 1 F1 레이스카의 기초 과학

Part 2 F1 레이스카의 실용 과학

Part 3 F1의 인문학

부록

PART 1

F1 레이스카의 기초 과학

EXTREME RACING CHALLENGES

HUMAN LIMITS

01

퍼포먼스 엔지니어
Performance Engineer

엔지니어의 일

나는 F1 레이스 팀의 시니어 퍼포먼스 엔지니어다. 퍼포먼스 엔지니어를 우리말로 바꾸면 '성능 분석 엔지니어' 정도의 느낌이다. 퍼포먼스 엔지니어의 가장 큰 임무는 레이스카의 성능을 분석하고, 최적의 레이스카 셋업Setup을 찾는 데 유용한 데이터를 트랙과 디자이너들에게 신속히 제공하는 것이다. 주어진 트랙 환경에서 가장 잘 달릴 수 있는 레이스카 셋업을 찾는 일은 범죄 현장에서 발견된 증거들을 토대로 범인을 찾는 수사 과정과 비슷하다. 혹여나 수사 과정에서 유력한 용의자(문제점)가 등장하더라도, 그의 범죄 사실을 소명할 만한 과학적 증거를 찾지 못하면 그를 범인으로 특정할 수 없다. 레이스카에 부착된 여러 센서를 통해 수집된 데이터를 통해 레이스카의 약점과 한계를 파악하고, 이 약점을 극복할 가장 과학적 대안을 찾는 것은 범죄 현장에서 과학 수사의 역할만큼 중요하다.

현대 F1에서 최적의 레이스카 셋업을 찾는 과정은 다음과 같다.

1) 컴퓨터 시뮬레이션을 통한 최적화Optimisation
2) 레이스카 셋업 조정
3) 테스트 주행
4) 트랙 로그 데이터 분석
5) 드라이버의 피드백Feedback 수집

이 다섯 단계의 사이클을 반복하는 작업 과정에서 객관적으로 랩 타임(Lap Time: 트랙 한 바퀴를 완주하는 데 걸리는 시간 기록)을 가장 줄여주고 드라이버가 가장 만족하는 셋업값을 찾는 것이 목표다. 퍼포먼스 엔지니어는 비 레이스 기간엔 각자의 전문 분야에서 시뮬레이션을 통해 성능 개선 영역을 발굴하고 레이스카 셋업 최적값을 예측한다. 레이스 기간 중엔 팀의 관제실에 모여 드라이버가 주관적으로 지적하는 레이스카의 문제점을 객관적 데이터로 확인한 후 개선 방법을 찾는다.

레이스카의 셋업을 변경하거나 일부 파트를 업데이트했을 때

레이스카 성능에 어떤 변화가 생기는지 정확하게 평가할 수 있는 유일한 방법은 레이스카를 트랙으로 직접 가져가 테스트하는 것이다. 레이스카 성능에 즉각적으로 영향을 미치는 변수와 구성품의 수는 적게 잡아도 백 가지가 넘는다. 그래서 이들 각각의 변경에 대한 레이스카의 성능 민감도를 트랙에서 모두 테스트하는 것은 절대 불가능하다. F1 규정은 한 팀이 1년 동안 트랙에서 테스트할 수 있는 시간을 엄격하게 제한한다. 각 팀에게 허락된 트랙 테스트 시간은 시즌 개시 전 자유 테스트 3일, 시즌 중 자유 테스트 4일, 홍보용 촬영 2일, FIA와 공식 타이어 공급사의 테스트 요청이 있을 경우 약 2일, 매년 약 20~21회의 공식 레이스 위크가 전부다. 레이스카에 대한 모든 궁금증을 해소하기엔 턱없이 부족한 시간이다. 무엇보다 물리적 테스트는 비싸다. 어떤 아이디어를 물리적 시스템으로 구현하는 과정엔 시간과 비용이 든다. 하지만 이 시스템이 완성됐을 때 실제 의도한 바대로 작동할지, 성능 개선에 진짜 도움이 될지의 여부는 완성품을 만들어 사용해보기 전까지 알 길이 없다. 실 테스트에서 긍정적 효과가 곧바로 확인되면 천만다행이지만 쓸모가 없다고 판명되면 그동안 투입된 자원은 허무하게 날아가는 셈이다. 비용 문제는 모든 엔지니어링 분야가 피할 수 없는 현실적 고민이다.

물리적 테스트가 갖는 잠재적 낭비 요소와 시행착오를 줄이기 위해 여러 엔지니어링 분야에서 가장 많이 사용되는 방법은 컴퓨터 시뮬레이션이다. F1도 다양한 시뮬레이션 기술을 활용한다. 나는 레이스카의 동역학적 특성과 여러 변수들을 수학적으로 모델링하고 이를 프로그래밍했다. 이렇게 만들어진 가상의 레이스카는 각종 시뮬레이션 테스트베드와 테스트 시나리오에 사용되었다. 시뮬레이션 기법을 사용하면 레이스카를 물리적으로 테스트하지 않아도 어떤 업데이트가 얼마의 이득을 가져다줄지 빠르고 정확하게 평가할 수 있다. 드라이빙 시뮬레이터도 많이 사용되는 유용한 성능 평가 툴이다. F1 드라이빙 시뮬레이터에 탑재되는 레이스카 코어 모델 개발도 내 업무 영역이었다.

박사 과정 중 공부했던 미시적 공학 이론들이 F1 실무에서는 무용지물일 때가 많았다. 해마다 바뀌는 기술 규정을 따라잡아야 하는 F1 엔지니어링의 변화 속도를 감당하기도 만만치 않다. 하지만 이것이 F1 엔지니어링의 매력이다. 레이스카의 설계, 개발, 제작, 조립, 시험, 성능 평가, 그리고 레이스 컨트롤까지 일반 자동차 회사와 맞먹는 세분화된 공정이 정교한 기어처럼 맞물려 돌아간다. 모든 디자이너와 엔지니어는 벽도 칸막이도 없는 오픈 스페이스에서 함께 일한다. 상명하복의 명령 체계는 없다. 사무 공간의 모든 이는 같은 프로젝트의 일부로서 각자의 영역을 책임지고, 서로 자유롭게 소통하며, 책임의 크기만 다를 뿐 서로를 존중한다. F1 프로젝트에 투입되는 개발 및 제작 인력은 통상 400여 명 정도고, 나는 그중 한 명이었다. 매년 레이스카를 개발하고 시즌을 완주함에 있어 내 역할은 일부였지만 다른 이들의 역할이 결코 나보다 더 컸다고 할 수도 없다.

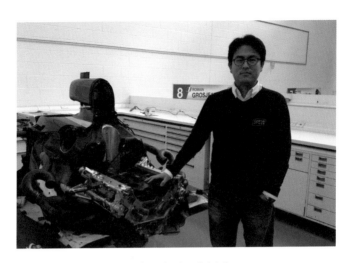

[그림 1] 퍼포먼스 엔지니어

내가 F1 팀에서 일한다고 하면 대부분의 사람들은 내가 전세계를 돌며 그랑프리 레이스에 참가하는 핏 크루Pit crew냐고 묻는다. TV 중계에 나오는 핏 크루는 대표적인 트랙사이드Trackside 레이스 팀 인력이다. F1 경기 규정은 각 팀이 트랙사이드에서 운용할 수 있는 사람 수를 제한하는데, 레이스 팀이 그 대부분을 차지한다. 레이스 팀은 레이스카 성능과 레이스 전략을 책임지는 레이스 엔지니어, 레이스카를 조립하고 핏 스톱Pit Stop을 수행하는 메카닉Mechanic, 기타 지원 인력으로 구성된다. F1 컨스트럭터 Constructor 한 곳의 전체 인력 중 월드 투어에 참여하는 인력은 극히 일부다. 레이스 팀은 1년 평균 4개월을 집을 떠나 지내야 하고 목적지에 따라 다른 시간대에 살아야 하기 때문에 삶이 매우 불규칙하다. 오죽하면 이들의 배우자를 일컫는 'F1 과부F1 widows'라는 말도 있다. 정확한 통계 수치는 없지만 이들의 이혼율도 높다. 나는 성능 테스트나 시뮬레이션 지원을 위해 필요에 따라 트랙에 갔지만 모든 투어에 동행하진 않았다. F1에 있으면서도 워크-라이프 발란스를 지킬 수 있었던 것은 참 다행인 일이다.

F1의 이너서클에 들어선 이후 모터스포츠에 대한 나의 관심은 확실히 예전보다 덜해졌다. 레이스카 엔지니어링을 직업으로 하다 보니 자극에 무감각해진 탓이다. 하지만 내가 좋아하던 것을 직업으로 할 수 있음에 늘 감사했다. F1 엔지니어의 삶은 내가 한국이란 울타리 안에 안주했다면 절대 허락되지 않았을 운명이었다.

엔지니어가 되기까지

사람들은 내가 F1 세계에 뛰어든 과정을 무척 궁금해한다. 나의 어린 시절은 무색무취, 평범했다. 약간 까불이 기질은 있었지만 부모 말 잘 듣고 사회적 규범을 절대 거스르는 법이 없는 평면적인 아이였다. 내가 저질렀던 가장 큰 일탈은 고3 말에 시작한 흡연이었고 이 마저도 군 입대 후 끊었다. 인내심이 부족한 성격 탓에 다른 수험생들처럼 공부를 열심히 하지도 않았지만 부모로부터 물려받은 꾀가 있어 공부한 양에 비해 좋은 대학에 갔다. 대학에선 졸업 후 취업이 무난하다는 기계공학을 전공했고 남들처럼 대학 졸업 전 병역 의무도 마쳤다. 내가 입대하기 한 달 전 폭풍처럼 한국을 덮친 IMF 국가 부도 사태의 충격도 제대 즈음엔 잠잠해져 있었다. 취업 시장도 IMF 사태 직후보다 훨씬 좋아졌다. 덕분에 4학년 마지막 학기 중 한 대기업 신입 사원 채용에 합격할 수 있었고 이듬해 새내기 직장인의 삶을 시작했다. 나의 첫 직장은 자동차 기업도, 자동차 관련 기업도 아니었다. 그곳은 IT 기업이었고 첫 업무는 대규모 IT 프로젝트의 개발이었다.

첫 직장 생활은 누구나 예상할 수 있는 평범한 청년 신입 사원의 삶이었다. 지금 생각해보면 마치 개 경주 출발선에서 끈이 막 풀린 그레이하운드처럼 열심히 달렸는데, 왜 달리는지는 잘 몰랐다. 그냥 모두가 달리고 있었다. '오늘은 점심에 뭘 먹을까?'를 고민하는 것이 팍팍한 일상 속 유일한 쉼표였다. 이유를 알 수 없는 초과 근무와 고객사 눈치 보기, 수직적 기업 문화는 내게 맞지 않았다. 그렇게 3년이란 시간이 흘렀고 그 사이 결혼도 했다. 입사 초 막연했던 나의 미래가 서서히 초점이 맞아가는 카메라 렌즈처럼 점점 선명해졌다. 이 커리어 패스의 끝엔 프로젝트 성공을 위해 밤낮으로 갑의 눈치를 헤아려야 하는 IT 프로젝트 매니저의 삶이 기다리고 있었다. 불현듯 내가 좋아하는 것들에서 멀어지고 있다는 불안감이 커졌다. 나는 자동차를 좋아하던 사내아이였다. F1 레이스카를 보면 가슴이 막 뛰는 학생이었다. 그러던 어느 날 퇴근길에 듣던 라디오에서 지금은 하늘의 별이 되신 신해철 님의 음악이 흘러나왔다. "네가 진짜로 원하는 게 뭐야?" 뒤통수를 철퇴로 맞은 느낌이었다. 바로 그날 나는 퇴사를 결심했고, 신혼집을 정리해 영국 유학을 감행했다. 전 세계 모터스포츠 기술과 자본이 집중되는 모터스포츠 허브가 영국이기 때문이었다.

영국 케임브리지 대학 기계공학과에서 드라이버 모델링이란 연구 주제로 석·박사 학위를 가까스로 마쳤다. 이제 나를 받아줄 F1 팀을 찾아야 했다. F1 팀의 채용 과정은 유럽의 여느 엔지니어링 회사 채용 과정과 같다. 일자리가 생기면 공신력 있는 자동차 전문 잡지나 웹사이트, 구직 앱에 채용 공고가 나온다. 본인의 스킬 셋에 맞는다고 생각하는 포지션에 지원하고 인터뷰를 거쳐 채용된다. 내가 F1 취업 시장을 두드릴 당시 내 이력에 맞는 포지션은 열두 개 F1 팀 어디에도 없었다. 그래서 F1 엔지니어 포지션 공고가 나면 내 학위와 관련이 적어도 이력서와 자기소개서를 보내기 시작했다. 데뷔를 준비 중이던 한 신생 팀이 내게 관심을 보였지만 인터뷰에서 탈락했고, 레드불^{Red Bull} 팀은 친절하게 '당신의 관심 분야에 현재 빈자리가 없다'라는 연락을 주었다. 나머지 팀으로부턴 답장조차 받을 수 없었다. F1 팀에 빈자리가 생기면 수많은 엔지니어 지망생들로부터 지원서가 쇄도하지만, 대부분은 휴지통으로 간다. 제대로 된 인터뷰 기회를 얻기도 여간해선 어렵다. 그러던 중 컨트롤 엔지니어를 찾는 르노Renault F1 팀의 채용 공고를 봤고 이 포지션에 지원했다. 뜻밖에도 르노의 테크니컬 다이렉터가 우연하게 내 스킬 셋을 보고 연락을 주었고 인터뷰 후 오퍼를 받았다. 그것도 내가 애초에 원했던 퍼포먼스 엔지니어 포지션으로 말이다. 인생은 가끔씩 놀라운 행운을 선물한다.

다시 한국으로

한국의 모터스포츠 토양은 척박하다. 모터스포츠 엔지니어링 시장 규모도 작고 프로페셔널 레이스카 엔지니어가 되는 길도 많지 않고 전망이 밝은 것도 아니다. 더 많은 이들이 모터스포츠에서 꿈을 이룰 수 있으려면 한국의 모터스포츠 생태계가 더 풍성해져야 한다. 풍성하다는 건 무엇일까? 대답하기 어려운 문제다.

엘리트 모터스포츠 산업은 그렇다 치고 즐길 여건은 좋을까? 한국에선 모터스포츠를 현장에서 즐기기도 여의치 않다. 국내에서 치러지는 모터스포츠 이벤트의 수도 많지 않을 뿐더러, 어렵게 유지되는 국내 시리즈에 대한 대중의 관심도 적다. 하지만 국내 모터스포츠 시리즈를 지탱해 온 팀들의 희생과 노력으로 모터스포츠에 대한 인기가 날로 성장하고 있다. 여기에 F1 코리안 그랑프리와 같은 기폭제만 있다면 한국 모터스포츠도 축구, 야구만큼 많은 이들의 사랑을 받는 스포츠가 될 수 있을 것이다.

2022년 말, 나는 16년간의 영국 생활을 접고 가족과 함께 한국으로 돌아왔다. 2020년 시작된 암흑의 코로나 시대 터널을 가까스로 빠져나온 직후, 나와 가족 모두의 행복을 되찾기 위해 내린 또 한 번의 결단이었다. 그럼에도 불구하고 나는 여전히 F1 엔지니어로서 영국과 한국을 오가며 F1을 위해 일하고 있다. 내가 증오했던 코로나 팬데믹은 내게 원격 근무라는 사상 초유의 혜택을 선물했다. 다시 돌아온 고국에서 나는 한국 자동차 산업과 모터스포츠 산업 발전을 위해 내가 할 수 있는 일을 찾을 것이다. 그 시작으로 나는 나의 특별한 경험과 지식을 이 책으로 정리해 나누고자 한다.

02
포뮬러Formula

지금부터 나는 F1이라는 모터스포츠를 알고 싶은 독자들에게 F1 레이스카의 A to Z를 최대한 알기 쉽게 설명하고자 한다. 이 책은 자동차 공학 분야에서 널리 통용되는 기초 과학, 지식, 상식, 설명의 예로 채워질 것이다. 세상에 없던 지식이 등장하지도 않을 것이다. 지금부터 99% 일상의 언어와 1% 상식 수준의 과학 이론을 통해 F1 레이스카 과학을 정복해 보자.

같은 재료와 조리법을 사용하라

F1은 'Formula One'이라는 공식 명칭의 약자이자 트레이드마크다. 'Formula'라는 단어를 사전에서 찾아보면 그 뜻을 이렇게

설명한다.

Formula: 어떤 것을 실행하거나 만드는 데에 있어 표준이 되거
나 인정이 되는 방법.

따라서 'Formula One Car'를 사전적 의미로 해석하면 '표준
이 되거나 인정이 되는 방법에 따라 만든 으뜸 자동차'이다. 실
제로 F1 레이스카는 레이스카 중 가장 빠르고, 가장 튼튼하고,
가장 안전하고, 가장 큰 비용으로 제작되며 가장 많은 인기를 누
린다. 'Formula One'에서 'Formula'는 레이스카의 규격, 디자
인, 성능, 재질, 제작 방식 등에 대한 표준이다. 포뮬러란 단어는
엔지니어나 과학자들 사이에선 실험의 과정, 화학물 조제법 등
을 일컫는 보통의 용어지만 우리의 일상에선 거의 쓰이지 않는
다. 하지만 우리가 인식하지 못할 뿐, 도로 위를 달리는 보통의
모든 자동차도 넓은 의미에선 포뮬러 카다.

[그림 1] 소형차의 틀

　대한민국에서 운행하는 자동차 관련 사항들을 규정한 법률인 '자동차 관리법'에 따르면 승용 자동차는 경형, 소형, 중형, 대형으로 분류된다. 이는 대한민국 자동차 관리법에 의거해 승인받은 모든 승용차는 반드시 이 네 카테고리 중 하나에 속하게 됨을 의미한다. 예를 들어, 대한민국에서 소형차의 정의는 '배기량이 1,600cc 미만인 것으로서 길이 4.7m, 너비 1.7m, 높이 2.0m 이하인 자동차'다. 당신이 멋진 소형차를 만들어 국내에서 판매할 계획이라고 가정해 보자. 만약 완성된 차가 이 소형차 기준을 만족하지 못하면 당신은 이 차를 한국에서 '소형차'로 팔 수 없다. 역으로 생각하면, 법이 정한 치수인 길이 4.7m, 너비 1.7m, 높이 2.0m인 가상의 박스 안에서 당신은 별다른 구속 없이 차를 디자인할 수 있다. 자동차 관리법에 명시된 이 소형차 규정은 설계의 자유를 허용함에 있어 F1의 '포뮬러'보다 관대할 뿐, 소형차 설계의 최소(필수) 요건을 강제하는 일종의 포뮬러다.

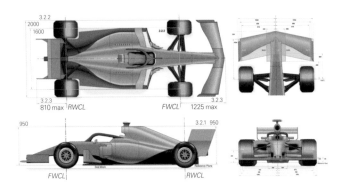

[그림 2] F1 기술 규정에 따른 레이스카 치수

F1은 FIA(Fédération Internationale de l'Automobile: 국제 자동차 연맹)가 승인한 일종의 자동차 관리법인 F1 기술 규정F1 Technical Regulations에 따라 레이스카를 제작하고, F1 경기 운영 규칙F1 Sporting Regulations에 따라 트랙에서 레이스를 펼치는 스포츠다. 이 F1 기술 규정에는 [그림 2]처럼 레이스카 각 부분의 규격, 사양, 금지 사항, 허용 오차 등이 상세하게 정의되어 있다. 자동차의 각 부분을 여러 개의 투명 박스로 나누고 각 박스의 치수와 허용 오차를 매우 촘촘하게 정의한다고 상상해 보자. F1 레이스카의 각 파트는 기술 규정에 정의된 각 박스의 경계를 절대로 벗어나면 안 되기 때문에 기술 규정에 따라 변칙 없이 레이스카를 디자인

하면 누가 디자인하더라도 레이스카의 대략적인 형태는 비슷해질 수밖에 없다. 같은 재료와 조리법으로 음식을 조리하면 요리하는 사람에 따라 약간의 차이는 있을 수 있으나 그 음식의 맛은 비슷할 것과 마찬가지다.

F1 기술 규정의 기본 의도는 그랑프리 참가 팀 모두가 같은 재료와 조리법을 사용하도록 강제하는 것이다. 혹시라도 된장찌개에 치즈를 넣으면 더 나은 맛이 나올 수도 있겠지만, 이는 아직 '표준이 되거나 널리 인정되는 방법'이 아니다. 된장찌개 고유의 맛을 지키기 위해 F1 기술 규정은 이 '치즈' 사용을 엄격하게 금지한다. 치즈 같은 변칙 사용을 원천 차단함으로써 된장찌개의 맛을 정직하게 잘 살리는 요리사에게 상을 주자는 것이 F1 기술 규정의 취지다. 서로 다른 여러 F1 팀이 있음에도 의아할 정도로 획일적인 현대 F1 레이스카의 디자인은 이 같은 '조리법'이 강제된 결과다. 하지만 F1 기술 규정도 세월에 따라 변한다. 된장찌개와 치즈의 조합이 영원히 '금지된 관계'로 남을 것인지는 누구도 장담할 수 없다.

현대 F1 레이스카의 디자인

[그림 3] F1 레이스카 디자인

현대 F1 레이스카의 디자인을 살펴보자. F1 레이스카의 생김새
를 모르는 독자는 거의 없을 것이다. 크고 넓은 두 쌍의 바퀴는
차체 밖으로 완전히 노출돼 있다. 이런 형태를 오픈 휠Open Wheel
타입이라고 부른다. 앞바퀴는 장난감 바퀴처럼 자유롭게 구를
수 있으며 뒷바퀴 축에만 동력이 전달되는 뒷바퀴 굴림 방식을
사용한다.

[그림 4] F1 서스펜션 VS 승용차 서스펜션

휠이 끼워지는 둥그런 뭉치인 휠 허브Hub와 차체 사이에 스프링—댐퍼 어셈블리가 직립으로 연결되는 승용차의 서스펜션Suspension과 달리 F1 레이스카의 휠 허브는 여러 개의 납작한 막대들을 통해 차체와 연결된다. 서스펜션은 한국에서 흔히 '쇼바'로 불리는 'Shock Absorber(스프링-댐퍼 시스템)' 구조물의 엔지니어링 용어다. 서양에선 닭가슴살 아래 'V' 자 모양의 가는 뼈를 부러뜨리며 소원을 비는 풍습이 있었다. 그래서 이 뼈를 '소망'이라는 단어와 결합시켜 위시본Wishbone이라고 부른다. F1 레이스카는 V 모양의 위시본 두 개를 상하로 평행하게 눕히고 V 자의 꼭짓점 부위를 타이어 휠 허브에, V 자의 양팔 끝을 차체에 연결한 형태의 서스펜션을 사용한다. 이를 더블 위시본Double Wishbone 타입이라 부른다. 평행한 두 위시본 사이에 또 하나의 막대가 휠 허브와 차체를 대각선 방향으로 연결하는데, 휠에 가해지는 충격과 하중이 이 막대를 통해 차체로 전달된다. 이 막대를 서스펜

션 로드Suspension Rod라 부른다. 이 로드가 차체 안에 숨어 있는 일
종의 힌지Hinge인 서스펜션 로커Rocker를 움직여 차체에 내장된 스
프링, 댐퍼, 액추에이터, 패커 등의 서스펜션 부품을 작동시킨다.
서스펜션 부품들이 차체 안에 모두 숨어 있다고 해서 이를 인보
드Inboard 서스펜션이라 부른다.

[그림 5] F1 새시

차체는 성인 남자 한 명이 겨우 비집고 들어가 다리를 뻗고
몸을 반쯤 눕힐 수 있는 크기이며 흡사 장례용 관을 연상케 한
다. 이를 모노콕Monocoque 혹은 터브Tub라 부른다. 사고 시 레이스
카의 다른 부분은 산산조각 나더라도 이 모노콕은 절대 부서지
지 않고 드라이버를 보호하기 때문에 세이프티 셀Safety Cell이라고

도 한다. 이 모노콕 뒤에 엔진과 기어박스가 순서대로 직렬로 연결되고, 모노콕의 양옆 볼록한 부분에 엔진과 유압 시스템의 열을 식히는 라디에이터가 부착된다. 마지막으로 차체의 머리와 꼬리에 날개를 달고 차체 바닥에 넓은 치마를 달아주면 F1 레이스카가 완성된다.

F1 레이스카 디자인은 진화한다

[그림 6] Alpine A521 VS Bugatti Chiron

현대 F1 레이스카의 생김새는 우리가 일상에서 타는 승용차와 매우 다르다. 현존하는 로드카 중 가장 날쌔다는 부가티와 비교해도 닮은 구석이 전혀 없다.

[그림 7] Alpine A521VS Eurofighter Typhoon

사실 F1 레이스카의 디자인은 사촌인 승용차보다 피 한 방울 안 섞인 남인 제트 전투기를 더 닮았다. F1 레이스카의 디자인이 전투기 형상을 닮은 이유는 간단하다. F1 레이스카는 오랜 세월 동안 가장 빨리 달릴 수 있는 디자인으로 진화해왔고, 현존하는 디자인 중 빠른 속도에 가장 최적화된 디자인은 항공기, 그중에서도 전투기이기 때문이다.

F1 레이스카의 레이스 성능을 좌우하는 요소에는 여러 가지가 있다. 우선 기계적 성능을 결정하는 엔진, 타이어, 서스펜션, 브레이크, 기어박스, 디퍼런셜이 있다. 이는 일반 승용차의 기계적 성능을 결정하는 요소와 크게 다르지 않다. 엔진은 차의 '빠르기'를 지배한다. 엔진을 제외한 F1 레이스카의 기계 요소들은 차의 '균형'과 '내구성'을 지배한다.

현대 F1 레이스카의 레이스 결과에 가장 결정적인 영향을 미치는 요소는 기계적 성능이 아닌 공기의 영향, 즉 공기 역학 Aerodynamics이다. 공기 역학은 물체가 공기의 흐름을 거슬러 움직일 때 물체의 형상과 공기 속도에 따라 물체의 전후, 좌우, 상하로 발생하는 힘과 뒤틀림을 설명하는 학문이다. 현대 F1 레이스카의 레이스 성능 전체를 100으로 잡으면 공기 역학이 레이스 성능에 기여하는 비중은 80이 넘는다(이에 대한 자세한 설명은 별도의 챕터로 다룰 것이다). 현대 F1 레이스카의 디자인 작업은 전적으로 공기 역학적 이득을 최대화할 수 있는 모양을 찾는 사냥이다. 그리고 이 기술의 최고봉엔 항공 역학이 있다. 이런 이유로 F1의 공기 역학 엔지니어들은 항공 역학에서 많은 아이디어를 훔쳐온다.

[그림 8] Mercedes W25 VS BMW 328

그렇다면 과거 F1 레이스카의 디자인은 어땠을까? [그림 8]에서 왼쪽 차는 F1이란 스포츠가 태동하던 1930년대 메르세데스Mercedes가 사용했던 그랑프리카이고 오른편의 차는 비슷한 시기 판매되던 가장 빠른 사양의 BMW 스포츠카다. 일반 승용차 디자인과 극명하게 다른 현대의 F1 레이스카와 달리 1930년대에 제작된 이 두 자동차의 디자인은 서로가 사촌지간임을 의심할 필요 없을 정도로 많이 닮았다. 당시의 그랑프리카는 한눈으로 보아도 당시 가장 빠른 승용차의 모양을 하고 있다. 하지만 이것은 단지 F1 레이스카와 로드카 모두 진화의 초기 단계에 있었기 때문에 생긴 우연일 뿐이다.

[그림 9] Mercedes W25 VS FW 190 F

사실 초창기 그랑프리카 디자인도 당시 세상에서 가장 빠른 기계를 닮으려 했던 노력의 결과물이다. [그림 9]에서 확인할 수 있듯이 1930년대 그랑프리카의 디자인 역시 당시에 활약한 전투기 디자인과 매우 흡사하다. 현대의 F1 레이스카와 1930년대 그랑프리카는 단지 시대를 달리할 뿐 모두 동시대에서 가장 빠른 탈것의 모양을 베꼈다.

먼 미래의 어느 날 외계에서 온 UFO가 도심에 추락하고, 그 비행체에서 인류가 미처 생각지 못했던 놀랍도록 효율적인 공기역학 디자인 아이디어를 발견한다면, 그리고 천만다행으로 그때까지 F1이 생존한다면 F1 레이스카의 디자인은 분명 그 비행체의 모습을 하게 될 것이다. 디자인이 예쁘고, 안 예쁘고는 중요치 않다. F1에서 '속도'는 모든 것을 희생하더라도 쟁취해야 할 절대 미덕이며 이를 막을 유일한 명분은 '불확실한 안전'뿐이다.

F1 레이스카 개발, 우리의 삶에 도움이 될까?

공기 역학이 지배하는 현대의 F1은 '현실과 동떨어진 공기 역학에만 돈을 쏟아붓고, 우리 삶의 일부인 양산형 자동차 발전엔 전혀 도움을 주지 못한다'는 비판을 자주 받는다. 이 주장은 언제나 자동차광들을 '그렇다'와 '아니다'로 갈라서게 한다. 사실 이 비판은 정면 반박이 어렵고, 어느 정도 맞는 말이다. 오직 빠르게 달리기만을 위한 이기적인 F1 레이스카의 디자인이 판매를 위한 양산형 자동차에 사용될 가능성은 전혀 없다. 또 F1 기술이 양산형 자동차 제작에 직접 도움이 된다면 BMW, 포드, 토요타Toyota, 혼다Honda, 현대Hyundai 등의 메이저 자동차 회사들이 이 기회를 그저 보고만 있을 리 없다.

하지만 2024년 현재, 자동차 시장의 전통적 강자인 페라리Ferrari, 맥클라렌McLaren, 메르세데스, 르노Renault, 애스턴 마틴Aston Martin, 아우디Audi, 캐딜락Cadillac이 F1 프로그램에 적극적인 것을 보면 'F1이 양산형 자동차에 어떤 식으로든 도움이 된다'는 주장도 설득력이 있어 보인다.

나는 두 의견 모두 일리가 있다고 생각한다. 한 가지 분명한 사실은 자동차 시장을 주도하는 모든 메이저 자동차 그룹이 미래에 자신들의 무기가 될 신기술의 방향이나 콘셉트를 퍼포먼스카를 통해 시험하고 자랑한다는 점이다.

2014년부터 사용된 F1 엔진의 배기량은 1.5L 생수병보다 약간 큰 1.6L에 불과하다. 하지만 에너지 회수 장치(Energy Recovery System: ERS)로 생성된 전기로 모터를 돌려 동력을 보충함으로써 1,000마력 이상의 파워를 뿜어낸다. F1 역사 최초의 하이브리드 엔진이었다. 터보차저를 전기 모터로 강제로 돌려 터보 엔진의 고질적인 문제인 '저회전 영역에서의 가속 지연 문제'도 해결했다. 2004년 페라리가 사용했던 6L 12기통 엔진 배기량의 ¼에 불과하지만, 출력은 더 크다. 불과 10년 사이에 이룬 기술의 발전이다. 2026년엔 또 다른 엔진 혁명이 기다리고 있다. 현재의 하이브리드 시스템 기본 프레임을 유지하되 출력과 효율, 환경 지속가능성을 비약적으로 늘린 새로운 엔진 포뮬러가 확정되었다. 전기 모터로부터의 출력이 지금보다 약 세 배 정도 커지고 에너지 회수 장치의 성능도 개선된다. 엔진에는 재생 원료 기반의 100% 합성 연료가 사용되어 순 탄소 배출은 0이 될 것이다. 또 다른 10년의 마일스톤이 미래에서 우리를 기다리고 있다.

F1은 이 하이브리드 기술을 뽐내기라도 하듯 '엔진Engine'이란 용어를 공식적으로 기술 규정에서 지웠다. 이제 F1 레이스카는 엔진이 아닌 '파워 유닛Power Unit'의 힘으로 달린다. 페라리, 메르세데스, 르노, 혼다는 F1에서만 쓰고 버릴 엔진 개발을 위해 천

문학적인 금액을 투자하지 않았다. F1을 통해 갈고 다듬어진 하이브리드 엔진 기술은 이들의 고성능 양산형 자동차 모델을 뛰게 하는 심장이 된다.

F1에 직접 참가하지 않는 메이저 자동차 회사는 과거에 이미 F1을 경험했거나 WEC(내구 레이스 챔피언십), DTM(독일 투어링카 마스터즈), WRC(월드 랠리 챔피언십) 등의 모터스포츠 시리즈에 참여한다. WEC와 DTM은 F1에 비해 더 많은 양산형 자동차 기술이 사용되는 시험장이다. 이 자동차 회사들은 F1에 참가하는 자동차 회사들에 비해 현실 친화적 기술과 이미지에 우선순위를 두고 여기에 자본을 집중할 뿐이다.

F1의 효용성을 두고 충돌하는 두 시각을 아우르며 F1을 중립적으로 표현해보면 이렇다. F1은 인간이 만들 수 있는 자동차의 성능과 내구성의 한계를 확인하고자 좀 더 '실험적'으로 만든 자동차의 경쟁이다.

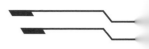

03
생김새 Look

F1 세계에 입문했으니 F1 레이스카의 생김새 정도는 알아야 하지 않을까? F1 레이스카의 생김새, 레이스카를 구성하는 여러 파트의 이름과 그 역할을 간략하게 살펴보자.

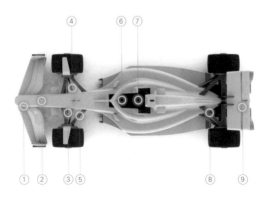

1	앞날개 Front Wing	레이스카 머리 부분에 고정된 날개로 공기 역학적 다운포스를 생성한다.
2	노즈 콘 Nose Cone	레이스카의 노즈 부분으로 충돌 사고 시 부서져 충격을 완충하는 대표적 '크럼플 존 <small>Crumple Zone</small>'이다.
3	트랙 로드 Track Rod	앞바퀴를 스티어링 시스템과 연결해 조향이 가능하게 해준다.
4	푸시로드 Pushrod	바퀴의 상하 이동을 서스펜션 로커로 전달한다.
5	프런트 위시본 Front Wishbone	전륜 휠 허브가 일정한 상하 궤적을 그릴 수 있게 하는 V자 형태의 가이드 막대이다.
6	스티어링 휠 Steering Wheel	드라이버가 앞바퀴 조향, 기어 변경, 클러치 연결, 각종 컨트롤 시스템 세팅을 조작하는 핸드휠이다.
7	드라이버 콕핏 Driver Cockpit	드라이버의 탑승 공간이다.
8	리어 위시본 Rear Wishbone	후륜 휠 허브가 일정한 상하 궤적을 그릴 수 있게 하는 V자 형태의 가이드 막대이다.
9	뒷날개 Rear wing	레이스카 꼬리 부분에 고정된 날개로 공기 역학적 다운포스를 생성한다.

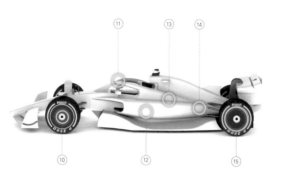

10	휠 너트 Wheel Nut	휠을 허브에 고정시키는 조임쇠다.
11	헤일로 Halo	오픈 휠 레이스카의 충돌 사고 발생 시 드라이버의 머리를 지키기 위한 고강도 구조물이다.
12	사이드포드 Sidepod	엔진, 터보, 기어박스, 유압 라인을 냉각시키기 위한 라디에이터가 내장되어 있다.
13	파워 유닛 Power Unit, PU	드라이버 콕핏 뒤에 직결되어 동력을 생성한다.
14	기어박스 Gearbox	파워 유닛 뒤에 직결되어 드라이브 샤프트로 전달되는 파워 유닛의 토크 크기와 회전 속도를 바꾼다.
15	휠 림 커버 Wheel Rim Cover	휠 림을 덮는 커버로 바퀴 주변의 난류 발생을 막기 위해 도입되었다.

16	DRS(공기 저항 감소 시스템) Drag Reduction System	뒷날개의 윙 플랩을 열어 공기 저항을 급격하게 줄인다. 2026 시즌부터 사용되지 않는다.
17	카메라 마운트 Camera Mount	카메라가 부착되는 자리이다.
18	배기가스 배출구 Exhaust	배기가스를 뒤로 배출한다.
19	엔진 공기 흡입구 Air Intake	엔진으로 들어갈 공기를 흡입한다.
20	Pitot 센서 Pitot Sensor	공기 흐름의 속도를 측정한다.
21	라디에이터 공기 흡입구 Radiator Air Intake	외부 공기로 라디에이터를 냉각시킨다.

22	휠 허브 Wheel Hub	브레이크 시스템을 내장하고 휠을 차체에 고정시킨다.
23	플로어 Floor	차체 바닥에 달린 거대한 판으로 공기 역학적 그라운드 이펙트를 생성한다.
24	프런트 윙 플랩 Front Wing Flap	공기의 흐름을 굴절시키고 각도를 조정해 다운포스를 조절한다.
25	엔드플레이트 Endplate	프런트 윙의 양 끝단에 있는 판으로 차와 부딪히는 공기 흐름을 원하는 방향으로 유도한다.

04
진화 Evolution

앞서 우리는 F1 레이스카의 생김새와 특징을 간략하게 살펴보았다. 그리고 초창기 그랑프리카로부터 현대 F1 레이스카에 이르기까지 더 빠른 스피드를 위해 디자인이 계속 변하고 있음을 실례를 통해 확인했다. 이제 F1 레이스카의 디자인 진화 과정을 조금 더 자세히 살펴보자.

나비 효과

매년 1, 2월이 되면 다가올 시즌 동안 경쟁할 모든 레이스카가 대중 앞에 모습을 드러낸다. 레이스카의 콘셉트와 디자인은 매년 변한다. 모든 F1 팀이 지켜야 할 '공통의 요리법'인 F1 기술 규정이 매년 수정되기 때문이다. F1 기술 규정은 안전성을 높이고, 신기술을 강제하고, 기존 규정이 미처 통제하지 못한 허점을 보완하기 위해 매년 부분적으로 수정된다. 해마다 표준 요리법이 바뀌기 때문에 요리의 생김새와 맛도 해마다 변한다. 한 시즌에 등장하는 모든 F1 레이스카는 FIA가 해당 시즌에 적용키로 한 F1 기술 규정을 각 팀이 최대한 자신들에게 유리하게 해석해 만든 결과물이다. 지금 이 순간에도 F1 팀들은 다음 시즌 F1 기술 규정에 맞춰 레이스카를 설계하고 파트를 개발하고 있다.

평소 F1에 관심이 있거나 사물의 세부를 한눈에 알아보는 남다른 눈썰미의 소유자가 아닌 이상 일반인이 F1 레이스카의 디자인 변화를 알아차리기는 여간해선 쉽지 않다. F1에 전혀 관심없는 사람들의 눈에 F1 레이스카의 생김새는 10년 전이나 지금이나 크게 다르지 않다. 반면 골수 F1 팬들은 레이스카의 디자인 변화를 기가 막히게 알아챈다. 2014 시즌 규정은 F1 역사에 획을 긋는 마일스톤이자 F1 기술 규정의 작은 변화가 상상도 못한 엄청난 결과를 낳을 수 있음을 보여주는 좋은 예다. 2014 기술 규정은 엔진을 다운사이즈Downsize했다. 그리고 레이스카 규격을 더 엄격하게 제한하려다 F1을 '애정하는' 모든 이들을 거대한 폭풍처럼 분노케 한 나비효과를 일으켰다.

2014 시즌 개막 전 각 팀의 레이스카가 대중에 공개되자 F1 팬덤은 술렁였다. 레이스카 디자인이 하나같이 괴상하기 짝이 없었기 때문이다. 충성도 높은 F1 팬들마저 비아냥거림과 성적

조롱의 대상으로 삼을 정도였다. 2014 F1 기술 규정이 확정된 직후, 유명 F1 저널리스트들은 이미 이 비극적 결말을 예상했다. 각 팀의 디자이너들도 새 규정이 허용한 범위 내에서 레이스카 성능을 최고로 높이기 위해 어쩔 수 없이 특이한 디자인을 선택할 것이라 실토했고, 이 디자인이 가진 미적 한계를 여러 번 인정했다. 그럼에도 불구하고 새 레이스카가 마침내 대중 앞에 모습을 드러냈을 때 F1 팬들은 경악했다. "외모는 절대 기대하지 마세요." 수없이 경고했건만 팬들은 큰 충격을 받았고, 그 반응을 한 단어로 표현하면 '분노'였다.

F1 팬들에게 F1 레이스카는 단순한 자동차가 아닌 미학적 우상이다. F1 팬덤이 2014 시즌 레이스카 디자인에 보였던 거친 반응은 마땅히 도착했어야 할 '아름다움'이란 택배가 도착하지 않은 데 대한 울분이었다.

레이스카 디자인의 변천사

2014 시즌을 제외하면, 21세기 들어서 선보인 다양한 F1 레이스카 디자인은 대부분 멋지고 보기에 따라 아름답기까지 하다. 하지만 F1 레이스카 디자인이 초창기부터 근사했던 것은 아니다. 과거 F1 기술 규정은 마치 성긴 그물 같아서 현재의 F1 기술 규정보다 구속력이 훨씬 약했고, 차량 제작에도 더 큰 자유를

허용했다. 그래서 F1 팀들은 레이스카의 스피드를 높이기 위해 고안한 다양한 방법을 비교적 자유롭게 시도할 수 있었다.

[그림 1] The March 711 Formula One car from 1971

[그림 2] The March 711 Formula One car from 1971

[그림 3] The Tyrrell P34 at the 2008 Silverstone Classic race meeting

[그림 4] Shadow DN8 at Barber Motorsports Park, 2010

[그림 5] Villeneuve's Ferrari 312T4

[그림 6] 1971 BRM P160E

[그림 7] Arrows A2 in the ring°werk

[그림 8] Arrows-Asiatech A22

그 결과 위 그림에서 볼 수 있듯이 챔피언십에 참가하는 레이스카의 디자인과 성능이 팀별로 눈에 띄게 달랐던 시절도 있다. 하지만 수십 년 세월 동안 안전성 향상, 일부 팀의 독주 방지, 비용 절감 등을 이유로 F1 기술 규정은 수정을 거듭했고, 오늘날 F1 기술 규정은 특정 부위의 지엽적인 치수까지 통제하는 수준이 되었다. 이 규정에 따라 레이스카를 설계, 제작하면 자연히 비슷한 디자인으로 수렴한다.

불법과 편법 사이의 아슬아슬한 줄타기

[그림 9] BMW Sauber F1.08

F1 레이스카 디자인의 진화 과정을 보여주는 좋은 예가 있다. 앞서 나는 현대 F1 레이스카의 레이스 성능을 결정하는 가장 중요한 요소가 공기 역학이라고 말했다. 공기 역학적 이득은 공기가 차체 표면을 가능한 균일하게, 에너지 손실을 적게 들이면서 필요한 방향으로 흐를 때 높아진다. 이를 위해 과거엔 특정 형태의 윙렛을 필요 부위에 붙이는 방법이 많이 사용되었다. F1 기술 규정은 2008 시즌까지 공기 역학적 이득을 얻기 위한 인위적 부착물 사용을 명시적으로 금지하지 않았다. 이 때문에 공기 역학 영역은 마치 공권력의 사각지대Blind Spot 같았고, 스피드 사냥에 굶주린 F1 팀들의 무법 전쟁터가 되었다. 당시 레이스카 디자이너와 공기 역학 엔지니어의 과제는 드래그(Drag: 수평 방향의 공기 저항력)를 줄이고 다운포스(Downforce: 레이스카를 수직 방향으로 내리누르는 힘)를 키우는 데 효과적인 부착물 형상을 찾아 필요한 위치에 잘 붙이는 것이었다. 그 결과 [그림 9]처럼 레이스카 몸통의 이곳저곳에 괴상한 뿔이 달렸다.

[그림 10] BMW Sauber F1.09

　해를 거듭하며 팀 경쟁이 과열되었고, 어느새 모든 팀이 이 괴상한 성형 수술에 엄청난 돈을 쏟아붓고 있었다. 이 소모적 성형 수술 경쟁을 더는 두고 볼 수 없다고 판단한 FIA는 2009 시즌 기술 규정에 차체에 인위적 부착물 사용을 금지하는 조항을 넣었다. 이 금지 조항 도입 이후 차체는 다시 [그림 10]처럼 날렵하고 매끄러운 피부를 되찾는다.

[그림 11] 하이 노즈 디자인

하지만 이것으로 공기 역학 디자인 전쟁이 끝난 것은 아니었다. F1 팀들은 다시 합법적인 범위 내에서 공기 역학적 이득을 극대화할 수 있는 다른 방법을 찾기 시작했다. 그러던 와중 오랫동안 중하위권을 맴돌던 레드불 팀이 2009 시즌부터 서서히 부상하더니 2010 시즌이 되자 압도적인 레이스 성능을 보인다. 그 성공의 비밀은 [그림 11]처럼 새시Chassis의 벌크헤드(Bulkhead: 차체 머리 부분)와 노즈 콘(레이스카의 코 부분)을 가능한 한 지면에서 높게 띄움으로써 차체 아래로 흐르는 단위 시간당 공기의 흐름을 늘린 공기 역학 디자인이었다. 레이스카의 바닥과 지면 사이에서 단위 시간당 공기의 흐름이 빨라지면 압력이 낮아지고 그 결과 차체가 지면 쪽으로 당겨지는 힘이 증가한다. 이렇게 유도된 저기압은 다운포스를 키운다. 레드불 레이스카는 이 독특한 디자인으로 다른 팀의 레이스카보다 더 큰 다운포스를 생성하고 있었다. 코너링 시 다운포스가 높으면 타이어를 내리누르는 힘이 세지고 타이어가 노면을 쥐는 접지력Grip이 높아져 속도를 더 높여도 타이어가 옆으로 미끄러지는 경향이 줄어든다. 코너링 속도 향상은 랩 타임을 줄여주므로 다운포스는 대개 클수록 좋다.

과거에도 시도되었으나 레드불 팀이 재발견한 이 하이 노즈 High Nose 디자인은 다운포스를 늘리는 데 매우 효과적이었다. 한 팀의 성공적 아이디어는 금세 다른 팀들의 벤치마크가 된다. 후발 팀의 디자이너와 엔지니어는 서둘러 벤치마크 아이디어를 모방한다. 그 결과 처음엔 서로 달랐던 각 팀의 레이스카 디자인이 시간이 갈수록 가장 빠른 레이스카의 디자인 콘셉트를 닮아간다.

그런데 이 '콧대 높은' 디자인의 등장 이후 이전엔 없었던 사고가 잦아졌다. 노즈 높이가 높다 보니 추돌 사고 시 후발 레이스카가 노즈 아래의 경사면을 타고 차가 이륙하듯 공중으로 튀어 오르는 플라잉 사고가 심심치 않게 발생했던 것이다. 더군다나 이 디자인은 노즈 끝의 높이가 운전석 측면의 보호 패널 높이와 비슷해서 어느 한 차량이 다른 차량의 운전석 측면을 3시, 9시 방향에서 충돌하는, 이른바 'T-bone' 충돌 시 노즈가 드라이버의 머리까지 밀고 들어갈 수 있는 치명적 하자가 있었다.

이전까지 이 위험 요소를 예상하지 못했던 FIA는 유사 사고 발생을 막기 위한 대책을 논의했다. 그리고 T-bone 충돌 시 노즈 콘이 드라이버 머리에 절대 닿을 수 없도록 노즈 콘 팁Tip의 높이를 낮추기로 결정한다. FIA는 노즈 콘 끝의 최대 높이만 제한하면 자연히 노즈, 벌크 헤드 전반의 높이가 낮아져 앞서 언급한 두 종류의 사고를 예방할 수 있을 것이라고 판단했다. 하지만 F1 컨스트럭터들은 공기 역학적으로 대단히 매력적인 이 하이 노즈 디자인, 정확히 말하면 노즈 아래와 지면 사이의 급격한 '벤투리 관Venturi Tube' 형상을 포기할 마음이 없었다.

[그림 12] 스텝 노즈 디자인

묘안을 찾던 F1 디자이너들은 노즈 팁 높이는 기술 규정이 요구하는 제한 높이 수준으로 낮추되 노즈 아래와 지면 사이의 공간은 이전 수준으로 유지할 수 있는 [그림 12]의 '스텝 노즈Step Nose', 일명 '오리 주둥이' 디자인을 내놓는 꼼수를 부린다. FIA는 예상치 못한 팀들의 대응에 당황했지만 이 편법을 인정할 수밖에 없었다. 당시 규정엔 이 오리 주둥이 디자인을 불법으로 처벌할 근거가 없었기 때문이다.

FIA는 다시 한 번 기술 규정을 수정한다. 이번엔 오리 주둥이 디자인 사용을 원천 봉쇄하고자 노즈 최고 허용 높이를 대대적으로 낮추고 측면에서 보았을 때 노즈 콘의 단면 형상을 구체적으로 정의하였다. FIA는 2014 시즌 규정에 '측면에서 노즈를 보았을 때 불연속적인 계단Step 형상이 있으면 안 된다'라는 강제 조항도 넣었다. 이 규정의 취지를 선의로 해석하면 2014 시즌 레이스카는 오리 주둥이가 사라진 멋진 디자인을 하고 있어야 한다. FIA의 이 조치로 오리 주둥이는 사라졌다. 하지만 문제는 엉뚱한 데서 터졌다.

문제의 발단은 새 기술 규정이 노즈의 높이와 측면 형상에만 집착한 나머지 노즈 모양 자체에는 여전히 별다른 제한을 두고 있지 않았다는 것이다. 2014 시즌 F1 기술 규정은 단지 차를 옆에서 보았을 때 노즈 콘 팁으로부터 수평 거리 5cm 떨어진 지점의 높이가 지상으로부터 185mm, 정면에서 봤을 때 노즈 단면적이 9,000mm²를 넘지 말아야 함을 강제하고 있었다. 따라서 이 요건만 충족하면 합법적인 노즈 디자인이 된다. F1 팀들은 이 허점을 악용해 저마다 공기 역학적 이득을 최대로 끌어올릴 수 있는 노즈 디자인을 찾기 시작했다. 디자이너들이 고심 끝에 내린 결론은 '노즈 끝 5cm 지점의 최고 높이, 최대 단면적 규정은 지키되 5cm 지점 이후부터는 여전히 차체 바닥으로 유입되는 공기 흐름이 극대화 될 수 있도록 입을 가장 크게 벌린 형태의 디자인이 필요하다'는 것이었다. 각 팀은 CFDComputational Fluid Dynamics 분석과 풍동Wind Tunnel 실험을 거쳐 저마다 공기 역학적으로 가장 유리하다고 판단한 합법적 노즈 디자인을 선택했다. 이제 그 결과물들을 눈으로 확인해 보자.

[그림 13] 최악의 결과

앞에서도 잠깐 언급했지만, 이 과정을 거쳐 탄생한 [그림 13]
의 모든 2014 시즌 레이스카 디자인은 팬들이 원하는 아름다
움과 거리가 멀었다. 어느 레이스카엔 진공청소기 헤드가 달려
있었고 어느 레이스카엔 두 개의 뿔이 달려 있었다. 가장 많았
던 노즈 형태는 '피노키오의 긴 코' 혹은 '개미핥기 입'을 연상케
하는 뾰족코였다. "유명 콘돔 브랜드 듀렉스Durex가 곧 F1의 스폰

서가 될 것이다"라며 이 새로운 노즈 디자인을 조롱하는 팬들도 있었다. 2014 시즌 레이스카 디자인은 최악 중의 최악이었다.

F1은 미인 대회가 아니다

F1 기술 규정의 지향점은 컨스트럭터들이 규정을 멋대로 해석하는 혼란이 발생하지 않도록 요구 사항을 명확하게 기술하고, 편법적 방식으로 규제를 빠져나가지 못하도록 그물을 더 촘촘하게 만드는 것이다. 기술 규정이 꼼꼼하게 잘 쓰이고 취지대로 작동한다면 레이스에 참가하는 레이스카들 사이의 성능 격차가 줄어 승리를 독식하는 절대 강자의 출현을 막을 수 있다. 승자 독식이 없는 역동적인 경쟁 구도는 팬들에게 더 큰 재미를 선사한다. 이 선순환을 통해 이벤트 프로모터도 더 큰 돈을 벌 수 있다.

반면 F1 컨스트럭터는 기술 규정이 미처 막지 못한 허점을 찾고, 그 돌파구를 선점해 다른 팀보다 더 빠른 레이스카를 만들기 위해 경쟁한다. 이 경쟁의 결과물인 레이스카의 디자인이 아름답기까지 하다면 금상첨화일 테다. 하지만 F1 레이스엔 예술 점수가 없다. 스피드 경쟁에서 살아남아야 하는 F1 컨스트럭터와 엔지니어들은 팬들의 미적 감수성까지 챙길 여유가 없다. F1 컨스트럭터의 최우선 목표는 제한된 설계의 자유 속에서 최고의 스피드를 찾는 것이다. 어떤 편법이 스피드 향상에 도움이 된다 치자. 편법에 기대는 행위는 비겁하지만, 그것이 불법이 아니라면 팀은 편법 선택을 주저할 이유가 없다. 서생의 문제의식은 접어두고 상인의 현실 감각에만 충실해야 경쟁에서 뒤처지지 않을 수 있다.

FIA는 의도치 않게 기괴한 노즈 디자인을 유도한 2014 시즌 기술 규정의 허점을 시즌 개막 무렵이 되어서야 인지했다. FIA도 '아차!' 싶었겠지만 곧 시작할 게임의 규칙을 갑자기 바꿀 수는 없었다. 게다가 절대 안전할 것으로 믿었던 로우 노즈Low Nose 디자인에서도 위험성이 발견되었다. 2014 시즌 첫 경기 호주 그랑프리에서 추돌 사고가 있었는데 뒤차의 낮은 노즈가 앞차의 후미 아래를 비집고 들어갔고, 마치 삽으로 흙을 떠 던지는 것처럼 앞차를 뒤집어버릴 뻔했다.

세상에 완벽한 룰은 없다. F1 규정도 완벽할 순 없고 그 속에 숨어 있는 문제점을 일거에 잡아내기도 불가능하다. FIA는 그물의 찢어진 부분을 때우고 그물망을 더 촘촘하게 만들기 위해 매년 규정에 수정을 가한다. 하지만 F1 팀들이 허점 찾기를 멈출 이유는 없다. 승리를 위해서라면 팀들은 앞으로도 편법을 주저치 않을 것이다. F1 팀들이 허점 사냥의 노력을 멈추지 않는 한 F1 레이스카 디자인은 계속 진화할 것이다.

05
뉴턴의 운동 법칙
Newton's Law of Motion

자동차는 우리 조상보다 경제적으로 풍요롭고 과학이 빠르게 발달했던 유럽인의 조상이 인류에 선물한 문명이다. '사람이나 동물의 힘을 이용하는 것보다 더 빠르게 이동할 수 있는 방법은 없을까?'라는 작지만 거대한 질문은 유럽인이 자전거와 마차를 엔진 동력으로 굴리기 시작하면서 빛을 보았다. 산업 혁명의 물결을 타고 등장한 이 혁명적 발상은 이후 꾸준히 진화를 거듭해 오늘에 이르렀다. 현대 양산형 자동차의 대부분은 우리가 일상을 영유하기에 전혀 불편함이 없을 정도로, 솔직히 필요 이상으로 빠르다. 그럼에도 불구하고 모터스포츠는 여전히 '자동차로 도달할 수 있는 속도의 한계는 어디인가?'라는 질문을 던진다. '스피드'는 모터스포츠 산업의 생존 기반이자 존재 이유다. '스피드=돈'인 모터스포츠 바닥에서 먹고사는 사람들은 더 많은 돈을 벌기 위해 '더 빠르게'를 외칠 수밖에 없다.

누구나 아는 상식, F1 레이스카 속도의 비밀

자동차를 더 빠르게 만드는 방법은 무엇일까? 우리 모두는 이 문제에 대한 해답을 어렴풋이 알고 있지만 자신 있게 말하지 못한다. 그 이유는 우리가 그 해답을 알고 있음을 일깨워주는 이가 없어서다.

자동차의 움직임을 물리적으로 이해하고 예측하는 학문을 우리는 '자동차 동역학Vehicle Dynamics'이라고 부른다. 하나의 통일된 주제로 정리된 학문 분야는 수많은 사람들이 오랜 기간 축적한 지식의 집합체이기 때문에 깊이 파고들수록 내용이 어렵고 복잡하다. 자동차 동역학이란 학문도 이 점에 있어 예외가 아니다. 하지만, 자동차 동역학은 현대인 중 모르는 사람을 찾기가 더 어려운 물리학적 발견에 그 뿌리를 둔다.

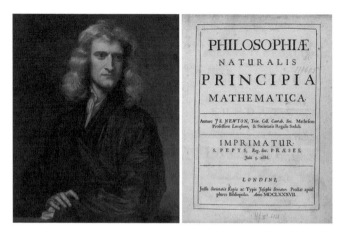

[그림 1] 아이작 뉴턴과 인류 역사상 가장 중요한 물리학 발견
《Mathematical Principles of Natural Philosophy》

    세상에서 가장 유명하고 가장 깔끔한 물리 법칙은 '뉴턴의 운동 법칙Newton's Laws of Motion'이다. 자동차 동역학은 여기서 출발한다. 일찍이 근대 물리학을 집대성한 아이작 뉴턴은 인류에게 힘과 운동에 관한 자연법칙 세 가지를 선물했다. 뉴턴의 운동 법칙은 중등 교과서에 등장할 정도로 인류의 기초 상식으로 자리 잡은 지 오래이며, 자동차뿐만 아니라 세상의 모든 움직이는 것의 운동과 빠르기를 이해하고 예측하는 데 있어서 반드시 필요한 과학 이론이다. 자동차의 역학과 반응을 예측하는 컴퓨터 시뮬레이션은 과거의 손 계산보다 더 정확하고 빨라졌을 뿐, F1을 비롯한 모든 거시 엔지니어링 분야는 여전히 뉴턴이 제시한 문제 해결 방법을 사용하고 있다. 수학적으로 완벽한 예측이 어려운

불규칙한 온도 변화와 공기의 난류Turbulence 등을 제외하면 F1 레이스카의 움직임은 뉴턴 역학으로 대부분 예측과 해석이 가능하다. 뉴턴이 선사한 이 기초 과학을 토대로 어떻게 하면 자동차를 더 빠르게 만들 수 있는지 알아보자.

자동차는 가벼울수록 빠르다

뉴턴의 첫 번째 운동 법칙은 '관성의 법칙'이다. 자연계의 물체는 외부에서 힘을 받지 않는 한 현재 상태를 유지한다. 물체가 지닌 '게으름의 크기'인 관성은 선 운동의 경우 질량, 회전 운동의 경우 관성 모멘트로 표시되고, 질량은 통상 무게로 치환해 생각해도 크게 틀리지 않다. 물체는 무거울수록 움직이거나 멈추는 것을 힘들어한다. 물체가 작고 가벼울수록 움직이기 쉽다는 지극히 당연한 이 원리는 뉴턴이 지적하지 않았어도 태초부터 인류가 체득한 상식이지만 우리가 쉽게 놓치는, 자동차를 빠르게 만드는 가장 확실한 방법이다.

[그림 2] 경량 자동차의 대표 모델, Aerial Atom

자동차 역시 가벼울수록 움직임에 덜 게으르다. 더 경쾌하고 신속한 가속을 원한다면 차의 무게를 최대한 줄여야 한다. 로드카라면 운전석을 제외한 시트와 패딩을 모조리 없애고, 트렁크 속 OVM 공구와 스페어타이어도 빼고 유아용 카시트도 떼고, 사람도 태우지 말고, 무게 나갈 만한 것들은 모두 버리고, 글로브 박스 안 주유소 화장지와 쓰레기까지 모조리 치우면 자동차의 가속은 반드시 나아진다.

F1 레이스카는 안전성을 해치지 않는 범위 내에서, 꼭 필요한 구성품만으로 제작된다. 또 가장 튼튼하고 가벼운 소재를 주요 파트에 적용해 무게를 최대한 줄인다. 강철보다 가볍고 단단하다는 탄소 섬유를 차체 제작에 사용하는 이유도 이 때문이다.

하지만 각 부품에는 최소 무게가 있기 때문에 레이스카 감량에는 한계가 있다.

여기에 드라이버의 몸무게가 더해진다. 드라이버의 체중은 저마다 다르다. 차량의 무게가 똑같다고 가정하면, 드라이버의 체중이 1kg 늘어날 때마다 랩 타임은 대략 0.03초 정도 길어진다. 선천적으로 체구가 큰 드라이버는 신에 의한 선택, 혹은 유전을 이유로 페널티를 받는 셈이다. 드라이버 간 체급 차이로 인해 발생하는 이 불균형을 일부 보상하기 위해 F1 기술 규정은 연료통이 빈 상태에서 드라이버가 탑승한 레이스카의 최소 중량을 정해두고 있다. 너무 가벼운 레이스카의 등장을 막아 레이스카의 무게를 최대한 평준화하겠다는 의도도. F1 레이스카의 최소 중량은 하이브리드 시스템 도입 이후 점차 늘어나는 추세이며, 통상 710~800kg 정도였다. 2026 시즌부터는 전기 패키지 확장으로 무게가 더 무거워질 것이다. 최소 중량을 초과하는 무게는 단 1g이라도 레이스에 손해를 끼치기 때문에 F1 팀은 레이스카의 무게를 어떻게든 이 최소 중량에 맞추려고 노력한다. 차량의 무게와 드라이버의 체중, 둘 중 어느 것도 노력 없이 저절로 줄진 않는다. 한 가지 분명한 사실은 레이스카의 무게를 줄이는 것보다 드라이버가 살을 빼는 것이 훨씬 적은 비용으로 확실한 무게 감소 효과를 거두는 방법이다. 드라이버는 차량 탑승 전 화장실에서 억지로 큰일을 보아서라도 체중을 최대한 줄여야 한다.

관성의 법칙은 힘의 방향만 다를 뿐 감속, 코너링에도 똑같이 적용된다. 날씬한 육상 선수와 육중한 스모 선수가 술래잡기를 한다면 육상 선수는 낮은 관성 덕분에 빠르게 달음질치거나 요리조리 방향을 바꾸며 스모 선수를 쉽게 농락할 수 있을 것이다. 무게를 줄여 자동차가 지닌 '게으름의 크기'를 최대한 줄이는 것, '레이스카 제작의 제1 원리'다.

F=ma, 강력한 엔진과 브레이크를 탑재하는 이유

레이스카 무게를 기술 규정이 정한 최솟값에 맞추었다면 이제 레이스카를 빠르게 만들 다른 방법을 찾아야 한다. 뉴턴의 두 번째 법칙은 'F=ma', 즉 '시간에 따른 물체의 운동량 변화는 그 물체에 작용하는 알짜 힘과 같다'이다. 복잡하게 들리지만 자동차에 작용하는 힘이 커지면 그 힘의 방향으로 가속의 크기가 커진다는 아주 당연한 진리다. 이 법칙을 보다 직관적으로 번역하면 '자동차의 가속력을 키우는 가장 손쉬운 방법은 더 큰 출력의 엔진을 사용하는 것이다', '더 튼튼한 심장을 가진 사람이 더 빠르게 달릴 수 있다'라는 하나 마나 한 소리다.

[그림 3] 단거리 육상의 폭발적 파워 분출

내 아반떼에서 1.6L 엔진 블록을 들어내고 그 자리에 BMW M3의 4L V8 엔진을 다는 것은 충분히 가능한 작업이지만 현실적이지 못하다. 자동차 관련법에 따른 인증 절차도 거쳐야 한다. 가장 현실적인 엔진 출력 향상은 법이 허용하는 선에서 엔진 리-매핑Re-mapping을 통해 가능하며 우리는 이를 '엔진을 튜닝한다'라고 말한다(일반 로드카에 엔진 튜닝이 필요한지에 대해선 솔직히 의문이다). F1 레이스카에는 F1 기술 규정에 따라 공식 인증된 엔진만 사용할 수 있다. 엔진 출력이 크다고 아무 엔진이나 쓸 수 있는 것이 아니다. 또 서로 다른 메이커의 F1 엔진이라 하더라도 공통의 F1 기술 규정을 따른 결과물이기에 엔진 출력의 한계는 비슷하다. 다만 F1은 천분의 일 초를 다투는 경쟁이다 보니 1~2

마력이라도 더 큰 출력을 내는 엔진을 사용하는 것이 무조건 유리하다.

'F=ma'는 감속에도 똑같이 적용된다. 신속한 가속을 위해 높은 엔진 출력이 필요하다면, 민첩한 감속에는 높은 브레이크 제동력이 필요하다. 브레이크 제동력은 브레이크 패드의 마찰 성능이 결정한다. 마찰 계수가 높고, 온도 변화에도 고른 마찰력 분포를 보이는 재질의 브레이크 패드를 사용하는 것이 민첩한 브레이킹Braking의 핵심이다. 양산형 자동차에 고성능 브레이크를 사용하는 것은 매우 권장할 만하다. 엔진 튜닝으로 자동차를 더 안전하게 만들 방법은 없다. 하지만 브레이크 튜닝은 제동의 민첩성을 높여 자동차의 안전성을 무조건, 확실하게 높여준다. 브레이크 튜닝은 레이스카뿐만 아니라 나의 애마를 더 믿음직한 차로 변신시키는 가장 손쉬운 방법이다.

레이스카의 난제, '타이어의 역설'

레이스카의 무게도 최대한 줄였고 엔진 출력도 충분하고 믿음직한 브레이크도 달았다. 이것으로 트랙 위를 잘 달리기 위한 모든 준비가 끝난 것 같지만 자연법칙에 올라타는 것이 그리 간단치 않다. 가벼운 레이스카에 고출력 엔진과 고성능 브레이크를 달면 골치 아픈 문제가 발생한다. 엔진 파워, 브레이크 토크가 타이어가 감당하기 어려울 정도로 크면 타이어가 헛돌거나 미끄러져 레이스카가 균형을 잃거나 민첩하게 움직이지 못한다. 눈비 내리는 고속도로에선 아반떼보다 람보르기니가 더 불안하다. 레이스카의 무게를 줄이고 엔진의 출력을 키우면 타이어의 성능 한계가 낮아져 전체적인 핸들링 성능이 떨어지는 이 '타이어의 역설Paradox'은 레이스카 디자인의 최대 난제다.

[그림 4] BBC 〈탑 기어〉의 리처드 해먼드, 제임스 메이, 제레미 클락슨

2014년, 영국 국영 방송 BBC의 인기 모터링 쇼 〈탑 기어Top Gear〉의 진행자였던 리처드 해먼드Richard Hammond가 F1 레이스카를 타고 트랙 주행에 도전했다. 그는 〈탑 기어〉를 통해 수많은 슈퍼카를 트랙에서 운전한 경험이 있고 일반인의 평균을 훨씬 뛰어넘는 운전 실력의 소유자다. 그럼에도 불구하고 리처드의 F1 레

이스카 체험은 순탄치 않았는데, 그의 도전을 가장 괴롭혔던 것이 바로 이 타이어의 역설이었다.

뉴턴의 세 번째 운동 법칙, '작용과 반작용'의 법칙은 레이스카에서 가장 해결하기 어려운 타이어의 역설 문제를 담고 있다. 모든 작용_{Action}에는 크기는 같고 방향은 반대인 반작용_{Reaction}이 따른다. 자동차는 엔진과 브레이크 힘으로 만들어진 타이어 고무의 변형과 지면 사이의 작용-반작용에 의해서만 가속 또는 감속한다. 엔진 출력이 제아무리 크다 하더라도 타이어가 지면에 닿지 않으면 자동차는 전혀 움직이지 않는다. 배기구_{Exhaust}를 통해 배기가스를 아무리 뿜어도 제트 엔진처럼 추진력_{Thrust}을 낼만큼 힘이 세진 않다. 중력, 풍력, 자기력, 추력 등의 외부 힘이 없다면 자동차는 동력원의 종류를 불문하고 타이어를 굴려야 움직일 수 있다. 타이어가 지면에 닿아 있어도 그것이 빙판 위면 자동차는 엔진 출력에 상관없이 '헛바퀴질'과 우왕좌왕 '미끄러짐'을 피할 수 없다. 설령 타이어가 뽀송뽀송한 지면 위에 있고 엔진 출력이 1,000마력이라 해도 타이어는 스스로 감당할 수 있는 한계까지만 힘을 낼 수 있고, 이 한계를 넘어서면 미끄러지기 시작한다. 자동차의 운동 능력은 전적으로 이 타이어 한계의 지배를 받는다.

[그림 5] 접지력 없는 자동차의 신세

　결국 자동차의 주행 능력은 '엔진과 브레이크가 휠에 가하는 힘을 타이어가 지면으로 얼마나 많이 전달할 수 있느냐'에 달려 있다. 타이어와 지면 사이의 마찰력을 우리는 접지력Grip & Traction이라고 부른다. 엔진과 브레이크의 파워를 자동차의 운동으로 최대한 많이 변환하려면 타이어의 접지력 한계가 높아야 한다. 타이어의 접지력을 경쟁자들보다 월등하게 키울 수 있다면 레이스카 고민의 8할은 해결했다 해도 과언이 아니다.

　타이어의 접지력을 높이는 방법은 크게 네 가지다.

　첫째, 미끄럽지 않은 뽀송한 노면 위를 달리는 것이다. 자동차는 눈 내린 후 블랙 아이스가 지저분하게 덮인 국도보다 따스한

봄날 고속도로 위에서 더 빨리 달릴 수 있다. 레이스 중인 모든 레이스카는 같은 트랙 위를 달리기 때문에 트랙 품질 차이로 인한 차량 간의 접지력 차는 크지 않다. 되도록 노면 위 마르고 매끄러운 부분을 따라 주행하면 접지력 향상 효과를 볼 수 있지만, 이 방법은 승패를 가르는 결정적 한 수가 되진 못한다.

둘째, 타이어 온도를 적당하게 유지해야 한다. 타이어는 접지력 성능이 최대가 되는 고유한 온도 영역대가 있다. 따라서 타이어 온도가 이 온도 영역을 벗어나지 않도록 유지시키는 것이 매우 중요하다. F1 레이스카가 트랙으로 나가기 전 타이어를 검은 전기담요로 꽁꽁 싸두는 모습을 볼 수 있는데, 이는 타이어를 적정 온도로 예열하기 위한 것이다. 레이스 출발 전 트랙 한 바퀴를 서서히 도는 과정, 일명 포메이션 랩Formation Lap에서 레이스카들이 일부러 좌우로 움직이는 위빙Weaving도 타이어와 노면 사이에 강제로 마찰을 일으켜 타이어 온도를 높이기 위한 노력이다. 문제는 우리가 우리 몸의 체온을 마음대로 조절할 수 없듯이 타이어의 온도도 내가 원하는 타이밍에 원하는 만큼 높이거나 낮추는 것이 불가능하다는 것이다.

셋째, 타이어의 형태와 재질이 바뀌면 접지력 특성이 달라진다. 사계절 타이어로 달릴 수 없는 눈길을 스노타이어로 달릴 수 있는 이유가 이 때문이다. 넓고 큰 F1 타이어의 형상도 접지력을 높이기 위한 것이다. 타이어의 형태가 같아도 사용하는 컴파운드(Compound: 합성 고무의 성분과 조성)가 다르면 타이어의 성격이 달라진다. F1에서는 2006년부터 단일 타이어 브랜드가 사용되고 있다. F1 팀은 매 이벤트마다 타이어 공급사가 가져오는 타이어 세트를 제공받는다. 원칙적으로 모든 팀은 타이어 공급사가 제공하는 타이어를 일체의 가공 없이 사용해야 하기에 타이어 접지력 향상을 위해 F1 팀이 타이어 형태와 재질에 할 수 있는 일은 전혀 없다.

넷째, 타이어의 접지력을 높일 수 있는 마지막이자 가장 능동적인 방법은 타이어를 누르는 수직 하중을 높이는 것이다.

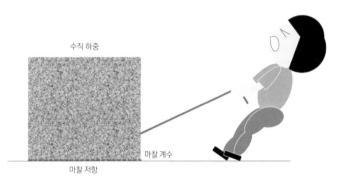

[그림 6]세상의 모든 사물은 무거워질수록 접촉면과의 마찰이 커진다.

마찰력 = 마찰 계수 × 수직 하중

타이어 접지력의 본질은 마찰력이고 마찰력의 크기는 마찰 계수와 수직 하중에 비례한다. 마찰 계수는 우리가 마음대로 조절할 수 없는 환경 인자이고 수직 하중에 따라 변한다. 따라서 우리가 타이어 마찰력에 영향을 줄 수 있는 유일한 수단은 수직 하중, 즉 무게다. 타이어가 트랙을 움켜쥐는 힘은 타이어를 짓누르는 힘이 클수록 커진다.

앞서 설명한 바와 같이 F1 레이스카는 관성을 최대한 낮추기 위해 극강의 다이어트를 한다. 레이스카의 무게가 줄면 타이어를 내리누르는 기계적 힘이 떨어져 접지력 한계가 낮아지고, 그 결과 타이어가 미끄러지기 쉬워진다. 결국 타이어의 접지력을 키우려면 타이어를 누르는 하중을 키워야 한다. 그렇다고 애써 줄인 레이스카의 무게를 다시 늘려야 할까? 그것은 마치 피나는 다이어트 프로그램을 인내하며 줄인 몸무게를 다시 찌우는 피눈물 나는 상황이다.

자동차를 민첩하고 빠르게 만들려면 무게를 줄여야 하지만, 엔진의 파워를 온전히 타이어로 전달하거나 코너에서 미끄러지지 않으려면 타이어를 누르는 하중을 키워야 하는 골치 아픈 문제가 바로 '레이스카 타이어의 역설'이다. 전설적인 '로터스'의 디자이너 콜린 채프먼Colin Chapman은 이 문제를 해결하기 위해 레이스카의 앞뒤에 날개를 달았다. 공기가 날개에 부딪히면 날개를 아래로 누르는 힘이 생긴다. 그는 레이스카의 속도가 빨라지면 차체를 누르는 공기의 힘도 커지는 이 효과를 이용해 타이어의 접지력을 높이고자 했다. 공기 역학을 이용하면 레이스카의 물리적 중량을 크게 늘리지 않고도 속도에 비례해 레이스카가 무거워지는 효과를 낼 수 있다. 공기가 날개에 부딪혀 차를 내리누르는 이 힘을 '다운포스'라고 부른다.

〈탑 기어〉의 리처드 해먼드도 타이어의 역설을 극복하기 위해 한참 동안 F1 레이스카와 씨름해야 했다. 일반 로드카의 경우 곡선 구간에서 속도를 줄이면 커브를 미끄러지지 않고 안전하게 빠져나갈 수 있다. 로드카에선 감속·가속과 코너링 시 생기는 하중 이동 때문에 네 휠을 누르는 기계적 하중 분포가 바뀌긴 하지만 기계적 하중의 총량은 차량 속도 변화에 따라 크게 늘거나 줄지 않는다. 그 결과 타이어가 버틸 수 있는 접지력의 한계가 비교적 일정하고, 자동차의 코너링 속도를 줄이면 미끄러짐을 피할 수 있다. 일반 운전자들은 이 과학을 부지불식 몸으로 터득하며, 그도 예외는 아니었다. 리처드 해먼드는 트랙의 급커브 구간을 이탈 없이 통과하기 위해 무의식적으로 속도를 줄였다. 하지만 그의 의도와 달리 레이스카는 번번이 균형을 잃으며 미끄러졌다. 왜일까?

보통 2t에 육박하는 로드카와 달리 F1 레이스카의 하중은 800kg 전후에 불과하다. 자체 하중만으론 고속에서 커브 구간을 미끄러지지 않고 통과할 만큼 큰 타이어 접지력을 생성하기 어렵다. F1 레이스카는 부족한 수직 하중을 공기 역학적 다운포스로 충당한다. 커브에서 속도를 과하게 낮추면 다운포스가 사라져 전체 타이어의 접지력이 줄어든다. 더 큰 문제는 전후 다운포스의 배분이 드라이버가 예상하지 못한 방향으로 변할 때 생긴다. 예를 들어, 전후 다운포스 배분이 시속 200km에서 50:50, 시속 50km에서 60:40이라고 가정하자.

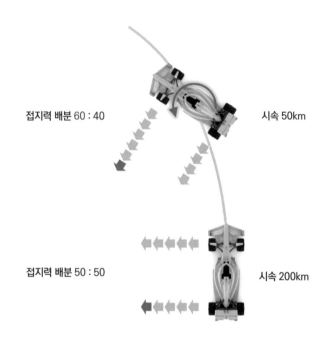

접지력 배분 60 : 40

시속 50km

접지력 배분 50 : 50

시속 200km

[그림 7] 접지력 변화와 균형 상실

시속 200km으로 코너를 진입하다 갑자기 속도를 시속 50km로 줄이면 전후 축 접지력 균형이 10% 정도 갑자기 앞으로 이동한다. 이때 드라이버가 균형 변화에 재빨리 대응하지 못하면 차가 스핀을 일으킨다. '직선-커브'가 반복되는 트랙에서 타이어의 접지력이 부족하고 균형이 들쭉날쭉하면 레이스카는 속도를 내기 힘들다. F1 레이스카는 안정된 코너링을 위해 앞뒤 균형이 일정한 다운포스가 필요하고 이를 위해 커브에서 일정 속도 이상을 유지해야 한다. 이것이 경험 없는 드라이버가 F1 레이스카를 운전할 수 없는 가장 큰 이유다. 일반 로드카에 날개나 스포일러를 달아 거둘 수 있는 효과는 거의 없다. 일반 도로에선 차량의 에어로다이나믹 파트가 유의미한 다운포스를 생성하거나 공기 저항을 줄여줄 만큼 빠르게 달릴 기회가 많지 않다. 따라서 로드카에 달린 날개는 사실상 장식물이다.

당신의 자동차를 민첩하게 만드는 최선의 방법은 다음과 같다. 우선 자동차의 무게를 줄여야 하고, 다음은 접지력 높은 타이어와 신뢰성 높은 브레이크를 선택하는 것이다. F1 레이스카는 이 기본 레시피에 공기 역학의 힘을 빌어 코너에서 더 빠르게 달릴 수 있도록 만든 차동차이다.

06
자전거 모델
Bicycle Model

우리는 탈것의 홍수 시대에 살고 있다. 전철, 자동차, 모터바이크, 모페드, 스쿠터, 자전거 등 바퀴 달린 탈것의 종류는 갈수록 다양해지고 있다.

[그림 1] 모터 달린 자전거, 자토바이(모페드)

내가 유소년기를 보낸 1980년대에는 일반 자전거의 크랭크에 2행정 소형 페트롤 엔진을 연결해 페달을 구르지 않고도 달리도록 개조한 정체불명의 '하이브리드' 자전거, 일명 '자토바이(자전거+오토바이)'를 주변에서 매우 흔하게 볼 수 있었다. 당시 이런 형태의 자전거 개조가 불법이었는지 확실친 않지만, 분명 모터사이클 구동계를 모방하면 돈이 되겠다 생각한 무명의 자전거 기술자가 처음 만들기 시작했을 것이다. 이는 '지치지 않는 기계 동력을 사용해 자전거 주행자가 페달을 밟는 수고를 덜어보자'는 단순한 아이디어를 일상에서 구현한 좋은 예다. 그리고 이 단순한 아이디어가 자동차의 원형이다.

자동차 역학은 자전거로 배운다

안타깝게도 이 자토바이 콘셉트는 이 무명의 엔지니어가 만든 고유 창작물이 아니다. 이 자전거는 모터바이크의 초기 원형을 본떠서, 모터바이크를 구입할 경제적 여유가 없던 서민들에게 팔았던 모방품이다. 이 아이디어의 지적재산권자는 유럽인의 조상이다. 이들은 이미 20세기 이전에 이 아이디어를 생각했고, 이를 상품화한 모터바이크와 모페드는 단순히 자전거를 모터로 구동하는 수준을 넘어 고속 주행이 가능했던 혁신적 교통수단이었다. 모터바이크의 원형은 자전거이고, 모터바이크 두 대가 나란하게 연결된 형태가 우리가 익히 아는 사륜 자동차다. 자동차의 원형은 자전거다.

레이스카의 동역학을 이해하려면 자동차의 동역학을 알아야 한다. 전 세계 모든 자동차 공학자와 엔지니어가 자동차의 수학적 동역학을 연구하기 위해 사용하는 최소 모델 단위는 '자전거 모델Bicycle Model'이다. 자전거의 동역학을 이해하고, 이를 네 바퀴 자동차로 확장하면 여러 자동차와 레이스카의 운동을 모델링하거나 예측할 수 있다. 자전거 동역학을 한번 배워보자.

약속

자전거를 수학적으로 모델링하고 그 결과를 여러 사람이 공유하는 데 있어 가장 중요한 것은 '약속'을 지키는 것이다. 이 약속은 자전거 각 파트의 위치와 속도, 자전거에 작용하는 여러 힘을 표시함에 있어 통일된 규칙과 좌표계를 사용하자는 합의다. 같은 자전거의 형상이나 운동을 묘사할 때 개인이나 집단마다 다른 표현 규칙을 사용하면 타인이 그 정보를 해석하고 검증하는 데 더 많은 시간이 필요하고, 정보 공유 과정에서 오역과 실수 가능성이 커진다. 이 문제를 해결하기 위해 국제표준화기구(International Standards Organization: ISO)는 표준 자동차 좌표계를 마련해 사용을 권장하고 있다. 이는 권장 표준일 뿐 강제성 있는

법은 아니어서 모든 자동차 분야가 따르는 것은 아니지만 업계에서 가장 널리 사용되며 기억하기도 쉽다.

자동차 표준 좌표계의 대원칙은 '오른손을 사용하세요'다.

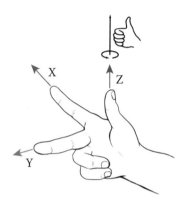

[그림 2] 오른손 좌표계

오른손 손가락을 위 그림처럼 하면 엄지는 수직축(Z), 검지는 종방향 축(X), 중지는 횡방향 축(Y)이고 손가락 끝은 양Positive의 이동 방향을 가리킨다. 당연히 그 반대쪽은 음Negative의 방향이다. X, Y, Z축 양의 방향으로 손가락을 뻗고 축을 밧줄 잡듯 거머쥐면 나머지 네 손가락의 방향이 양의 회전 방향, 반대가 음의 회전 방향이다. 이 오른손 좌표계를 지구상의 한 점, 자전거가 선 땅바닥, 타이어의 컨택트 패치Contact patch, 휠 회전 중심, 자전거 무게 중심 등 원하는 기준점에 두고 자전거의 위치, 자전거 자세, 자전거의 선속도, 바퀴 회전 속도 등을 상대적으로 표시한다. 각각의 좌표계는 기준면의 기울기에 따라 같은 점도 다르게 표시될 수 있기 때문에 서로 다른 좌표계의 힘이나 속도를 합하거나 뺄 때는 반드시 좌표계를 통일한 후 계산해야 한다.

이 좌표계를 기준으로 종방향(검지, X) 축을 중심으로 회전하면 롤Roll, 횡방향(중지, Y) 축을 중심으로 회전하면 피치Pitch, 수직(엄지, Z) 축을 중심으로 회전하면 요Yaw 운동이라고 부른다. 특별히 자동차 성능에서 중요한 수직축 상하 방향 움직임을 히브Heave 운동이라고 부른다. 움직임에 대한 설명은 앞으로도 반복할 것이니 억지로 외우지 않아도 된다.

앞뒤로Longitudinal

[그림 3] 종방향 축에 작용하는 힘의 종류

달리는 자전거에 종방향Longitudinal으로 작용하는 힘은 공기 저항, 타이어의 마찰 저항, 그리고 타이어를 앞으로 가게 하는 타이어의 트랙션Traction이다. 자전거에 작용하는 모든 저항의 합보다 타이어 트랙션이 크면 자전거는 점점 빨라지고, 그 반대면 점점 느려진다. 두 힘이 같으면 자전거는 현재의 속도를 유지한다. 종방향 축을 중심으로 전후 휠 회전으로 인한 자이로스코픽 회전력Moment이 작용한다. 자전거는 가만히 있으면 중력 때문에 한쪽으로 쓰러진다. 자전거가 앞으로 달리면 바퀴에선 운동량을 보존하기 위해 자이로스코픽 회전력이 생기는데, 이 힘이 중력으로 인한 쓰러지는 회전력을 일부 상쇄시켜 자전거가 넘어지려는 경향을 줄여준다.

[그림 4] 타이어 종방향 힘의 발생

타이어의 트랙션은 컨택트 패치 고무 조직의 변형 때문에 생긴다. 타이어 표면의 고무 조직을 빗자루 솔이라 생각하면 휠이 회전할 때 컨택트 패치가 어떤 모양을 할지 이해하기 쉽다. 빗자루 솔이 변형되면 솔이 원래의 형태로 복원하려는 탄성력이 생기고 이 힘이 타이어 트랙션이다. [그림 4]의 가운데 예시처럼 휠 회전 속력과 휠 전진 속력이 일치하면 빗자루 솔은 전혀 미끄러지지 않고 변형도 없다. 타이어 종방향 힘도 0이다. 달리는 자전거에서 자전거 주행자가 페달링을 멈추면 자전거는 한동안 현재 속력을 유지한다.

휠 회전 속력 × 휠 반지름 = 휠 전진 속력
→ 타이어 종방향 힘 = 0

휠 회전 속력이 전진 속력보다 빠르면 빗자루 솔은 [그림 4]의 왼쪽 예시처럼 미끄러지며 변형된다. 그 결과 변형된 빗자루 솔이 원래의 위치로 복원하려는 탄성력, 양의 트랙션이 생긴다. 자전거 주행자가 페달을 밟으면 타이어에 슬립이 유도되고 그 힘으로 자전거가 빨라진다.

휠 회전 속력 × 휠 반지름 > 휠 전진 속력
→ 타이어 종방향 힘 > 0

만약 자전거 주행자가 풀 브레이크를 잡아 휠 회전을 멈추려 하면 빗자루 솔은 [그림 4]의 오른쪽 예시처럼 미끄러지며 변형된다. 그 결과 변형된 빗자루 솔이 원래의 위치로 복원하려는 탄성력, 음의 트랙션이 생긴다. 자전거의 전진을 방해하는 제동력은 이렇게 탄생한다.

휠 회전 속력 × 휠 반지름 < 휠 전진 속력

→ 타이어 종방향 힘 < 0

빗자루 솔의 미끄럼 변형을 슬립Slip이라 하고, 종방향 슬립의 크기는 현재 휠 속도와 비교해 어느 방향으로 얼마나 많이 미끄러지는지의 비율로 나타낸다. 이 비율을 슬립률Slip ratio이라 한다.

$$슬립률 = \frac{휠\ 회전\ 속력 × 휠\ 반지름\ -\ 휠\ 전진\ 속력}{휠\ 전진\ 속력}$$

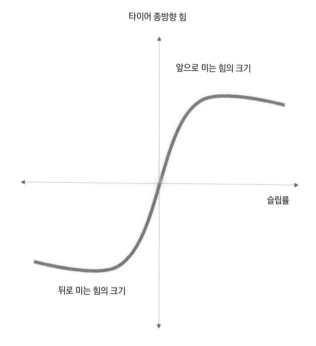

타이어 종방향 힘

앞으로 미는 힘의 크기

슬립률

뒤로 미는 힘의 크기

[그림 5] 타이어 슬립과 종방향 힘

슬립률이 커짐에 따라 타이어의 힘도 커진다. 하지만 슬립률이 커진다고 트랙션이 무한정 커지진 않는다. 트랙션은 노면의 마찰력 한계를 넘어설 수 없다. 미끄러운 빙판길에서 아무리 스로틀Throttle 페달을 밟아봐야 휠 스핀만 빨라질 뿐 트랙션은 생기지 않는다. 타이어가 양방향에서 낼 수 있는 힘의 피크 포인트를 포화Saturated 상태라 하는데, 타이어 슬립이 이 포화 상태를 넘을 정도로 과하면 타이어 트랙션은 급격하게 줄어든다.

양옆으로Lateral

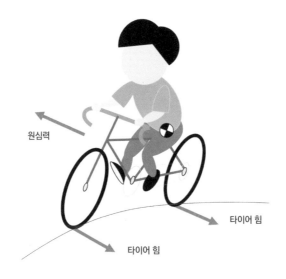

원심력

타이어 힘

타이어 힘

[그림 6] 횡방향 축에 작용하는 힘의 종류

달리는 자전거에 횡방향으로 작용하는 힘은 전후 타이어의 횡
방향 힘이다. 타이어의 횡방향 힘 역시 컨택트 패치 고무 조직의
변형 때문에 생긴다.

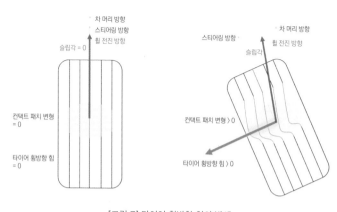

[그림 7] 타이어 횡방향 힘의 발생

일직선을 달리는 자전거는 [그림 7]의 왼쪽 예시처럼 스티어링 각이 없어서 차 머리 방향, 휠 전진 방향이 일치한다. 따라서 빗자루 솔의 횡방향 변형이 없고 타이어는 횡방향으로 아무런 힘을 내지 않는다. 하지만 자전거를 탄 사람이 스티어링을 시작하면 [그림 7]의 오른쪽 예시처럼 스티어링 방향과 차 머리 방향에 차이가 생긴다. 이 차이가 스티어링 각이다. 전진하는 타이어에 스티어링 각을 주면 휠 전진 방향이 스티어링 방향을 따라가지 못한다. 타이어는 전진과 동시에 옆으로 미끄러지고 노면과 접촉하는 빗자루 솔과 휠의 상대 위치가 바뀐다. 그리고 빗자루 솔의 변형이 횡방향 탄성력을 일으킨다. 이 변형의 크기를 슬립의 각도로 표시하고 이를 슬립각Slip angle이라 부른다.

슬립각은 전후 각 휠에서 대략 다음과 같이 정의된다.

$$슬립각 = \frac{타이어\ 횡방향\ 속력}{타이어\ 종방향\ 속력}$$

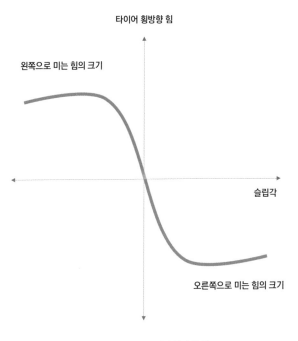

[그림 8] 타이어 슬립과 횡방향 힘

타이어의 힘은 슬립각이 클수록 커진다. 그러나 종방향과 마찬가지로 횡방향에서도 타이어가 낼 수 있는 힘에는 한계가 있다. 타이어 슬립각이 이 피크 포인트를 넘어서면 타이어 힘은 급격하게 준다. 자전거 주행자가 좌회전 커브를 돌면 자전거는 원심력을 받고 그 결과 타이어가 우측으로 미끄러지기 시작한다. 이를 위에서 보면 슬립 방향이 시계 방향이 되므로 음의 슬립각이 생긴다. 이때 타이어의 탄성 복원력은 양의 방향, 즉 휠의 좌측을 향한다. 타이어의 횡방향 합력과 원심력이 평형을 이루면 자전거는 이 커브 구간을 안전하게 통과할 수 있다.

언더스티어와 오버스티어

언더스티어Understeer와 오버스티어Oversteer는 자동차의 핸들링 발란스Balance 문제에 항상 등장하는 용어다. 언더스티어는 필요하다 싶을 만큼 핸들을 돌렸는데 자동차 머리가 커브를 따라잡지 못하는 현상, 오버스티어는 언더스티어의 반대. 이 정도로 이해해도 충분하지만 여기에 중학 수준의 기하학을 가미하면 꽤 과학적으로 언더스티어와 오버스티어를 설명할 수 있다.

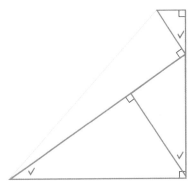

[그림 9] 닮은 꼴 삼각형에서 각도가 같은 모서리들

[그림 9]의 파란색 직각 삼각형 세 개는 닮은꼴이고 빨간 펜으로 표시된 위치의 각도는 모두 같다. 언더스티어와 오버스티어 이해에 필요한 수학 이론 공부는 이게 전부다. 이 이론을 실전에 적용해 보자.

조향 각

휠베이스

조향 각

회전 반경

[그림 10] 슬립이 없을 때 조향 각도와 회전 반경

여기 넘어지지 않을 정도로만 아주 천천히 달리는 자전거가 있다. 이 자전거는 커브를 돌더라도 횡방향으로 미끄러짐이 전혀 없다. 핸들을 돌리면 그 각도가 온전히 커브 통과에 사용된다. 이를 뉴트럴 스티어Neutral Steer라 부른다. 자전거 주행자가 핸들을 반시계(양) 방향으로 살짝 돌리면 이 조향 각도는 [그림 10]의 거대한 직삼각형의 예각과 같다. 회전 반경은 커브 구간의 회전 반경이고 휠베이스는 전후 바퀴 축 사이의 거리다. 보통 트랙의 회전 반경은 휠베이스의 수십 배가 넘으므로 위 삼각형은 과장된 형태지만 이 삼각형을 이용하면 뉴트럴 스티어로 커브를 도는 데 필요한 조향 각도를 다음 식으로 구할 수 있다.

$$조향\ 각 = \frac{휠베이스}{회전\ 반경}$$

즉, 뉴트럴 스티어 상태에선 '조향 각 - 휠베이스/회전 반경'이 0이다.

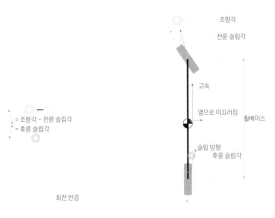

[그림 11] 슬립이 있을 때 조향 각과 회전 반경

자전거가 고속으로 달리면 상황이 조금 달라진다. 같은 회전 반경의 커브를 통과하더라도 직삼각형을 하나 더 그려야 한다. 자전거가 횡방향으로 미끄러져 전후 타이어에 슬립이 발생하기 때문이다. 좌회전 커브를 고속으로 도는 자전거의 전후 타이어에는 횡방향 미끄러짐 때문에 [그림 11]의 빨간 화살표로 표시된 것처럼 전후 타이어에 우상향 슬립이 생긴다. 그리고 조향 각도와 전후 슬립각은 두 직삼각형의 예각에 대응된다. 이를 식으로 써보면 다음과 같다.

$$\text{조향 각} - \text{전륜 슬립각} + \text{후륜 슬립각} = \frac{\text{휠베이스}}{\text{회전 반경}}$$

이를 다시 슬립각에 대해 풀어 쓰면 다음과 같은 식이 완성된다.

$$\text{전륜 슬립각} - \text{후륜 슬립각} = \text{조향 각} - \frac{\text{휠베이스}}{\text{회전 반경}}$$

드디어 우리는 '언더스티어'와 '오버스티어'의 수학적 정의와 마주하게 되었다. 전륜 슬립각과 후륜 슬립각이 같으면 뉴트럴 스티어다. 전륜 슬립각이 후륜 슬립각보다 크면, 즉 전륜이 후륜보다 옆으로 더 많이 미끄러지면 '언더스티어', 반대로 후륜 슬립각이 전륜 슬립각보다 더 크면 '오버스티어'다. '조향 각 - 휠베이스/회전 반경'을 계산한 값은 코너를 돌 때 뉴트럴 스티어를 기준으로 조향 각이 얼마나 더 많이 혹은 적게 필요했는지를 알려준다. 조향 각이 '휠베이스/회전 반경'보다 더 필요하면 언더스티어, 덜 필요하면 오버스티어. "이 자전거의 핸들링 특성이 어떠냐?" 누군가 물으면 이 값을 내밀면 된다.

그리고, 핸들링 발란스

타이어 컨택트 패치가 어떻게 힘을 만드는지 이해했다. 스티어링 특성을 어떻게 평가하는지도 알았다. 이제 핸들링 발란스를 이해하는 것도 어렵지 않다. 핸들링 발란스는 지레의 원리로 생각하면 이해하기 쉽다.

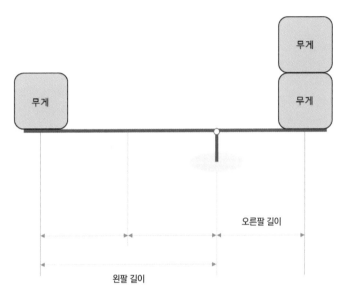

[그림 12] 모멘트의 평형

[그림 12]에는 왼팔 길이가 오른팔 길이보다 두 배 긴 시소가 있다. 이 시소를 평행하기 만들려면 오른팔 위에 왼쪽 무게의 두 배를 올리면 된다. 이렇게 하면 왼쪽 무게가 만드는 회전력과 오른쪽 무게가 만드는 회전력이 크기는 같고 방향이 반대가 되어 회전력 평형, 즉 발란스를 이룬다. 이 회전력을 모멘트라 부르고 '힘×팔 길이'로 정의한다.

지레의 원리가 모멘트 평형이다.

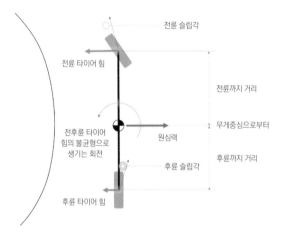

전륜 슬립각

전륜 타이어 힘

전륜까지 거리

전후륜 타이어
힘의 불균형으로
생기는 회전

원심력

무게중심으로부터

후륜까지 거리

후륜 슬립각

후륜 타이어 힘

[그림 13] 스티어링 직후 내 자전거의 운명은?

핸들링 발란스는 전후 타이어의 횡방향 힘이 자전거의 직진
안정성에 어떤 영향을 미치는지를 나타내는 지표다. [그림 13]을
보자. 이 자전거는 고속으로 좌회전 커브를 통과하고 있다. 전·
후륜에 음의 슬립각이 생겼고 두 타이어는 모두 왼쪽으로 힘을
발생한다. 이 타이어 그립이 자전거를 커브 궤적 바깥으로 밀어
내는 원심력과 평형을 이루어야 자전거가 이 커브를 무사히 통
과할 수 있다. 하지만 '타이어 그립=원심력'은 안전한 커브 통과

를 위한 최소 요건이다. 스티어링 후 내 자전거의 운명은 시소의 평형에 달려 있다.

전륜 타이어는 '전륜 타이어 힘×전륜까지 거리'의 크기로 자전거를 반시계 방향으로 돌리려 한다. 후륜 타이어는 '후륜 타이어 힘×후륜까지 거리'의 크기로 자전거를 시계 방향으로 돌리려 한다. 이 두 모멘트가 평형을 이루면 자전거는 좌우 어느 방향으로도 쏠리지 않는 시소의 평형, 뉴트럴 스티어를 이룬다. 만약 두 회전력의 합이 양이면 자전거는 반시계 방향으로 돌기 시작한다. 뉴트럴 스티어 상태보다 더 많이 자전거가 선회하는 현상, 오버스티어다. 두 회전력의 합이 음이면 자전거가 시계 방향으로 치우치는 언더스티어가 된다.

안전성 측면에선 언더스티어가 오버스티어보다 낫다. 언더스티어 현상은 속도만 줄여도 피할 수 있지만 오버스티어로 흐트러진 자세는 쉽게 되찾기 어렵다. 언더스티어나 오버스티어는 레이스카에선 흔히 있는 일이지만 일상에선 결코 좋은 징조가 아니다. 만약 당신이 일상생활에서 언더스티어나 오버스티어를 자주 경험한다면 당장 운전 습관을 고쳐야 한다. 일반 타이어는 우리가 일상생활을 영위하기에 부족함 없는 접지력을 낸다. 그런데도 불구하고 언더스티어나 오버스티어를 경험한다면 당신은 타이어가 감당하기 어려울 정도로 과속과 난폭 운전을 하는 위험인물이다.

이제까지 설명한 이론은 자동차에도 완벽하게 적용된다. 바퀴 수를 늘리고 상하 방향 서스펜션의 역학을 추가하면 자동차 동역학이 된다. 여기서 언급된 내용들은 다음 이야기에서 반복적으로 등장할 것이다.

07
안정성 Stability

유럽··· 미국··· 한국?

자동차 선택에 있어 만국 공통의 제1 판단 기준은 주머니 사정이다. 세상 사람들은 우선 자신의 예산 범위 내에서 인지도가 가장 높은 브랜드 군을 선택한다. 그런 다음 개인적 취향, 필요 사양, 경제성, 성능, 시장 상황에 따라 본인에게 맞는 모델을 찾는 패턴을 보인다. 한국 소비자의 자동차 선택 패턴은 더 단순하다. 국산 자동차보다는 수입차, 소형차보다는 중대형 승용차에 대한 선호가 극단적으로 높다. 유독 한국 시장에서 심한 고급, 중대형 모델 선호 풍토는 자동차를 사회적 위상으로 치환해버리는 한국 고유의 사회·문화적 분위기에 기반을 둔 것이기에 엔지니어링적 해석의 여지가 없다.

[그림 1] 미국의 세단과 영국의 해치백

　대형 승용차를 선호하는 가장 대표적 나라는 미국이다. 이 나라에 사는 사람들은 기름값 걱정은 하며 사는지 궁금할 정도로 미국의 도로엔 길고 넓고 큰 승용차가 즐비하다. 반면 유럽에선 중대형 승용차 비중이 미국에 비해 훨씬 낮다. 대신 소형 해치백의 인기가 압도적으로 높다. 인기 높은 중형 모델이 여럿 있지만 이들 대부분은 큰 적재 공간을 활용하기 위한 것이어서 세단보다 에스테이트Estate 형태가 주를 이룬다. 유럽과 미국이 좋아하는 자동차 형태가 이처럼 극명한 대조를 이루는 이유는 무엇일까? 미국에선 차로 2시간 정도 떨어진 거리는 '근처'라 부를 정도로 장거리 주행이 일상적이다. 주요 도로의 폭이 넓고 커브도 적다. 따라서 편안하고 안정적인 크루즈 성능이 중요하다. 반면 유럽엔 폭이 좁고 오래된 도로가 많고 커브, 회전 교차로Round-about의 비중도 높아서 자동차 선택에 있어 신속한 반응과 달리기 성능이 중요한 고려 요소다. 이 두 문화권은 각자의 도로 환경에 맞는 자동차를 과학적인 이유로 선택했다.

휠베이스

소형차와 중형·대형차를 구분 짓는 가장 특징은 앞뒤 바퀴 축 사이의 거리, 휠베이스(Wheelbase: 축거)다. 휠베이스는 자동차의 자세 안정성Stability을 결정하는 매우 중요한 요소다. 자세 안정성 은 자동차가 요Yaw 방향 자극을 얼마나 잘 버티며 달릴 수 있는 지를 나타내는 지표다. 요 방향 움직임Yaw Motion은 차의 머리가 방 향을 바꾸는 동작이다.

고속도로를 정속으로 달리다 도로 위 위급 상황을 피하기 위 해 스티어링 휠을 틀었다. 다행히 장애물을 피했고 스티어링을 바로잡았는데, 그 후에 나와 내 차에게 어떤 일이 벌어질지 예측 이 안 되는 상황은 누구도 원치 않을 것이다. 가장 행복한 결말 은 차가 빠르게 안정된 자세를 되찾고 원래 경로로 돌아와 가던 길을 가는 것이다. 최악의 결과는 차가 완전히 균형을 잃고 미끄 러지거나 빙글빙글 돌다 대형 사고로 마감하는 것이다. 자동차 의 자세 안정성은 자동차가 요 자극을 얼마나 잘 극복하고 달릴 수 있는지에 대한 능력이다.

자동차의 여러 상태는 다음의 식으로 간략하게 일반화할 수 있다.

자동차가 겪는 힘 = 자동차에 가해지는 모든 힘

갑자기 핸들을 돌리는 상황을 대입해 보자. 핸들을 돌리면 타이어와 지면이 만나는 고무 패치(컨택트 패치)가 변형된다. 이 패치가 다시 원형으로 돌아오려는 힘이 타이어의 횡방향 힘이다. 자동차는 타이어로부터 힘을 받는다.

> **자동차가 횡방향으로 겪는 힘 =**
> **전륜 타이어 횡방향 힘 + 후륜 타이어 횡방향 힘**

그리고 핸들을 어느 한 방향으로 돌리면 전륜 타이어 횡방향 힘이 후륜 타이어 횡방향 힘보다 커서 차체 머리가 요 운동을 시작한다. 요 운동은 전후 횡방향 힘의 불균형, 즉 회전력(모멘트) 때문에 생긴다.

> **자동차가 겪는 모멘트 =**
> **전륜 타이어 횡방향 힘에 의한 모멘트 −**
> **후륜 타이어 횡방향 힘에 의한 모멘트**

전·후륜 타이어의 횡방향 힘은 스티어링 각도Steering Angle, 요 각도Yaw Angle, 요 변화율Yaw Rate의 함수다. 따라서 자동차가 겪는 회전력은 스티어링 각도, 요 각도, 요 변화율의 함수로 표현될 수 있다. 스티어링 각도에 대한 차량의 반력을 스티어링 복원력Steering Resistance, 요 각도에 대한 반력을 탄성 복원력Spring Resistance, 요 변화

율에 대한 반력을 댐핑 복원력_{Damping Resistance}이라 하자. 자동차가
겪는 모멘트는

> 자동차가 겪는 모멘트 =
>
> 스티어링 복원력 + 탄성 복원력 + 댐핑 복원력

이라 쓸 수 있고, 각각의 복원력은 아래와 같다.

> 스티어링 복원력 = 스티어링 복원 감도 × 스티어링 감도

> 탄성 복원력 = 탄성 복원 감도 × 요 각도

> 댐핑 복원력 = 댐핑 복원 감도 × 요 변화율

복원 감도_{Sensitivity}는 스티어링 각도, 요 각도, 요 변화율이 미
세하게 변할 때 자동차가 겪는 회전력의 변화다. '복원 감도가
크면 불규칙한 변화에 대한 복원력이 크기 때문에 안정적이다'
라고 말할 수 있다.

> 스티어링 복원 감도 =
>
> 스티어링 각도가 미세하게 변할 때 자동차가 겪는 회전력의 변화

> 탄성 복원 감도 =
> 요 각도가 미세하게 바뀌었을 때 자동차가 겪는 회전력의 변화

> 댐핑 복원 감도 =
> 요 변화율이 미세하게 바뀌었을 때 자동차가 겪는 회전력의 변화

주행 속도, 타이어 접지력, 전후 무게 배분이 같다면 스티어링 복원 감도는 휠베이스가 길수록 크다. 댐핑 복원 감도 역시 휠베이스가 길수록 커진다. 탄성 복원 감도도 무게 중심이 앞쪽에 있다면 휠베이스가 길수록 크다.

> 스티어링 복원 감도 $\propto$ 무게 중심에서 전륜 축까지 거리

> 댐핑 복원 감도 $\propto$ (무게 중심에서) 전륜 축까지 거리^2 +
> 후륜 축까지 거리^2

> 탄성 복원 감도 $\propto$ (무게 중심에서) 전륜 축까지 거리 –
> 후륜 축까지 거리

여기에서 '$\propto$'은 '비례함'을 의미한다. 롱 휠베이스를 사용하면 차체가 요 자극에 저항하는 전체적 복원력이 커져 자세 안정성이 향상된다. 비대칭 하중 배분 때문에 원치 않는 회전 모멘트

가 발생해도 롱 휠베이스 차량은 쇼트 휠베이스보다 회전각이 작다. 브레이킹 시 전륜으로의 하중 이동도 쇼트 휠베이스보다 적어 후륜의 접지력 손실도 적다. 하지만 휠베이스가 길어지면 과속 방지턱 같은 장애물에 바닥이 닿을 가능성이 커진다. 이 문제를 피하려면 차량의 지상고Ride Height를 높여야 한다. 이로 인한 무게 중심 상승은 또 다른 부작용이다.

반대로 휠베이스가 짧으면 자세 안정성은 떨어지지만 민첩성이 좋아진다. 각자의 도로 환경에서 민첩성이 중요했던 유럽은 소형차, 안정성이 중요했던 미국은 대형차 위주로 발전했던 것이다. 레이스카 디자인에서도 유럽식과 미국식 중 어떤 것을 선택해야 할지 신중하게 고민해야 한다. 한 번 결정된 휠베이스는 쉽게 바꾸지 못한다.

이번 장에서는 자동차의 안정성을 결정하는 대표적 변수로 휠베이스를 예로 들었다. 길이에 변화가 없고 우리 눈에 보이기 때문이다. 하지만 실제 레이스카의 안정성은 공기 역학 변화, 노면의 접지력 변화, 트랙의 기울기 변화, 타이어의 온도 변화, 서스펜션 지오메트리Geometry 변화, 주행 속도 변화에 따라 시시각각 변한다. 그래서 안정성은 정확한 예측이 어렵다. 가장 좋은 레이스카는 드라이버가 가장 불안해하는 트랙 구간에서 높은 안정성을 보이는 레이스카다. 통상 레이스카가 균형을 잃기 쉽고 드라이버도 어려워하는 구간은 스티어링과 요 운동을 시작하는 코너 입구다. 레이스카를 셋업함에 있어 코너 입구에서의 안정성을 높이는 것은 매우 중요한 목표다. 레이스카 셋업은 2부에서 보다 자세하게 다룰 것이다.

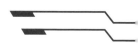

08
힘 Forces

자전거 동역학을 레이스카로 확장하기 위해 F1 레이스카에 영향을 끼치는 외부 힘에는 어떤 것들이 있는지 잠깐 살펴보자.

코리올리힘
지구 원심력
오일러 힘

[그림 1] 레이스카와 지구

지구 표면에 있는 좌표계는 지구의 자전 방향으로 지구와 함께 회전한다. 지구 표면에 기준을 둔 좌표계에서 역학 문제를 풀려면 세 가지 가상의 힘Fictitious Forces을 고려해야 한다. 첫 번째는 코리올리 힘Coriolis Force이고, 두 번째는 원심력Centrifugal Force이다. 이 두 힘은 지구의 자전 때문에 생기는 상대적인 힘이다. 코리올리 힘은 자전 속도에, 원심력은 자전 속도의 제곱에 비례한다. 지구의 자전 속도가 지금보다 몇십 배 빨랐다면 지구인들은 무중력 상태에서 원치 않는 방향으로 휩쓸리며 살았을 것이다. 마지막 가상의 힘은 오일러 힘Euler force이다. 오일러 힘은 좌표계의 회전 속도가 변할 때 생기는 힘인데, 지구 자전 속도는 거의 일정하므로 오일러 힘은 앞의 두 힘에 비하면 무시해도 무방하다. 지구의 회전 때문에 생기는 이 세 힘은 실제로 존재하지만 전 지구적 스케일의 역학 문제가 아닌 이상 고려할 필요가 없다. 현실에서도 우리가 지구 자전으로 인한 가상의 힘을 느낄 일은 전혀 없다. 자동차의 운동과 변위는 지구 위 한 점에 불과하므로 지구 자전으로 인한 가상의 힘은 자동차 동역학을 다룰 때 깔끔하게 생략할 수 있다. 큰 짐을 덜었다.

종방향 축을 따라

공기역학적
모멘트 　공기 저항　　　　　　　　　　　　　　　　　　　배기가스 추력

자이로스코픽
모멘트

타이어 마찰 저항　　접촉 저항　　타이어 트랙션　　타이어 마찰 저항

[그림 2] 종방향 축에 작용하는 힘

종방향으로 작용하는 힘은 레이스카를 앞으로 미는 힘과 못 가게 막는 힘, 두 종류가 있다. 가장 큰 비율을 차지하는 미는 힘은 뒷바퀴 구동으로 타이어 슬립을 유도해 만드는 추진력, 트랙션이다. 크진 않지만 배기가스 질량 배출도 추력Thrust을 만든다. 이두 힘이 앞으로 미는 힘을 방해하는 요소는 공기 저항Drag, 네 타이어의 마찰 저항Friction & Rolling resistance, 그리고 차체 바닥이 노면과 부딪힐 때 생기는 접촉 저항이다.

> 종방향 힘의 합 = 미는 힘 + 막는 힘 = (트랙션 + 배기가스 추력)
> − (공기 저항 + 타이어 마찰 저항 + 바닥 접촉 저항)

이 모든 힘의 합이 0보다 크면 가속, 0보다 작으면 감속, 0이면 항속 상태가 된다.

종방향 축을 중심으로 회전력(모멘트)도 발생한다. 먼저 회전하는 휠에 생기는 자이로스코픽 모멘트가 네 개의 휠에 작용한다. 그리고 레이스카의 비대칭 때문에 공기 역학적 모멘트도 일부 생긴다.

횡방향 축을 따라

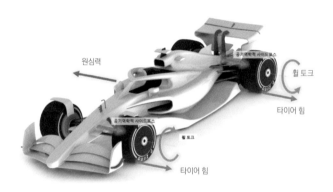

원심력

공기역학적 사이드포스

휠 토크

타이어 힘

공기역학적 사이드포스

휠 토크

타이어 힘

[그림 3] 횡방향 축에 작용하는 힘

횡방향으로 작용하는 가장 큰 힘은 네 바퀴의 컨택트 패치에 생기는 타이어 힘이다. 여기에 차량이 타고난 공기 역학적 사이드 포스가 더해진다. 그리고 가상의 힘, 원심력이 등장한다. 횡방향 축 원심력은 트랙의 곡률 때문에 생긴다. 곡률이 커지면 원심력도 커진다. 곡률이 0이면 원심력도 없다. 횡방향의 모든 타이어 힘, 공기 역학적 힘, 원심력을 더하면 레이스카를 횡으로 미는 알짜 힘이 나온다. ISO 표준 좌표계의 약속을 따르면 0보다 큰 알짜 힘은 레이스카를 왼쪽으로, 0보다 작은 알짜 힘은 레이스카를 오른쪽으로 민다.

> 횡방향 힘의 합 = 좌향 힘 + 우향 힘 =
>
> (타이어 힘 + 공기역학적 사이드포스) - (원심력)

휠 토크는 가속, 감속, 항속 여부에 따라 방향이 계속 바뀐다.

수직축을 따라

[그림 4] 종방향 축에 작용하는 힘

레이스카에 수직으로 작용하는 힘은 레이스카를 내리누르는 힘과 들어 올리는 힘, 두 종류가 있다. F1 레이스카를 누르는 가장 큰 힘은 공기 역학적 다운포스다. 다운포스는 원래 차체 전체에 골고루 퍼져 있지만 그 크기는 유한한 수의 센서 위치에서 측정하므로 다운포스의 작용은 몇 개의 점으로 표시할 수 있다. 레이스카를 누르는 또 다른 큰 힘인 차량 하중도 무게 중심점에서 아래로 향하는 힘으로 본다. 만약 차체 바닥이 노면과 부딪히면 차체 바닥의 탄성 때문에 차체가 공중으로 튕기는 반력도 생긴다.

도로에 상하 곡률이 있으면 자동차는 수직 방향으로 원심력을 받는다. 수직 원심력의 방향은 도로의 상하 곡률에 따라 달라진다. 롤러코스터를 상상하면 이해하기 쉽다. 볼록한 언덕 구간을 빠른 속도로 달리면 몸이 위로 들리고, 오목한 골 구간을 빠르게 지나가면 몸이 아래로 눌리며 사타구니가 아찔해진다. 어떤 경우에도 원심력은 항상 궤적의 바깥을 향한다.

> 수직 방향 힘의 합 = 누르는 힘 + 올리는 힘 =
> (다운포스 + 차량 하중) - (접촉 반력 + 원심력)

이 모든 힘을 합하면 레이스카가 수직으로 받는 힘을 알 수 있다. 하지만 이게 다일까?

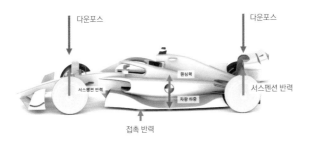

다운포스   다운포스

원심력

서스펜션 반력   차량 하중   서스펜션 반력

접촉 반력

[그림 5] 서스펜션에서의 힘의 평형

그렇지 않다. 이 수직 알짜 힘은 서스펜션 위에 둥둥 떠 있는 차체에만 수직으로 가해지는 힘이다. 그리고 이 모든 힘의 합은 이를 지탱하는 서스펜션 반력과 평형을 이룰 뿐이다.

수직 방향 힘의 합 = 서스펜션 반력

서스펜션 반력   서스펜션 반력

휠 하중   휠 하중

컨택트패치   컨택트패치
반력   반력

[그림 6] 컨택트 패치에서의 힘의 평형

수직 방향 역학에서 가장 중요한 결과는 서스펜션이 지탱하는 힘이 아니라 모든 수직 방향 힘이 더해져 타이어 컨택트 패치를 누르는 최후의 수직 하중이다. 컨택트 패치가 받는 수직 하중이 타이어의 접지력을 지배하기 때문이다. 네 개의 컨택트 패치가 받는 수직 하중은 서스펜션 네 코너가 지탱하는 힘과 휠의 하중을 더한 값이다. 휠에 직접 작용하는 공기 역학적 다운포스도 있지만 중요도는 그리 크지 않다.

> 컨택트 패치 반력 = 서스펜션 반력 + 휠 하중

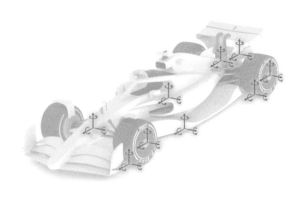

[그림 7] 레이스카에 작용하는 여러 힘과 모멘트

이 모든 힘과 모멘트 요소들은 작용점과 방향이 다르다. 그래서 자동차의 운동 역학을 해석하는 과정에선 힘의 작용점마다 다른 좌표계를 사용한다. 이 모든 힘이 한데 어우러져 어떤 운동을 만들어낼지는 다 합한 후에야 알 수 있다.

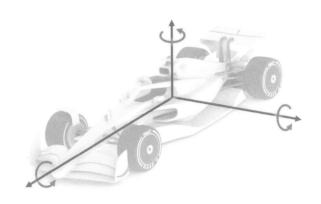

[그림 8] 모든 힘과 회전력을 모아 무게 중심으로

좌표계를 통일하는 작업을 거친 후 모든 힘과 모멘트를 무게 중심으로 좍 끌어모으면 우리가 알고 싶은 자동차의 동역학이 나온다. 모든 자동차의 운동은 결국 세 개의 직선과 세 개의 회전, 단 여섯 방향에서 여섯 개의 'F=ma'로 정리할 수 있다. 이 식을 통해 레이스카의 가속도, 속도, 위치, 롤, 피치, 요 등의 성능 상태를 수학적으로 계산한다. 뉴턴의 과학은 이렇게 깔끔하고 아름답다. 뉴턴의 과학은 혁명이며 그가 인류에게 선물한 영원 불멸의 보편적 복지다.

09
스위치 컨트롤
Switch Control

현대 F1 레이스카는 의심의 여지 없이 현존하는 자동차 중 운전과 조작이 가장 까다롭고 복잡한 자동차다. "자동차 운전은 양손으로 스티어링 휠을 움직여 방향을 바꾸고 두 발로 속도를 조절하는 기계 조작인데 레이스카 운전이라고 해서 크게 다를 것이 있겠는가?" 의구심을 갖는 독자가 있을 수도 있다. 하지만 F1 레이스카의 운전과 조작은 난이도를 매기기 어려울 정도로 어렵고 복잡하다.

자동차 레이스는 정해진 코스를 홀로 유유히 달리는 크루징Cruising이 아니다. F1 레이스는 레이스카 두세 대가 나란히 달리기에도 비좁은 트랙 위에서 스무 대가 넘는 레이스카들이 시속 수백 킬로미터로 뒤엉켜 달리는 경쟁이다. 드라이버는 레이스 시작부터 끝까지 스티어링 휠을 쥔 양팔과 풋 페달을 밟는 양다리 근육에서 힘을 풀 수 없다. 실수로 휠을 놓치기라도 하는 날엔 자신의 생명뿐만 아니라 경쟁자들의 생명까지 위태롭게 하는 대형 사고를 초래할 수 있다.

F1 드라이버는 핏 월Pit wall의 엔지니어가 무전을 통해 전달하는 정보와 자신이 오감을 통해 얻은 차량 피드백 정보를 바탕으로 레이스카의 상태를 살피고, 최상의 퍼포먼스를 찾기 위해 레이스카의 여러 세팅을 능동적으로 바꿔야 한다. 운전 조작은 드라이버의 팔과 다리가 맡는다. 하지만 시시각각 변하는 레이스 컨디션에 레이스카가 살아 있는 동물처럼 적응할 수 있도록 지능을 불어넣는 것은 드라이버의 손가락이다.

드라이버 손가락의 임무, 기어 변경과 클러치 조작

F1 드라이버의 손가락이 하는 가장 중요한 임무는 기어 변경과 클러치 조작이다. 핸드 휠의 뒷면에는 보통 3~4개의 플래피 패들 Flappy Paddle이 달려 있다(패들이 6개까지 달렸던 시절도 있었다). 이 중 두 개의 패들에 기어 업/다운 시프트 기능이 연결된다. 양산형 자동차 모델에서 옵션으로 적용되는 패들 시프트와 같은 장치다. 드라이버 대부분은 업/다운 시프트 패들을 좌우에 분리 배치해 한쪽은 업 시프트, 다른 쪽은 다운 시프트용으로만 쓰는 방식을 선호한다. 하지만 업/다운 시프트 모두를 좌나 우 한 손으로만 조

작고 다른 한 손을 세팅 조정에 자유롭게 쓰는 드라이버도 있었다. 어느 패들을 어떤 기어 시프트로 사용할 것인지는 이 장치의 유일한 VIP 고객인 드라이버가 결정한다. 나머지 패들의 기능 선택도 드라이버의 기호가 가장 중요한 디자인 요건이다.

F1 레이스카에는 8단(+1 후진 기어) 시퀀셜 기어박스Sequential Gearbox가 장착된다. 시퀀셜 기어는 모터사이클에 주로 사용되는 변속 방식으로 기어 변경을 순차적으로만 할 수 있는 기어링 메커니즘이다. 일반 수동 변속기는 1단에서 2단을 건너뛰고 3단으로 변경할 수 있지만 시퀀셜 기어는 반드시 2단을 거쳐야 한다. 마찬가지로 시퀀셜 기어를 7단에서 2단으로 감속하려면 반드시 6-5-4-3단을 순차적으로 거쳐야 한다.

대부분의 양산형 자동차용 패들 시프트 시스템은 풀 오토매틱 기어박스를 베이스로 한다. 반면 F1 레이스카의 기어박스는 본질적으로 동력 연결과 차단을 기계적 클러치 플레이트(마찰판)로 하는 수동변속기다. 따라서 반드시 클러치 컨트롤이 동반되어야 한다. F1 레이스카의 클러치는 풋 페달이 아닌 핸드 휠 뒷면의 플래피 패들로 조작한다. 기어 업/다운 시프트 패들을 제외한 여분의 패들이 클러치 컨트롤에 사용된다. 클러치 조작에 사용할 패들 선택에도 드라이버의 의견이 가장 중요하다. 좌우에 각 하나씩 두 개의 패들이 클러치 컨트롤에 배정되면 이 둘은 정확하게 같은 클러치 차단 기능을 한다. 즉, 둘 중 어느 한쪽 패들만 당겨도 클러치 클램프가 열려 동력이 차단된다. 더블 클러치 패들은 2015년까지 더 빠른 스타트를 위해 모든 팀이 사용했었다. 하지만 2016 시즌부터 드라이버는 스타트 시 반드시 한 개의 클러치 패들만 사용해야 한다. 더블 클러치 패들은 여전히 허용되지만, 드라이버가 이 둘을 동시에 사용하는 것은 규정 위반이 되었다.

일반 수동 변속 차량을 정지 상태에서 출발시키려면 반드시 '반 클러치'를 사용해야 한다. 정지 상태의 자동차는 움직이지 않으려는 관성이 있다. 엔진 토크가 충분치 않을 때 클러치 페달에서 갑자기 발을 떼면 과도한 클러치 마찰 때문에 순간적으로 엔진 드라이브 샤프트가 멈춘다. 만약 엔진 토크가 이 마찰력을 이기지 못하면 엔진은 몇 번의 딸꾹질 후 멎는다. 이런 현상을 엔진 스톨Engine Stall이라고 부른다. 수동 변속기 차량으로 운전을 배운 독자라면 초보 시절 클러치 페달을 놓쳐 시동을 꺼뜨린 당황스러운 경험이 반드시 있을 것이다. 엔진 스톨을 피하려면 '반 클러치' 적응은 필수다. 반 클러치를 사용하면 클러치 마찰판 회전이 멈추지 않아 엔진 드라이브 샤프트가 잠기지 않고, 덕분에 부드럽게 자동차를 출발시킬 수 있다. 클러치 마찰판 마모를 피할 수 없고 엔진 동력이 손실되지만, 반 클러치 테크닉 외에 수동 변속 차량을 출발시킬 더 좋은 방법은 없다. 일상에서 반 클러치 위치는 드라이버 스스로 터득해야 하는 영역이다. 가속 페달을 살짝 밟은 상태에서 클러치 페달을 슬금슬금 떼다 차가 꿈틀대기 시작하면 속도가 붙을 때까지 클러치 페달 위치를 고정하는 것이 일반적인 반 클러치 공식이다. "클러치 페달을 이쯤에서 멈추시오!" 하고 알려주는 외부의 도움이 없으니 운전자가 반 클러치 감에 익숙해지기까지는 적지 않은 시행착오와 연습이 필요하다.

반면 F1 레이스에서 빠른 스타트는 레이스의 결과를 좌우할 만큼 중요하다. 스타트에 가장 효과적인 '반 클러치' 감을 찾는 데 시간을 허비할 여유가 없다. 이 문제를 해결하기 위해 2015 시즌까지 두 개의 클러치 패들이 사용되었다. 지금은 사라진 더블 클러치 패들로 F1 레이스카를 출발시켜 보자.

1. '스타트 세팅' 모드를 선택한다. 이 세팅은 스타트에 쓰일 대략적 클러치 바이트Clutch Bite 위치를 기억하고 있다. 하지만 이 바이트 위치가 완벽한 것은 아니다. 엔진 맵도 스타트용으로 바뀐다.
2. 좌측 클러치 패들을 반 정도 쥔 상태에서 우측 클러치 패들을 완전히 당긴다. 꽉 움켜쥔 우측 클러치 패들 덕분에 클러치는 완전히 열린 상태다.
3. 1단 기어를 넣는다.
4. 브레이크와 가속 페달을 끝까지 밟는다.
5. 출발 신호가 떨어지면 브레이크 페달과 우측 클러치 패들을

동시에 뗀다.

6. 아직 반 정도 쥐고 있던 좌측 클러치 패들 덕에 레이스카가 스톨 없이 출발한다. 반 클러치 상태를 유지하는 동작이다. 스타트 후 좌측 클러치 패들까지 완전히 놓는다.

레이스카가 안전하게 그리드를 벗어난 이후부터 기어 변경은 클러치 패들 조작 없이 기어 업/다운 시프트 패들 조작만으로 가능하다.

하지만 2016 시즌 이후 이 더블 클러치 컨트롤도 금지되었다. 클러치 규정 변경 후 드라이버는 스타트 시 반드시 한 개의 클러치 패들만 사용해야 한다. 스타트 시 드라이버의 실수를 줄이고 가속을 돕기 위한 스타트 전용 엔진 맵 사용도 금지되었다. 클러치 패들 변위와 클러치 입력 신호의 비율도 일정해야 한다. 이제 F1의 클러치 컨트롤과 일반 수동 자동차의 클러치 컨트롤은 거의 같다.

완벽한 스타트의 핵심은 최적의 클러치 '바이팅 포인트_{Biting Point}'를 찾는 것이다. F1 엔진에는 안티 스톨_{Anti-Stall} 시스템이라는 예민한 장치가 있다. 이 장치는 엔진이 과부하를 받는다 싶으면 클러치를 열어버려 시동이 꺼지는 것을 막아준다. 클러치 바이팅 포인트가 너무 얕으면 동력 전달 효율이 낮아 스타트가 둔하다. 클러치 바이팅 포인트를 무리하게 깊게 잡으면 안티 스톨 시스템이 개입해 레이스카가 꿈쩍 않을 수도 있다. F1 레이스 스타트를 유심히 보면 매번 눈에 띄게 실수하는 드라이버들을 볼 수 있는데 대부분 클러치 컨트롤을 실패해서다. 레이스 스타트는 잘하면 단박에 순위를 여러 단계 끌어올릴 기회지만, 사소한 클러치 조작 실수도 용서하지 않는 무자비한 순간이기도 하다.

쉴 틈 없는 F1 드라이버의 손가락

여기까지는 스티어링 핸드 휠 뒷면에서 벌어지는 '숨쉬기'만큼 기본적인 조작에 불과하다. F1 드라이버가 감당해야 할 더 중요한 임무는 시시각각 변하는 레이스 컨디션에 레이스카를 적응시키기 위해 핸드 휠 앞면의 여러 버튼을 이용해 레이스카 세팅을 변경하는 일이다.

레이스카 스티어링 휠은 레이스카의 관제탑이다. F1 레이스카에는 오직 드라이버만 통제할 수 있는 약 40여 가지의 성능 변수Performance Parameters가 있다. 핏 월과 각 팀의 본부에 있는 엔지니어도 레이스카의 여러 상태를 실시간 데이터 스트림으로 볼수 있지만, 이는 모니터링 용도일 뿐 엔진 토크 맵, 브레이크 맵, 디퍼런셜 세팅, 연료와 공기 혼합 비율 등 핵심 성능 변수를 선택할 수 있는 사람은 콕핏Cockpit에 앉은 드라이버뿐이다. 엔진 맵,

디퍼런셜 맵, 브레이크 발란스 등의 세팅은 주행 중에도 수시로 바꿀 수 있다. 드라이버는 시선을 트랙에 두고 양손은 핸드 휠을 잡은 상태에서 손가락의 움직임만으로 여러 세팅을 변경할 수 있어야 한다. 이 때문에 F1 스티어링 휠에는 스무 개 이상의 버튼, 스위치, 다이얼, LED 디스플레이가 집약돼 있다.

[그림 1] F1 스티어링 휠

현기증 날 정도로 많은 이 스위치들의 용도는 무엇일까?

위 사진은 2014 시즌 사우버Sauber 팀의 C33에 사용된 스티어 핸드 휠이다. 각 팀은 자신들의 기술 정보가 노출되는 것을 꺼리지만 사우버 팀은 핸드 휠의 이모저모를 팬들에게 비교적 상세하게 공개한 바 있다.

F1 스티어링 휠의 대시보드 디스플레이와 컨트롤 유닛의 사

양은 FIA가 정한다. 이 사양에 따라 MAT_{McLaren Applied Technology}가 표준화된 컨트롤 유닛과 모듈을 제작한다. F1의 모든 팀은 MAT이 공급하는 표준 ECU_{Engine Control Unit}, PCU-8D 디스플레이 유닛, 4.3인치 LCD 디스플레이, ECU에 신호를 전달하는 버튼, 스위치, 패들 유닛을 사용한다. MAT은 이 2세대 표준 스티어링 컨트롤 모듈에 20개의 버튼, 9개의 로터리 스위치, 6개의 패들 컨트롤 기능을 제공한다. 이 표준 컨트롤 입력에 어떤 기능을 어떻게 배치할지는 각 팀의 몫이다. 스티어링 휠의 형태도 팀의 자유다.

모든 팀의 핸드 휠은 같은 모듈을 공유하고 기능 면에서 유사점이 많으므로 사우버가 공개한 정보에 약간의 설명을 더하면 F1 드라이버의 손가락이 하는 일을 알 수 있다.

[그림 2] 표준 컨트롤 유닛의 버튼과 스위치들

우선 핸드 휠을 양손으로 움켜쥔 상태에서 왼손 엄지와 검지만 사용해 조작할 수 있는 버튼과 스위치는 위에서 아래 방향으로 다음과 같다.

1. **DRS 버튼**: 왼쪽 윗부분 뒤에 숨어 있는 이 버튼을 누르면 지정된 직선 구간에서 뒷날개의 플랩을 열어 공기가 무사통과하게 함으로써 공기 저항력을 감소시킨다. 2025년까지 사용되며 2026년 이후 DRS와 유사한 에어로 모드 변환 버튼으로 사용된다.

2. **노란색 N 버튼**: 1단이나 2단 기어에서 중립으로 단번에 변속시켜 준다.

3. **검정색 BRKBAL**Brake Balance **로터리 스위치**: 스위치의 다이얼을 돌려 전후 브레이크의 발란스(전후 브레이크 제동력 비율)를 큰 폭으로 조절한다.

4. **검정색 Box 버튼**: 드라이버가 핏Pit에 들어가고자 하는 의사를 엔지니어에게 표시한다.

5. **파란색 S2 버튼**: 빈 버튼으로 필요에 따라 임시 기능을 링크시킬 수 있는 예비 버튼이다.

6. **흰색 10 -버튼**: 핸드 휠 중앙 하단에 있는 다용도Multi-Function 로터리 스위치로 선택된 모드의 세팅을 변경하거나 스킵하는 데 사용한다.

7. **SOC**State of Charge **로터리 스위치**: 에너지 회수 장치ERS의 에너지 저장 장치의 충전, 방전 모드를 제어한다.

8. **오렌지색 BRK- 버튼**: 이 버튼을 누르면 로컬 브레이크 발란스 세팅을 무시하고 프로그램된 기본 브레이크 발란스 세팅으로 돌아간다.

9. **남색 BBal- 버튼**: 브레이크 발란스를 미세하게 낮춘다.

10. 흰색 ACK Acknowledge **버튼**: 버튼을 눌러 어떤 지시 사항을 잘 알아들었음을 엔지니어에게 알린다.

11. 이외에 각 버튼 근처에서 작동 상태를 알려주는 작은 LED 램프들이 보인다.

마찬가지로 핸드 휠을 양손으로 움켜쥔 상태에서 오른손 엄지와 검지만 사용해 조작할 수 있는 버튼과 스위치는 위에서 아래 방향으로 다음과 같다.

12. 빨간색 PL Pit Limiter **버튼**: 핏 레인에 진입 시 이 버튼을 누르면 엔진이 핏 레인 제한 속도 시속 80km를 넘지 않도록 제어된다.

13. Entry 로터리 스위치: 스위치의 다이얼을 돌려 코너 입구의 난이도에 따라 디퍼런셜 세팅을 변경한다.

14. 검정 R Radio **버튼**: 엔지니어와 라디오 통신 시 사용한다.

15. 오렌지색 S1 버튼: 파란색 S2 버튼과 마찬가지로 임시 기능을 링크시킬 수 있는 예비 버튼이다.

16. 흰색 1+ 버튼: 핸드 휠 중앙 하단에 있는 다용도 로터리 스위치로 선택된 모드의 세팅을 변경하거나 스킵하는 데 사용한다.

17. Pedal 로터리 스위치: 가속 페달의 반응 특성을 결정하는 페달 맵을 변경하는 데 사용한다.

18. 녹색 BRK+ 버튼: 이 버튼을 누르면 좌측 상단 다이얼로 설정한 로컬 브레이크 발란스 세팅으로 돌아간다.

19. BBal+ 버튼: 브레이크 발란스를 미세하게 높인다.

20. 검정색 OT_{Overtake} **버튼**: 추월이나 방어 시 이 버튼을 누르면 순간적으로 고성능 엔진 맵이 활성화돼 엔진 파워가 향상된다.

21. 마찬가지로 각 버튼 근처에 작동 상태를 알려주는 작은 LED 램프들이 보인다.

중앙 하단에는 여러 다이얼 스위치가 위치하는데 이들은 긴박한 레이스 도중에 사용하기보다는 세션 시작 전 레이스카의 세팅을 변경하기 위해 사용된다.

22. IGN_{Ignition} **로터리 스위치**: 엔진의 점화 타이밍을 조절한다.

23. PREL_{Preload} **로터리 스위치**: 디퍼런셜의 예압 토크를 조절한다.

24. 빨간색 Oil 버튼: 보조 탱크로부터 메인 탱크로 오일을 급유한다.

25. MFRS(Multi-Function 로터리 스위치): 이 다이얼을 돌려 다음과 같은 다양한 시스템 모드를 선택할 수 있다.

- 기본 시스템 설정_{DIAG}
- 엔진 성능_{PERF}
- 엔진 회전 리미터_{ENG}
- 공기-연료 혼합 비율_{MIX}
- 터보-컴프레서 모드_{TURBO}
- 코너 탈출 디퍼런셜 설정_{VISCO}
- MGU-K 에너지 회수 한계_{BRK}

- MGU-K 부스트 한계BOOST

- 대시 보드 옵션DASH

- 크루즈 컨트롤CC

- 기어 시프트 타입SHIFT

- 클러치 바이트 포인트 오프셋CLU

26. 검정색 BPBite Point 버튼: 클러치 바이트 포인트 최적화를 시작한다.

27. Tyre 로터리 스위치: 장착된 타이어 종류를 ECU에 입력한다.

28. Fuel 로터리 스위치: 연료 소모율을 조절한다.

중앙 상단에는 정보 전달 모니터링 기기가 탑재된다.

29. LED 클러스터: 기어 변경 타이밍을 알려준다.

30. LCD 스크린: 레이스카의 여러 상태 정보를 표시한다.

"Leave Me Alone!"

F1 드라이버는 최대 2시간의 레이스 동안 전속력으로 달리고 경쟁자들을 피해가며 앞서 설명한 버튼과 스위치를 조작해야 한다. 동시에 핏 월에서 엔지니어가 무전으로 전달하는 정보를 듣기 위해 귀를 열어두어야 하고, 대시 보드Dash Board에 표시되는 데이터까지 곁눈질로 체크해가며 차량 상태를 확인해야 한다. 일

반 도로에서 라디오 채널을 변경하거나 휴대전화로 통화만 해도 운전자의 집중력이 음주 상태만큼 떨어질 수 있다는 사실을 고려하면 F1 드라이버에게 필요한 집중력 수준이 얼마나 높은지 짐작할 수 있다.

작전 중인 드라이버에게 더 많은 정보를 제공하는 것이 무조건 좋은 것은 아니다. F1 드라이버도 정보 처리에 한계가 있는 인간이다. 동시에 들어오는 정보의 양이 처리하기 곤란할 정도로 많아지면 드라이버의 집중력은 분산된다. 2012 시즌, 팀 라디오(레이스 엔지니어와 드라이버 사이의 무전)로 불필요한 말을 걸어오는 레이스 엔지니어를 향해 "Leave me alone. I know what I am doing!(나 좀 내버려둬. 내가 잘 알아서 할 테니까!)" 하고 쏘아붙인 어느 F1 드라이버의 분노는 집중력을 유지하려는 뇌의 본능적 방어 기제였을지도 모른다.

핸드 휠 인터페이스의 혼잡도가 높아지면 드라이버의 조작 실수 가능성도 높아진다. 이 때문에 F1 디자이너들은 핸드 휠을 최대한 간결하게 디자인하고, 여기에 꼭 필요한 버튼만 배치하려 노력한다. 아울러 드라이버의 조작 실수가 최소화될 수 있도록 핸드 휠의 유일한 사용자인 드라이버의 의견을 설계에 최우선으로 반영한다.

F1 스티어링 휠의 세대교체

2014 시즌부터 각 팀은 4.3인치 LCD 디스플레이가 부착된 신형 핸드 휠을 사용하고 있다. 부피가 큰 LCD 디스플레이를 사용한 신형 핸드 휠은 구형 핸드 휠에 비해 중량이 약 300~400g가량 무거웠다. 출전 차량의 패키징이 비교적 무거운 팀에겐 규정된 최소 중량을 초과하는 단 1g도 레이스에 손해다. 또 LCD 디스플레이 도입으로 핸드 휠의 관성 모멘트Moment of Inertia도 커졌다. 관성 모멘트가 커지면 드라이버가 핸드 휠을 돌리기 위해 더 큰 팔 힘을 써야 한다. 핸드 휠의 넓이가 커져 드라이버의 시야가 줄어드는 단점도 있다.

하지만 LCD 디스플레이 도입 덕분에 엔지니어의 도움 없이도 드라이버가 직접 차량의 여러 상태를 확인할 수 있게 되었다. 2014 시즌 중국 그랑프리에서 한 차량의 '텔레메트리 시스템(레이스카의 상태와 데이터를 실시간으로 엔지니어에게 전송하는 장치)'이 갑자기 고장 났다. 데이터를 전혀 볼 수 없는 핏 월의 엔지니어는 드라이버에게 아무 정보도 줄 수 없었지만 새로 도입된 디스플레이 덕분에 드라이버 스스로 파워 유닛 상태를 감시할 수 있었고, 자칫 최악이 될 수 있었던 레이스에서 좋은 성적을 거두었다.

2014 시즌 중반, FIA는 덜컥 팀 라디오 사용을 제한한다는 얄궂은 결정을 내렸다. 당시까지 모든 F1 팀은 팀 라디오를 통해 드라이버가 원하는 정보를 제한 없이 전달할 수 있었는데 느

닷없이 FIA가 이에 어깃장을 놓은 것이다. 명분은 드라이버 간의 공정한 경쟁을 제도적으로 보장하기 위함이었다. 이 제재 조치 이후 레이스카 성능 향상을 위한 세팅 조정, 연료 사용량, 레이싱 라인 등 운전을 직접 돕는 정보를 무전으로 알려줄 수 없게 되었다. 갑작스레 발표된 이 결정에 모든 F1 팀은 당황했다. 하지만 신형 핸드 휠이 있던 터라 패닉이 덜했다. 팀 라디오 사용이 어려워져도 파워 유닛 등의 상태를 드라이버 스스로 모니터링할 수 있는 대체 수단, LCD 디스플레이가 있었기 때문이다. 팀 라디오 제재는 팀들의 요청으로 2014년 말까지 시행이 유보되었다가 2015 시즌부터 전면적으로 시행되었다.

　F1 레이스카의 지능은 드라이버의 스위치 컨트롤에 달려 있다. 드라이버의 스위치 컨트롤은 드라이버·레이스 팀의 뇌와 레이스카의 중추 신경을 연결하는 가장 중요한 통로다.

10

스피드 컨트롤
Speed Control

기후변화 위기 극복을 위한 인류의 노력에 발맞추고자 F1은 새로운 심장, '하이브리드 파워 유닛'을 도입했다. 사용하는 엔진의 작동 원리가 달라졌으니 작동 방법 또한 달라졌다. 'F1 파워 유닛과 동력 계통의 작동 방법'을 간략하게 살펴보자.

파워트레인

내연 엔진(Internal Combustion Engine: ICE)이 현재의 모습으로 자동차에 널리 사용된 이유는 간단하다. 현존하는 에너지 자원 중 에너지 밀도가 높고 채취가 쉬운 석유라는 화석 연료로부터 가장 안전하고 효율적으로 동력을 얻을 수 있는 기계 메커니즘이었기 때문이다. 20세기까지만 하더라도 '자동차=수레+내연 엔진'이라는 명제는 참이었다. 하지만 전기 모터가 내연 엔진을 대체하는 지금, 이 명제는 의심의 여지 없이 거짓이다. '멀지 않은 미래에 신재생 에너지가 유한한 화석 연료를 대체할 것이다'라는 전망은 이제 꼭 미래학자가 아니더라도 누구나 아는 사실이다. 내연 엔진은 더 이상 자동차의 필수 요소가 아니다. 만약 원자로나 핵융합 토카막Tokamak을 지금의 엔진 크기로 만드는 것이 가능했다면 자동차 엔진은 지금과 전혀 다른 모습을 하고 있었을지도 모른다.

덩그러니 놓인 엔진 블록을 보고 우리는 '자동차'라 부르지 않는다. 어떤 탈것이 '자동차'라고 불릴 수 있으려면 동력 기관이 생성하는 동력이 바퀴까지 기계적으로 전달되는 동력 전달 메커니즘이 기능해야 한다. 보통 네 바퀴가 달린 기본 뼈대에 엔진과 기어박스, 구동축이 차례로 연결되면 직선 주행이 가능하다. 이것이 자동차의 최소 단위이고, 이를 '파워트레인Powertrain'이라고 부른다. 자동차의 종방향 운전은 전적으로 이 파워트레인을 제어하는 작용이다.

드라이버의 왼발과 오른발

자동차의 엔진과 동력 계통은 대부분 풋(발) 페달로 조작된다.

자동차에는 보통 왼쪽에 클러치, 가운데에 브레이크, 오른쪽에 가속 페달, 이 세 개의 페달이 달려 있다. 이 페달 배치는 운전석 위치에 상관없이 전 세계 어느 지역에서나 같다. 반면 F1 레이스카에는 풋 페달이 두 개 달려 있다. 국내에서 판매되는 대부분의 승용차는 오토매틱 기어박스를 달고 출고되기 때문에 'F1 레이스카에는 두 개의 풋 페달이 있다'는 사실은 전혀 어색하지 않다. 일반 오토매틱 차량과 마찬가지로 F1 레이스카의 풋 페달도 왼쪽이 브레이크, 오른쪽이 가속 페달이다.

하지만 F1 레이스카의 기어박스는 풀 오토매틱이 아닌 세미 오토매틱이기 때문에 클러치 컨트롤이 존재한다. F1 레이스카의 클러치는 발이 아닌 손으로 조작된다. 클러치 컨트롤 위치가 다를 뿐 그 기능은 일반 풋 클러치와 똑같다. 손으로 하는 클러치 조작 방법은 앞 장에서 짧게 설명했다. 이번 이야기는 F1 드라이버가 풋 페달로 하는 파워트레인 조작 방법이다. 단순히 두 개의 풋 페달로 가속/감속을 제어한다는 사실에만 방점을 찍으면 일반 자동차와 F1 레이스카의 파워트레인 조작 방법엔 별 차이가 없어 보인다. 가속 페달을 밟으면 속도가 빨라지고 브레이크 페달을 밟으면 속도가 준다. 하지만 F1 레이스카의 파워트레인 조작 방법은 여러 면에서 일반 자동차와 다르다. F1 레이스카 풋 페달 컨트롤과 연계해 F1 파워트레인의 특징을 알아보자.

자전거로 이해하는 F1 레이스카의 파워트레인

자동차의 동력 계통을 이해함에 있어 자전거는 늘 유용한 참고 모델이다. 자전거의 동력 계통은 자동차의 그것과 비교할 수 없을 정도로 직관적이고 단순하지만, 자전거는 원동기 동력이 없을 뿐 온전한 드라이브트레인Drivetrain을 가진 이동 수단이다. 자전거 주행자가 안장에 올라 페달을 구르기 시작하면 드라이브트레인에 동력이 입력되고 이로써 온전한 파워트레인이 구성된다. 만약 자전거 주행자의 뇌가 육체적 피로를 감지하지 못한다면 뇌가 인지하는 자전거는 모터사이클과 다를 바 없다. 또 자전거는 번거롭게 분해할 필요도, 설명 책자의 도움을 받을 필요도 없이 모든 기계적 메커니즘을 눈으로 확인할 수 있는 가장 간결한 'Man-Machine' 시스템이다.

일반 자전거는 자전거 주행자가 달리다가 페달링을 멈춰도 드라이브트레인이 잠기지 않고 계속 회전하는 프리휠Freewheel 메커니즘을 사용한다. 내리막길에서 크랭크를 돌리지 않아도 '타르르르' 소리를 내며 공짜 주행이 가능한 것 역시 이 프리휠 메커니즘 덕분이다. 보통의 자전거에서 동력 입력을 멈추는 것, 즉 페달링을 멈추는 행위는 즉각적 제동을 의미하지 않는다. 따라서 원하는 위치에 정지하려면 반드시 브레이크를 잡아야 한다. 프리휠 드라이브트레인이 장착된 자전거에서 브레이킹과 페달링은 서로 완전히 독립된 행위다. 브레이크 레버를 움켜쥔 상태에서도 페달을 밟는 힘이 브레이크 패드의 마찰력을 이길 만큼 크다면 자전거는 스멀스멀 전진한다.

여기까지의 설명에서 '자전거'를 '자동차'로 치환해도 내용 중 많이 고칠 부분은 없다. 일반 자동차의 파워트레인은 자전거의 프리휠 드라이브트레인처럼 가속 페달에서 발을 떼더라도 브레이크 페달을 밟기 전까지 유의미한 제동력이 발생하지 않는다. 가속 페달에서 발을 떼면 타이어의 마찰과 엔진 브레이크 때문에 감속 효과가 나타나지만 짧은 시간 동안 큰 감속이 필요한 경우에는 반드시 브레이크 페달을 밟아야 한다. 일반 자동차에서도 브레이킹과 스로틀링Throttling은 사실상 서로 독립적이다.

내리막길에서 공짜 활강을 즐기던 당신은 내리막 끝자락 사거리 신호등이 녹색에서 노란색으로 바뀌려는 걸 발견한다. 당신은 본능적으로 브레이크 레버를 당겨 내리막 구간에서 붙은 속도를 줄이려 할 것이다. 일반 자전거에는 앞뒤 바퀴 모두에 브레이크 패드가 달려 있고 이로부터 케이블로 연결된 좌우 레버를 당겨 전후 브레이크를 잡는다. 좌측 레버가 앞바퀴, 우측이 뒷바퀴 브레이크라면 우리는 양손의 악력을 조절해 앞뒤 축에 생기는 제동력을 원하는 만큼 배분할 수 있다. 앞뒤 바퀴 전체 제동력에서 앞바퀴만의 제동력이 차지하는 비율을 '브레이크 발란스Brake Balance'라고 부른다.

$$\text{브레이크 발란스(\%)} = \frac{\text{전륜 제동력}}{\text{전륜 제동력 + 후륜 제동력}} \times 100$$

 자전거의 전체 제동력을 1로 보았을 때 만약 왼쪽 레버만 당겨 자전거를 세운다면 브레이크 발란스는 1/(1+0)×100=100%다. 반대로 오른쪽 레버만을 사용한다면 브레이크 발란스는 0/(0+1)×100=0%다. 양쪽 레버를 같은 힘으로 쥔다면 브레이크 발란스는 0.5/(0.5+0.5)×100=50%다. 일반 자동차는 브레이크 페달을 밟았을 때 전륜과 후륜 브레이크 캘리퍼Caliper 피스톤에 작용하는 압력의 비율, 즉 브레이크 패드에 발생하는 마찰력의 비율을 조절함으로써 브레이크 발란스를 세팅한다.

[그림 1] 픽시 바이크

프리휠 드라이브트레인만큼 대중적이지는 않지만 고정 기어 Fixed Gear를 사용하는 자전거 드라이브트레인도 있다. 일명 픽시 Fixie라 불리는 이 고정 기어 드라이브트레인에는 프리휠 메커니즘이 없다. 뒷바퀴 허브와 스프로킷이 고정돼 있기 때문에 일단 주행을 시작하면 자전거 주행자는 페달링을 멈출 수 없다. 뒷바퀴가 회전하면 페달도 반드시 같은 방향으로 회전하기 때문이다. 내리막길에서도 여전히 페달을 굴려야 한다. 앞으로 달리는 것보다는 훨씬 어렵지만 페달을 뒤로 굴리면 이론상 뒤로 달리는 것도 가능하다.

반대로 자전거 주행자가 픽시 자전거의 페달링을 멈추면 즉각 뒷바퀴가 잠긴다. 달리던 자전거는 관성으로 계속 달리려 하기 때문에 브레이크를 잡지 않고 자전거를 완전히 정지시키려면 순전히 몸의 무게와 다리 근육으로 크랭크가 회전하려는 관성을 버텨야 한다. 픽시 자전거에도 앞바퀴에 브레이크가 있긴 하지만 주된 브레이킹은 뒷바퀴 로킹Locking을 통해 이루어진다. 픽시 자전거에서 페달링과 뒷바퀴 브레이킹은 마치 동전의 양면처럼 동시에 일어날 수 없는 동작이다. 그리고 브레이크 발란스도 자전거 주행자가 브레이크 레버로 조절할 수 없다.

F1 레이스카의 파워트레인은 '일반 자전거'와 '픽시 자전거' 모드 사이를 자유롭게 오갈 수 있지만, 주행 상황에선 후자인 픽시 자전거에 더 가깝다. F1 레이스카의 파워트레인은 레이스 모드에서 가속 페달 신호가 5% 미만이면 브레이크 페달 신호와

상관없이 엔진 크랭크에 브레이크를 건다. 엔진의 토크가 필요치 않은 상황이기 때문에 크랭크축과 에너지 회수 장치ERS를 잠시 연결해 발전기를 돌린다. 크랭크축의 에너지가 모터-제너레이터 유닛을 통해 전기 에너지로 변환되고 결과적으로 브레이킹 효과를 만든다. 속도를 줄여야 할 때 ERS의 제동력만으로 충분하면 드라이버는 굳이 브레이크 페달을 밟지 않아도 된다. 만약 이보다 더 큰 제동력이 필요하면 드라이버는 그제야 브레이크 페달을 밟아 물리적 제동력을 늘리면 된다. 실제로 'F1 파워 유닛' 도입 후 마찰 브레이크에 대한 의존도는 크게 감소했다.

에너지 회수 장치 사용 여부는 ECU 소프트웨어에서 쉽게 제어할 수 있고 '사용 안 함'을 선택하면 '일반 자전거' 모드로 전환된다. F1 레이스카에서 가능한 이 같은 세팅의 유연성은 모든 컨트롤 메커니즘이 기계적으로 연결되었던 과거의 자동차들에선 불가능했던 특징이다. 고전 자동차에선 엔진 스로틀을 여닫는 '버터플라이Butterfly'와 가속 페달이 케이블로 직접 연결돼 있었다. 가속 페달을 밟으면 케이블이 당겨지는 만큼 스로틀이 열렸다. 브레이크 페달을 밟으면 유압 실린더 압력이 커져 캘리퍼 피스톤을 밀었다. 따라서 가속 페달 위치와 엔진 반응, 브레이크 페달 위치와 브레이크 반응은 항상 일정했다.

바이-와이어, 자유를 선물하다

현재 케이블 방식의 가속 페달을 사용하는 자동차는 시중에 거의 없다. 자동차 엔지니어들은 가속 페달과 버터플라이 사이의 물리적 연결을 끊고 이를 전자 유닛과 액추에이터Actuator로 대체하면 자유로운 스로틀 매핑Throttle Mapping이 가능함을 항공기에서 배웠다. 바로 '바이-와이어By-Wire' 기술이다. '바이-와이어'는 기존에 물리적(기계적) 장치가 하던 조작을 전기 전자 제어 기기로 대체하는 기술을 통칭한다. 이 기술은 항공기에 처음 도입되었을 때 '전선을 이용해 하늘을 난다'는 뜻에서 '플라이-바이-와이어Fly-by-Wire', 자동차 스로틀에 변용되면서 '드라이브-바이-와이어Drive-by-Wire'란 이름으로 불렸다. 통상 물리적 연결이 끊긴 자리에 전기적 신호를 힘으로 변환하는 액추에이터가 자리한다. 이 전기 입력 신호의 형태와 세기를 바꾸면 액추에이터의 움직임을 원하는 만큼 조절할 수 있기 때문에 바이-와이어 기술은 컨트롤 엔지니어들에게 거의 절대적인 자유를 허락한다. 자동차 산업은 이 기술의 활용 범위를 점차 넓혀가고 있다. 급기야 브레이크 페달과 브레이크 캘리퍼 사이의 물리적 유압 라인을 끊고 이를 전자적 유닛으로 대체했다. '브레이크-바이-와이어Brake-by-Wire'의 탄생이다.

　F1 레이스카의 가속 페달과 엔진 스로틀, 브레이크 페달과 후륜 브레이크 유압 시스템 사이에는 물리적인 접촉이 없다. 스로

틀 페달은 단지 ECU로 전달할 0에서 100% 사이의 전기 입력 신호를 생성하기 위해 사용된다. 브레이크 페달을 밟는 힘은 그 압력이 전륜 브레이크로만 직접 전달되고, 후륜 브레이크는 별도의 전기 신호를 받아 액추에이터가 생성하는 압력으로 작동된다. 드라이버가 밟는 페달 깊이와 그에 따른 엔진/브레이크의 반응은 바이-와이어를 통해 자유롭게 설정된다. 컨트롤 엔지니어는 페달 위치에 따른 엔진/브레이크 반응을 지도Map로 조절한다. 이 지도는 지형 지도의 등고선처럼 좌푯값을 주면 이 좌표에 해당하는 반응의 세기를 알려준다. 입력 신호 변화에 따라 지형의 경사가 급격하게 변하는 지도를 입력하면 레이스카는 가속/브레이크 페달에 매우 민감하게 반응한다. 만약 호남평야처럼 평평한 지도를 입력하면 레이스카가 가속/브레이크 페달 신호에 무디게 반응한다. 이 지도는 소프트웨어를 통해 쉽게 바꿀 수 있어서, 엔진과 브레이크의 반응 특성을 바꾸는 것은 어렵지 않다. 간혹 레이스 도중 F1 드라이버가 핸드 휠의 버튼 세팅을 바꾸는 것을 볼 수 있는데, 이는 당시 운전 조건에 적합하거나 코너 공략에 유리한 엔진, 브레이크, 디퍼런셜 맵을 선택하는 것이다.

오른발 페달 신호 → 엔진 맵 → 엔진 토크 요구 값

왼발 페달 신호 → 브레이크 맵 → 브레이크 토크 요구 값

현재 활성화된 맵(지도)에서 드라이버 페달 신호에 해당하는 엔진/브레이크 토크 요구값Engine/Brake Torque Demand을 읽고, 이 값을 자동차의 뇌인 ECU에 입력하면 ECU는 아래의 등식이 성립하도록 엔진, 브레이크, 에너지 회수 장치를 컨트롤한다.

> 엔진 토크 요구 값 (오른발) + 브레이크 토크 요구 값 (왼발)
>
> = 엔진 토크 + 브레이크 토크 + 에너지 회수 장치 토크

2014 F1 시즌 초반, F1 드라이버들은 처음 도입된 파워 유닛에 적응하는 데 꽤 고생했다. 당시 드라이버들이 느꼈던 감정은 마치 평생 일반 자전거만 타다 처음으로 픽시 자전거를 타는 어색함과 같았을 것이다. 가속과 브레이크가 더 이상 독립적이지 않은 데다가 '브레이크-바이-와이어'의 도입이 적응의 난이도를 키웠다.

바이-와이어의 부작용, 피드백의 상실

자동차와 드라이버 사이의 인터페이스, 즉 드라이버가 자동차를 컨트롤할 때 그 반응을 느낄 수 있는 물리적 연결이 사라지면 꽤 심각한 문제가 발생한다. 감각 피드백Sensory Feedback의 상실이다. '피드백'이란 용어는 여러 분야에서 조금씩 다르게 정의되

지만, 그 의미는 대동소이하다. 자동차 운전에서 피드백은 인간의 오감이 느낄 수 있는 자동차의 상태다. 피드백 전달이 끊기면 드라이버가 컨트롤의 근거로 삼는 정보의 양이 줄게 되고, 그 결과 판단·조작의 정확성과 신경의 긴장도가 떨어진다. 예를 들어 폭격용 드론을 원격으로 조종하는 파일럿은 실제 기체에 탑승하는 폭격기 파일럿보다 정밀하게 폭격 임무를 수행하기 어렵다. 드론 파일럿이 의존할 수 있는 피드백은 GPS 정보와 모니터를 통해 전송되는 비디오 정보이고 시야도 제한적이기 때문이다. 반면 폭격기 파일럿은 매 순간 외적 영향을 컨트롤에 반영해 오조작 가능성을 줄일 수 있다. 폭격기 파일럿에 비해 신뢰할 수 있는 피드백 정보가 빈약한 드론 파일럿은 오조작 가능성이 더 크다.

[그림 2] 에바의 파일럿 콕핏

이런 점에서 〈신세기 에반게리온〉의 '에바' 기체는 '컨트롤에 있어서 피드백의 중요성'을 설계에 잘 반영한 기계다. 에바는 제어 유닛인 파일럿과의 싱크로율이 낮으면 아예 초기 기동조차 하지 않는다. 전투 중 에바에 가해지는 충격과 파손은 파일럿의 신체적 고통으로 피드백된다. 덕분에 에바의 파일럿은 에바의 상태를 더 정확하게 모니터링할 수 있고 본인의 고통을 줄이기 위해 기체 손상을 최소화하는 전략을 찾는다.

F1도 '바이-와이어' 기술이 만능은 아니라는 것을 잘 안다. 그래서 스티어링 시스템만큼은 아직 'By-Wire Free' 영역으로 지키고 있다. '스티어링 휠'과 '랙Rack' 사이의 물리적 메커니즘을 끊고 이를 전기 모터로 대체하는 '스티어-바이-와이어Steer-by-Wire' 시스템을 활용하면 여러 장점을 얻을 수 있다. 하지만 그 장점이 무엇이건 간에 스티어링 휠을 통해 드라이버에게 전달되는 '진짜 피드백' 정보가 통째로 사라지는 단점을 정당화하진 못한다. 레이스 드라이버가 시각, 속도·가속도의 체감 다음으로 많이 의존하는 감각, 절대로 없어지면 안 되는 피드백 정보는 바로 스티어링 휠을 통해 전달되는 타이어의 접지력이다. 레이스카에서 스티어링 피드백Steering Feedback은 드라이버의 안전과 직결되는 문제. 자동차에서 안전은 절대로 양보하면 안 되는 가치이며 안전성 향상에 필요한 피드백은 반드시 지켜야 한다.

자동차의 안전성과 편의성을 높이기 위해 다양한 드라이버 지원 장치들이 시장에 등장했다. 실제로 이들 장치 덕분에 우리는 과거보다 더 안전하게 운전을 즐길 수 있게 되었다. 하지만 이들에 대한 의존성이 높아질수록 드라이버는 자동차와 주행 환경으로부터 전달되는 피드백의 활용을 자의로든 타의로든 점차 줄여가게 된다. 그 결과 운전 중 드라이버의 긴장과 집중이 느슨해질 가능성이 커진다. 심리학에선 이를 인지 부하 분산Cognitive Offloading이라고 한다. 도로는 살Flesh과 쇠Metal가 뒤엉켜 달리는 공간이다. 살과 쇠가 부딪히면 찢기고 부서지는 쪽은 살이다. 자동차는 운전자의 방심과 부주의로 인해 한순간에 살인 기계로 돌변할 수 있다. 다양한 드라이버 지원 장치는 유용한 기술이지만 감각을 통한 인간의 능동적 판단을 뒤로한 채 지원 장치의 도움에만 의지하는 태도는 옳지 않다. 첨단 장비의 도움이 없으면 비행할 수 없는 파일럿에게 자신의 목숨을 맡길 사람은 없다. 무능한 파일럿이 되기를 자처하지 말자. 운전엔 큰 책임이 따른다. 100% 무인 자동차 시대가 열린다 하더라도 이 철학은 절대 유효하다.

11
파워 유닛
Power Unit

긴 못이 하나 있다. 망치만 사용해 이 못을 벽에 박아야 한다. 못을 벽에 박는 일을 일찍 끝내고 쉬려면 어떻게 해야 할까? 우선 망치로 있는 힘껏 못을 내리쳐야 한다. 살며시 치는 것보다 못을 더 빨리 박을 수 있다. 팔 근력이 약해 타격 강도가 영 부실하면 어찌할까? 이 경우엔 못을 더 빨리, 더 자주 망치로 내리치면 더 빨리 벽에 심을 수 있다. 못을 박는 가장 빠르고 효율적인 작업 방법이 분명해졌다. '못을 더 큰 힘으로 더 빨리 망치로 타격하는 것'이다.

엔진 토크와 파워의 이해

같은 이치가 자동차의 구동에도 적용된다. 어떤 자동차의 주행 능력을 향상하려면 '더 큰 힘으로 더 빠르게 내리치는 망치질'이 가능한 엔진을 사용해야 한다.

'엔진이 얼마나 세게 망치질할 수 있는가'를 나타내는 수치를 우리는 토크Torque라고 부른다. 엔진은 피스톤의 직선 왕복 운동을 크랭크샤프트Crankshaft를 통해 회전 운동으로 바꾸기 때문에 엔진 힘의 세기는 회전력의 크기를 나타내는 '토크'로 표시한다. 엔진의 토크는 몇 단계의 기어비Gear Ratio만 곱해주면 구동 휠이 자동차를 수평으로 밀고 나가는 이론상의 힘으로 쉽게 변환된다.

[그림 1] 배트-포드

[그림 1]의 배트맨의 바이크 '배트-포드Bat-pod'는 엔진 토크와 구동력의 관계에 대한 독자들의 이해를 돕기에 아주 좋은 예이

다. 배트-포드는 멋지기도 하지만 무엇보다 모터에서 바퀴까지의 동력 전달 과정이 매우 단순하다. 배트-포드는 바이크에서 일반적으로 쓰이는 체인 구동 방식이 아니라 휠 안의 모터로 바퀴를 굴리는 '인휠In-Wheel 드라이브' 방식을 사용한다. 휠 안의 모터로 바퀴를 직접 굴리기 때문에 변속기를 거치는 기어비 계산이 필요 없다. 편의상 모터가 1회전할 때 바퀴도 1회전한다고 가정하자. 모터의 제품 설명서를 보면 제조사가 측정한 모터의 토크 수치가 있을 것이다. 장착된 타이어의 반지름도 쉽게 알 수 있다. 이 두 값을 알면(실제 구동력은 미끄럼이 있는 타이어 고무에서 발생하지만) 타이어가 바이크를 전진시키는 이론적 수평 힘 계산은 초등 2학년 수학으로도 충분히 가능하다.

$$\text{수평 힘} = \frac{\text{모터 토크}}{\text{휠 반지름}}$$

배트-포드를 앞으로 가속하는 힘은(타이어의 힘이 타이어 슬립에 비례해 무한정 커진다고 가정할 때) 모터 토크를 휠 반지름으로 나눈 값이다. 자동차의 경우 모터를 엔진으로 치환하면 된다. 엔진 토크가 크면 차체를 미는 힘이 세져 가속이 빨라진다.

'엔진이 얼마나 빠르게 망치질할 수 있는가'는 자동차 계기판의 분당 엔진 회전수RPM를 보면 알 수 있다. 엔진 RPM 상한이 높을수록 엔진이 '망치질'을 더 빠르게 할 수 있음을 의미한다. 배트-포드는 바퀴 회전 속도와 모터 회전 속도 비율을 1:1로 가정했기 때문에, 모터의 최고 회전 속도가 바퀴의 최고 속도다. 피크 RPM이 낮은 모터를 휠에 장착하면 당연히 최고 속도도 느려진다.

여기까지 정리해 보자. 자동차의 가속 성능을 결정하는 성능 지표는 '엔진이 얼마나 센 힘으로 얼마나 빠르게 망치질을 할 수 있는가'이다. 이 크기를 통상 엔진 토크와 엔진 스피드의 곱으로 표시하고 이 수치를 엔진의 파워 혹은 출력이라고 부른다. 엔진을 논함에서 파워는 성경의 '창세기' 같은 주제다. F1 엔진은 자동차 엔진의 한 종류이고 F1 엔진 개발의 목표도 결국 엔진 파워의 극대화다.

엔진 파워 = 엔진 토크 × 엔진 스피드

2014 시즌 F1 기술 규정으로 가장 큰 변화를 겪은 레이스카 구성 요소는 엔진이다. 2013 시즌까지 사용되던 2.6L 8기통 자연 흡기 엔진이 2014 시즌부터 1.6L 6기통 터보 엔진으로 교체되었다. 게다가 이 소형 엔진은 단순 내연 엔진이 아닌 하이브리드 엔진이다. 내연 엔진과 전기 모터를 동시에 사용한다. 2026 시즌부터 전기 모터의 파워가 세 배로 커지지만 F1은 하이브리드 엔진을 포기하지 않는다. 얼핏 'F1 하이브리드 엔진은 로드카 하이브리드 엔진과 다를 거야'라고 생각할 수 있지만, 이 둘

은 크게 다르지 않다. 서론이 길었다. 이번엔 'F1 엔진'을 간략하게 살펴보자.

앞서 나는 레이스카를 제작함에서 고려해야 할 세 가지 운동 원리를 소개했고 그중 두 번째 뉴턴의 운동 법칙 'F=ma'가 엔진의 역할을 설명한다고 말했다. 누구나 아는 뉴턴의 아름다운 법칙으로 다시 돌아가 보자.

힘 = 질량 × 가속도

이 법칙은 거시 세상의 모든 만물에 적용된다. 이 법칙에서 질량은 자동차 전체 질량이다. 엔진에서 서서히 타 없어지는 연료를 제외하면 자동차 자체의 질량엔 거의 변함이 없다. 이 법칙은 자동차의 가속도를 키우려면 자동차를 미는 힘을 키워야 한다고 말한다. 자동차를 미는 힘은 구동축으로 전달된 엔진의 토크다. 하지만 엔진 토크는 파워트레인 부품들의 마찰 때문에 구동축으로 100% 전달되지 못하는 데다, 구동축의 토크도 100% 가속으로 변환되지 않는다. 타이어와 지면 사이의 마찰, 공기의 저항으로 에너지가 손실되기 때문이다. 결국 자동차를 가속하는 힘은 엔진이 구동 휠을 구르는 힘과 이를 방해하는 모든 저항력이 합산된 '알짜 힘'이다. 이를 고려해 'F=ma'를 다시 쓰면 아래와 같다.

엔진이 구동 휠을 구르는 힘은 크랭크축, 변속기, 파이널 드라이브를 거쳐 드라이브 샤프트까지 전달된 엔진 토크의 일부다. '일부'라는 조건이 붙는 이유는 간단하다. 드라이브 샤프트에 도달한 토크가 아무리 크더라도 타이어가 미끄러지면 남아도는 엔진 토크는 자동차의 가속에 전혀 도움이 되지 못하기 때문이다. 타이어의 접지력 한계가 높아서 엔진 토크가 온전하게 지면까지 전달된다 가정하면 'F=ma'는 다시 엔진 토크, 기어비, 그리고 타이어 반지름으로 표현될 수 있다.

$$\frac{\text{엔진 토크} \times \text{기어비}}{\text{구동 휠 반지름}} - \text{모든 저항력} = \text{자동차 전체 질량} \times \text{가속도}$$

여기서 구동 휠 반지름, 자동차 전체 질량은 제아무리 뛰어난 F1 드라이버라 할지라도 바꿀 수 없는 자동차의 고유값이다. 자동차의 주행을 방해하는 모든 저항력 또한 자동차 디자인에 따른 고유 특성이기 때문에 이 역시 드라이버의 통제 범위 밖이다. 결국 이 식은 우리에게 '주어진 속도에서 가속도를 높이려면 엔진 토크를 높이고 가능한 한 높은 기어비를 사용해야 한다'는 사실을 알려준다.

$$\text{자동차 전체 질량} \times \text{가속도} = \frac{\text{엔진 토크} \times \text{기어비}}{\text{구동 휠 반지름}} - \text{모든 저항력}$$

$$\therefore \text{가속도} \propto \text{엔진 토크} \times \text{기어비}$$

드라이버는 가속 페달을 밟아 엔진 토크를 제어한다. 가속 페달을 깊게 밟을수록 엔진 토크는 커진다. 기어비는 기어박스 입출력 기어의 잇수 비율이다. 운전을 배울 때 기어 변경은 이론 보다 감에 의존하는 동작이다. 오토매틱 운전자는 이조차 고민 할 필요가 없다. 기어 변경이 왜 필요한지, 기어 변경을 언제 해야 하는지에 대한 이론적 배경은 접어두고 문제를 단순화하자. 기어 위치를 바꿀 때 우리가 눈으로 보는 변화는 엔진 회전 속력과 구동 휠 속력 사이의 비율이다. 이것만 기억해도 뒤따를 내용을 이해하기에 충분하다. 엔진이 굉음을 내며 고속으로 회전하는데도 불구하고 구동 휠 회전 속도가 높지 않으면 '기어비가 높다'라고 말한다. 기어비는 기어 위치가 낮을수록 높고, 더 큰 힘을 낼 수 있다. 곡선 구간을 벗어날 때 낮은 기어로 바꾸는 이유는 더 큰 힘을 내기 위한 것이다.

그렇다면 기어를 1단에 고정하고 가속 페달만 밟고 다니면 제일이지 않을까? 전기차 모터처럼 회전 속도 범위가 엄청나게

넓다면 맞는 말이지만 엔진은 회전 속도에 한계가 있다. 엔진과 기계적으로 연결된 구동 휠 속도의 한계가 엔진 피크 RPM이다. 주행 중 저단 기어로 변경할 때 이 기어 포지션에서 가능한 최고 속도가 현재 주행 속도보다 낮으면 구동축으로 가는 토크는 커질지언정 현재 바퀴 회전 속도가 엔진 속도보다 빨라서 '쿵' 하는 충격과 함께 바퀴가 엔진 회전 속도에 갇힌다. 가장 효율적인 가속 방법은 적절한 타이밍에 기어를 고단으로 올려 속도 정체를 피하되, 가능한 한 최저단 기어에 머무는 것이다.

What Matters Is 'POWER'

풀 오토매틱 차량은 기어 컨트롤 권한을 기계적 메커니즘이나 프로그래밍 '로직'이 가지고 있어서 드라이버가 원하는 타이밍에 능동적인 기어 변속을 할 수 없다. 인간의 뇌는 계산의 속도나 정확성 면에서 전자 기기보다 열등하다. 하지만 인간의 뇌가 현존하는 가장 우수한 '학습 기계Learning Machine'이자 가장 능동적인 제어 장치라는 사실을 의심할 이는 없다. 기계가 인간을 꽤 근사하게 흉내 내려면 앞으로도 꽤 오랜 시간이 걸릴 것이다. 이런 이유로 촌각을 다투는 모터레이스에서는 풀 오토매틱 변속기를 잘 쓰지 않는다.

앞의 식에서 기어비를 구동 휠 회전 속도와 엔진 회전 속도로 바꾸면 식은 다음과 같이 변한다.

$$가속도 \propto 엔진\ 토크 \times \frac{엔진\ 회전\ 속력}{구동\ 휠\ 회전\ 속력}$$

이 식에 보이는 '엔진 토크×엔진 회전 속력'이 바로 글머리에서 설명했던 파워의 물리적 정의다.

$$가속도 \propto \frac{엔진\ 파워}{구동\ 휠\ 회전\ 속력}$$

따라서 어떤 엔진의 파워를 직접 측정했거나 신뢰할 만한 파워 데이터를 가지고 있다면, 드라이버가 적절한 기어비를 선택했을 때 이 엔진이 얼마나 큰 가속 성능을 낼 수 있는지 쉽게 평가할 수 있다. 만약 어떤 엔진의 파워가 크다면 우리는 그것이 엔진 토크가 커서인지, 피크 RPM이 커서인지 굳이 따질 필요가 없다. 그저 '엔진의 파워가 크면 가속력이 좋다'는 사실로 기억해도 무리가 없다. 더 정확하게는 '주행 중 엔진이 사용하는 RPM 구간에서 엔진이 토출하는 파워가 자동차의 가속력을 결정한다'라고 말할 수 있다.

F1 엔진의 최고 출력은 매우 중요하다

우리가 자동차 엔진을 선택할 때 유혹에 빠지기 쉬운 성능 지표가 바로 '최고 출력$_{Peak\ Power}$'이다. 일반적으로 최고 출력이 높은 엔진이 주요 RPM 영역에서 높은 파워를 내는 것은 사실이다. 모 자동차 회사의 승용차용 3.8L 페트롤 엔진은 최고 출력이 350마력, 최대 토크가 408Nm이다. 승용차 엔진으로서는 무시무시한 성능이다. 하지만 이때 반드시 확인해야 할 것이 최고 출력과 최대 마력이 터지는 엔진 회전 속도$_{RPM}$다. 이 엔진의 최고 출력은 6,400RPM에서, 최대 토크는 5,300RPM에서 터진다. 우리는 일상에서 얼마나 자주 5,000RPM까지 사용할까? 페트롤 엔진으론 대부분 기껏해야 3,000~4,000RPM에서 기어를 바꾼다. 이 엔진 회전 속력으론 엔진 최대 출력은커녕 최대 토크도 쓰지 못한다. 엔진의 공인 최대 출력이 아무리 높아도 이는 이상적 조건에서의 최고치일 뿐, 엔진은 아무 때고 최고 출력을 선물하진 않는다. 고단 기어를 넣은 상태에서 저속으로 달리면 아무리 출력이 센 엔진도 힘을 쓰지 못하는 상황을 생각하면 이해가 쉽다.

일반 로드카에서 '최고 출력', '최고 토크'는 어쩌면 유명 예술품임을 증명하는 감정사의 보증서 같다. 같은 예술품도 내가 직접 가치를 매길 때보다 전문가의 보증서가 있을 때 마음이 더 든든하다. 그뿐이다. 예술품은 실용적이지도 않다. 내가 탈 차의 엔진을 선택할 때 가장 현명한 방법은 일상에서 주로 사용하는 엔진 속도 범위(통상 최대 RPM의 20~50%)에서 가장 높은 토크와 파워를 내는 엔진을 고르는 것이다. 이런 엔진을 고르면 실제로 사용할 수 있는 알뜰 출력이 많아져서 일상에서 한결 효율적인 운전을 즐길 수 있다.

반면 F1 레이스카에서 엔진 최고 출력은 매우 유의미한 숫자이다. 트랙에 따라 약간씩 다르지만, 드라이버는 랩당 대략 60~70% 정도 구간에서 가속 페달을 끝까지 밟고 달린다. 엔진 최고 출력을 사용하는 시간이 그렇지 않은 시간보다 더 길다. 최고 출력을 사용해야 할 상황에서 변속 타이밍을 놓치거나 페달에서 잠시 발을 떼는 경우 드라이버는 순위 역전 등의 손해를 감수해야 한다.

두 개의 심장

2024 시즌 기준 F1 파워 유닛의 내연 엔진은 그 자체로 최소 850마력 이상의 파워를 생성한다. 하지만 이 단발 엔진으로 '하이브리드 기술과 F1의 만남'을 광고할 순 없다. F1 파워 유닛은 엔진 크랭크샤프트에 전기 모터의 동력을 더함으로써 구동 파워를 증가시킨다. 이 전기 모터는 모터(Motor: M)인 동시에 발전기(Generator: G) 기능을 하는 다용도 유닛(Unit: U)이고, 이 기능

의 머리글자를 따서 'MGU'라고 부른다. 엔진 크랭크샤프트에 한 개의 MGU가 연결되고, 가속 구간에서 이 MGU를 돌려 크랭크샤프트에 160마력 이상의 파워를 추가한다. 감속 구간에선 MGU를 크랭크샤프트에 물려 운동 에너지를 전기 에너지로 회수한다. 이 MGU는 운동 에너지Kinetic Energy를 위한 장치라 해서 MGU-K라 부른다. 그 결과 파워 유닛은 대략 1,000마력의 출력을 낸다.

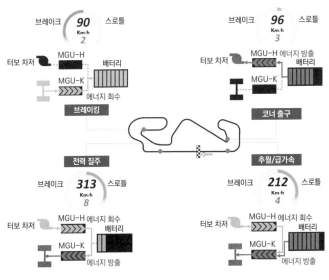

[그림 2] 가장 보편적인 F1 파워 유닛의 작동

모터는 배터리에서 전기 에너지를 얻는다. 하지만 건전지를 연상케 하는 배터리라는 용어 대신 에너지 저장 장치(Energy Storage: ES)라는 용어를 사용한다. 일종의 이미지 차별화 전략일 뿐 그저 배터리이다. 이 배터리는 주행 중 충전된다. 하지만 F1 파워 유닛은 배터리 충전을 위해 엔진 크랭크샤프트와 레귤레이터를 벨트로 연결하는 상시 충전 방식을 쓰지 않는다. 이 같은 상시 충전 방식은 엔진 출력의 일부를 강제로 소모해 전기 에너지로 저장하기 때문에 1마력의 파워도 아쉬운 레이스카에는 좋은 솔루션이 아니다. 이런 이유로 F1 파워 유닛은 가능한 모든 파워를 퍼부어야 하는 풀 스로틀Full Throttle 구간에선 K를 통해 배터리를 충전하지 않고, 그 외의 구간에서만 버려지는 에너지를 회수해 충전한다.

주행 중인 자동차에서 아깝게 버려지는 가장 대표적 에너지는 브레이크 '마찰 에너지'다. 브레이크를 사용하는 감속은 자동차의 운동 에너지를 브레이크 패드를 통해 열에너지로 발산시킴으로써 운동 에너지를 줄이는 물리적 작용이다. 또 다른 에너지 낭비 요소는 아이로니컬하게도 엔진 그 자체다. 감속 시 가속 페달에서 발을 완전히 떼어도 엔진은 공회전, 즉 '아이들Idle' 상태로 계속 돌아간다. 이 같은 에너지 낭비를 줄이기 위해 로드카에선 '스톱 & 스타트' 장치가 널리 쓰인다. 하지만 레이스에선 엔진 동력이 한순간 필요 없다고 그때마다 엔진을 끌 수는 없다. 따라서 엔진 파워가 필요 없을 때 배기구를 통해 배출되는 열에너지 역시 100% 낭비 요소다. F1 파워 유닛은 이렇게 허공으로 버려지는 에너지를 회수해 전기 에너지로 변환/저장한다. 이를 근사하게 '에너지 회수 장치(Energy Recovery System: ERS)'라고 부른다.

드라이버가 브레이크 페달을 밟으면 앞서 설명했던 MGU-K가 엔진 크랭크샤프트를 꽉 물어 이 힘으로 발전기를 돌리고 여기서 생긴 전기 에너지는 ES, 즉 배터리에 저장된다. 배기구에 달려 있는 MGU는 배기가스가 뿜어져 나오는 에너지로 발전기를 돌린다. 이 MGU는 배기가스의 열에너지$_{Heat}$를 회수한다 하여 MGU-H라고 부른다. 이렇게 배터리에 모인 전기 에너지는 최대 파워가 필요한 가속 구간에 접어들면서 다시 MGU-K의 모터를 돌리는 데 사용되어 트랙 한 바퀴당 약 33초 동안 160마력의 파워를 발생시킨다. MGU-H는 2026 시즌부터 사용이 철회되었다.

드라이버는 드라이빙 목표에 따라 ERS를 어떻게 사용할지 시나리오를 다르게 설정한다. ES 충전 없이 엔진과 MGU 모두 풀 파워를 퍼붓는 모드, ES를 적당하게 충전하고 적당한 MGU 파워를 쓰는 모드, 연료를 최대한 아끼기 위해 ES 충전을 극대화하고 MGU를 효율적으로 쓰는 모드가 PU 시나리오의 대표적 예다.

이야기가 엔진에서 그치면 파워트레인을 충분히 이해할 수 없다. 파워트레인의 나머지 구성 요소를 계속 알아보자.

12

기어박스
Gearbox

드라이브트레인의 출발점, 엔진이 생산한 동력은 구동축에 도
달하기 전 기어박스를 통과한다. 기어박스 혹은 트랜스미션
Transmission은 드라이브트레인의 중간 컴포넌트다. 엔진 토크와 파
워는 기어박스에서 크기와 방향을 바꾼 후 구동축에 도착한다.
기어박스는 기어 블록과 기어 셀렉터로 구성된다. 드라이버는
이 기어 셀렉터로 원하는 기어링 페어를 선택한다.

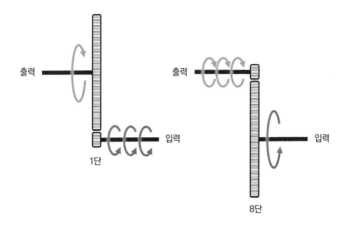

[그림 1] 기어링

한 개의 기어 블록은 필요한 토크 양에 따라 기어비를 바꿀
수 있도록 여러 개의 기어링 조합으로 구성된다. [그림 1]은 기
어링 메커니즘을 보여준다. 기어비는 입력 기어와 출력 기어 사
이의 감속 비율이다. 엔진 동력을 받은 입력 기어는 출력 기어를
돌리고, 이 과정에서 토크가 증폭 혹은 감소된다. 기어비는 입력
기어 크기에 대한 출력 기어 크기의 비율이기도 하다. 따라서 기
어비는 맞물린 두 기어의 잇수비, 반지름비, 회전 속도비 등 기어
크기에 영향을 받는 다양한 값으로 표현될 수 있다.

입력 토크가 같다면 기어비가 클수록 출력 기어에서 발생하
는 토크가 커진다. 1단 기어는 기어비가 가장 커 가장 큰 토크를
내지만 가장 느리다. 더 높은 기어 포지션으로 갈수록 기어비는

작아지고 그 결과 구동력도 작아진다. 반대로 구동 휠 회전 속도는 기어비가 작아질수록 빨라진다. 차의 속도가 빨라짐에 따라 기어 포지션을 높이는 것은 가속의 연속성을 유지하기 위함이다.

$$기어비 = \frac{출력\ 기어\ 크기}{입력\ 기어\ 크기} = \frac{출력\ 기어\ 토크}{입력\ 기어\ 토크}$$

$$= \frac{입력\ 기어\ 회전\ 속력}{출력\ 기어\ 회전\ 속력}$$

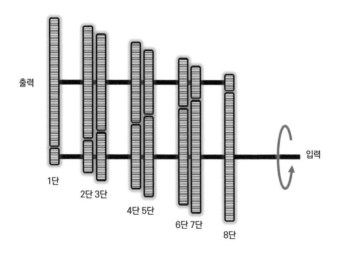

[그림 2] 기어박스 입출력 샤프트

F1에선 전진 8단, 후진 1단, 총 9개의 기어링 조합이 한 뭉치

의 기어 블록으로 집적된다. [그림 2]는 전진 8단 기어를 설명하기 위해 단순화된 예시다. 후진 기어는 생략되었다. 실제 F1 기어박스에는 통상 4단 기어링이 없다. 4단에서 입력 샤프트와 엔진 샤프트가 1:1로 물리기 때문이다. 우선 그림에서 보이는 것처럼 입력 샤프트를 통해 엔진 파워와 토크가 입력된다. 입력 샤프트와 평행하게 출력 샤프트가 자리한다. 이 두 샤프트에는 1~8단 기어링이 맞물려 있고 이 여덟 쌍은 항상 같이 돈다. 이제 구동축으로 동력을 전달하는 메인 샤프트에 어떤 출력 기어가 물리느냐에 따라 구동 휠로 전달되는 토크의 크기가 달라진다.

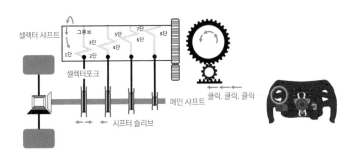

[그림 3] F1의 시퀀셜 기어 셀렉터

[그림 3]은 핸드휠을 통한 시퀀셜 기어 셀렉터의 작동 원리를 보여준다. 메인 샤프트는 디퍼런셜을 통해 휠로 구동력을 전달한다. 구동 토크를 원하는 크기로 조절하거나 엔진 속도를 구동 휠 속도에 맞추려면 그에 맞는 출력 기어를 선택해야 한다. 메인

샤프트에는 여러 개의 시프터 슬리브Shifter Sleeve가 달려 있고 이들은 메인 샤프트와 함께 상시로 회전한다. 드라이버가 기어 포지션을 선택하면 이 슬리브 중 한 개가 선택된 출력 기어에 물려 '입력 기어-출력 기어-메인 샤프트'로 이어지는 물리적 링크가 생긴다. 그 결과 엔진 토크와 속도가 선택된 기어비만큼 바뀐 뒤 메인 샤프트를 통해 구동축으로 이동한다. 시프터 슬리브 위치를 바꾸기 위해 F1은 시퀀셜 시프팅Sequential Shifting 메커니즘을 사용한다. 시퀀셜 기어박스라는 명칭에서 알 수 있듯이 이 시프팅 방식은 기어 변경을 순차적으로만 할 수 있다. 기어 변경을 하려면 가속 시엔 1-2-3-4-5-6-7-8단, 감속 시엔 8-7-6-5-4-3-2-1단을 순차적으로 거쳐야 한다.

일반 자동차의 기어 시프트 패들처럼 F1 스티어링 휠 뒷면에도 업시프트와 다운시프트, 두 개의 패들이 기어 변경에 사용된다. 중립에서 1단으로 변경할 때는 반드시 클러치를 오픈해야 한다. 이후의 기어 변경에는 클러치 조작이 필요 없다. 드라이버가 기어 시프트 패들로 기어 포지션을 변경하면, 셀렉터 기어Selector Gear가 한 클릭씩 움직여 셀렉터 샤프트Selector Shaft가 한 단계씩 회전한다. 셀렉터 샤프트에는 오목하게 파인 그루브Groove가 있는데, 시프터 슬리브와 셀렉터 샤프트를 연결하는 포크Folk 끝에 핀Pin이 있어 셀렉터 샤프트에 있는 그루브를 타고 움직인다. 기어 포지션 변경으로 셀렉터 샤프트 위치가 바뀌면 그루브의 상대적 위치가 바뀌고, 그루브를 타고 움직이는 셀렉터 포크의 위치도 바뀐다.

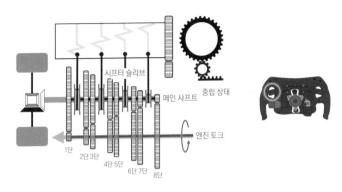

[그림 4] 기어 중립 상태

[그림 4]와 같이 기어 포지션이 중립이면 위 네 개의 시프터 슬리브 중 어느 것도 출력 기어와 접촉하지 않는다. 따라서 입력 축으로 들어온 엔진 토크는 메인 샤프트와 구동축으로 전혀 전 달되지 않는다.

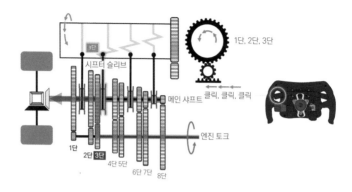

[그림 5] 3단 기어 선택

만약 드라이버가 업시프트 패들을 3회 클릭하면 셀렉터 샤프트가 세 단계 이동하고 셀렉터 포크가 두 번째 슬리브를 3단 출력 기어에 붙인다. 이로서 엔진 토크가 3단 기어링을 통해 구동축으로 전달된다. 이때 구동축에 도달하는 토크와 회전 속도는 3단 기어비가 결정한다.

$$구동축 \ 회전 \ 속력 = \frac{엔진 \ 회전 \ 속력}{기어비}$$

$$구동축 \ 토크 = 엔진 \ 토크 \times 기어비$$

로드카와 F1 레이스카의 기어박스는 시프팅 메커니즘이 약간 다를 뿐 기계적 작용은 똑같다. 자동차 기어박스에선 한 가지만 기억하면 된다. '기어비가 커지면 휠 토크는 커지고 휠 속력은 느려진다.' 이것만 기억하면 동력 계통을 무리 없이 이해할 수 있다.

[그림 6] F1 기어박스와 트랜스미션 컴포넌트

13
파워Power

엔진의 토크와 파워, 둘 중 어느 것이 더 중요할까? 토크가 크면 파워가 크고, 파워가 크면 토크도 큰 것 아닌가? 엔진의 토크와 파워, 기어링의 관계는 늘 헷갈리고 아리송한 주제다. 이 난제를 정복하기 위해 이야기를 확장해 보자. 레이스카 엔진의 제1 목표는 가속 성능을 최대로 높이는 것이다. 가속 성능은 휠의 구동력이 커야 좋아지고, 휠 구동력은 엔진 토크가 힘으로 형태를 바꾼 것이니 '가속 성능=엔진 토크'로 결론 내리기 쉽지만 이는 자동차의 구동 원리를 일부만 취하기 때문에 범하는 오류다. 쉬운 예를 통해 우리가 알고 있던 오류를 바로잡자.

다른 크기, 같은 능력

여기 두 개의 엔진이 있다. 하나는 크고 하나는 작다. 이 두 엔진은 같은 바퀴를 굴린다.

엔진 파워 : P
엔진 회전 속도 : 100
엔진 토크 : P/100

기어비 : 1

휠 파워 = 엔진 파워 = P
휠 회전 속도 = 엔진 회전 속도 = 100
휠 토크 = 엔진 토크 = P/100

엔진 파워 : P
엔진 회전 속도 : 200
엔진 토크 : P/200

기어비 : 2

휠 파워 = 엔진 파워 = P
휠 회전 속도 = 엔진 회전 속도 / 기어비 = 100
휠 토크 = 엔진 토크 × 기어비 = P/100

[그림 1] 같은 일을 하는 두 개의 엔진

[그림 1]에 보이는 두 엔진의 피크 파워는 P로 같다. 파워의 정의는 다음과 같다.

파워 = 토크 × 회전 속력

피크 파워 P에서 큰 엔진의 회전 속도는 100으로 작은 엔진인 200의 절반이다. 대신 같은 피크 파워에서 큰 엔진의 토크는 P/100으로 작은 엔진의 P/200보다 두 배 크다. '파워=토크×회전 속력'의 정의를 정확히 따른다. 엔진을 떠난 파워와 토크는 기어박스를 거쳐 자동차를 추진하는 구동 휠로 전달된다. 자동차의 가속 성능은 엔진의 원천 토크와 파워가 아니라 구동 휠에 최종적으로 도달한 토크와 파워가 결정한다. 엔진 파워는 드라이브트레인에 걸쳐 거의 일정하다. 하지만 휠 토크와 휠 회전 속력은 기어비에 따라 엔진 토크, 엔진 회전 속력과 사뭇 다르다.

$$\text{휠 토크} = \text{엔진 토크} \times \text{기어비}$$

$$\text{휠 회전 속력} = \frac{\text{엔진 회전 속력}}{\text{기어비}}$$

큰 엔진 차의 기어비는 1이고 작은 엔진 차의 기어비는 2이다. 이 계산에 따르면 큰 엔진 차의 휠 토크는 P/100×1=P/100, 작은 엔진 차의 휠 토크는 P/200×2=P/100로 같다. 서로 다른 두 개의 엔진을 썼는데 구동 휠에 도달한 휠 파워, 휠 회전 속도, 휠 토크가 서로 같은 것이다. 이런 결과가 나오는 이유는 자동차에 기어박스가 있기 때문이다. 기어박스를 고려하지 않고 엔진의 파워와 토크만으로 자동차의 가속 성능을 예측하는 것은 무의미한 짓이다.

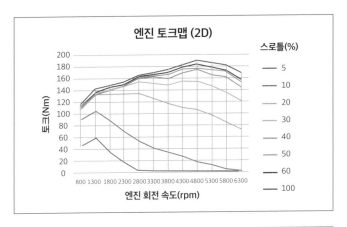

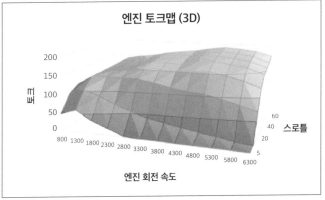

[그림 2] 엔진 토크 맵의 예

　엔진 성능은 보통 토크 맵으로 표시한다. 토크와 파워는 사실 같은 물리력이다. 어떤 엔진 RPM에서 엔진 토크를 알면 이때의 엔진 파워도 저절로 아는 것이다. 그 반대도 마찬가지다. 엔진 토크는 엔진 RPM과 스로틀 페달의 영향을 받는다. 엔진 맵

읽기는 간단하다. [그림 2] 위쪽 그래프의 맨 아래 파란 곡선은 스로틀 페달을 5% 정도로 살짝 밟았을 때 엔진 RPM에 따른 엔진의 토크 토출량을 표시한다. 이 엔진은 5% 스로틀 입력 시 저속 RPM 구간에서만 토크를 방출하고 RPM이 늘수록 토크가 줄다가 결국엔 아무 힘도 쓰지 못하게 된다. 우리는 레이스카의 가속에 관심이 있으므로 그림의 가장 꼭대기에 있는 '풀 스로틀' 그래프를 주목할 것이다.

엔진 토크는 드라이브트레인에 최초로 입력되는 회전력이다. 자전거로 따지면 페달을 발로 밟는 세기다. 파워는 엔진이 얼마나 큰 에너지를 전달하는지를 나타내는 수치다. 토크 수치가 다른 두 엔진이 얼마든지 같은 에너지, 즉 파워를 출력할 수 있다. 예를 들어 토크는 작지만 회전 속도가 빠른 모터바이크 엔진과 토크는 크지만 회전 속도가 느린 자동차 엔진, 이 둘은 같은 파워를 낼 수 있다. 그리고 기어링을 통해 같은 일을 같은 힘으로 할 수 있게 만들 수도 있다.

작은 기어와 큰 기어가 맞물려 돌아갈 때 이 둘이 하는 일은 같다. 큰 기어에 도르래를 달고 작은 기어를 돌리면 큰 힘을 쓰지 않고도 무거운 물체를 들 수 있다. 대신 작은 기어를 더 많이 돌려야 한다. 어찌 됐건 물체를 드는 일의 양, 즉 쏟아부은 에너지는 같다.

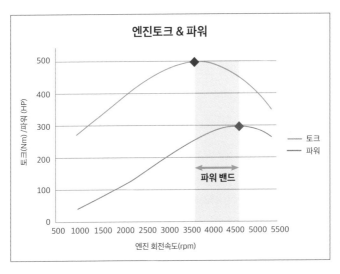

엔진토크 & 파워

[그림 3] 파워 밴드

엔진이 만드는 원천 토크 크기는 사실 큰 문제가 되지 않는다. 기어를 사용하면 입력 토크를 원하는 크기로 바꿀 수 있다. 반면 엔진 파워는 가지고 태어난 능력이 전부이며, 원한다고 키울 수도 없다. 진짜 중요한 엔진 능력은 토크가 아닌 파워다. 파워가 자동차의 가속 성능을 결정하는 진짜 능력이기 때문이다. 모든 내연 기관 자동차에는 기어박스가 달려 있으므로, 우리는 엔진의 마력만 신경 쓰면 된다. 대신 피크 파워뿐만 아니라 '파워 밴드' 안에서 파워가 고루 높은 엔진을 써야 한다. 파워 밴드란 피크 토크와 피크 파워 사이의 엔진 회전 구간을 의미한다. 엔진은 바로 이 파워 밴드 구간에서 가장 높은 효율과 가속 성

능을 보인다. 연료 사용량은 파워 밴드를 벗어나면 엔진 회전수
에 비례해 증가한다.

진짜 동력

이제 엔진 동력이 기어 변경을 통해 타이어 구동력으로 전달되
는 과정을 한데 엮어 정리해 보자. 여기 가상의 엔진이 있다. 이
엔진은 다음과 같은 토크 특성을 갖는다.

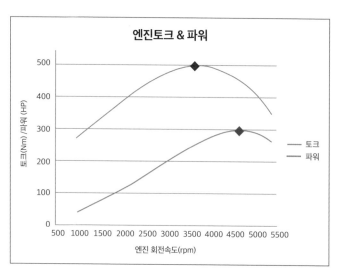

[그림 4] 엔진 토크와 파워 커브

지금부터 엔진 토크가 기어박스를 거쳐 타이어에 전달되는 과정을 그래프로 그려볼 것이다. 이 엔진 회전 속도 한계는 5,500RPM이다. 이 엔진은 7단 기어박스 드라이브트레인에 연결되고 다음과 같은 기어링을 갖는다.

1단	3 : 1
2단	2.5 : 1
3단	2 : 1
4단	1.5 : 1
5단	1.2 : 1
6단	0.9 : 1
7단	0.7 : 1
파이널드라이브	4.5 : 1

따라서 입출력 기어비와 파이널드라이브 기어비를 곱한 총 기어비는 다음과 같다.

1단	13.5
2단	11.2
3단	9
4단	6.7

5단	5.4
6단	4
7단	3

타이어에 접지력이 충분하고 휠 반지름이 30cm라 가정하면 자동차의 이론적 속도는 엔진 회전 속도를 총 기어비로 나눈 값에 휠 반지름을 곱한 값이다. 구동축에 도달하는 토크는 엔진 토크와 총 기어비를 곱하면 된다.

$$\text{구동축 회전 속력} = \frac{\text{엔진 회전 속력}}{\text{총 기어비}}$$

$$\text{자동차 속력} = \text{구동축 회전 속력} \times \text{휠 반지름}$$

$$\text{구동축 토크} = \text{엔진 토크} \times \text{총 기어비}$$

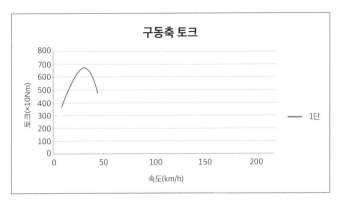

[그림 5] 1단 기어에서 구동축 토크

1단 기어에서 자동차 속도가 변할 때 구동축에 도달하는 토크의 변화를 그래프로 그려주면 [그림 5]처럼 8km/h(1,000RPM)에서 45km/h(5,500RPM)에. 걸친 곡선이 된다. 3,800RPM에서 터지는 엔진 최고 토크는 구동축까지 전달되었을 때 약 13.5배의 크기로 약 30km/h에서 터진다. 하지만 아무리 스로틀을 밟아도 속력은 45km/h을 넘지 못한다.

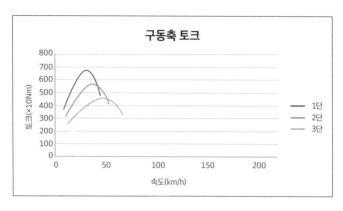

[그림 6] 1, 2, 3단 기어에서 구동축 토크

앞의 과정을 [그림 6]과 같이 2~3단 기어에서도 반복한다. 구동축 토크 그래프는 최적의 기어 변경 시점을 선명하게 시각화해준다. 1단 그래프와 2단 그래프가 교차하는 지점이 구동 축을 굴리는 알짜 토크 크기가 역전되는 시점이고, 이론상 이때 기어를 바꿔야 구동축 토크가 최고인 상태로 이어져 구동 파워를 높게 유지할 수 있다.

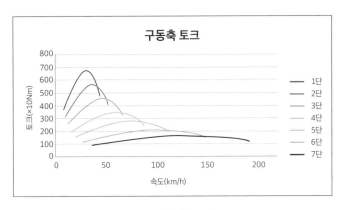

[그림 7] 모든 기어에서 구동축 토크

구동축 토크 그래프를 모든 기어 위치에 대해 완성하면 [그림 7]과 같다. 이제 같은 엔진 출력을 가지고 가속 성능, 즉 구동축 파워를 극대화하는 기어 변경 포인트를 찾아야 한다.

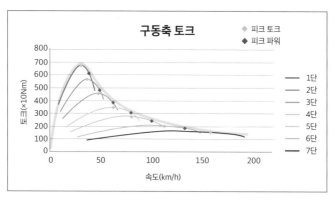

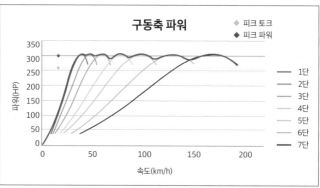

[그림 8] 구동축 토크와 파워의 이상적 최대치

만약 드라이버가 완벽하게 피크 파워에서 기어를 바꾼다면 구동축 토크와 파워 커브는 속도 전 영역에서 대략 [그림 8] 같은 모습을 할 것이다. 이상적인 구동축 토크 커브와 실제 토크 커브 사이의 공간은 어쩔 수 없이 피크 파워에서 멀어지는 구간이다. 이 두 그래프는 피크 파워 RPM 근처에서 기어를 바꿔야 모든 속도 영역에서 구동 토크와 파워를 최상으로 유지할 수 있음을 보여준다.

기어 변경의 골든 룰은 엔진이 항상 피크 파워 근처에서 작동하도록 기어 변경 포인트를 잡는 것이다. 기어를 올리면 엔진 RPM이 급격히 떨어진다. 따라서 이 골든 룰을 지키려면 반드시 엔진이 피크 파워 RPM을 넘어선 후에 기어를 바꿔야 한다. 그래야 기어 변경 후 엔진 RPM이 떨어져도 피크 파워 RPM 살짝 아래에 머물게 되어 다음 가속을 극대화할 수 있다. 가장 이상적인 기어 변경은 변경 전후의 엔진 파워가 같게 하는 것이다. 단, 엔진 리미터를 건드릴 때까지 기어 변경을 미루면 안 된다. 엔진을 태워버리면 다 소용없다.

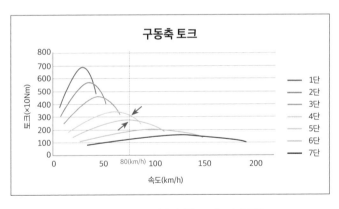

[그림 9] 시속 80km에서 선택할 수 있는 기어 위치

어떤 코너의 탈출 속도가 80km/h이라 가정하자. 이 시점 이

후 전력을 다해 가속해야 한다. [그림 9]를 보면 80km/h에서 선택할 수 있는 기어 포지션은 4, 5, 6, 7단이지만, 6, 7단은 무조건 탈락이다. 이제 드라이버는 4단과 5단 사이에서 고민한다. 가속도는 엔진 토크가 클수록 커진다고 배웠다. 80km/h에서 엔진이 피크 토크를 내는 기어 포지션은 5단이다. 그래서 5단을 넣었다. 그런데 뭔가 이상하다. 분명 엔진은 최대 토크를 뿜어내고 있는데 가속력이 생각만큼 좋지 않다. 왜일까? 엔진 토크가 줄어드는 구간인데도 불구하고 4단에서 훨씬 가속력이 좋은 느낌이다. 그 이유는 [그림 9]가 말해준다. 구동축 토크 커브를 보면 80km/h에서 구동 토크는 5단에서 약 2,700Nm, 4단에서 약 3,000Nm로 4단에서 약 10% 높은 토크를 얻을 수 있다. 따라서 시속 80km에서 최선의 가속 성능을 위해 선택해야 할 기어 포지션은 엔진 토크가 높은 5단이 아니라 구동축 토크가 높은 4단이다.

이상에서 알 수 있듯이 자동차의 가속 성능을 지배하는 요소는 엔진 피크 토크가 아니라 엔진 피크 파워다. 엔진이 피크 토크 영역을 넘었다 하더라도 높은 기어비와 빠른 엔진 회전수를 활용해 구동축에서 더 높은 가속도를 만들 수 있다. 가속 시 드라이버가 신경 써야 할 것은 오로지 엔진이 가능한 한 피크 파워 영역에 머무를 수 있도록 기어를 변경하는 것이다. 파워 밴드 구간에서 잃는 토크는 기어링을 통해 보완할 수 있다.

어떤 이들은 평평한 토크 커브 맵이 가장 이상적인 엔진이라고 말한다. 평평 토크 엔진에 앞의 방법을 적용해 보자.

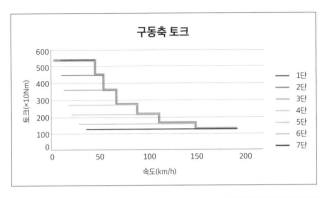

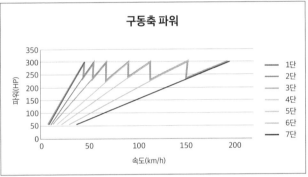

[그림 10] 평평 토크 엔진의 구동축 토크와 파워

　평평 토크 엔진을 사용하면 각 기어 포지션별로 토크가 일정
하고 기어를 변경할 때마다 토크가 계단식으로 급감한다. 평평
한 토크 커브는 RPM에 비례해 파워가 늘어나 준다. 이 말은 모
든 기어 포지션에서 엔진 리미터에 도달하고 나서야 최고 파워
가 터진다는 의미다. 그래서 구동축 파워 변화도 톱날처럼 날카

롭다. 평평 토크의 문제는 일반적인 기어수를 가진 드라이브트레인에서 기어 변경 후 구동 휠에 전달되는 토크와 파워 손실이 크다는 점이다. 위의 토크/파워 커브에서 일곱 개의 피크 포인트를 연결했을 때 그 아래로 생기는 구멍이 변속 후 토크와 파워 손실을 표시한다. 피크 파워가 높다 하더라도 이 손실 때문에 평균 파워가 나쁘다. 기어를 위아래로 바꿀 때마다 생기는 무수한 충격도 자동차 성능에 좋을 리 없다. 따라서 평평 토크 엔진보다 가급적 넓은 파워 밴드에서 높은 엔진 파워가 유지되는 유연한 엔진이 좋다.

평평한 토크 커브의 이득은 뭘까? 엔진 RPM 전 구간에서 토크가 일정하므로 코너를 통과할 때 어떤 기어에서 어떤 토크가 나오는지 확실하게 느낄 수 있다. 휠에 전달되는 토크가 일정하므로 같은 기어 포지션에서 가속이 한결 수월할 수 있다. 이점에 있어 전기 자동차는 모든 걸 갖췄다. 실용 RPM 범위 구간에서 크고 고른 평평 토크 커브를 가지고 있다. 자동차 속도 전 구간을 커버할 만큼 모터 RPM 범위도 넓어 기어박스를 쓸 필요도 없다. 모터의 토크가 구동 휠의 토크, 모터의 파워가 구동 휠의 파워다. 멋진 녀석이다.

이제 토크 vs 파워 문제에 종지부를 찍자. 레이스카에서 엔진 토크는 그다지 중요한 수치가 아니다. 가속 성능을 결정하는 것은 구동축에 도달하는 평균 파워와 파워 커브의 형태다.

14
디퍼런셜 Differential

트랙에서 스피드를 즐기는 사람이 아니고서는 대부분의 운전자들이 자기 차에 있는지 없는지, 작동 원리가 무엇인지조차 평생 생각하지 않는 자동차 요소가 있다. 브레이크, 차체, 엔진, 기어박스, 스티어링, 일렉트릭 시스템은 매일 사용하거나 정기적으로 돈을 들여 손을 보는 자동차 요소들이니 답이 아니다. 그렇다면 답은 무엇일까? 우리는 이 질문의 대답을 고민해야 할 정도로 그 존재를 인지하지 못한 채 살아간다.

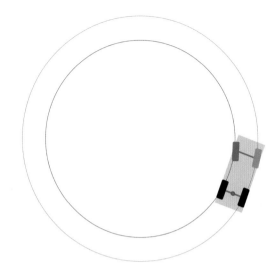

[그림 1] 같은 시간 동안 휠이 이동한 거리

둥근 트랙을 같은 속력으로 빙글빙글 도는 자동차가 있다. 이 자동차가 한 바퀴를 도는 시간 동안 바깥쪽 휠은 안쪽 휠보다 더 먼 거리를 이동한다.

$$속력 = \frac{\text{이동 거리}}{\text{이동 시간}}$$

즉, 바깥쪽 휠의 속력이 더 빠르다. 안쪽 휠과 바깥쪽 휠 속도가 같으면 이 자동차는 원운동을 할 수 없다. 안쪽 휠과 바깥쪽 휠을 고정시키고 억지로 원운동하게 만들면 궤적 안쪽 휠이 바깥쪽 휠의 속력을 따라가지 못해 질질 끌리고 원운동에 저항하는 힘이 생긴다. 자동차가 원운동을 자유롭게 하려면 안쪽과 바깥쪽 휠의 회전 속도가 달라야 하는데, 이 문제를 해결해 주는 자동차 기계요소가 디퍼런셜Differential로, 한국에서는 종종 '데후' 혹은 '디퍼'로 불리는 부품이다.

방관과 억압

디퍼런셜의 기본 형태는 오픈 디프Open Diff/Open Differential다. 보통 오픈 디프라고 불리는 오픈 디퍼런셜은 일반 드라이버가 평생 겪을 거의 모든 코너링 조건에서 무리 없이 사용될 수 있을 정도로 양쪽 휠 스피드 차이를 훌륭하게 극복하게 도와준다. 오픈 디프의 유일한 단점은 드라이브 샤프트에서 들어온 파워가 양쪽 휠 중 에너지가 적게 들어가는 쪽, 즉 저항이 적은 쪽으로 쏠린다는 점이다. 쉽게 말해 오픈 디프를 달면 미끄러운 쪽 바퀴가 미친 듯 헛돈다.

구동축 한쪽 휠이 멀쩡한 땅 위에, 반대쪽 휠이 진흙에 빠지면 우리는 오픈 디프 한계를 목격하게 된다. 이 상황에 닥치면 우리는 본능적으로 가속 페달을 더 세게 밟아 휠이 더 큰 힘을 내길 바란다. 하지만 차는 꿈쩍하지 않는다. 오픈 디프는 저항이 가장 적은 경로로 동력을 보낸다. 정작 진흙에 빠진 자동차를 꺼내줄 수 있는 휠은 접지력이 온전한 반대쪽 휠인데 오픈 디프는 구르기 쉬운 휠로만 동력을 보내기 때문에 진흙에 빠진 쪽 휠만 헛돌게 한다. 오픈 디프는 양쪽 휠 사이의 회전 속도 차이에 아무런 구속을 두지 않는다. 따라서 가속 페달을 더 깊이 밟아도 진흙 쪽 휠 스핀만 빨라질 뿐 타맥 쪽으로는 동력이 전달되지 못한다.

한쪽 구동 휠이 헛돌아 꼼짝하지 못하는 이런 난감한 상황을 우리는 일생에 몇 번이나 겪을까? 아마 한 번이라도 이런 경험을 한다면 평생 기억에 남을 것이다. 그 정도로 빈도가 낮다. 하지만 이와 비슷한 상황이 레이스 트랙에선 늘 일어난다. 직선주로에서 고속으로 달리던 레이스카가 코너에 진입한다. 코너를 통과하는 가장 빠른 방법은 미드-코너Mid-corner까지 속도는 줄이되 최대한 속도를 높게 유지하고 코너 탈출 시점에서 가속을 있는 힘껏 하는 것이다. 고속 코너링의 문제는 원심력으로 인해 궤적 바깥쪽 휠로 하중 이동이 심해지는 것이다. 반대로 안쪽 휠은 하중이 줄어들고, 심하면 아예 안쪽 타이어가 땅에서 공중으로 들린다. 의도치 않게 안쪽 휠은 진흙, 바깥쪽 휠은 타맥에 있는 상황이 된다. 그 결과 안쪽 휠이 헛돌고 바깥쪽 휠이 트랙션을 만들지 못해 가속 성능이 급격히 떨어진다. 오픈 디프는 레이스카에 사용하기에 부적절한 디퍼런셜 메커니즘이다.

오픈 디프의 반대편 극단에 있는 디퍼런셜 메커니즘이 있다. 양쪽 구동 휠을 아예 하나로 구속시켜버리는 스풀 디프Spool

Differential가 그것이고, 이를 록트 디프Locked Differential라고도 한다. 스풀 디프를 사용하면 양쪽 구동 휠의 회전 속도가 항상 같다. 극단적으로 다른 이 두 디퍼런셜 메커니즘을 똑같은 상황에 두고 그 차이를 이해해 보자.

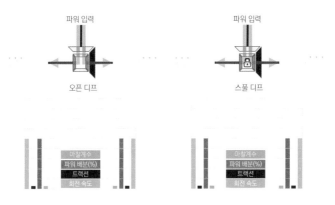

[그림 2] 미끄러운 대칭 노면에서 오픈 디프와 스풀 디프

[그림 2]에서 왼쪽 차는 오픈 디프, 오른쪽 차는 스풀 디프가 양쪽 구동 휠 사이에 자리한다. 그림 하단의 바 그래프는 양쪽 휠이 놓인 노면의 미끄러움 정도(마찰 계수, 녹색), 휠로 엔진의 파워가 도달되는 양(파워 배분, 빨강), 스로틀 페달을 밟았을 때 타이어에 생기는 마찰력(트랙션, 검정), 그리고 휠의 회전 속도(회전 속도, 파랑)를 상대적 비율로 표시한다.

양쪽 구동 휠 모두가 진흙에 빠졌다고 가정하자. 이 함정에서 탈출하려면 힘이 필요하다. 스로틀 페달을 있는 힘껏 밟아 파워를 높인다. 양쪽 휠의 접지력이 같으니 파워는 양쪽으로 50:50 배분된다. 엔진의 동력을 받은 타이어는 트랙션을 만든다. 타이어 트랙션은 마찰력이다. 타이어의 마찰력, 즉 트랙션은 다음과 같다.

> **트랙션 = 마찰 계수 × 수직 하중**

문제는 진흙의 마찰 계수가 너무 낮아 차를 앞으로 밀어줄 트랙션이 생기지 않는다. 당황한 주인장이 스로틀 페달을 밟아 대니 엔진 파워가 트랙션보다 쓸데없이 커서 양쪽 휠은 미친 듯 헛돈다. 헛도는 타이어의 마찰 계수는 그렇지 않을 때보다 더 낮기 때문에 트랙션은 더 떨어진다.

오픈 디프를 쓰나 스풀 디프를 쓰나 트랙션이 낮아 차가 앞으로 못 가긴 마찬가지다. 이 상황에서 이 두 디퍼런셜 메커니즘은 하는 짓이 똑같다. 위기에서 나를 구해줄 기술적 솔루션은 트랙션 컨트롤의 도움을 받아 휠 스핀을 줄임으로써 그나마 있는 트랙션을 최대한 건지거나, 사륜 구동을 적용해 나머지 다른 두 휠이 끌어주길 기대하는 것이다.

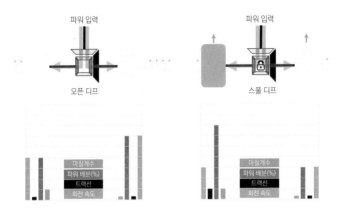

[그림 3] 완만한 비대칭 마찰 노면에서 오픈 디프와 스풀 디프

　시간이 지나자 [그림 3]처럼 왼쪽 노면이 살짝 굳어 접지력이 약간 늘었다. 오픈 디프의 양쪽 휠은 여전히 미친 듯이 헛돈다. 오픈 디프는 저항이 적은 쪽으로 파워를 더 주고, 그 결과 오른쪽 휠 스핀이 약간 더 심해진다. 그런데 오픈 디프 메커니즘은 언제나 토크를 양쪽으로 똑같이 배분하기 때문에 양쪽 휠이 경험하는 트랙션의 크기는 접지력이 낮은 쪽으로 통일된다. 결국 두 휠 모두 트랙션을 내지 못한다. 진흙을 빠져나가긴 글렀다.

　한편 스풀 디프가 장착된 차는 꿈틀대기 시작한다. 스풀 디프를 단 자동차의 휠 트랙션은 무조건 각자의 '마찰 계수×수직 하중'이다. 그 결과 마찰 계수가 약간 높은 왼쪽 휠의 트랙션이 반대편 휠 트랙션보다 크고, 트랙션의 총합도 오픈 디프보다 크다. 비로소 차가 힘을 받는다. 양쪽 휠이 하나로 묶여 있으니 휠 회전 속력은 같다.

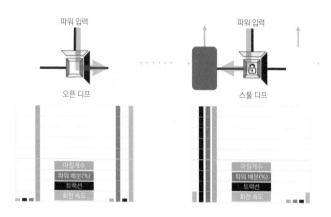

[그림 4] 극단적 비대칭 마찰 노면에서 오픈 디프와 스풀 디프

이제 이야기의 도입부에서 예시로 들었던 양쪽 휠의 접지력
이 극단적으로 다른 상황에서의 두 메커니즘의 성능 차이를 시
험해 보자. [그림 4]에서 오픈 디프는 저항이 적은 쪽으로 파워
를 더 준다. 그 결과 대부분의 파워가 진흙에 빠진 오른쪽 휠로
배분되고 이쪽만 헛바퀴를 돈다. 파워를 거의 받지 못하는 왼쪽
휠은 움직일 조짐이 없다. 오픈 디프 메커니즘은 토크를 양쪽으
로 똑같이 배분하기에 트랙션의 크기는 여전히 접지력이 낮은
쪽으로 통일된다. 앞의 두 시나리오와 차이가 없다. 결국 두 휠
모두 트랙션을 내지 못한다.

한편 스풀 디프는 드디어 진가를 발휘한다. 휠 트랙션은 무조

건 각자의 '마찰 계수×수직 하중', 마찰 계수가 낮은 오른쪽 휠은 트랙션을 거의 못 받지만 마찰 계수가 멀쩡한 왼쪽 휠은 트랙션을 세게 받는다. 트랙션 총합은 이전의 두 시나리오보다 훨씬 크다. 양쪽 휠이 하나로 묶여 있으니 휠 회전 속력도 같다. 자동차는 진흙 함정을 스스로 빠져나간다.

오픈 디프의 방임 정책은 진흙에 빠진 위기에서 자동차를 구출하지 못한다. 진흙에 빠진 휠을 꺼내려면 스풀 디프처럼 구동축을 잠가 접지력 높은 휠이 트랙션을 낼 수 있어야 한다. 그렇다면 항상 스풀 디프를 쓰면 되지 않을까? 하지만 스풀 디프를 사용하면 커브에서 휠 회전 속력 차가 억제되므로 커브를 원만하게 돌기 어렵고, 그 결과 커브 궤적 안쪽 휠이 항상 질질 끌린다. 오픈 디프도 커브 구간에서 이미 중요한 역할을 하고 있는 것이다.

차별에 저항하다

그래서 나온 정책이 리미티드 슬립 디퍼런셜(Limited Slip Differential: LSD)이다. LSD는 이름처럼 양쪽 구동 휠 사이의 회전 속도 차이를 제한한다. 원리는 간단하다. 양쪽 구동 휠 사이에 있던 오픈 디프에 클러치 팩을 달아 양쪽 휠 속도차가 너무 심해지면 디퍼런셜을 잠가버리는 것이다. 휠 스핀이 크지 않으면 클러치가 열려 있어 오픈 디프처럼 작동한다. 휠 스핀이 크면 클러치가 잠겨 마치 스풀 디프처럼 행동한다. 클러치 팩은 마찰판이어서 생성할 수 있는 마찰력에 한계가 있다. 따라서 LSD는 완벽하게 스풀 디프로 변신하진 못한다.

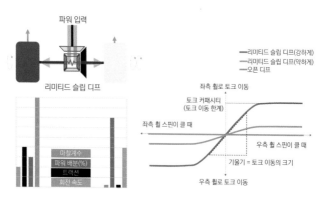

[그림 5] 극단적 비대칭 마찰 노면에서 리미티드 슬립 디프

클러치 팩을 잠그는 정도, 즉 오픈 디프에서 스풀 디프로 변신하는 속도는 LSD 내 압력을 바꿈으로써 가능하다. 이 압력을 0으로 만들면 LSD는 완벽한 오픈 디프가 된다. 이 압력을 키우면 스풀 디프 성향이 강해진다. 레이스카에 사용하는 LSD는 코너로 진입하는 턴-인Turn-in, 미드-코너, 코너 엑시트Corner exit에 서로 다른 압력을 사용해 양쪽 구동 휠의 트랙션을 조절한다. 코너에 진입할 땐 오픈 디프처럼, 코너 중간에선 오픈 디프와 스풀 디프

의 중간, 코너 탈출 구간에선 스풀 디프로 변신시켜 접지력 변화
에 능동적으로 대처한다.

　　F1 레이스카의 LSD는 절대 차별을 방관하지 않는다. 그렇다
고 무차별적으로 차별에 반대하고 극렬하게 저항만 하는 고집불
통도 아니다. 차별에 저항하되 상황에 맞게 유연하게 대처한다.

15
브레이크Brake

F1 레이스카와 일반 자동차의 브레이크 시스템은 전·후륜 축에 회전을 방해하는 토크를 생성해 자동차를 멈춘다는 점에서 유사성을 찾을 수 있지만, 제동력(브레이크 토크)을 생성하는 메커니즘은 약간 다르다.

먼저 일반 자동차의 브레이크 메커니즘을 되짚어 보자. 디스크 브레이크를 예로 들면, 바퀴 축에 연결된 허브에 스틸 디스크가 달려 있어 바퀴와 함께 회전한다. 'ㄷ' 자 형태의 캘리퍼는 회전하는 스틸 디스크 날을 쥘락 말락 하게 자리 잡는다. 캘리퍼의 안쪽에는 유압으로 작동하는 피스톤이 있는데 드라이버가 브레이크 페달을 밟으면 피스톤이 밀려 브레이크 패드를 디스크에 밀착시키고, 그 마찰력으로 바퀴의 회전을 멈춘다. 브레이크 페달은 유압을 생성하는 마스터 실린더를 거쳐 모든 휠의 브레이크 캘리퍼까지 유압 라인을 통해 물리적으로 연결된다.

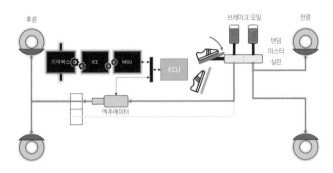

[그림 1] 브레이크-바이-와이어(BBW) 시스템

    F1 브레이크의 메커니즘도 기본 원리는 같다. 다만 F1 레이스카의 후륜Rear 브레이크는 드라이버 브레이크 페달과 상시적인 물리적 연결이 없다. F1 레이스카는 드라이버가 풋 페달을 밟는 힘을 피스톤 유압으로 변환해 기계적으로 캘리퍼를 작동하는 고전 방식을 버렸다. 대신 풋 페달의 강도를 전기 신호로 바꿔 캘리퍼 압력을 정밀하게 제어함으로써 필요에 따라 브레이크 토크를 조절하는 이른바 브레이크-바이-와이어BBW 메커니즘을 사용한다.

    F1 레이스카의 전후 브레이크를 완벽하게 잠그려면 드라이버는 약 160kg의 힘으로 브레이크 페달을 밟아야 한다. 아무리 다리 힘이 좋은 운동선수라 하더라도 정지 상태에서 왼발로 160kg의 무게를 밀었다 풀었다 반복하기는 쉽지 않다. 사실 F1

드라이버의 이 괴력은 온전히 다릿심이라기보다 레이스카가 중력의 네다섯 배 크기로 감속할 때 몸 전체가 앞으로 쏠리는 힘의 도움을 받은 결과다.

브레이크 페달 뒤에는 전후 브레이크를 독립적으로 작동하기 위해 두 개의 피스톤이 직렬로 삽입되어 유압 오일을 전후 라인으로 보내는 탠덤 마스터 실린더Tandem master cylinder가 자리한다. 마스터 실린더에는 두 개의 센서가 부착되는데 하나는 마스터 실린더가 압축되는 거리를 측정하고, 다른 하나는 실린더의 압력을 측정한다. 각각의 마스터 실린더는 여분의 브레이크 오일을 저장해둔 오일통과 연결된다. 브레이크 오일 저장 통은 브레이크 디스크와 패드의 마모 탓에 유압 라인의 부피가 커질 때 소모된 오일을 보충하는 데 사용된다. F1 레이스카의 브레이크 오일은 끓는점이 매우 높지만 압축성은 매우 낮다.

F1 레이스카에는 초경량 리튬 알루미늄으로 주조된 일체형 캘리퍼가 사용된다. 캘리퍼 내부에 부착되는 브레이크 패드는 탄소로 만들어진다. 브레이크 패드의 무게와 형상은 필요한 강도와 냉각 성능을 맞추도록 성형된다. 브레이크 패드와 마찰하는 디스크 또한 탄소로 제작된다. 이 디스크 속에는 수많은 통풍 구멍이 뚫려 있는데 구멍의 수와 모양에 따라 냉각 성능이 다르다. 브레이크 캘리퍼에는 패드의 마모도를 모니터하기 위한 LVDTLinear Variable Differential Transformer 센서와 디스크 온도를 측정하기 위한 온도 센서가 부착된다.

드라이버가 브레이크 페달을 밟으면 브레이크 오일이 밀려 두 개의 마스터 실린더가 압축된다. 이때 전륜 브레이크 유압 라인의 압력과 디스크 온도가 ECU의 BBW 전자 처리 장치로 입력된다. 후륜 브레이크 마스터 실린더 압력도 전기 신호의 형태로 ECU에 전달된다. BBW를 제어하는 이 전자 제어 장치를 브레이크 컨트롤러라고 부른다.

전륜 브레이크에서 전송된 센서 신호를 받은 브레이크 컨트롤러는 우선 전륜 브레이크에 발생하는 브레이크 토크를 계산한다. 이 계산값은 후륜 브레이크에 필요한 토크의 값을 계산하는 근거가 되며 BBW 제어 유닛은 목표한 브레이크 토크 값을 맞추기 위해 후륜 브레이크 압력을 제어한다.

자동차 브레이크에서 전체 제동력 못지않게 중요한 것이 바로 전후 브레이크 토크의 배분, 즉 '브레이크 발란스'다. 브레이크 발란스는 앞뒤 브레이크 토크 총량 중 앞 브레이크가 차지하는 토크의 비율로 표시한다.

$$브레이크\ 발란스(\%) = \frac{전륜\ 브레이크\ 토크}{전륜\ 브레이크\ 토크 + 후륜\ 브레이크\ 토크} \times 100$$

만약 앞 60%, 뒤 40%의 비중으로 제동력이 발생하면 이 브레이크 시스템의 발란스는 60%이다. F1 레이스카에서 브레이크 발란스는 전자적으로 제어된다. 62%의 브레이크 발란스가 가장 적당하다고 판단되면 드라이버는 스티어링 핸드 휠의 버튼을 눌러 브레이크 발란스값을 62%로 맞춘다. 전륜 브레이크 토크는 센서 시그널을 근거로 쉽게 계산할 수 있다. 따라서 브레이크 발란스 설정값을 만족시키기 위한 후륜 브레이크 토크의 크기, 즉 '후륜 브레이크 토크 요구값Rear Brake Torque Demand'도 쉽게 나온다.

전륜 브레이크 토크 : 후륜 브레이크 토크 =

브레이크 발란스 : 100 - 브레이크 발란스

후륜 브레이크 토크 요구 값 =

$$\frac{\text{전륜 브레이크 토크} \times (\ 100 - \text{브레이크 발란스}\ )}{\text{브레이크 발란스}}$$

후륜 브레이크 토크 요구값을 입력받은 아비트레이터는 이 목표 브레이크 토크를 맞추기 위해 리어 휠에 제동력을 가하는 세 가지 요소를 전자적으로 제어한다.

가장 먼저 고려되는 것은 엔진 토크다. 스로틀 페달에서 발을 완전히 떼면 엔진은 브레이크 역할을 한다. 소위 엔진 브레이크 효과다. 두 번째 요소는 버려지는 운동 에너지를 전기 에너지로 회수하는 에너지 회수 장치ERS의 브레이크 효과다. ERS는 제동 시 후륜 축을 꽉 물어 발전기를 돌림으로써 전기를 생성한다. 마지막 요소는 물리적인 접촉을 통해 제동력을 발생하는 마찰 브레이크다. 이 세 요소의 브레이크 토크 합이 앞서 계산된 뒤 브레이크 토크 요구값과 같도록 마찰 브레이크의 압력을 제어하는 것이 BBW 시스템의 역할이다.

> **후륜 브레이크 토크 =**
> **엔진 브레이크 토크 + *ERS* 토크 + 후륜 마찰 브레이크 토크**

엔진 브레이크 토크와 ERS-K 토크는 거의 고정값이다. 이제 BBW 시스템의 브레이크 컨트롤러는 후륜 브레이크 토크 요구값을 맞추기 위해 브레이크 피스톤의 압력을 쉴 새 없이 제어한다. 만약 브레이크 토크 요구값을 엔진 브레이크 토크와 ERS 토크만으로 충당할 수 있다면 리어 브레이크 패드는 디스크와 마찰할 필요가 없다. 이 때문에 BBW 시스템 도입 이후 F1 레이스카에서 마찰 브레이크에 가해지는 스트레스가 현저하게 줄었고 그 결과 브레이크 디스크와 캘리퍼 크기도 작아졌다.

F1의 BBW 시스템은 전기 자동차에 널리 쓰이는 브레이크 시스템과 유사하다. 앞서 설명한 브레이크 로직에서 엔진 브레이크 토크를 빼고 ERS가 장착된 축의 위치에 맞게 ERS 토크를 적용하면 전기 자동차의 브레이크 토크도 구할 수 있다.

전륜 브레이크 토크 = 마찰 브레이크 토크 + (회생 제동 토크)

후륜 브레이크 토크 = 마찰 브레이크 토크 + (회생 제동 토크)

만약 F1 레이스카가 100% 전기화된다면 벌어질 일이기도 하다. 든 자리는 몰라도 난 자리는 안다. 식이 간단해져서 좋긴 하지만 엔진이 사라진 F1은 상상만 해도 허전하다.

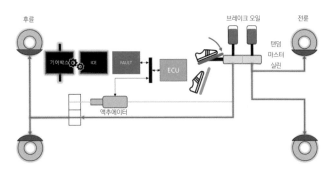

[그림 2] BBW 오작동 시 백업 라인

만약 MGU-K 등의 이상으로 BBW 작동에 오류가 생기면 ECU는 즉시 BBW 작동을 멈추고 백업 유압 라인을 가동한다. 이 비상 모드는 전통적 유압식 브레이크 시스템과 같지만, 파워 트레인의 브레이크 효과를 감안해 이미 브레이크 패드가 다운 사이징된 상태여서 정상 모드에 비해 제동력이 낮다. 이 모드로는 정상적 레이스 페이스를 내기 힘들고 장시간 사용하면 브레이크가 과열될 수 있어서 오래 버티진 못한다.

16
공기 저항 Drag

2013년 여름, 국제 물리학 학술지 〈European Journal of Physics〉에 흥미로운 연구 결과 하나가 발표된다. 〈On the performance of Usain Bolt in the 100m spront〉라는 제목의 연구 논문은 우사인 볼트Usain Bolt가 9.58초의 세계 기록을 달성했던 베를린 IAAF 챔피언십 100m 스프린트 레이스 데이터를 토대로 그의 육상 능력을 물리학적으로 해석한 결과를 담고 있다. 이 논문의 연구자들은 수학적 시뮬레이션 결과가 우사인 볼트의 레이스 측정 데이터와 거의 정확하게 일치함을 보임으로써 연구의 신뢰성을 증명했고, 한발 더 나아가 관찰만으론 알아차리기 어려운 여러 재미있는 사실을 과학적으로 밝혔다.

이 중 가장 눈길을 끌었던 발견은 그의 몸 근육이 레이스 동안 퍼붓는 엄청난 양의 에너지 대부분이 정작 쓰여야 할 달리기 동작이 아닌 다른 목적에 소진되었다는 사실이다. 우사인이 달리기 동작에 소모한 에너지는 그의 몸 근육이 생성한 에너지 총량의 단 7.79%에 불과했다고 한다. 이런 기막힌 사실을 들으면 당연히 어딘가로 소진된 에너지 92.21%의 행방이 궁금해진다. 이 연구는 사라진 92.21%의 에너지가 우사인 볼트의 전력 질주를 방해하는 공기 저항을 극복하는 데 대부분 사용되었다고 설명한다. 우사인 볼트는 키가 6피트 5인치(약 195cm)에 달하는 장신이다. 더군다나 육상 종목엔 체력적 편차를 조율하는 체급 시스템이 없으므로 우사인의 신체 조건은 경쟁자들 사이에서 매우 두드러진다. 큰 돛을 단 배는 돛과 바람 사이의 접촉 면적이 넓어서 작은 돛을 단 배보다 바람의 영향을 더 많이 받는다. 이 현상은 굳이 어떤 물리학 이론에 기대지 않더라도 고개가 끄덕여지는 '너무 당연한' 자연의 이치다. 우월한 체격 때문에 사실상 경쟁자들보다 더 큰 돛을 달고 달려야 하는 우사인 볼트는 경쟁자들보다 더 많은 공기 저항을 받는다. 우리는 "우사인 볼트의 디자인이 다른 경쟁자들의 그것에 비해 공기 역학적으로 비효율적이다"라고 말할 수 있다. 그럼에도 그는 레이스 출발 후 단 0.89초 만에 3.5마력의 파워를 쏟아냈다. 최고 시속 43.92km에 도달하는 데 걸린 시간은 고작 1.2초였다. 우사인 볼트의 가속력은 지구 중력 때문에 물체가 자유 낙하하는 가속도에 육박한다. 우사인 볼트는 타고난 공기 역학적 페널티를 압도적인 기계적 근력으로 극복해냈다.

속도의 적, 공기 저항

어떤 물체를 흐르는 공기 속에 두면 이 물체는 반드시 공기의 자연스러운 흐름을 방해한다. 방해의 정도는 물체의 형상에 따라 크기를 달리한다. 어떤 물체가 공기의 흐름을 방해하는 정도의 크기가 작을수록 우리는 이 물체가 '공기 역학적으로 더 효율적이다'라고 표현한다. 어떤 물체가 가진 공기 역학적 저항의 크기는 통상 저항 계수Drag Coefficient라는 무단위Unitless 수치로 표시된다. 물체의 고유 저항 계수가 작으면 공기의 저항을 적게 받음을 의미한다. 큰 몸집 탓에 공기 저항을 많이 받는 우사인 볼트의 저항 계수는 경쟁자들보다 상대적으로 높다. 저항 계수를 알면 우사인 볼트가 공기를 뚫고 달리기 위해 얼마나 큰 저항력을 이겨내야 하는지도 대략 계산할 수 있다.

$$\text{우사인 볼트가 받는 공기 저항} =$$
$$\frac{1}{2} \times \text{몸의 저항 계수} \times \text{공기밀도} \times \text{몸 투영 단면적}$$
$$\times \text{달리는 속력}^2$$

몸의 저항 계수와 단면적은 신체 형태에 따른 고유값이다. 만약 우사인의 몸이 추억의 '만득이 인형'처럼 물렁물렁하다면 이야기가 달라지겠지만 그럴 리는 없으니 몸의 저항 계수와 면적은 상수로 봐도 무리가 없다. 트랙 위 공기 밀도도 같은 날 같은 장소에선 거의 일정하다. 결국 그가 이겨내야 할 공기의 저항력은 그가 달리는 속력의 함수다.

달리지 않으면 속력이 0이니 공기 저항은 전혀 없다. 일상의 느린 걸음걸이에서도 우리는 공기의 저항을 거의 느끼지 않는다. 여기서 한 가지 의문이 생긴다. 일상에선 우리를 전혀 방해하지 않던 공기가 왜 우사인 볼트에게는 불공평할 정도로 큰 방해 요소로 작용하는 것일까? 이유는 바로 속력에 붙어 있는 '제곱'에 있다. 느린 속력에선 진공처럼 거의 방해하지 않던 공기는 속력의 제곱에 비례하여 저항력을 키우다 결국 젤리처럼 끈적해진다. 출발 후 가속하던 우사인 볼트는 최고 속도에 도달한 1.2초 후부터 최대 파워를 퍼부어도 젤리 속을 겨우 통과할 뿐 더는 빨라지지 못한다. 이때가 바로 공기 저항력과 그의 근력의 최대치가 평형을 이루는 시점이고 이 평형 관계를 이용하면 우사인 볼트가 낼 수 있는 이론적 최대 속도도 계산할 수 있다.

우사인 볼트가 받는 공기 저항 =

$\dfrac{1}{2}$ × 몸의 저항 계수 × 공기밀도 × 몸 투영 단면적

× 달리는 속력^2

= 우사인 볼트의 근육이 낼 수 있는 힘의 최대치

이때의 '달리는 속력'을 계산하면 전력을 다해 공기를 밀고 나
갈 때 도달할 수 있는 물체의 최고 속도를 터미널 스피드Terminal
Speed를 알 수 있다. 우사인 볼트가 터미널 스피드를 높일 방법은
많지 않다. 앞서 보았듯이 몸의 크기와 형태, 공기 밀도는 천하의
우사인 볼트도 마음대로 바꿀 수 없다. 따라서 그가 터미널 스피
드를 키울 수 있는 유일한 방법은 근육의 힘을 더 키우는 것이다.

F1 레이스카 디자인의 제1 목표, 공기 저항 줄이기

직진으로 전력 질주하는 레이스카 공기 역학의 핵심은 위 설명
에서 '우사인 볼트'를 '레이스카'로 치환하면 된다. 우사인의 예처
럼 레이스카의 터미널 스피드를 높이는 가장 확실한 방법은 근
육, 즉 엔진의 파워를 키우는 것이다. 이를 위해 F1 팀이 가장 원
하는 방식은 엔진을 마음껏 독자적으로 개발하는 것일 테다. 하
지만 엔진 개발에 드는 엄청난 비용, 실패 위험 등을 고려하면 독
자 노선은 대부분의 F1 팀에게 지속 가능한 해법이 될 수 없다.
현재 대다수의 F1 팀은 공인된 F1 엔진을 구매해 사용한다. 각
메이커의 엔진에는 공인된Homologation 성능이 있고 튜닝도 마음대
로 할 수 없다. 엔진 파워를 늘리는 일은 마음처럼 쉽지 않다.

하지만 아직 실망하긴 이르다. 터미널 스피드를 높일 방법은
아직 있다. 엔진 출력을 높이기 어렵다면 레이스카가 공기 저항

을 최대한 적게 받게 디자인하면 된다. 물론 레이스카의 디자인 과정이 물렁물렁한 만득이 인형 주물럭거리기처럼 단순한 것은 아니다. 레이스카의 디자인은 컴퓨터 시뮬레이션과 스케일 모델 실험을 거치며 공기 저항이 덜한 형태로 조금씩 천천히 다듬어 진다.

엔진 파워가 같다면 저항 계수와 투영 단면적이 작은 자동차 디자인이 더 빨리 달릴 수 있다. '공기 저항이 작은 디자인'이란 공기가 차체의 표면과 주변의 공간을 타고 잘 흐를 수 있는 디자 인을 말한다. 공기의 흐름이 어떤 경계와 충돌하면 반드시 소용 돌이Vortex가 생기며 이는 레이스카의 직진 성능을 방해하는 장 애 요소다. 레이스카 디자인 목표는 직진 성능 최적화를 위해 직 진 중 발생하는 공기 소용돌이를 최소화하거나 필요한 곳으로 유도하고, 공기가 머리부터 꼬리까지 최대한 부드럽고 막힘 없이 흐를 수 있도록 돕는 것이다.

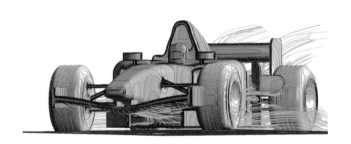

[그림 1] CFD 분석의 예

이를 위해 F1 공기 역학 디자이너는 부착물이 허용된 부위에 윙렛Winglet이나 플랩Flap, 거니Gurney 등을 부착해 공기가 원하는 경로로 흐르도록 유도한다. 예를 들어, 앞날개의 양옆 판Endplate은 공기와 앞바퀴의 충돌을 최소화하기 위해 공기 흐름을 굴절시키는 역할을 한다. 냉각을 위해 통풍이 계속 필요한 차량 부위도 있다. 고온에서 작동하는 브레이크 패드는 과열 시 산화가 심해져 제동력이 떨어진다. 이 때문에 F1 레이스카의 모든 바퀴에는 브레이크 패드 냉각을 위해 시원한 공기를 빨아들이는 덕트가 부착돼 있다. 앞날개의 어떤 부위는 브레이크 덕트로 향하는 공기 길을 잡아준다. 엔진 열을 식히기 위한 라디에이터와 엔진에 공기를 공급하는 운전석 상단 에어박스Airbox에도 반드시 적절한 양의 공기가 끊김 없이 들어와야 한다. 이를 위해 윙렛과 플랩의 위치, 각도, 형태가 수많은 시뮬레이션과 실험을 거쳐 설계된다. 뒷날개에는 공기 저항 감소 시스템DRS이 달려 있다. 용어가 다소 거창하게 들리지만 바람이 너무 거셀 때 창문 파손을 막기 위해 창문을 약간 열어 바람길을 터주듯 뒷날개의 플랩을 열어 공기를 통과시키는 장치다. DRS 버튼을 누르면 순간적으로 공기 저항이 줄고 속도가 빨라져 추월이 쉬워진다.

[그림 2] DRS 시스템

F1에선 내 차를 훑고 떠나는 공기를 그냥 흘려보내는 것도 두고 볼 수 없다. '윗물을 더럽혀 아랫물을 못 쓰게 하는 짓'은 F1에선 당연한 공기 역학 목표다. 내 차를 스친 공기 흐름은 곧바로 내 뒤차에 부딪힌다. 흐름이 불균일Turbulent하고 와류Vortex가 심한 공기를 모터스포츠에선 '더러운 공기Dirty Air'라 부른다. 더러운 공기를 통과하는 차는 그렇지 않은 공기를 통과할 때보다 공기 역학적 효율이 떨어진다. 더러운 공기를 더 많이 만들수록 내 뒤를 바짝 추격하는 뒤차의 공기 역학 성능을 더 많이 떨어뜨릴 수 있다. 이를 위해 F1 레이스카의 후면부는 될 수 있는 대로 더 많은 난류를 만들 수 있도록 디자인된다.

축배는 아직 이르다

당신은 경쟁 컨스트럭터들보다 공기 저항 계수가 월등히 작은 디자인을 찾았다. 그 결과 당신의 레이스카는 모든 팀 중 직선 속도가 가장 빠르다. 이로써 레이스 승리를 위한 해법이 완성된 것일까? 만약 F1 레이스가 '정해진 직선거리를 누가 더 빨리 주파하는가'를 겨루는 드래그 레이스Drag Race라면 축배를 들어도 좋다. 스티어링 휠을 중립에 두고 스로틀 페달을 끝까지 밟은 상태로 긴 직선 도로를 달리는 드래그 레이스는 우사인 볼트의 스프린트와 본질이 같다. 드래그 레이스는 엔진 출력이 크고 공기 저항을 덜 받는 디자인의 차가 무조건 이기는 게임이다.

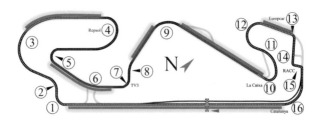

[그림 3] 파워 리미티드 섹션(PLS)

레이스카의 직진 성능은 엔진 출력이 클수록 높아지기 때문에, 전력 질주 구간은 '엔진의 출력이 아쉽다' 해서 Power Limited SectionPLS이라 부른다. 위 트랙에서는 적색으로 표시된 구간이 PLS이다. PLS에서 빠른 레이스카를 만들면 레이스에서 승리할 확률이 높아지는 것은 사실이다. 하지만 모터레이스는 직선과 곡선이 뒤섞인 고난이도 문제다. 곡선 구간에서의 레이스카 성능에 대한 고민이 없다면 해법은 아직 반밖에 완성되지 못한 셈이다.

레이싱 드라이버의 임무는 트랙의 모든 구간에서 레이스카를 가능한 한 가장 빠르게 운전하는 것이다. 이 간단한 임무가 말처럼 쉽지 않은 이유는 레이스카의 성능이 직선과 곡선에서 전혀 다른 역학의 지배를 받기 때문이다. 직선 구간으로 대표되는 PLS의 끝은 반드시 곡선 구간으로 이어진다. 쉬운 예를 하나 들어보자. 사거리에서 좌회전할 때 코너링을 더 빨리 한답시고 가속 페달을 끝까지 밟고 교차로에 진입해 핸들을 돌리는 사람은 없다. 만약 이런 짓을 한다면 자살 시도나 테러 행위다. 그 결과는 타이어가 미끄러지며 마주 오는 차선을 덮치거나 차가 전복되는 사고일 것이다. 차가 전복되는 상황은 논외로 하자. 더 빠른 코너링에 필요한 것은 더 큰 엔진 출력이 아니라 더 큰 횡방향 가속에도 레이스카가 미끄러지지 않게 붙잡아주는 타이어 접지력이다. 코너링 중 횡방향 가속의 원천은 원심력이다.

[그림 4] 원심력을 버티는 회전 그네

　놀이공원에 있는 회전 그네는 원심력에 몸을 맡기는 놀이기구다. 만약에 그네를 잡고 있는 체인이 회전 그네의 원심력을 버틸 만큼의 힘이 없다면 체인은 끊어지고 사람은 궤적 밖으로 튕겨 나갈 것이다. 물체가 일정 궤도를 유지하며 회전하려면 물체를 밖으로 밀어내는 원심력과 같은 크기의 힘으로 회전 중심에서 물체를 당기는 힘이 있어야 한다. 자동차에서 이 힘은 타이어의 횡방향 접지력이다.

　원심력은 질량과 횡방향 가속도를 곱한 값이고, 이 횡방향 가속도는 속력과 곡률의 함수다.

$$\text{원심력} = \text{자동차 질량} \times \text{횡방향 가속도}$$
$$= \text{자동차 질량} \times \text{코너 곡률} \times \text{전진 속력}^2$$

원심력은 자동차를 궤적 바깥으로 밀어내려고 애쓰고, 타이어의 마찰력은 이에 질세라 있는 힘껏 버틴다. 원심력과 타이어의 횡방향 접지력이 같으면 자동차는 미끄러짐 없이 코너링을 마칠 수 있다.

$$\text{원심력} = \text{타이어 횡방향 접지력 총합}$$

이를 종방향 속도에 대한 식으로 다시 쓰면 아래와 같다.

$$\text{원심력} = \text{자동차 질량} \times \text{코너 곡률} \times \text{전진 속력}^2 = $$
$$\text{타이어 횡방향 접지력 총합}$$

$$\therefore \text{전진 속력} = \sqrt{\frac{\text{타이어 횡방향 접지력 총합}}{\text{자동차 질량} \times \text{코너 곡률}}}$$

전진 속력이 클수록 코너링을 더 빨리 끝낼 수 있다. 이 식은 코너링을 더 빨리 하려면 가능한 한 '타이어의 접지력을 높이고', '자동차 무게(질량)를 낮추고', '완만한 레이싱 라인을 그리며 달려야 함'을 알려준다. 그리고 레이스카의 코너링 최대 속도는 이 세 변수에 의해 결정된다. 곡선 주로에서 레이스카 성능 한계는 엔진의 한계가 아니라 타이어의 한계다. 같은 주행 조건이라면 접지력이 높은 타이어를 달아야 속도가 빠르다. 같은 주행 조건에서 같은 타이어를 달고 달린다면 타이어의 접지력을 한계치까지 최대한 사용할 수 있는 드라이버가 가장 빠르고 유능한 드라이버다. 만약 드라이버가 코너링 중 타이어가 버티지 못할 정도로 과속하면 레이스카는 균형을 잃고 스핀을 일으키거나 트랙을 이탈한다.

곡선 구간에서 드라이버의 임무는 '타이어 접지력이 버틸 수 있는 전진 속력의 최대치'를 찾는 것이다. 곡선 구간은 '타이어의 접지력이 아쉽다' 해서, Grip Limited Section_GLS이라고 부른다. [그림 3]의 트랙에서 적색으로 표시되지 않은 구간이 그것이다.

현재 당신의 레이스카는 직선 구간_Power Limited Section에선 눈부신 터미널 스피드를 자랑하는 명품이다. 그러나 곡선 구간_Grip Limited Section 성능은 아직 검증되지 않은 미완성품이다. 쓸 만한 레이스카를 만들기 위해 꼭 필요한 F1의 공기 역학 이야기를 계속 이어가자.

17

다운포스
Downforce

큰맘 먹고 떠난 장거리 해외 여행길에 게으름을 피우다 항공편 체크인에 늦으면 남아 있는 좌석은 십중팔구 창가 측이다. 창가 자리는 장시간 비행 중 생리 현상이 찾아올 때마다 유난히도 잠이 많은 통로 측 승객을 염치 불고하고 일으켜 세워야 하는 불편함이 있어 나는 좋아하지 않는다. 하지만 어쩌겠는가? "전지전능한 신의 눈으로 하늘에서 세상을 내려다볼 기회다." 자기최면을 걸며 받아들이는 수밖에.

사실 비행기에서 '신의 시선'으로 세상을 볼 수 있는 시간은 이착륙 동안의 잠깐뿐이다. 우리는 목적지에 도착할 때까지 대부분 시간을 좁은 좌석에 뭉개져 잠을 청하거나 승무원이 건네준 땅콩을 다소곳이 먹거나 이마저도 여의치 않으면 심심함을 타파할 다른 볼거리를 찾는다. 이 탐색의 끝에서 나는 항상

'이 거대한 비행기가 고작 저 가냘픈 날개 한 쌍에 의지해 하늘을 난다'는 당연하지만 경이로운 사실에 놀란다. 예를 들어 보잉 747은 텅 빈 기체의 무게만 173t이다. 여기에 수백여 명의 승객이 탑승하고 이 승객들이 알뜰히 눌러 담은 짐, 각종 화물이 실리는데 이 무게가 약 60t 정도라고 한다. 마지막으로 제트 엔진에 필요한 연료가 약 100t가량 넉넉히 채워진다. 나의 경외감은 비행기 날개가 지탱하는 이 엄청난 무게를 향한다. 보잉 747의 비행은 어림잡아도 330t이 훨씬 넘는 쇳덩이가 양 날개의 힘으로 수천 피트 상공에 떠 있는 거대 스케일 역학 문제다. 비행은 이미 20세기에 보편화한 인류 문명의 산물이다. 지금은 비행기를 신기하게 바라보는 것이 오히려 이상하다. 하지만 그리 멀지 않은 과거, 1950년대생 베이비부머 세대에게조차 비행은 마법 같은 '반중력Anti-Gravity' 현상이었다.

[그림 1] 하늘에서 본 항공기 날개

창밖 날개를 보며 감탄을 연발하다가 번뜩 불안한 마음이 들기도 한다. 양손에 아령을 쥐고 십자 버티기를 하면 단 몇 초도 못 가 어깨 근육이 찢어질 듯 아파져 온다. 이처럼 양팔 벌린 구조물에 걸리는 수직 하중은 팔 연결부에 극심한 스트레스를 유발한다. 비행기의 길고 가냘픈 양 날개에 매달린 거대한 제트 엔진과 연료 탱크를 보고 있으면 날갯죽지에 몰릴 엄청난 스트레스가 상상이 되면서 내 어깨도 왠지 뻐근하다. 하늘에 뜨면 양 날개는 수백 톤의 몸체가 땅으로 떨어지려는 중력을 버텨야 한다.

여객기 날개 구조물은 튼튼하다. 항공기는 모든 분야에서 당대 최고 엔지니어링 기술이 집합된 결과물이고, 그 구조물의 안전성은 오랜 비행 역사를 통해 충분히 검증되었다. 그럼에도 불구하고 자나 깨나 몸 사리는 겁쟁이인 나는 활주로에서 출렁이는 날개조차 두렵다. 이착륙 시 '위이잉' 소음을 내며 오므렸다 폈다 하는 날개의 플랩도 뭔가 부자연스러워 보인다. 항공기의 설계, 제작, 정비에서 엔지니어의 실수는 돌이킬 수 없는 대형 사고로 이어질 수 있다. 따라서 항공 기술 엔지니어는 최고 수준의 책임감과 직무 역량을 갖춰야 한다. 항공 기술 엔지니어가 감당할 스트레스를 상상하다 내 직업을 돌아보니 국어 시조 문제의 단골 주관식 답안이었던 '안분지족'의 마음이 절로 났다.

F1 레이스카 디자인, 비행기 날개에서 영감을 얻다

비행기 날개는 F1 레이스카 디자인에도 유전자 변형을 일으켰다. F1 레이스카 디자인은 로드카와 극명하게 다르다. F1 레이스카 디자인의 유일한 목표는 공기 역학 성능의 극대화다. 현대 F1 레이스의 승패를 결정짓는 가장 중요한 요소는 공기 역학이다. 그해 최고의 공기 역학 성능을 지닌 F1 레이스카는 챔피언이 될 가능성도 크다.

지구상에 있는 모든 물체는 일정한 크기의 포텐셜Potential로 지구 중심을 향해 당겨진다. 우리가 지구 어느 곳을 가더라도 땅 위에 서 있을 수 있게 해주는 자연의 힘, 중력은 한순간도 쉬지 않고 누구에게나 공평하게 작용한다. 어떤 힘의 크기를 중력에 대한 비율로 나타낸 수치를 'G-포스'라고 부른다. G-포스를 사용하면 물체에 작용하는 힘의 크기를 '물체 무게의 배수'로 표시하기 때문에 힘의 크기를 직관적으로 인지하기 쉽다. 만약 비행기의 무게가 330t이라면, 이 비행기에 작용하는 1G의 크기는 330t이다. 만약 비행기 날개가 1G, 즉 330t의 힘을 받아 기체를 공중으로 밀어 올린다면 지구가 비행기를 당기는 1G의 힘과 평형을 이룬다. 이때 비행기를 저울에 올리면 눈금은 0, 무중력 상태가 된다. 이때부터 단 1gNgram-Newton이라도 날개에 힘이 더 생기면 비행기는 공중으로 뜬다.

[그림 2] 날 수 없는 날개와 날 수 있는 날개

하지만 모든 날개가 물체를 띄우는 힘, 즉 양력Lift을 생성하는 것은 아니다. 신은 인간이 하늘을 날기 위해 쓸 수 있는 인공 날개의 모양을 물리 법칙 뒤에 숨겨두었다. 이마저도 인간이 타고난 생물학적 체력으로 절대 도달할 수 없는 빠른 공기 흐름에서만 날개 구실을 한다. 태초에 신은 인간이 이 날개 모양의 비밀을 풀 것이라고 예상 못 했을 것이다. 설령 인간이 날개 모양의 비밀을 푼다 한들 "네놈들처럼 느려서는 하늘을 못 날아" 하며 방심했을지도 모르겠다. 하지만 인간은 이 두 난제를 모두 해결했고 하늘을 날지 못하는 종의 한계를 뛰어넘었다.

[그림 3] 항공기 날개 단면

 비행기의 날개 단면은 대략 [그림 3]과 같은 모습이다. 머리 부분은 둥글고 두툼하며 꼬리 부분으로 갈수록 점차 얇아지는 형태로, 물고기의 모양을 연상케 한다. 이 물고기의 머리는 살짝 위를 향한다. 이것이 가장 대표적인 날개 형상이고 이 같은 공기 역학 구조물을 에어포일Airfoil이라고 부른다.

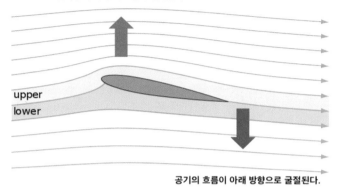

[그림 4] 양력의 발생

이 형태의 날개를 비행기 몸통에 달고 엄청난 에너지로 기체를 밀어 속력을 계속 올리다 보면 어느 순간 양력이 중력보다 커져 비행기가 공중으로 뜬다. 속도가 빨라지면 에어포일의 모양을 타고 흐르는 공기가 굴절되어 아래 방향으로 힘이 작용한다. 이 힘은 크기는 같고 위를 향하는 반작용을 생성하고, 에어포일을 공중으로 띄운다. 이 힘을 양력Lift이라 부른다. 에어포일의 각도를 키우면 공기와 날개에 부딪히는 면적이 넓어져 일정 각도까지 양력이 증가한다.

공기 역학은 어떤 물체가 공기를 뚫고 지나갈 때 작용하는 힘과 충격에 대한 이론이다. 1960년대 F1이 레이스카 속도 향상의 해법을 공기 역학에서 찾은 이후, F1 레이스카 디자인은 달라지기 시작했다. F1은 언제나 곡선 구간Grip Limited Section에서 더 빨리 달릴 수 있는 비법을 찾아다녔고 그 해법을 알려준 분야가 비행기 날개로 대표되는 공기 역학이다.

레이스카 속도의 열쇠, 다운포스

동절기 군 생활의 주적인 눈이 내리면 사병들은 새벽부터 일어나 밤새 수북하게 쌓인 '하늘에서 내리는 쓰레기'를 넉가래로 밀고 삽으로 퍼내느라 고생을 한다. 특수차 운전병이었던 나는 넉가래와 삽 대신 '스노 플로우Snow Plough'라는 제설 장비를 탔기에 그런 상황은 피할 수 있었다. 스노 플로우는 덤프트럭 앞에 쟁기를 달아 도로에 쌓인 눈을 길가로 밀어내는 제설 장비로, 항상 적재함에 모래를 가득 채우고 다닌다. 이는 눈길에 타이어가 미끄러지지 않게 접지력을 높이는 한 방법이다. 자동차의 전체 하중은 각 타이어의 수직 하중으로 분배된다. 타이어를 누르는 수직 하중이 커질수록 타이어의 접지력이 커지고, 그 결과 타이어의 전후좌우 미끄러짐이 줄어든다. 스노 플로우 적재함의 모래는 미끄러운 노면 때문에 줄어든 타이어의 접지력을 보완하는 원시적이지만 가장 확실한 방법이다.

[그림 5] 스노 플로우 제설차

타이어를 누르는 수직 하중의 크기는 레이스카를 포함한 모든 자동차의 코너링 성능을 지배한다. 하지만 민첩성이 생명인 레이스카에서 타이어 수직 하중을 키운답시고 모래 적재함을 달 순 없는 일이다. 레이스카의 고유 중량은 늘리지 않고 타이어를 누르는 수직 하중만 증가시키는 방법을 찾던 F1 디자이너들은 거대한 비행기를 하늘로 띄울 만큼 강력한 비행기 날개의 양력을 타이어를 짓누르는 데 이용하는 아이디어를 생각해낸다. 비행기를 뒤집으면 양력이 위가 아닌 아래로 향할 것이기 때문이다.

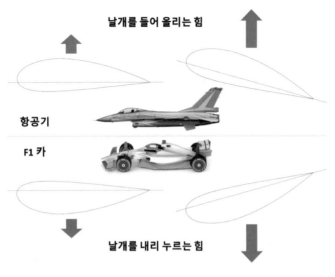

항공기

F1 카

날개를 내리 누르는 힘

[그림 6] 양력과 다운포스

이후 F1 레이스카에 날개가 달리기 시작했고 현대에 이르러 F1 레이스카는 차체 자체가 일종의 날개가 되었다. 공기 역학적으로 레이스카를 내리누르는 힘을 양력의 반대, '다운포스'라고 부른다. 다운포스는 음의 양력Negative Lift이다. 다운포스가 큰 자동차는 타이어 접지력이 더 커서 같은 곡률의 코너를 더 빠른 속도로 미끄러짐 없이 통과할 수 있다.

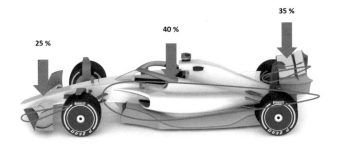

25 %　　40 %　　35 %

[그림 7] 다운포스의 배분

　　F1 레이스카에서 다운포스는 어디서 발생할까? 다운포스는 레이스카의 앞뒤 날개, 새시, 바닥판Floor, 배기구, 심지어 타이어에서도 발생한다. 이 중 앞뒤 날개에서 발생하는 다운포스가 전체 다운포스 중 약 50~60%를 차지한다. 앞뒤 날개는 비행기 날개를 뒤집은 형상이다. 나머지 약 40~50%는 레이스카 새시와 바닥판에서 발생한다. 자동차 바닥판에서 발생하는 다운포스는 날개에서 생기는 다운포스와 원리가 다르다.

[그림 8] 그라운드 효과

새시에 작용하는 다운포스는 지면과 레이스카 바닥 사이의 공기 흐름 때문에 생긴다. 공기가 좁은 통로를 통과하면 흐름이 빨라져 압력이 낮아진다. 분무기는 이 원리를 이용한 대표적인 장치다. 이 원리를 활용하여 분무기는 물을 빨아들이고 레이스카는 다운포스를 생성한다. 다운포스는 이 압력이 낮을수록 커진다. 차체 하부의 프로파일을 벤투리 관 형태로 잘록하게 만들어주는 일종의 공기 분무 장치를 디퓨저Diffuser라고 부른다. 이 디퓨저 파트는 레이스카뿐만 아니라 고성능 양산 차종에서도 어렵지 않게 찾아볼 수 있다.

2022 시즌부터 그라운드 효과Ground Effect가 부활했다. 레이스카 배에 부착하는 밋밋했던 바닥판을 공기 역학적 목적으로 사용할 수 있게 된 것이다. 바닥판이 치마처럼 더 넓어지고 공기 흐름을 조절하는 가이드가 부착돼 다운포스가 높아졌다.

레이스카에 미치는 공기의 영향, 즉 공기 역학적 힘과 모멘트

는 차체의 자세와 주행 환경에 따라 수시로 바뀐다. 레이스카의
공기 역학을 예측하지 못하면 레이스카의 반응도 예측할 수 없
어 원하는 성능의 레이스카를 만들 수 없다. 정확한 공기 역학
예측 모델은 현대 레이스카 디자인에 반드시 필요한 요소다.

레이스카에 작용하는 공기 역학적 힘과 모멘트의 크기는 하
나의 식으로 계산할 수 있다. 차체에 작용하는 힘의 종류에 따
라 공기 역학 계수만 바꾸면 된다.

$$\text{공기 역학적 힘(모멘트)} = \frac{1}{2} \times \text{공기 역학 계수} \times \text{공기밀도}$$
$$\times \text{레이스카 투영 단면적} \times \text{공기 속력}^2$$

레이스카의 공기 역학 계수는 차체의 지상고, 앞바퀴의 스티
어링 각도, 차체의 롤Roll과 요Yaw 각도, 윙 플랩 각도 등 공기 흐름
을 굴절시키는 레이스카 자세 변화에 공기 역학이 얼마나 민감
하게 변하는지를 나타내는 무차원(단위가 없음) 성능 지표다. 공기
역학 계수는 풍동에서 측정된다. 먼저 레이스카 스케일 모델을
만들어 풍동에 설치한 후 바람의 속도, 모델이 설치된 벨트 속
력, 바람 속에서 레이스카의 자세를 바꿔가며 하중 센서 포인트
에 걸리는 힘을 측정한다. 이 과정을 수없이 반복하면서 어떤 주
행 조건에서 어떤 방향으로 얼마나 큰 힘이 생기는지 기록하고,
이를 좌표 공간에 점으로 찍어 데이터 구름을 만든다. 이 데이

터 구름으로부터 각 입력 조건에서 공기 역학 계수를 출력할 수 있는 피팅 모델 혹은 지도를 만든다. 주행 조건을 입력하면 공기 역학 계수를 알려주는 이 지도를 '에어로맵Aeromap'이라고 부른다.

정확한 에어로맵이 있으면 다운포스의 크기 계산도 어렵지 않다. 에어로맵이 알려주는 양력 계수Lift Coefficient만 알면 된다. 트랙을 달리는 F1 레이스카의 다운포스는 에어로맵이 탑재된 온보드Onboard 어플리케이션을 통해 실시간으로 계산된다. 직선 구간에서 전력으로 달리는 F1 레이스카의 예를 들어 다운포스의 효과를 가늠해 보자. 다운포스 공식은 다음과 같다.

$$\text{다운포스} = \frac{1}{2} \times \text{양력 계수} \times \text{공기밀도} \times \text{레이스카 투영 단면적} \times \text{공기 속력}^2$$

만약 트랙에 바람 한 불지 않는다면 공기 속력은 레이스카 속력과 같다. 레이스카 머리에 맞바람이 분다면 레이스카 체험하는 공기 속력은 레이스카 속력에 맞바람 속력이 더해지고, 그 결과 다운포스 효과가 커진다.

F1 레이스카가 가지는 전형적 양력 계수를 사용해 F1 레이스카가 경험하는 다운포스를 구해보면 다음과 같다.

	앞바퀴 축	뒷바퀴 축
공기 밀도	1.145(kg/m³)	
레이스카의 투영 단면적	1.5(m²)	
직진 속도	340(km/h)=94(m/s)	
양력 계수	-1.5(-)	-1.6(-)
다운포스	1,163(kg)	1,240(kg)
다운포스의 합	2,403(kg)	
레이스카 무게	800(kg)	
G-포스	2,403(kg)/800(kg)=3G	

이는 보통의 F1 레이스카가 시속 340km로 달리면 중력의 약 3배에 해당하는 다운포스가 발생함을 의미한다. 중력을 극복하기 위한 최소 힘이 1G임을 고려하면 3G는 차를 공중에 띄우기에도 충분한 힘이다. 보통의 F1 레이스카는 시속 200km 이상으로 달리면 터널 천장을 거꾸로 매달려 달릴 수 있다.

두 마리 토끼를 쫓다

F1 레이스카 디자인은 공기 역학적 효율을 극대화시키기 위해 끊임없이 수정되고 개선된다. F1 레이스카 공기 역학의 목표는

세 가지다. 첫째, 다운포스를 최대로 키우는 것이다. 다운포스는 타이어의 접지력을 늘려 코너를 더 빠르게 통과할 수 있게 도와준다. 둘째, 공기 저항을 최소화하는 것이다. 자동차의 직선 주행을 방해하는 드래그를 줄임으로써 최고 속도를 높이고 랩 타임을 단축할 수 있다. 하지만 설계 과정이나 실제 레이스에서 이 두 마리 토끼를 동시에 잡는 것은 불가능하다. 안타깝게도 다운포스와 드래그는 동시에 커지거나 작아진다. 다운포스가 큰 디자인은 필연적으로 드래그 증가를 동반한다. 드래그를 줄이려면 다운포스를 희생해야 한다. '서로의 이득을 깎아 먹는 이 두 힘 사이의 균형을 어떻게 맞춰야 레이스에 가장 유리한가?'에 대한 해답을 찾는 것이 공기 역학 디자인의 궁극적인 세 번째 목표다.

모든 F1 팀은 가장 효율적인 공기 역학 디자인을 찾기 위해 매년 수백억 원을 투입하고 수백 시간의 공기 역학 실험을 수행한다. 이 과정에서 찾아낸 레이스카 디자인이 실제 트랙에서 어느 정도의 성능 향상을 가져다줄지는 컴퓨터 시뮬레이션으로도 대략 예측할 수 있다. 하지만 이 모든 노력이 "Money well spent!"가 될지, "What a waste!"로 끝날지는 실제 레이스에서 그 효과를 눈으로 확인하기 전까지 누구도 알 수 없다.

18
컨택트 패치
Contact Patch

자동차의 주행 성능을 결정짓는 VIP 파트는 타이어다. 겉보기엔 그저 시커먼 합성 고무 도넛이지만 타이어의 과학은 두꺼운 책 한 권이 될 정도로 방대한 주제다. 거듭 말하지만 자동차의 핸들링 성능은 본질적으로 타이어의 접지 성능이다. 자동차의 가속, 제동, 방향 전환을 가능케 하는 힘의 원천은 타이어가 도로 표면을 움켜잡고 당기는 힘이다.

어떤 물질이 자동차 타이어로 사용될 수 있으려면 1) 노면과의 접촉에 의해 비교적 쉽게 변형될 정도로 재질이 무르고, 2) 변형 후 원래의 형상으로 복원하려는 탄성이 있어야 하며, 3) 바퀴로 사용하기에 너무 무겁지 않아야 한다. 이 기준에 맞춰 자동차 타이어로 쓸 만한 물질이 있는지 주변을 둘러보자. 주방의 냄비가 눈에 띈다. 대부분의 금속은 고유 탄성이 극도로 높지만 마찰 정도의 스트레스로는 마이크로 변형에 그칠 만큼 매우 단단하다. 마찰 시 변형이 없다는 것은 노면에서 쉽게 미끄러짐을 의미한다. 무겁기로 따지면 금속만 한 재료도 없다. 만약 강철이 지금보다 훨씬 더 가볍고 무른 물질이었다면 열차는 레일 가이드 없이도 그럭저럭 스스로 방향을 바꾸며 이동하는 교통수단이었을지도 모른다. 진흙은 쉽게 변형되지만 복원력이 전혀 없다. 수분이 다 증발하면 가소성마저 사라진다. 흔하디흔한 콘크리트는 워낙 무거워 유모차 바퀴 크기로 만들어도 굴리기조차 힘들다. 주변을 아무리 둘러보아도 현존하는 물질 중 자동차 타이어로 사용할 수 있는 물질은 합성 고무가 유일하다.

[그림 1] 타이어 컨택트 패치

타이어는 변형된 고무 조직이 원래 형태로 회귀하려는 탄성 복원력을 이용해 원하는 방향으로 힘을 유도하는 일종의 스프링 장치다. 냉정하게 말하면 자동차의 엔진, 브레이크, 스티어링 시스템의 역할은 타이어 컨택트 패치의 형태를 원하는 방향으로 강제로 변형시키는 것이다. 스프링 성능은 타이어 합성 고무의 재질, 즉 컴파운드가 지배한다. 타이어 조직의 변형 정도가 같아도 타이어 컴파운드의 종류에 따라 스프링 특성이 달라진다는 뜻이다.

타이어 변형은 '미끄러짐Slip'의 크기로 표시한다. 미끄러짐은 타이어와 지면이 닿는 컨택트 패치에 얼마나 큰 스트레스 혹은 변형이 가해지는지를 수치화한 값이다. 가속/브레이크 페달을 밟으면 타이어 컨택트 패치는 전후 방향으로 변형된다. 스티어링 휠을 좌우로 틀면 타이어 컨택트 패치는 수직축을 중심으로 꽈배기처럼 뒤틀린다. 타이어 컨택트 패치에 발생하는 변형의 크기는 전후 방향은 미끄러짐률Slip Ratio, 뒤틀림은 미끄러짐 각도 Slip Angle로 정량화되며 타이어 컴파운드에서 발생하는 모든 힘은 이 미끄러짐(슬립)을 매개로 하는 함수로 정의된다. 타이어의 힘은 가속/브레이크 페달을 더 깊게 밟거나 스티어링 휠을 더 많이 꺾을수록, 즉 컨택트 패치의 슬립이 클수록 커진다.

하지만 타이어가 버틸 수 있는 스트레스에는 한계가 있다. 타이어의 컨택트 패치가 어느 한계 이상 과도하게 미끄러지면 타이어의 힘은 급격하게 추락한다. 자동차를 급발진 혹은 급정거하는 경우 타이어가 하이 피치의 마찰음을 내며 미끄러지는 현상이나 코너를 너무 빠른 속도로 무리하게 진입하다 도로를 이탈하는 사고는 타이어의 접지력에 한계가 있음을 보여주는 대표적인 사례. 접지력 한계가 높은 타이어를 사용하면 보통의 타이어로는 불가능했던 가혹한 운전을 덜 미끄러지며 지탱할 수 있다. 그 결과 자동차의 핸들링 성능과 안전성이 향상된다.

19
접지력
Grip & Traction

어떤 자동차가 드라이버 컨트롤에 대해 예측 가능하고 민첩하게 반응하는 경우 우리는 "이 자동차의 핸들링Handling 성능이 좋다"라고 말한다. 핸들링 성능이 나쁜 자동차는 반응의 불확실성이 크고, 쉽게 균형을 잃기 때문에 안전하지 않다. 핸들링 성능은 자동차 안정성과 안전성을 평가하는 중요한 척도다. 비단 레이싱 드라이버뿐만 아니라 수백 시간의 트랙 마일리지를 자랑하는 프로페셔널급 드라이버, 심지어 도로 주행에 처음 나서는 초보 운전자도 자동차의 핸들링 성능을 지배하는 자동차 역학은 알아두는 것이 좋다. 혹자는 자동차의 핸들링 성능을 높인답시고 자동차 튜닝숍을 찾아 좋다는 하드웨어를 이것저것 무작정 달기도 하는데, 이는 정력에 좋다면 물불 안 가리고 먹는 일부 남성의 무지함과 본질적으로 같은 태도다. 자동차 성능 향상에 실제로 도움이 되는 하드웨어 세팅에 대한 이해가 없는 상태에서 어떤 퍼포먼스 부품이나 옵션을 '묻지 마' 식으로 장착한다면 기대하는 성능도 못 얻고 돈만 낭비할 수 있다. 자동차 핸들링에 영향을 미치는 주요 하드웨어를 알고 이들의 역할을 이해하면 지름신의 유혹 속에서 내게 필요한 퍼포먼스 파트가 어떤 것인지를 현명하게 판단할 수 있다.

핸들링에 황금 법칙은 없다

자동차, 특히 레이스카의 핸들링은 광범위하고 복합적인 기술 영역이기 때문에 이를 한 줄로 정리하는 '황금 법칙'은 세상에 없다. 어떤 레이스카의 핸들링을 최적화하려면 먼저 레이스카의 역학과 핸들링을 지배하는 여러 핵심 하드웨어의 역할을 이해해야 한다. 이는 자동차를 흔들어 대는 여러 힘에 대한 이해다. 이 기본 지식은 일반 자동차에도 똑같이 적용된다. 평생 레이스카 근처에도 가지 않을 일반 운전자라면 나의 안전이 보장되는 자동차의 역학적 한계를 알기 위해, 레이스카 엔지니어나 드라이버라면 혹시라도 숨어 있을 몇 퍼센트의 핸들링 성능을 찾기 위해 하드웨어에 대한 공부는 꼭 필요한 작업이다. 자동차를 구성하는 여러 하드웨어가 자동차의 핸들링에 어떤 영향을 미치는지 간략하게 살펴보자.

자동차에 달면 좋다는 고가의 서스펜션 파트를 달았는데도 핸들링이 썩 좋아지지 않았다면, 그것이 본인 운전 실력의 한계일 수도 있겠으나 사실은 서스펜션 파트 간의 부조화 때문일 수도 있다. 자동차 핸들링 성능을 최적화하는 일은 다리 근육과 골격에 해당하는 자동차 파트 간의 간섭이 가장 적은 '최적점 Sweet Spot'을 찾는 것이다. 하지만 이 최적점을 찾는 일은 쉽지 않다. 모든 기상 조건과 노면 상태에서 일관되게 우수한 핸들링 성능을 보이는 '만능 자동차 셋업'은 세상에 없기 때문이다.

타이어의 접지력, 핸들링 성능의 키워드

충격, 충돌, 역주행이 난무하는 블록버스터 액션 영화에서 자동차 추격 신은 빠지지 않는 단골 레퍼토리다. 주인공과 악당은 도주하는 상대를 멈춰 세우기 위해 수많은 시민을 위험에 빠뜨리고 도심을 쑥대밭으로 만든다. 충격을 주고받으면서 유리창이 박살나고 차의 몸통 곳곳에 총알구멍이 생긴다. 하지만 총탄은 상대의 몸을 요리조리 피해 가고 추격전은 쉽게 끝나지 않는다. 만약 현실에서 이런 상황이 벌어진다면 누군가는 총상을 입거나 사망할 것이 뻔하다. 이 상황을 멈추는 방법은 의외로 간단하다. 피차에 정조준은 불가능하니, 강판 차체 대신 고무로 만들어진 타이어를 겨냥해 난사하다 넷 중 하나만 터뜨려도 도주는 쉽게 저지될 수 있다.

[그림 1] 핸들링 성능의 핵심, 타이어

타이어는 자동차와 도로를 물리적으로 연결하는 유일한 매개체다. 자동차 엔진이 생성하는 모든 파워는 오직 타이어라는 고무 스프링을 통해 땅을 박차고 나가는 힘으로 변환된다. 타이어 없는 자동차는 단 1mm도 스스로 이동할 수 없는 고철에 불과하다. 부가티 시론Bugatti Chiron이 스마트Smart의 14인치 휠과 타이어를 달고 달리면 아마 공인 성능의 10%도 내지 못할 것이다. 마치 세계 최강의 심폐 기능과 골격을 가진 육상 선수의 다리에 근육이 없는 셈이다. 초고성능의 자동차라 하더라도 엉터리 타이어를 달고서는 제값을 하기 어렵다. 반대로 고성능 타이어를 달면 보통의 자동차도 굽이진 도로를 꽤 과감하고 민첩하게 달릴 수 있다. 타이어는 자동차 회사가 만들진 않지만 엄청나게 중요한 자동차의 구성 요소다.

단언컨대 타이어는 자동차를 자동차이게 하는 '가장 중요한' 하드웨어이다. 타이어 역학은 모든 자동차 동역학 교과서에서 가장 비중 있게 다루는 주제. 인류 최고 최신 기술을 집약해 자동차를 만든다고 하더라도, 이 자동차의 제동Braking, 가속Acceleration, 코너링Cornering 성능은 결국 타이어와 도로가 접촉하는 손바닥만 한 네 개의 고무 패치, 컨택트 패치가 얼마나 큰 힘을 내느냐에 달렸다.

타이어의 접지력을 높이는 방법들

핸들링 성능 최적화는 전적으로 타이어 컨택트 패치의 접지력을 최대화하고 앞뒤 축 사이의 접지력 배분을 맞추는 과정이다. 자동차의 스펙이 결정되고 사용할 타이어가 정해지면, 이 타이어의 컨택트 패치 성능을 최고로 끌어올리는 일이 남는다. 자동차 핸들링에 직간접적으로 영향을 미치는 하드웨어에는 여러 가지가 있지만 타이어 컨택트 패치 성능에 가장 큰 영향을 미치는 것은 타이어 제품 그 자체다. 타이어의 접지력은 타이어의 형태, 컴파운드 재질, 컨택트 패치 크기, 내부 압력, 온도 등의 영향을 받는다.

타이어의 접지력을 결정하는 핵심 요소는 다음의 셋으로 요약할 수 있다.

첫 번째는 도로와 타이어 컴파운드 사이의 마찰 계수다. 타이어가 끈적할수록 자동차는 더 빠르고 안전하게 달릴 수 있다. 타이어의 끈적함은 온도, 습도 등의 영향을 받지만 가장 중요한 결정 요소는 컴파운드 자체의 물성이다. 두 번째는 타이어 컨택트 패치의 크기이다. 컨택트 패치가 클수록 더 큰 힘을 낼 수 있다. 컨택트 패치의 크기는 타이어 압력이 낮고, 타이어가 수직으로 설 때 커진다. 마지막 세 번째는 타이어를 짓누르는 수직 하중이다. 타이어를 내리누르는 힘이 커질수록 접지 성능이 좋아진다. 하지만 마찰 계수, 컨택트 패치 크기, 수직 하중을 키워서 얻을 수 있는 성능에는 한계가 있고, 이 한계를 넘어서면 이들은 오히려 방해 요소가 된다. 끈적한 접착제로 뒤덮인 트랙에서 바람 잔뜩 빠진 타이어를 달고 트렁크에 벽돌을 가득 실은 자동차가 빨리 달리는 것은 불가능하다. 엔진 출력이 유한하기 때문이다.

차체의 출렁임과 진동은 타이어와 직접 접촉이 없는 하드웨어를 통해 조절할 수 있다. 차체의 출렁임과 진동 특성을 바꾸는 목적도 타이어의 접지력을 높이기 위한 것이다. 예를 들어, 서스펜션과 스티어링 시스템을 구성하는 모든 컴포넌트의 세팅 목표는 타이어 컨택트 패치가 되도록 노면과 오랫동안, 일정하게 접촉하게 만들어 가능한 한 큰 힘을 내도록 돕는 것이다. 특히 서스펜션 구조물, 안티롤 바, 스프링, 댐퍼 같은 하드웨어는 각자가 타이어 컨택트 패치에 직접적인 영향을 미치고, 이들 파트가 서로 조화를 이루면 타이어 접지력과 핸들링이 좋아진다. 잘못

된 조합은 당연히 접지력과 핸들링을 방해한다.

드라이버, 타이어 접지력의 잠재적 방해 요소

타이어 성능에 영향을 미치는 매우 중요하지만 쉽게 간과되는 마지막 요소는 다름 아닌 드라이버다. 타이어의 잠재력을 가장 효과적으로 이용하는 드라이버는 군더더기 없이 자동차를 컨트롤하는 드라이버다. 타이어의 접지력은 레이스 도중 수시로 변한다. 만약 드라이버가 이 변화에 대해 신속하고도 부드럽게 대응하면 접지력 손실이 줄고 결과적으로 랩 타임도 준다. 심지어 돈 한 푼 들지 않는 공짜 이득이다. 처음 달려보는 트랙이라도 프로페셔널 드라이버에게 충분한 연습 시간을 주면 랩 타임이 일정하게 줄어드는 모습을 볼 수 있다. 드라이버가 랩을 반복하는 동안 이 트랙에서 타이어가 낼 수 있는 성능과 한계를 빠르게 학습하기 때문이다. 타이어가 물리적으로 낼 수 있는 힘은 유한하다. 그리고 이 힘은 타이어가 과도하게 미끄러지면 걷잡을 수 없이 떨어지고 예측도 불가능해진다. 타이어 접지력이 한계점에 이를 때 차의 반응과 느낌을 학습하는 능력은 드라이버의 프로페셔널리즘을 결정하는 중요한 자질이다.

우리가 잘 아는 관성 실험이 있다. 탁자 위에 종이를 깔고 그 위에 물컵을 둔 상태에서 종이를 서서히 당기면 물컵은 종이와 함께 끌려온다. 일단 컵이 움직이기 시작하면 컵과 종이를 더 빠르게 당길 수도 있다. 하지만 종이만 잽싸게 당기면 물컵은 제자리에 있고 종이만 쏙 빠져나온다. 같은 물컵, 같은 종이, 같은 탁자인데도 우리가 목격하는 결과는 전혀 다르다. 이 실험에서 종이는 자동차의 타이어로 생각할 수 있다. 드라이버가 스티어링 휠을 급격하게 조작하거나 브레이크를 격하게 밟으면 타이어의 미끄러짐이 과도해지고 접지력은 급격하게 떨어진다. 자동차의 운동은 이때부터 드라이버의 의지와 상관없이 관성이라는 운명에 맡겨진다. 힘의 크기나 방향을 바꾸는 것을 물리학에서는 '저크Jerk'라고 부른다. 같은 자동차, 같은 타이어, 같은 도로를 사용한다면 저크를 일삼는 드라이버는 그렇지 않은 드라이버보다 타이어 접지력을 더 많이 탕진하는 위험인물이다(저크를 일종의 컨트롤 기술로 사용하는 랠리 드라이버는 예외다).

부드러운 드라이빙은 자동차 핸들링 성능을 향상하는 가장 싸고 효과적인 방법이다. 가속, 감속, 방향 전환 시 저크를 일삼는 드라이버는 세상에서 가장 위대한 레이스카를 싸구려 자동차 수준으로 추락시킬 수 있다. 풋내기 레이스 드라이버들이 보이는 가장 흔한 실수는 코너링 시 자동차의 머리 부분이 바깥으로 밀리는 언더스티어다. 이 드라이버는 "이 빌어먹을 놈의 차는 턴-인 구간에서 완전히 쓰레기구만!"이라며 레이스카 탓을 하겠지만, 어쩌면 그가 브레이크 포인트를 너무 늦게 잡은 탓에 브레이크를 과하게 밟을 수밖에 없거나 스티어링 휠을 너무 급하게 틀며 커브를 진입하기 때문에 핸들링이 엉망으로 보일 뿐 레이스카는 최선을 다하고 있을지 모를 일이다. 드라이버의 부드러운 컨트롤은 타이어 접지력을 유지함에 있어 매우 중요하다. 드라이버의 실수를 보완해주는 가장 진보한 하드웨어로 무장한 자동차라 하더라도 운전대를 마구 흔들어 대는 'Jerky' 드라이버가 흥청망청 탕진하는 접지력을 완벽하게 보상하지는 못한다. 군더더기 없는 정확하고 부드러운 드라이빙은 타이어 접지력을 높여준다. 접지력이 높아지면 과격한 주행Manoeuvre도 지탱이 가능해져 더 빨리 달릴 수 있다. 천문학적 연봉을 받는 톱 F1 드라이버들은 이 점에 있어 참 '부드러운' 남자들이다.

타이어의 접지력은 가속, 제동, 코너링 성능 모두를 지배한다. 따라서 일반 도로 위에서 민첩하고 안전한 자동차는 접지력이 우수한 타이어를 단 자동차다. 엔진 파워와 드라이버 실력이 같다고 가정하면 트랙 위에서 가장 빠른 레이스카 역시 타이어의 접지력을 가장 잘 활용하는 레이스카다. 타이어는 단순히 휠에 씌워진 검은 고무 껍데기가 아니다. 이름 모를 타이어를 저렴하게 구입했다고 좋아할 일은 못 된다. 타이어의 품질이 자동차의 안전과 성능에 미치는 영향이 너무 크다. 자동차에서 타이어의 중요성을 뇌리에 새긴 채 이야기를 계속 이어가자.

20
성능 한계선
Handling Limit

자동차 핸들링 성능의 한계는 타이어 성능의 한계다. 유능한 드라이버는 타이어의 한계를 알고 타이어의 성능을 충분히 활용하지만, 그 경계선을 무리하게 넘지 않는다. 타이어가 감당할 수 있는 힘의 한계를 아는 것은 핸들링 성능과 안전, 모두에 중요하다.

핸들링 성능의 경계선 찾기

타이어와 자동차 핸들링 성능 사이의 상관관계에 대한 독자의 이해를 돕기 위해 'GG 다이어그램GG Diagram'이라 불리는 도표를 사용할 것이다. GG 다이어그램은 자동차 핸들링 성능 분석에서 광범위하게 사용되는 유용한 도표다. 이 도표는 타이어가 자동차 무게 중심이 받을 수 있는 모든 종횡 가속도 조합을 360° 2차원 평면에 표시하고, 각각의 가속 상태에서 자동차의 핸들링 성능 한계를 시각화해 혹시라도 추가적인 성능 개선의 여지가 있는지를 찾는 데 도움을 준다. 또 운전의 필수 요소인 스로틀, 브레이크, 스티어링 컨트롤과 자동차 반응 사이의 상관관계를 보여준다. 현기증 나는 이론의 등장을 예상하고 이쯤에서 건너뛰기를 고민한다면, 앞으로의 이야기도 중학 수준의 독해 능력과 자동차 운전 상식만 있으면 누구나 이해할 수 있는 내용이니 안심하시라.

GG 다이어그램은 수학 교과서에 흔히 나오는 X-Y 좌표 평면에 그린 산점도Scatter Plot이다. 이 평면의 가로축(X축)과 세로축(Y축)은 자동차가 경험하는 가속도의 방향이다. 서로 다른 자동차의 핸들링 성능을 비교할 때 자동차가 경험하는 힘의 크기는 공정한 비교 지표가 될 수 없다. 같은 힘을 가해도 자동차의 질량이 다르면 자동차의 반응, 즉 경험하는 가속도가 다르기 때문이다(F=ma가 또 등장했다). 이런 이유로 GG 다이어그램은 힘의 절대량이 아닌 가속도를 비교 지표로 사용한다. 우리가 잘 알다시피 가속도는 같은 시간 동안 물체의 속도가 얼마나 많이 변하는가를 나타내는 수치다. GG 다이어그램에서 가속도는 통상 'G-포스G-force'로 표시된다. G-포스는 물체에 작용하는 힘의 크기를 중력 가속도의 배수로 표시하기 때문에, 서로 다른 자동차 성능을 비교함에 있어 중량 차이를 고려할 필요가 없다. GG 다이어그램이란 이름도 가로축과 세로축, 두 G-포스에서 따온 이름이다.

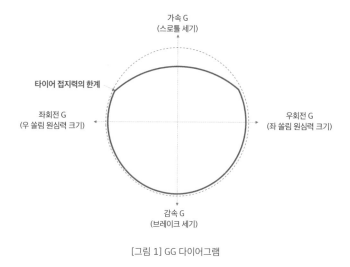

가속 G
(스로틀 세기)

타이어 접지력의 한계

좌회전 G
(우 쏠림 원심력 크기)

우회전 G
(좌 쏠림 원심력 크기)

감속 G
(브레이크 세기)

[그림 1] GG 다이어그램

    [그림 1]은 극히 단순화되었지만 전형적인 GG 다이어그램의 형태를 보여준다. GG 다이어그램의 세로축은 자동차 무게 중심에서 전후 방향으로 작용하는 가속도의 크기를 표시한다. X-Y 평면 위 상태 표시점은 가속 페달을 많이 밟을수록 수평축(X축)으로부터 위로 더 멀어진다. 브레이크 페달에 대한 반응은 가속 페달과 반대다. 브레이크 페달을 더 세게 밟을수록 표시점은 수평축 아래로 더 멀리 이동한다. 타이어의 좌우 방향 힘은 스티어링의 결과다. 자동차의 속도가 일정하다면 스티어링 휠을 좌우로 더 많이 돌릴수록, 스티어링 휠이 같은 각도를 유지한다면 자동차의 속도가 빠를수록 자동차는 좌우로 더 급격하게 휘청거린다. 즉, 횡방향으로 작용하는 가속도가 더 크다. 횡방향 가속도가 크

면 클수록 표시점은 수직축(Y축)에서 좌우로 더 멀리 이동한다.

타이어의 재질이 모든 방향으로 균일하고 타이어와 도로가 접촉하는 컨택트 패치의 형태가 사방으로 대칭이라면, 순수하게 제동만 하는 경우(점이 Y축 위에서만 이동)와 정속으로 코너링만 하는 경우(점이 X축 위에서만 이동)의 최대 접지력은 비슷할 것이다. 감속·가속과 스티어링 조작을 병행하면 타이어 조직이 대각선 방향으로 변형되고, 탄성력이 종방향과 횡방향 두 힘으로 분산되므로 복합 슬립 상태의 최대 접지력 크기는 단방향 슬립 상태의 최대 접지력을 절대 넘어설 수 없다. 타이어 컨택트 패치가 종방향에서 시작해 두 방향으로 변형하다 횡방향으로 마무리되는 과정의 모든 점들을 이으면 대략 1/4 원형을 이루고, 전체 원을 완성하면 다양한 가속도 조합에서 타이어가 버틸 수 있는 접지력의 한계가 시각적으로 보인다.

GG 다이어그램이 모든 방향에서 이렇게 완벽한 원의 형태라면 보기도 좋고 쓰기도 좋을 텐데 현실에선 도형의 형태를 갖춘 GG 다이어그램은 찾아보기 어렵다. 테두리를 확실하게 정의하기 어렵고 대칭 형태도 잘 나오지 않는다. 그리고 GG 다이어그램의 윗부분이 납작하게 눌린다. 이는 자동차를 아무리 세게 가속하고 싶어도 엔진 최대 파워를 넘어설 수 없는 자동차의 태생적 한계 때문이다. 자동차를 가속하는 일은 감속이나 방향을 바꾸는 일보다 어렵다. 예를 들어 F1 레이스카는 제동 시 종방향으로 약 4G, 코너링 시 횡방향으로 약 4G에 육박하는 가속도를 경험하지만, 출발할 때 느끼는 종방향 최대 가속도는 그 절반 정도인 약 2G에 불과하다.

원을 채우는 방법

긴 직선 도로 위에서 정지해 있던 자동차가 전력으로 출발하였다가 다시 급정거한다. 직선 구간을 달리기 때문에 스티어링 휠은 중립 상태이며 타이어의 횡방향 알짜 힘은 0이라 가정하자.

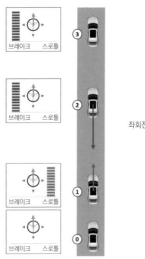 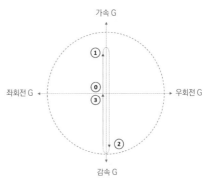

[그림 2] 직선 주행

성능 표시점은 GG 다이어그램의 Y축 위에서만 이동한다. [그림 2]에서 점의 이동 순서는 0번 지점(정지, 가속도=0) → 1번 지점(전진, 가속도>0) → 2번 지점(전진, 가속도<0) → 3번 지점(정지, 가속도=0)이다. 아래 그림의 네모 박스 안에 표시된 브레이크, 스로틀, 스티어링 신호를 참고하면 이 시나리오를 쉽게 이해할 수 있다.

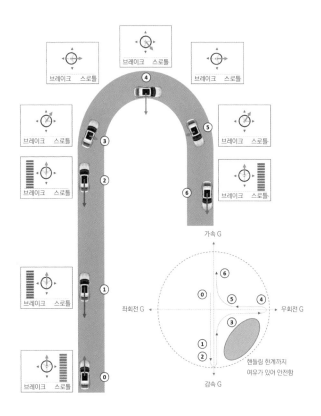

[그림 3] 느슨한 헤어핀 공략

이제 난이도를 조금 높여 [그림 3]처럼 180도로 꺾이는 U자형 도로, 일명 '헤어핀Hairpin' 구간을 공략해 보자. 전속력으로 직선을 달려오던 자동차가 이 고난이도 구간을 통과하기 위해서는 반드시 코너 진입 전 브레이크를 밟아 속도를 충분히 줄이고, 곡선 구간을 미끄러지지 않고 안전하게 통과한 후, 직선 구간으로 복귀하여 스로틀 페달을 밟아 다시 가속해야 한다. 하지만 이 헤어핀 구간을 통과하는 운전 방법엔 여러 가지가 있다. 다소 과장된 다음의 두 예로 GG 다이어그램의 맥락을 이해하자.

직선을 전력으로 달려오던 자동차는(0번 지점) 코너 입구에 접근하기 훨씬 전에 브레이크를 밟아(1번 지점) 코너링 시 타이어의 접지력 한계를 절대 벗어나지 않을 정도로 속도를 충분히 줄인다(2번 지점). 코너에 진입하면 브레이크에서 발을 떼고(3번 지점) 이 속도 그대로 방향을 180도 변경하며 코너를 통과한 후(4, 5번 지점) 곡선 구간의 끝에 다다르면 스로틀 페달을 밟아 가속하며 직선 구간으로 진입한다(6번 지점). 이 일련의 과정은 [그림 3]처럼 GG 다이어그램에 연속적으로 표시될 수 있다. 이 코너링 방식은 하늘색으로 표시된 안전 마진Safety margin이 있어 의도치 않게 경로를 이탈하더라도 자동차의 안정성이 계속 유지되어 쉽게 원래의 경로로 복원이 가능하다. 이 방법은 안전 운전의 좋은 예다.

하지만 레이스 드라이버가 안전 마진을 남기는 안전 운전을 한다면 칭찬받기 어렵다. 이 레이스 드라이버는 사생결단의 전투 중 "탄약이 아까워 총을 못 쏘겠다"라고 말하는 정신 나간 군인과 다를 바 없다. 레이스에서 안전 마진이라 불리는 우측 하단 여백을 그대로 방치하는 운전은 타이어의 접지력 성능을 최대로 활용하지 못했음을 의미한다. 레이스 중 안전에 우선을 두고 레이스를 펼치면 랩 타임은 늘어날 수밖에 없다. 안전 마진을 크게 두는 레이스 드라이버는 유능한 레이스 드라이버가 아니다.

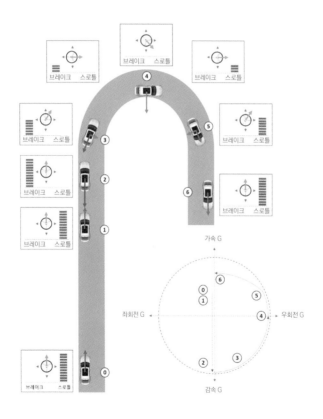

[그림 4] 꽉찬 헤어핀 공략

[그림 4]의 GG 다이어그램은 안전 마진을 포기하고 오로지 자동차의 속도를 가능한 한 빠르게 유지하기 위해 자동차의 핸들링 성능을 100% 활용하는 레이스 드라이버의 코너링을 보여준다. 이 드라이버는 되도록 경계선을 따라 운전하여 타이어의 접지력 성능을 최대한 활용한다. 코너 진입 이전에 브레이크를 밟아 속도를 줄이는 원칙은 앞서 살펴본 안전 운전의 예와 같다. 레이스 드라이빙에서 나타나는 특징은 최종 감속 시점을 코너 입구와 최대한 인접하게 둠으로써 더 빠르게 코너 입구에 접근한다는 것이다(2번 지점). 이후 코너에 진입하면 스티어링 휠 각도를 키움과 동시에 꾹 밟고 있던 브레이크 페달을 서서히 푼다. 브레이크 페달은 레이스카가 타이어의 접지력 한계를 벗어나지 않는 범위 내에서 가장 빠른 속도를 유지할 수 있을 정도로만 밟는다(3번 지점). 코너 구간을 벗어나 가속을 시작할 때에도 이와 유사한 원리가 적용된다. 레이스카가 코너의 최대 곡률 지점을 통과하면(4번 지점) 타이어의 접지력이 허용하는 한도 내에서 스로틀 페달을 가능한 한 많이 밟아 속도를 높인다(5번 지점). 이렇게 하면 타이어의 접지력을 최대한 사용하게 되어 곡률이 큰 헤어핀을 더 빠르게 통과할 수 있다.

하지만 이 경우 레이스카가 안정과 불안정 영역 사이의 경계를 타고 움직이기 때문에 작은 실수에도 차체가 균형을 잃을 수 있다. 예를 들어, 곡률이 큰 커브 구간을 고속으로 달리던 중 브레이크 페달을 너무 세게 밟으면 타이어가 갑작스레 미끄러지고 레이스카가 균형을 잃어 사고로 이어질 수 있다. 이미 균형을 잃은 레이스카를 다시 원래의 주행 경로로 복구시키는 것은 매우 어렵다.

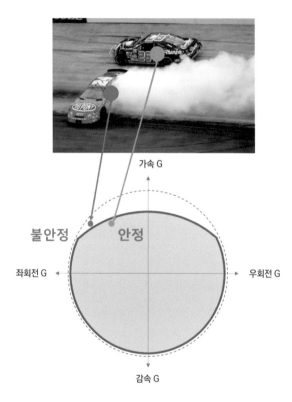

[그림 5] 안정과 불안정의 경계

GG 다이어그램을 사용하면 어떤 자동차의 핸들링 성능 한계를 시각적으로 파악할 수 있다. 자동차의 상태 표시점이 [그림 5]의 테두리선 안쪽에만 머문다면 자동차는 쉽게 안정성을 잃지 않는다. 하지만 같은 자동차를 테두리선 밖으로 내몰 정도로 과격하게 운전하면 핸들링이 급격하게 불안정해지고 반응의 불확실성도 높아진다. 고도로 훈련된 랠리Rally 드라이버는 이 불안정 영역에서도 운전이 가능하다. 하지만 지구상 가장 뛰어난 드라이브 컨트롤러인 이들조차도 이 불안성 영역에서 오래 버티진 못한다.

하물며 보통의 운전자가 자신의 운전 실력을 자만하거나 자동차 성능을 과신하다 이 절대 안전선을 벗어나면 큰 사고만 면해도 다행이다. 도로에서 일명 '칼치기'와 과속을 일삼으며 타인의 생명을 위협하는 이기적이고 미련한 운전자들이 있는데, 이들은 첫째, 자기가 무슨 짓을 해도 자동차가 원하는 대로 움직이는 다이어그램의 중심 구간에서만 내내 놀다가 자신의 운전 실력이 진짜 훌륭하다고 믿게 돼버린 유아적 나르시시스트일 가능성이 크고, 둘째, 경계선을 넘었을 때 어떤 무서운 일이 자신을 기다리고 있는지 모르고 까부는 우물 안 개구리들이며, 셋째, 이 안전선의 개념을 이해할 만큼 충분한 지능이 있을 리 없다고 나는 확신한다.

GG 다이어그램은 다양한 방식으로 핸들링 성능 분석에 사용된다. 우선 GG 다이어그램을 통해 내 자동차와 다른 자동차의 핸들링 성능을 비교할 수 있다.

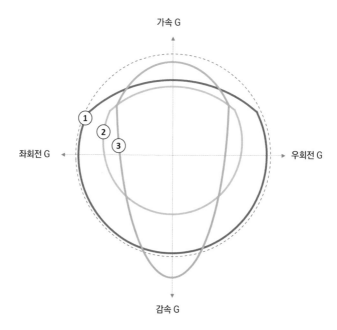

가속 G

좌회전 G

우회전 G

감속 G

[그림 6] 핸들링 성능 한계의 비교

  예를 들어, [그림 6]의 GG 다이어그램 1, 2, 3은 같은 속도에서 전혀 다른 세 자동차의 핸들링 특성을 나타낸다. 만약 차종이 같다면 다이어그램 모양의 차이는 100% 타이어의 차이에서 비롯된 것이다. 타이어 1의 접지력은 타이어 2보다 모든 방향에서 우월하다. 따라서 우리는 '타이어 1이 타이어 2보다 성능이 좋은 타이어다'라고 말할 수 있다. 타이어 1과 타이어 3의 성능은 어느 운동 방향을 우선에 둘 것인가에 따라 우위가 바뀐다. 타이어 1은 횡방향 가속이 지배적인 트랙에서, 타이어 3은 종방향 가속이 지배적인 트랙에서 더 나은 성능을 보인다. 만약 직선 구간에서 파워를 겨루는 드래그 레이스용 타이어를 골라야 한다면 이 세 개의 타이어 중 어느 것을 택해야 할지 답이 한눈에 들어온다.

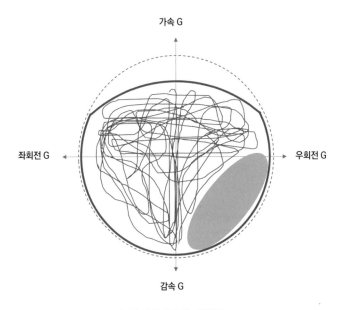

[그림 7] 잠재적 성능의 발견

GG 다이어그램은 서로 다른 드라이버의 핸들링 능력을 비교할 때 근거 자료로 쓰이거나 성능 향상의 참고 자료가 될 수 있다. [그림 7]의 GG 다이어그램이 기록되었고 우측 하단에 녹색으로 표시된 여백이 보인다면 무슨 의미일까? 녹색으로 표시된 가속도 영역은 자동차가 우향 코너를 통과하면서 드라이버가 브레이크를 밟는 영역이다. 같은 강도의 좌향 코너를 보니 안정성에 충분한 여유가 있다. 이 녹색 여백은 드라이버가 해당 감속 구간에서 속도를 높여 더 공격적인 코너링을 시도해도 안정성에 아직 여유가 있음을 의미한다. 엔지니어는 드라이버에게 이 그림을 보이며 "우회전 감속 구간에서 쫄지 말고 더 과감하게 턴-인해라"라고 요구할 수 있을 것이다.

실제 GG 다이어그램은 앞의 그림들처럼 예쁘지도 깔끔하지도 않다. 속도 변화에 따라 그 크기도 변한다. 드라이버 간의 스타일 차이 때문에 1:1 비교도 어렵다. 이론은 현실의 한순간일 뿐 전체를 완벽하게 설명하진 못한다.

21
하중 이동
Load Transfer

새시, 브레이크, 엔진, 기어박스, 스티어링 시스템, 휠 & 타이어는 자동차의 필수 요소여서 이 중 하나라도 빠지면 자동차는 본래의 기능을 수행하기 어렵다. 이 필수 요소 사이에서 중요도의 선후를 따지는 것은 마치 우리 몸에서 어떤 기관이 더 중요하고 덜 중요한지 따지는 것만큼 미련한 짓이다.

그렇다면 "자동차 기능 수행에 꼭 필요하진 않지만 있으면 좋은 요소 중 가장 중요한 것은 무엇일까?"라고 물으면 뭐라 답해야 할까. 굳이 없어도 되는 것 중 하나를 택하는 문제엔 딱히 정답이 없다. 속도계가 먹통인 회사 차를 끌고 과속 단속 카메라가 출몰하는 국도를 달려야 한다고 상상해 보자. 중요한 고객과의 만남을 앞두고 출발하려는데 하필 장대비가 쏟아지기 시작하고, 그제야 차의 와이퍼가 고장난 것을 알았다. 푹푹 찌는 한여름 무더위 속에서 에어컨 고장난 자동차를 운전해야 한다면? 어디서 날아들었는지 모르는 돌멩이에 자동차 앞유리가 박살나서 바람이 슝슝 들이친다면 또 어떨까? 상정할 수 있는 최악의 상황이다. 꼭 필요하진 않지만 중요하다고 생각하는 것은 각자의 필요와 상황에 따라 다르다.

그렇다면 질문을 바꿔 이렇게 물어보자. "자동차에 반드시 필요하진 않지만 있으면 좋은 요소 중 레이스카에 가장 중요한 것은 무엇일까?" 이제 문제의 난이도는 형편없이 낮아졌고 정답도 하나다. 이 문제의 정답은 의심의 여지 없이 '서스펜션'이다. 레이스카의 성능을 지배하는 요소 중 서스펜션은 엔진, 타이어, 공기 역학만큼 중요하다. 자동차 서스펜션의 역할을 이해하려면 약간의 예비지식이 필요하다. 서스펜션의 메커니즘도 다소 복잡한 면이 있다. 약간의 공부 후 서스펜션으로 넘어가자. 자동차 서스펜션의 기본을 이해하면 F1 레이스카 서스펜션의 이해도 문제없다.

자동차의 여섯 가지 움직임

자동차 엔지니어들은 자동차 운동 성능을 분석할 때 자동차를 휠 블록과 그 나머지 부분으로 분리하여 생각한다. 휠 블록을 제외한 자동차를 편의상 차체라고 부르면(정확하게는 'Sprung

Mass'다), 자동차는 차체가 휠 블록 위에 올라탄 구조물이고 서스펜션은 차체와 휠 블록 사이에 위치한 완충 장치다. 일단은 스프링으로 이해하자.

자동차는 정지 상태를 기준으로 종방향Longitudinal, 횡방향Lateral으로 움직일 수 있다. 차체의 머리는 수직축을 중심으로 자유롭게 횡방향 회전Yaw한다. 당연하다. 자동차는 이렇게 타려고 만든 기계다. 어린 시절 장난감 자동차를 손에 들고 우리가 구사했던 현란한 기술은 모두 이 세 가지 운동의 조합이다. 하지만 실제 자동차의 차체와 휠 블록은 유격과 탄성이 있는 기계적 링크, 즉 서스펜션으로 연결되어 있어서 울퉁불퉁한 노면 위를 달릴 때 차체가 상하Heave 방향으로 출렁인다. 차체는 또 가속 방향에 따라 앞뒤Pitch 혹은 좌우Roll 방향으로 기울어진다. 차체의 각도가 기우는 것은 차체의 무게가 한 방향으로 쏠림을 의미한다.

[그림 1] 극악의 자동차 모션

자동차는 위 여섯 가지 모션으로 인한 흔들림과 쏠림을 극복하며 안정적으로 달려야 하고, 이 임무를 담당하는 자동차 파트가 서스펜션이다. [그림 1]의 록 크롤링은 자동차의 핸들링에 악영향을 미치는 극악의 자동차 모션을 한데 모은 완벽한 예이다.

파도타기

자동차의 서스펜션은 앞서 언급한 자동차 차체의 여섯 가지 모션 중 핸들링에 악영향을 미치는 세 가지 모션을 지탱하는 장치이다. 첫 번째 핸들링 방해 요소는 '상하 방향의 출렁임Heave motion'이다. 차체를 상하로 흔드는 외부로부터의 힘이 없다면 차체의 상하 방향 출렁임은 오로지 도로 표면의 형상 때문에 발생한다.

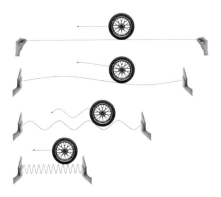

[그림 2] 노면의 영향

[그림 2]처럼 도로의 프로파일을 파동으로 생각하자. 파동의 주기가 한없이 길면 도로는 굴곡 없는 매끈한 직선이다. 이 도로를 달리는 자동차의 휠은 위아래로 출렁일 이유가 전혀 없다. 이제 도로의 양 끝을 잡고 수평으로 서서히 압축해 보자. 물결 모양이 점차 선명해지고 언덕과 골의 반복 횟수도 점차 늘어난다. 그 결과 도로 표면을 타고 가는 휠의 상하 운동 빈도도 덩달아 늘어난다. 과학에서는 이 빈도를 '주파수Frequency'란 용어로 부른다.

압축이 더 세지면 파동 간격이 더 좁아지고 급기야 물결 크기가 휠 크기와 비슷해지는 시점이 온다. 이때부터 골치 아픈 문제가 시작된다. 자동차 휠이 이 울퉁불퉁한 도로를 타고 계속 전진하려면 덜컹거림은 물론 수많은 턱에 부딪히는 충격을 견뎌야 한다. 이뿐 아니라 타이어와 도로 사이에 빈 공간이 생기기 때문에 타이어의 접지력이 떨어지고 그 결과 타이어가 더 쉽게 미끄러진다. 자동차로 비포장길을 달려본 경험을 떠올리면 이해가 쉬울 수 있다.

도로를 극도로 압축해서 물결이 아주 촘촘해지면 타이어 크기가 요철 크기보다 훨씬 커지기 때문에 덜컹거림도 덜해진다. 완벽하게 부드럽진 않지만 그럭저럭 순탄하게 달릴 수 있다.

서스펜션의 첫 번째 역할은 노면 굴곡으로 인해 차체에 가해지는 충격과 상하 출렁임의 불편함을 줄이고 타이어가 노면과 가능한 한 잘 접촉할 수 있도록 돕는 것이다.

시소 놀이

자동차의 핸들링을 망치는 두 번째 악영향은 '종방향 쏠림Pitch'이다. 전방에 장애물이 나타나 급정거할 때 차체가 앞으로 심하게 기우는 현상, 추억의 TV 시리즈 〈전격 Z 작전〉에서 '키트'의 부스트 버튼을 누르면 차체가 뒤로 쏠리며 총알처럼 가속하는 장면은 모두 이 종방향 쏠림에 해당한다.

세 번째 악영향은 '횡방향 쏠림Roll'이다. 자동차가 급커브 구간을 지날 때 우리 몸은 코너 궤적 바깥 방향으로 쏠린다. 시내버스 좌석에 앉아 졸다가 버스가 갑자기 방향을 꺾는 바람에 통로로 굴러떨어지는 상황이 이 쏠림 현상의 결과다.

피치와 롤은 차체가 안고 도는 중심축만 다를 뿐 같은 역학 작용이다. 차체에 힘을 가하면 차체는 이 힘이 서스펜션의 반력과 평형을 이룰 때까지 움직이거나 쏠린다. 한편 자동차의 동력과 스티어링은 최종적으로 타이어를 통해 힘으로 변환된다. 이때 컨택트 패치를 내리누르는 하중이 타이어에서 발생하는 힘의 크기를 좌우한다. 차체가 쏠리면 하중이 몰리는 쪽과 그렇지 않은 쪽 모두의 수직 하중이 달라지므로 타이어 힘도 영향을 받는다. 자동차가 이리저리 움직이면 힘의 작용 방향에 따라 컨택트 패치의 수직 하중이 앞뒤, 좌우로 이동하는데, 이 현상을 '하중 이동Load Transfer'이라고 부른다. 네 바퀴 자동차에서 하중 이동은 자동차가 전후좌우 방향으로 가속 혹은 감속을 할 때 네 바퀴에 가해지는 무게의 변화다. 이는 자동차 서스펜션의 역할을 이해하는 데 있어 꼭 알아야 할 개념이다.

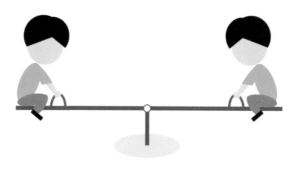

[그림 3] 시소 놀이

하중 이동의 이해를 돕기 위해 [그림 3]의 시소 놀이를 예로 들어보자. 시소는 널판의 한가운데에 턱을 괴어 그 양쪽 끝에 사람이 타고 오르락내리락하는 놀이기구다. 균형점이 완벽하게 가운데에 있는 빈 시소는 양팔이 균형을 이룬다. 서로 마주 보고 양쪽 끝에 탄 두 사람은 한 사람씩 번갈아가며 다리로 땅을 차 평형을 깬다. 아무 짓도 하지 않으면 시소는 무거운 쪽으로 기운다. 무거운 아이 맞은편 자리에 앉아 공중에 떠 있다가 반대편 아이가 갑자기 뛰어내려 땅으로 곤두박질쳐진 장난은 누구나 한 번쯤 당해봤을 것이다.

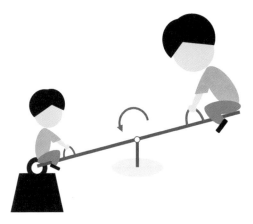
[그림 4] 이상한 시소

물론 시소 놀이가 꼭 공정하리라는 보장은 없다. 보이지 않는 무게 추를 한쪽에 달아버린다면 시소는 시종일관 기울어져 있을 것이다. 필요에 따라 자동차도 [그림 4]의 불공정한 시소를 구현할 수 있다. 하지만 여기서 내가 말하는 시소 놀이는 자연계의 시소 놀이이고, 이 게임의 심판인 자연은 절대 공평하다. 추가적인 장치와 요소가 없을 경우 시소는 다음 페이지의 [그림 5]처럼 반드시 하중이 큰 쪽으로 기운다.

[그림 5] 시소는 무거운 쪽으로 기운다

자동차의 하중 이동은 시소 놀이다

[그림 6] 정지 상태의 무게 배분

자동차가 한 대 있다. 아직 서스펜션 따위의 것들은 전혀 생각할 필요 없다. 이 자동차는 학교 앞 문구점에서 파는 싸구려 완구여도 좋다. [그림 6]처럼 자동차의 네 바퀴 아래에 저울이 있다. 이 네 개의 저울 눈금을 읽으면 정지 상태일 때 각각의 타이어가 받는 무게 배분을 알 수 있다. 정지 상태의 무게 배분을 바꾸려면 자동차 구성품의 위치를 물리적으로 옮겨야 한다. 예를 들어, 배터리 위치를 바꾼다거나 한쪽 좌석에 무거운 가방을 올리는 식으로 말이다. 코너의 높이를 바꿔도 무게 배분이 바뀐다. 한쪽 코너를 들면 무게 중심 위치가 바뀌고 결과적으로 반대편 코너의 무게가 는다. 정지 상태 자동차의 타이어는 자중自重이 누르는 기계적 다운포스를 받는다. 네 코너의 정적 무게 배분을 바꾸면 네 바퀴에 걸리는 하중이 바뀌어 결과적으로 타이어 접지력 배분을 바꿀 수 있다. 유난히 한 방향 코너가 많은 트랙에서는 하중이 빠지기 쉬운 바퀴 쪽의 기본 하중을 늘림으로써 접지력 손실을 대비하기도 한다. 예를 들어 좌회전 코너가 많은 트랙에선 코너에서 가속 페달을 세게 밟으면 하중이 우측 뒷바퀴에 쏠리고 좌측 뒷바퀴가 들리는 경향이 나타나기 쉽다. 좌측 뒷바퀴의 기본 하중을 늘리면 코너링 시 접지력 좌우 불균형을 약간 개선할 수 있다.

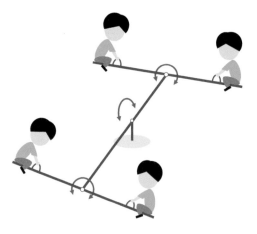

[그림 7] 자동차의 시소 놀이

    네 개 저울의 눈금 숫자를 합하면 자동차의 무게가 된다. 자동차의 전체 질량은 타서 없어지는 연료량을 제외하면 속도에 관계없이 거의 불변이다. 하지만 달리는 자동차 아래의 저울 눈금은 계속 변한다. 자동차의 하중이 이동하기 때문이다. 굳이 과학적 이론을 들먹이지 않아도 직관적으로 알 수 있는 사실이다. 앞서 말했듯이 하중 이동이 있으면 타이어를 누르는 기계적 다운포스가 바뀐다. 그 결과 네 바퀴의 접지력도 변한다. 자동차의 하중 이동은 마치 네 명의 아이가 [그림 7] 속의 시소를 타고 노는 모습을 연상케 한다.

하중 이동의 영향

총중량이 2,000kg인 자동차가 있다. 이 자동차는 무게가 앞뒤 축에 각 50%씩 배분되도록 설계되었다. 좌우 무게 배분도 같다. 이 자동차가 멈췄을 때 각 바퀴에 걸리는 하중은 2,000/4=500kg이다.

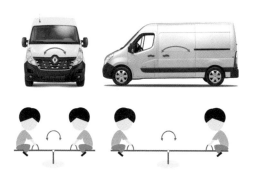

[그림 8] 자동차의 하중 이동

[그림 8]처럼 자동차가 전후좌우로 가속하면 네 개의 타이어가 받는 기계적인 다운포스가 변한다. 무게가 같은 양쪽 타이어의 접지력은 정속 상태에서 균형을 이루다, 코너에 진입해 횡방향 가속도가 생기면 궤적의 바깥쪽 타이어로 하중이 이동해 균형이 깨진다. 공기 역학적 외력이 없다면 하중 이동이 있건 없건

자동차의 전체 무게엔 변함이 없다.

정속 상태의 전체 무게 = 좌측 전체 무게 + 우측 전체 무게

가속 상태의 전체 무게 =

(좌측 전체 무게 + α) + (우측 전체 무게 - α)

∴ 정속 상태의 전체 무게 = 가속 상태의 전체 무게

자동차 전체 무게에 미치는 하중 이동의 영향을 식으로 나타내면 위와 같다. 여기서 α는 하중 이동을 의미한다.

반면 하중이 줄어드는 쪽 타이어가 잃는 접지력은 하중이 늘어나는 쪽 타이어가 얻는 접지력으로 100% 변환되지 않는다. 정속 상태에서 접지력이 같던 좌우 타이어에 하중 이동이 생기면, 하중 이동을 받는 쪽 타이어의 접지력은 커지고 반대쪽 타이어의 접지력은 작아진다. 그러나 하중 이동을 받아 늘어난 타이어 접지력은 반대편 타이어에서 사라진 접지력과 같지 않다. 하중 이동이 있으면 전체 접지력이 일정하게 유지되지 못한다는 의미다.

정속 상태의 전체 접지력 = 좌측 전체 접지력 + 우측 전체 접지력

가속 상태의 전체 접지력 =

(좌측 전체 접지력 + α) + (우측 전체 접지력 − β)

∴ 정속 상태의 전체 접지력 ≠ 가속 상태의 전체 접지력

전체 접지력에 미치는 하중 이동의 영향을 식으로 나타내면 위와 같다. 여기서 α는 하중 이동으로 늘어난 접지력, β는 하중 이동으로 줄어든 접지력이다. 이 두 값이 다르므로 정속 상태와 가속 상태의 전체 접지력은 같을 수 없다.

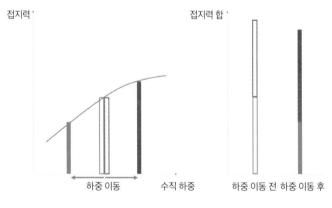

[그림 9] 하중 이동 전후의 접지력 크기 비교

하중 이동을 받아 늘어난 접지력과 하중을 뺏겨 줄어든 접지력은 왜 같지 않을까? [그림 9]의 왼쪽 그림처럼 타이어의 접

지력은 수직 하중이 클수록 커진다. 하지만 타이어의 마찰 계수는 수직 하중이 커질수록 작아진다. 마찰 계수와 수직 하중의 곱인 타이어의 접지력은 수직 하중이 늘면서 줄어드는 마찰 계수 때문에 수직 하중 증가에 정확히 비례하지 않다. 따라서 수직 하중이 두 배가 된다고 타이어 접지력이 두 배가 되지는 않는다. 그 결과 [그림 9]의 오른쪽 그림처럼 두 타이어의 접지력 총합은 하중 이동 전보다 하중 이동 후에 더 작다. 그리고 하중 이동이 클수록 전체 접지력 손해는 더 커진다.

설상가상, 급 코너에서 하중 이동으로 인해 코너 안쪽 두 바퀴가 살짝 들리고 반대쪽 바퀴에 하중이 집중되면 자동차는 사실상 바깥쪽 이륜으로 굴러가는 상태가 된다. 여기서 더 과하게 밀어붙이면 쏠림이 전복 사고로 이어지는데, 이를 롤-오버Roll-over라고 부른다. 이와 같은 사고를 막기 위해 레이스카와 슈퍼카의 디자인 목표는 하중 이동을 최소화하는 것이다.

드라이버 입장에서 하중 이동은 핸들링 방해 요소이지만, 때로 긍정적인 효과를 내기도 한다. 자동차가 가속을 하면 하중은 후륜 축으로 이동한다. 전륜 구동 자동차에서 후륜 축으로의 하중 이동은 전륜의 접지력 감소를 의미한다. 반면 후륜 구동 자동차에서 후륜의 하중 증가는 접지력 증가로 이어져 가속에 도움을 준다. 가속 성능이 중요한 고성능 자동차의 대부분이 후륜 구동을 택하는 이유가 여기에 있다. 후륜에 구동력이 더 많이 배분되도록 설정된 사륜 구동 자동차도 많다. 하지만 어떤 방식을 선택하든, 천하에 어떤 용한 재주를 쓰든 하중 이동 자체를 없앨 수는 없다. 단지 줄일 수 있을 뿐이다.

하중 이동을 줄이는 방법

여기 세상에서 가장 열심히 일하는 자동차와 일과 가장 거리가 먼 두 대의 자동차가 나란히 있다.

[그림 10] 승합차와 F1 레이스카의 디자인

F1 레이스카의 디자인은 꼭 납작 엎드린 모습이어야 할까? 그렇다. 승합차 새시를 쓰더라도 괴물 엔진을 달고 서스펜션을 튜닝하면 포르쉐 GT 못지않은 레이스카가 될 수 있지 않을까? 말도 안 되는 소리다.

일부 자동차 튜너들 사이에 퍼진 믿음, '서스펜션을 최대한 딱딱하게 만들고 이래저래 튜닝하면 하중 이동을 막을 수 있어서 핸들링이 좋아진다'는 것은 미신이다. 서스펜션 튜닝으로 핸들링이 좋아지는 것은 사실이지만 하중 이동이 줄어서가 아니다. 제아무리 진보한 서스펜션 파트를 사용하더라도 자연 현상인 하중 이동을 없애거나 쉽게 바꿀 수 없다. 하중 이동은 차체의 관성에 가속도가 결합되어 나타나는 물리 현상이다. 즉, 질량 있는 자동차엔 무조건 하중 이동이 생기고 그 크기는 자동차디자인에 따른 고유한 특성이다. 한 자동차의 하중 이동 특성은 자동차의 질량, 디자인, 치수를 바꾸지 않는 한 천하제일의 튜닝 전문가라도 뜯어고칠 수 없다. 다음 장에서 보다 자세하게 다루겠지만 서스펜션 세팅으로 바꿀 수 있는 것은 차체에 가속도가 가해졌을 때 이 하중이 한쪽 휠에서 다른 쪽 휠로 얼마나 큰 폭으로 이동하는가이다. 어떤 이가 "서스펜션 튜닝으로 하중 이동을 줄일 수 있다"라고 말한다면 이는 "승합차도 서스펜션만 튜닝하면 포르쉐 GT 못지않다"라는 말을 하는 것과 같다.

[그림 11] 작용력이 작을수록 하중 이동이 작다

[그림 11]처럼 또래의 두 아이가 시소 양끝에 앉아 있고 한 거인이 중간에서 시소를 좌우로 밀어준다고 상상해 보자. 막대를 미는 거인 손의 높이가 항상 같다면 막대를 더 세게 밀수록 시소는 한쪽으로 더 세게 쏠린다. 자동차 동역학에선 거인의 손이 막대를 미는 힘의 작용점을 자동차 무게 중심의 위치, 거인이 막대를 미는 힘을 무게 중심에 작용하는 힘으로 정의한다. 무게 중심에 작용하는 힘의 크기는 자동차의 무게와 운전의 과격함에 비례한다. 자동차의 무게를 줄이거나 자동차를 덜 과격하게 운전하면 하중 이동은 덜해진다.

[그림 12] 무게 중심이 낮을수록 하중 이동이 작다

[그림 12]처럼 거인이 똑같은 손힘으로 막대를 민다면 손 위치가 받침점에서 멀수록 시소가 한쪽으로 더 세게 쏠린다. 손 위치가 높으면 회전력의 팔 길이Moment Arm가 길어지기 때문이다. 마찬가지로 자동차는 무게 중심의 위치가 높을수록 하중 이동이 심해진다. 그 결과 타이어 패치로 전달되는 힘도 증폭된다. 하중 이동을 줄이려면 무게 중심을 낮춰야 한다.

[그림 13] 팔 길이가 길수록 하중 이동이 작다

[그림 13]처럼 막대를 미는 거인의 손 높이와 힘 크기가 같다면 시소의 양팔이 짧을수록 시소는 한쪽으로 더 세게 쏠린다. 자동차의 무게 중심 높이가 같다면 같은 코너를 돌 때 좌우 바퀴 사이의 거리(트랙: Track), 앞뒤 바퀴 축 사이의 거리(휠베이스: Wheelbase)가 길수록 하중 이동이 적다는 의미다.

[그림 14] 눈에 보이는 하중 이동

이 거인의 시소 놀이는 휠베이스가 긴 자동차로는 모터바이크의 '스토피Stoppie' 기술을 부리기 어렵고, 무게 중심이 높은 대형 트럭이 유난히 전복 사고에 취약한 이유를 설명한다.

여기까지 정리해보면, 하중 이동은 핸들링 성능을 방해하는 요소이고, 하중 이동을 줄이려면 1) 자동차의 무게를 줄이고, 2) 과격한 컨트롤을 삼가고, 3) 자동차 무게 중심을 낮추고, 4) 축과 축, 휠과 휠 사이의 거리를 가능한 한 넓혀야 한다. 이 중 우리가 직접 할 수 있는 일은 기껏해야 1번과 2번 정도다. 레이스카의 경우 과격한 컨트롤을 피할 수 없기 때문에 2번도 지키기 어렵다. 부품과 차체 위치를 낮추고 폭이 넓은 타이어를 달아 유효 트랙 거리를 늘리면 3번과 4번 효과를 약간 높일 순 있겠지만, 자동차 디자인과 구조를 뜯어고치지 않는 한 3번과 4번도 달성하기 어려운 목표다. 일단 완성된 자동차를 선택하면 하중 이동 특성은 타고난 대로 정해져 오는 것이고, 자동차 튜닝의 달인에게 맡겨도 이 차가 타고난 유전 형질은 바뀌지 않는다. 진정으로 민첩한 레이스카를 원한다면 애초에 무게가 가볍고, 무게 중심의 위치가 낮으며, 휠베이스와 트랙 거리가 긴 자동차 모델을 선택해야 한다. 하지만 내가 진정으로 원하는 레이스카가 세상에 없다면 레이스카를 직접 설계하고 제작하는 것 외엔 달리 방법이 없다. F1 컨스트럭터들이 각자의 레이스카를 직접 만드는 이유다.

[그림 15] F1 레이스카의 낮은 무게 중심

승합차와 F1 레이스카 디자인으로 다시 돌아가 보자. [그림 15]의 승합차는 아무리 튜닝해도 좋은 레이스카가 될 수 없고, F1 레이스카는 왜 납작 엎드린 모양을 하고 있는지 어슴푸레 답이 떠오른다면 당신은 이 파트를 완벽하게 이해한 것이나 다름없다. 이제 지식이 늘었으니 F1의 서스펜션으로 한 발 더 들어가 보자.

22

서스펜션
Suspension

고급 명품 매장이 즐비한 영국 런던의 리젠트 스트리트Regent street
나 런던 최고의 부촌 벨그라비아Belgravia를 거닐다 보면 인터넷에
서나 보던 초고가의 슈퍼카를 심심치 않게 마주칠 수 있다. 런
던 중심가를 걷다가 우연히 내 옆을 스치듯 지나가는 은빛 부가
티 베이론Bugatti Veyron을 실물로 처음 본 나는 마치 유니콘을 실제
로 본 것처럼 눈알을 키우며 짧은 비명을 토했다. 하지만 바쁜
런던 시내에 굳이 들어와 엉금엉금 기어가는 베이론의 모습은
어딘가 측은했다. 베이론은 차폭이 넓어서 도로 폭이 좁은 런던
시내에선 차선을 지키는 것조차 버거워 보였고, 길가에 주차된
자동차와 보행자를 피하려고 가고 서기를 힘겹게 반복하고 있었
다. 이런 부류의 자동차는 과속 방지턱을 넘을 때 차 바닥이 긁
히는 것쯤은 감수해야 한다. 차체 바닥과 지면 사이의 공간이 일

반 자동차에 비해 턱없이 좁기 때문이다. 런던에서 슈퍼카를 타는 것은 사람들로부터의 부러운 시선을 제외하면 어느 하나 즐길 구석이 없어 보였다. 그러나 이것이 슈퍼카를 즐기는 부자들의 방식이라면 인정해줘야지 어쩌겠는가. 다양성은 마땅히 존중받아야 할 소중한 가치다. 그리고 나는 슈퍼카로 런던 시내를 활보하는 이들의 불편을 걱정할 형편이 아니다.

부가티 베이론은 이탈리아 몬자Monza 트랙에선 세상에서 가장 빠른 자동차일 수 있지만 런던 시내에선 세상에서 가장 미련하고 불편한 자동차로 추락한다. 이것은 베이론을 설계하고 제작한 부가티 엔지니어링 팀의 잘못이 아니다. 애초에 베이론은 런던 시내를 달리기 위해 태어난 모델이 아니기 때문이다. 속도계 눈금의 1/10도 넘지 못하는 파워 낭비는 런던의 꽉 막힌 교통 흐름 때문에 어쩔 수 없다손 치자. 그러면 라이드 품질Ride Quality이 의문으로 남는데 혹자는 "부가티 베이론의 승차감이 의외로 좋을 수 있지 않느냐?"라고 물을 수도 있다. 결론부터 말하자면 런던 시내에서 부가티 베이론의 승차감은 절대로 VW Golf나 KIA Ceed를 능가할 수 없다. 만약 부가티 베이론의 서스펜션이 일상 도로 주행 컨디션까지 소화하기에 무리 없을 정도로 설계되었다 하더라도 이 서스펜션이 향하는 목표는 트랙에서 가장 빠른 자동차이지 승차감 좋은 자동차가 아니다.

서스펜션의 호불호를 따지는 의견은 유독 서민 대중이 고심 끝에 구매하는 양산형 자동차 모델에 집중된다. 특히 프리미엄 가격을 주고 퍼포먼스 트림 모델을 샀는데 서스펜션 품질이 일반 트림 모델보다 못하다는 느낌을 받으면 소비자 입장에선 억울할 만도 하다. 서민 대중이 부자들보다 더 '투덜이'여서 그런 것일까? 한국의 일반 대중이 말하는 서스펜션의 품질 기준은 유독 승차감에 치우쳐 있는데, 가격이 더 비싸고 공인 성능이 더 좋은 자동차라고 해서 라이드 품질까지 더 좋다고 단언할 수는 없다. 일반 승용차의 수십 배 가격인데 승차감이 영 아닌 것 같다 느낀 베이론 주인이 "한두 푼도 아닌 차가 승차감이 왜 이래!"하며 항의할 수도 있겠지만 만약 부가티 엔지니어들이 이런 소리를 들으면 무척 억울할 것이다. 서스펜션의 품질은 승차감이 다가 아니다.

같은 자동차 모델을 베이스로 하더라도 자동차의 사용 목적, 주로 달릴 도로의 품질, 자동차의 운전 및 작동 조건 등에 따라 서스펜션의 디자인, 셋업, 튜닝 방법은 달라져야 한다. 서스펜션 엔지니어링은 특급 요리사의 요리 과정만큼 창조적이고 섬세한 엔지니어링 영역이다. 사용 목적에 가장 잘 맞는 서스펜션 세팅을 찾는 과정도 쉽지 않다. 때문에 서스펜션의 성능을 객관적으로 예측하고 분석하기 위해 다양한 기술, 기법이 활용된다. 하지만 실제 주행 환경에서 서스펜션의 반응을 느끼고 이에 대응하며 운전하는 것은 사람이다. 서스펜션의 성능은 궁극적으로 드라이버를 만족시켜야 하는 주관적인 영역이다. 때문에 서스펜션 최적화 과정에는 프로페셔널 드라이버의 의견이 중요하게 반영된다. 세상의 모든 도로 조건, 모든 드라이버의 감각을 객관적으로 만족시키는 만능 서스펜션 시스템은 세상에 없다.

각 자동차의 서스펜션은 그 역할을 가장 잘 수행할 수 있는 저마다의 고유 영역이 있다. 자동차 엔지니어들은 정해진 목표 영역에서 서스펜션이 가장 잘 동작할 수 있도록 서스펜션을 설계하고 조정한다. 여기서 목표 영역이라 함은 서스펜션이 지탱할 하중의 크기와 범위, 노면의 주파수와 진폭, 권장 타이어의 크기와 접지력 범위 등을 말한다. 이 목표 영역을 벗어나면 기대하는 서스펜션 품질을 장담하기 어렵다. 액티브 서스펜션 같은 전자적 개입을 활용하면 거의 모든 영역에서 우수한 서스펜션 성능을 기대할 수 있겠지만 설계의 기본은 기계적 서스펜션이다.

자동차 시승기에 어김없이 등장하는 서스펜션 반응과 승차감에 대한 평가도 시승자의 주관적 판단이 개입할 여지가 크다. 시장에서 판매되는 자동차의 서스펜션은 목표하는 용도와 주행 조건에 보편적으로 맞게 설계, 제작된 후 봉인된다. 만약 어떤 평가자가 평가 대상 자동차의 목표 주행 조건을 무시하고 자동차를 테스트한 후 서스펜션 성능과 승차감에 나쁜 점수를 매긴다면, 마치 용도에 맞지 않는 공구를 사용하고 공구가 나쁘다 불평하는 것과 다를 바 없다. 비판적인 자동차 저널리스트들이 빠지기 쉬운 함정이다.

그럼에도 불구하고 다양한 자동차를 두루 체험한 저널리스트들의 평가만큼 신뢰할 만한 데이터도 없다. 원하는 모든 자동차를 직접 테스트 드라이브하는 건 현실적으로 불가능하기 때문에 이들의 의견은 참고할 가치가 충분하다. 여기에 서스펜션의 기능과 원리에 대한 이해를 더하며 보다 공정한 정보 해석이 가능하다. 자동차 마니아들이 궁금해할 F1 레이스카의 서스펜션도 디자인과 허용 한계가 다를 뿐 그 원리는 일반 자동차의 서스펜션 원리와 같다.

서스펜션의 존재 이유

만약 세상의 모든 도로가 실크처럼 매끄럽고 완벽하게 수평이라면 서스펜션이란 장치는 자동차에 필요하지 않을 수도 있다. 하지만 방금 포장을 마친 따끈따끈한 아스팔트 도로에도 이음부, 맨홀 뚜껑 같은 크고 작은 굴곡이 있다. 달리는 자동차의 휠이 도로의 턱에 부딪히거나 굴곡을 타 넘을 때 휠은 위아래로 움직인다. 휠이 위아래로 움직이는 크기는 당연히 굴곡의 크기에 비례한다. 아무리 느리고 조심스럽게 통과해도 맨홀 뚜껑을 넘을 때와 과속 방지턱을 넘을 때 자동차의 반응은 사뭇 다르다. 휠의 상하 운동은 휠 위에 얹힌 차체의 자세에 영향을 미친다.

가장 심각한 고민거리는 '울퉁불퉁 도로를 달릴 때의 불쾌감'이 아니라 '예상치 못한 턱과 충돌할 때 휠이 받는 충격'이다. 과속 방지턱이 있는지 모르고 달리다가 방지턱을 타 넘을 때 차체를 타고 전해지는 충격은 마치 바닥에서 폭탄이 터지는 느낌이다. 과속 방지턱은 포장도로에서 경험할 수 있는 가장 큰 장애물이라 할 수 있는데, 장애물의 크기가 이보다 훨씬 작더라도 고속으로 달리다 충돌하면 그 충격은 매우 크다.

[그림 1] 서스펜션의 역할

휠과 차체 사이에 완충 장치가 전혀 없다면, [그림 1]의 왼쪽처럼 휠에 가해지는 수직 방향 충격이 고스란히 차체로 전달되고 그 결과 차체도 휠과 함께 요동친다. 휠과 차체가 한 몸처럼 도로 위를 통통 튀면 타이어와 도로의 접촉이 부실해져 타이어의 접지력이 크게 나빠진다. 이 원시적인 자동차에 타고 있는 사람이 받을 고통도 상상해보라. 자동차가 평탄도Smoothness가 일정치 않은 도로를 큰 불편 없이 달리려면 [그림 1]의 오른쪽처럼 반드시 휠과 차체 사이에 완충 장치가 있어야 한다.

서스펜션의 구조, 어렵지 않다

자동차 서스펜션에는 다양한 기계적 링크 방식이 사용된다. '맥퍼슨 스트럿MacPherson Strut'처럼 광범위하게 쓰이고 이름도 널리 알려진 서스펜션 방식도 있다. 하지만 멀티 링크 서스펜션처럼 기존 형태에서 변형되거나 필요에 따라 새로 탄생하는 서스펜션 형태에 새 이름을 붙이고 기억하는 것은 괜한 노력의 낭비다. 수많은 서스펜션 형태를 굳이 분류하고 이름을 기억할 필요는 없다. 유한한 자원인 우리 뇌를 아끼자. 주어진 설계 요건을 충족하고 목표하는 역할만 잘 수행할 수 있다면 서스펜션 방식엔 좋고 나쁨이 없다. 아무리 복잡한 메커니즘을 사용한다 하더라도 서스펜션이 하는 일은 똑같다.

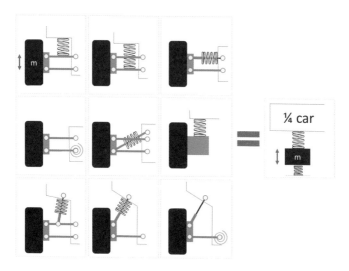

[그림 2] 다양한 서스펜션 형태

　서스펜션의 형태가 정해지면 서스펜션 시스템의 필수 요소인 스프링과 댐퍼를 선택해야 한다. 스프링과 댐퍼는 핸들링 성능과 승차감에 가장 큰 영향을 미치는 서스펜션 요소다. 스프링과 댐퍼는 바늘과 실처럼 항상 같이 다니고 이 둘을 일체형으로 만든 어셈블리를 '쇼크 업소버Shock Absorber'라고 부른다. 서스펜션 스프링은 휠이 노면의 턱이나 굴곡과 부딪힐 때 휠만 독립적으로 움직일 수 있도록 해주어 충격이나 진동이 차체로 직접 전달되는 것을 막아준다. 만약 차체와 휠 사이에 스프링이 없다면 휠에 가해진 충격은 고스란히 차체와 탑승자로 전달될 것이다. 이때 휠이 받은 운동 에너지는 사라지지 않는다. 변형된 스프링에 잠시 저장될 뿐이다. 스프링에 잠시 저장된 에너지는 스프링을 원래의 위치로 복원시키려 한다. 이 에너지를 어떤 형태로든 써 없애지 않으면 이상적 스프링은 영원히 상하 왕복 운동을 한다. 실제 스프링은 홀로 출렁이게 내버려두면 언젠가는 원래 위치로 돌아가 정지한다. 마찰에 의해 에너지가 소진되기 때문이다. 하지만 에너지가 자연적으로 소진될 때까지 서스펜션 스프링을 출렁이게 두는 것은 좋은 엔지니어링 솔루션이 아니다.

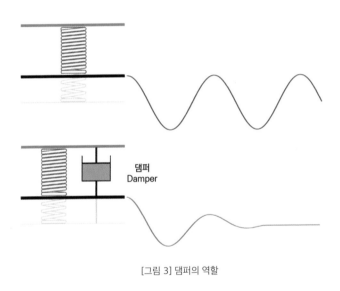

[그림 3] 댐퍼의 역할

서스펜션 스프링과 함께 달아 스프링에 저장된 에너지를 인위적으로 소모함으로써 스프링의 출렁임을 빠르게 진정시키는 장치가 바로 '댐퍼Damper'다. 댐퍼는 '축축하게 적시다'라는 뜻의 영어 단어 'Damp'에서 유래한 말이다. 댐퍼는 보통 오일로 채워진 실린더 안에서 피스톤이 왕복하는 구조로 제작된다. 한쪽 챔버의 오일이 반대편의 챔버로 이동하는 과정에서 에너지가 소모되는 현상을 이용해 변형되었던 스프링이 원래 위치로 복원되는 과정에 동반되는 출렁임을 줄여준다. 서스펜션 스프링이 부드러울수록 댐퍼의 역할이 더 중요해진다. 부드러운 스프링일수록 원래의 위치로 복원되는 과정이 더 길고 더 많이 출렁이기 때문에 이를 보완하려면 더 끈적한 댐퍼를 사용해야 한다. 댐퍼의 끈적함 정도는 항상 스프링의 출렁임 정도를 반영해 조정해야 한다.

자동차 엔지니어가 주목하는 자동차 새시 성능은 두 가지다. 하나는 라이드Ride 성능이다. 라이드 성능은 자동차가 울퉁불퉁한 도로를 얼마나 잘 극복하며 달리는지를 나타내는 성능 지표다(라이드 성능과 서스펜션의 관계는 이미 앞 장에서 설명했다). 다른 하나는 핸들링 성능이다. 핸들링 성능은 자동차가 가속, 감속, 코너링을 얼마나 잘할 수 있는지 나타내는 성능 지표다. 이번 이야기에서 다룰 주제는 핸들링 성능 지표 중 코너링을 제외한 나머지 성능과 서스펜션의 관계다.

서스펜션의 대원칙,
서스펜션은 '가능한 한' 부드러울수록 좋다

허니문 여행의 첫날 밤, 신랑이 신부를 로맨틱하게 안고 침실로 들어가서는 터프하게 침대 위로 던진다. 침대 매트리스 속에는 당연히 충격을 흡수하는 스프링이 있기 때문에 신부는 안심하고 추락할 수 있다. 하지만 만약 이 침대가 돌침대라면 신부가 던져진 이후의 결과는 상상만 해도 끔찍하다. 역학적으로 보면 사실 돌침대도 스프링 침대다. 단지 스프링의 단단함이 무한대일 뿐이다. 이 간단한 예에서 알 수 있듯이 스프링이 충격을 잘 흡수하려면 부드러워야 한다. 스프링이 부드러울수록 스프링과 부딪힐 때 받는 고통과 충격의 크기는 줄어든다.

서스펜션 스프링은 가능한 한 부드러울수록 좋다. 부드러운 스프링은 진동에 대한 민감도가 낮기 때문에 차체를 외부의 진동으로부터 효과적으로 차단한다. 차체로 전달되는 외부의 자극이 줄어들면 승차감도 좋아진다. 또 서스펜션 스프링이 부드러우면 휠이 도로의 굴곡을 타고 더 유연하게 움직일 수 있기 때문에 타이어 컨택트 패치와 노면이 더 잘 밀착된다. 요컨대 서스펜션 스프링이 부드러우면 굴곡이 심하고 표면이 불균일한 도로를 무리 없이 달릴 수 있다.

비겁해 보이지만 '가능한 한'이란 조건을 붙인 이유는 반례가 나타날 때 빠져나갈 구멍을 만들어두기 위함이다. 서스펜션에 무턱대고 부드러운 스프링을 사용하면 골치 아픈 문제들이 발생한다. 따라서 서스펜션 스프링은 최소한 다음의 문제들을 피할 수 있을 만큼은 단단해야 한다.

첫째, 서스펜션 스프링은 실제 주행 조건에서 휠이 상하 이동 한계까지 쉽게 변형될 정도로 부드러우면 안 된다. 굳이 고등학교 물리 과정에서 배우는 후크의 법칙_{Hook's law}에 기대지 않더라도 '부드러운 스프링일수록 같은 무게를 지탱하기 위해 더 많이 변형된다'는 사실은 모두가 아는 상식이다. 자동차 휠은 상하로 자유롭게 움직일 수 있는 기하학적 이동 범위가 정해져 있고, 그 끝엔 대개 고무 등의 재질을 덧대어 혹시라도 부딪혔을 때 생기는 파손을 방지한다.

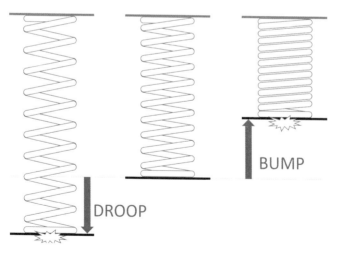

[그림 4] 스프링 범프와 스프링 드룹

휠이 도로의 턱에 부딪혀 상승하고 서스펜션 스프링이 압축되는 상태를 '범프Bump', 도로의 폿 홀Pot hole 때문에 휠이 아래로 처지고 스프링이 늘어나는 상태를 '드룹Droop'이라 부른다. 그리고 서스펜션 스프링 변형 구간의 양극단에 덧댄 단단한 보호 재질을 각각 '범프 스톱Bump stop'과 '드룹 스톱Droop stop'이라고 부른다. 스프링이 범프 스톱에 닿으면 스프링은 더 이상 압축되지 못하고, 마치 스프링이 없는 상태가 되어 서스펜션은 완충 능력을 완전히 잃는다. 이때부터 자동차 서스펜션은 돌침대가 된다. 자동차 엔지니어링에서는 이 돌침대 상태를 '휠이 바닥을 친다' 해서 '보터밍Bottoming'이라고 부른다. 보터밍 상태가 되면 노면의 충격과 진동이 완충되지 않아 타이어의 접지력이 하락하고 자동차의 균형이 흔들려 핸들링의 불확실성이 커진다. 부드러운 스프링은 범프 상황에서 쉽게 압축되기 때문에 보터밍에 취약하다.

서스펜션 스프링은 정지 상태인 자동차에 최대 허용 하중을 실었을 때 휠이 범프 스톱까지 압축될 정도로 무르면 안 된다. 신랑과 신부가 침대에 가만히 누웠을 때 둘의 몸이 매트리스 바닥에 닿을 정도로 스프링이 무르다면 이 둘은 사실상 돌침대 위에 누워 있는 것과 다를 바 없다. 여기에 주로 달릴 노면의 품질을 고려해야 한다. 세상 모든 도로가 새로 깐 아스팔트 타맥처럼 매끄러울 순 없다. 자동차는 때로 도로 이음새, 맨홀 뚜껑, 과속 방지턱, 폿홀 같은 굴곡 위를 달려야 한다. 휠이 이 굴곡을 타고 넘을 때 보터밍을 피하려면 서스펜션 스프링은 정지 최대 하중을 지탱하는 데 필요했던 스프링보다 더 단단해야 한다. 신랑, 신부가 침대 위에서 멍하니 누워만 있을 순 없지 않은가? 약간의 덜컹거림에도 매트리스 스프링이 바닥을 친다면 불편함이 이루 말할 수 없을 것이다. 좀 더 격렬한 상하 움직임에도 안락함을 유지하려면 스프링은 출렁이는 하중을 충분히 떠받칠 수 있을 정도로 단단해야 한다.

대다수의 준법 운전자들에게 이 이상의 서스펜션 이론은 불필요하다. 일반 로드카를 타고 공도에서 중력 가속도 몇 배의 가속과 코너링을 할 이유가 없기 때문이다. 일반 로드카 서스펜션의 가장 중요한 미덕은 라이드 성능, 즉 일반 도로에서 겪을 가능성이 있는 보편적 충격과 진동을 잘 차단하고 타이어가 1초라도 더 오래 노면에 붙어 있도록 돕는 것이다. 서울 시내에서 단단한 스포츠 서스펜션으로 무장한 스포츠카를 타며 라이드 성능이 좋기를 기대하는 것은 무식 혹은 욕심이다.

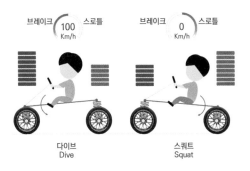

[그림 5] 다이브 모션과 스쿼트 모션

둘째, 서스펜션은 하중 이동으로 인해 늘어나는 하중을 지탱할 만큼 충분히 단단해야 한다. 자동차는 수시로 가속과 감속, 방향 전환을 한다. 가속/브레이크 페달을 밟거나 스티어링 휠을 돌리면 네 바퀴에 전달되는 하중 분포가 바뀐다. [그림 5]의 왼쪽 그림처럼 고속도로를 달리다 전방의 돌발 상황을 피하기 위해 풀 브레이크를 밟는다고 가정해 보자. 이 시나리오에서는 전륜으로의 하중 이동이 일시에 커지고 전륜 서스펜션이 큰 스트레스를 받는다. 이를 다이브Dive, 그 반대를 스쿼트Squat 모션이라고 한다. 이때 전륜 코너를 지탱하는 스프링 강도가 너무 낮으면 여러 문제가 발생한다. 먼저 스프링이 무르면 같은 힘을 지탱하기 위해 더 많이 변형되어야 하기 때문에 서스펜션을 누르는 하중과 서스펜션 스프링의 반발력이 평형을 이루기까지 더 오래 걸린다. 그 결과 자동차의 반응이 굼떠진다.

만약 전륜 서스펜션 스프링이 최대치까지 압축되었는데도 하중을 지탱할 만큼 큰 스프링 반발력을 만들지 못하면 결국 범프 스톱과 충돌Bottoming해 '돌침대' 상태가 된다. 차체가 앞쪽으로 지나치게 기우는 문제도 발생한다. 차체가 많이 기울면 좋은 점이 거의 없다. 이것들은 모두 전륜 서스펜션 스프링이 좀 더 단단했더라면 생기지 않았을 문제다.

하중 이동이 클 것으로 예상되는 쪽의 서스펜션 반응 속도를 높이고 보터밍 문제를 피하려면 늘어날 하중의 크기만큼 스프링의 강도를 높여야 한다. 예를 들어, 풀 브레이크 빈도가 높아지면 전륜 서스펜션 스프링을 보강해야 한다. 자동차는 감속(브레이킹) 경향이 가속 경향보다 강하다. 레이스카는 그 차이가 두 배를 넘는다. 이는 전륜으로의 하중 이동이 후륜으로의 하중 이동보다 훨씬 큼을 의미한다. 브레이킹으로 늘어나는 하중을 전륜 서스펜션이 충분히 지탱할 수 있으려면 전륜 쪽 스프링이 상대적으로 더 단단해야 한다. 그 결과 전륜 타이어의 노면 접촉성은 후륜 타이어보다 나쁘다. 전륜의 트랙션이 중요한 전륜 구동 자동차는 전륜 쪽 스프링이 단단해질수록 트랙션이 나빠진다. 반면 후륜 구동 자동차는 전륜 스프링을 보강해도 후륜 트랙션에 영향이 없으니 손해는 없다.

만약 스프링 업그레이드가 여의치 않다면 운전을 덜 과격하게 할 수밖에 없다. 하지만 레이스카 드라이버에게 얌전하게 운전하라는 것은 전쟁에서 총 대신 칼을 쓰라는 황당한 명령이다. 당연히 모터레이스에선 절대 선택할 수 없는 솔루션이다.

셋째, 레이스카의 서스펜션 스프링은 이런저런 이유로 단단해진다. 레이스카는 라이드 높이가 낮을수록 무조건 이득이다. 라이드 높이가 낮으면 무게 중심이 낮아지고 공기 역학적 다운포스 효율이 높아져 코너링 속도가 향상된다. 하지만 무턱대고 라이드 높이를 낮출 순 없다. 라이드 높이가 낮아지면 보터밍의 빈도도 는다. 보터밍이 많으면 돌침대, 즉 접지력 급감이 빈번하게 일어날 수 있어 부작용이 더 커진다. 따라서 라이드 높이를 낮출 때는 보터밍 가능성을 차단하기 위해 전·후륜 서스펜션 스프링 강도를 높여야 한다.

　레이스카는 공기 역학적 이유로 통상 후륜보다 전륜 스프링을 더 단단하게 설정한다. 레이스카의 전륜 라이드 높이 변화는 공기 역학 성능에 악영향을 준다. 공기를 뚫고 가는 레이스카의 머리가 위아래로 많이 출렁이면 공기의 흐름이 흔들려 균일한 다운포스 생성이 어렵다. 전륜 라이드 높이 변화를 줄여야 공기 역학적 이득을 높일 수 있으므로 전륜엔 단단한 서스펜션 스프링이 필요하다.

　이런저런 애로사항을 무작정 접수하다 보면 레이스카 서스펜션은 어느새 단단한 돌이 된다. 자칫하면 서스펜션 효과가 사라지는 결과를 초래한다. 서스펜션 세팅에 있어서 배척해야 할 미신이 있다. '퍼포먼스카의 서스펜션은 무조건 단단해야 한다'라는 근거 없는 믿음이다. 서스펜션 스프링의 강도는 자동차가 겪게 될 가속과 브레이킹의 세기에 비례해 커져야 하지만 결코 과하면 안 된다. 무턱대고 단단한 스프링만 찾는 것은 돌침대에 몸을 던지는 것만큼 미련한 짓이다. 서스펜션의 절대 법칙을 잊지 말자. 서스펜션 스프링은 '가능한 한' 소프트한 것이 좋다.

F1 레이스카의 서스펜션

F1 레이스카의 서스펜션은 기하학적 형태를 달리할 뿐 보통의

자동차 서스펜션과 물리적으로 같은 시스템이다. F1 레이스카는 일반 자동차에 비해 패키징 공간이 엄청나게 작다. 이 제한된 공간 안에 모든 서스펜션 컴포넌트를 때려 넣어야 하기 때문에 패키징 공간을 가장 덜 차지하는 '더블 위시본' 구조를 사용한다. 아래 그림은 일반적인 포뮬러 레이스카 서스펜션 구조를 단순화한 모델을 보여준다. 위아래 한 쌍의 위시본은 하중을 지탱하지 않고 휠이 일정한 궤적을 그리며 상하로 움직일 수 있도록 가이드 역할만 한다. 휠의 모든 하중은 휠 고정판인 업라이트와 차체 안에 고정된 로커Rocker를 연결하는 푸시로드를 통해 전달된다. 휠 하중이 푸시로드를 밀거나 당기면 이 힘이 차체 안에 숨어 있는 스프링, 댐퍼 힘과 평형을 이룰 때까지 로커가 회전한다. 현대 F1 레이스카의 서스펜션에는 평범한 코일 스프링, 부피가 작고 가벼운 토션 바Torsion bar, 플라스틱 범프 스톱, 지금은 금지된 유압식 스프링까지 다양한 스프링이 사용되었다.

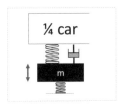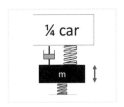

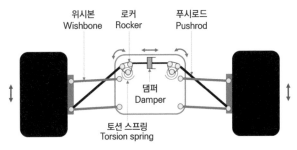

[그림 6] 레이스카 서스펜션의 예

F1 서스펜션의 스프링 강도는 레이스카의 무게에 비해 매우 높은 편이다. F1 규정상 레이스카 최소 중량은 약 800kg에 불과하지만 고속으로 달릴 때 발생하는 다운포스로 인해 서스펜션이 지탱해야 할 전체 하중은 레이스카 무게의 두 배를 훨씬 넘는다. 게다가 중력 가속도의 몇 배가 넘는 엄청난 크기의 다이브와 스쿼트 모션 중 생기는 하중 이동을 지탱하기 위해 모든 코너 스프링이 단단해야 한다.

한편 서스펜션 스프링을 필요 이상으로 무르게 할 이유도 찾기 어렵다. 우선 레이스 트랙의 노면은 일반 도로에 비해 훨씬 매끄럽다. 불균일한 도로 표면에서 오는 충격과 진동이 훨씬 작다. 게다가 F1 타이어는 재질이 연해서 타이어 자체가 소프트한 스프링 효과를 낸다. 트랙 노면의 미세한 요철 정도는 타이어 자체의 스프링 효과로 '퉁칠' 수 있다. 무엇보다 전륜 서스펜션의 잦은 상하 이동은 균일한 공기의 흐름을 방해해 다운포스를 떨어뜨린다. 비인간적이지만 드라이버의 승차감은 고려 요소가 아니다. 역학적 관점에서 드라이버는 단지 70kg 언저리의 물렁한 무게 추에 불과하다.

이제 자동차 서스펜션이란 큰 그림을 완성할 마지막 퍼즐, '핸들링 성능을 높이기 위한 서스펜션 이론'을 알아보자.

23
롤 배분
Roll Distribution

우리는 지금 F1 레이스카의 서스펜션을 이해하기 위한 여정을 함께하고 있다. 자동차 일반에 대한 약간의 지식을 가지고 출발한 독자는 지금까지의 설명을 이해하는 데 큰 무리가 없었을 것이다. 행군 대열에서 뒤처진 독자도 있을 것이다. 안타깝게도 자동차 서스펜션을 이보다 더 쉽게 설명하기는 어렵다. 자동차의 역학을 이해하는 작업이 종이접기 배우듯 쉬울 순 없다. 자동차 기술의 역사는 엔지니어링 문제 해결의 역사이고, 현대의 자동차는 오랜 세월 수많은 자동차 공학자와 엔지니어가 최선의 해법을 모아 만든 결과물이다. 지식의 양도 많고 내용도 어려울 수밖에 없다. 선구자들의 지식을 짧은 시간에 얻으려면 약간의 고생과 노력이 필요하다.

　서스펜션 첫 번째 이야기에서 우리는 서스펜션의 필요성과 역할을 살펴보았다. 자동차의 서스펜션은 한마디로 자동차의 핸들링에 악영향을 미치는 출렁임과 쏠림을 지탱하는 장치이다. 서스펜션 두 번째 이야기에서는 서스펜션의 필수 요소인 스프링과 댐퍼의 역할, 라이드 성능과 직진 핸들링 성능을 높이기 위한 서스펜션 설정 방향이 간략하게 소개되었다. 여기까지 요약하면 서스펜션 스프링은 1) 가능한 한 부드러워야 하고 2) 서스펜션이 무용지물이 되는 돌침대 상태를 피하기 충분할 정도로 단단해야 하며 3) 가속/감속으로 인해 앞뒤 바퀴 축 사이를 오가는 하중 이동을 지탱할 수 있을 만큼 더 단단해져야 한다.

서스펜션의 마지막 난제, 코너링

이제 비워두었던 서스펜션의 마지막 퍼즐 블록을 맞춰 F1 레이스카 서스펜션의 전체 그림을 완성하자. 마지막 남은 블록은 바로 코너링에 대처하는 서스펜션의 역할이다.

　자동차가 코너에 진입하면 하중은 좌우 방향으로 이동한다 (하중 이동에 대한 자세한 설명은 서스펜션 첫 번째 이야기에서 다뤘다). 이때 하중은 자동차가 그리는 궤적의 바깥쪽 휠에 쏠린다. 자동차의 방향 변경과 코너링이 과격할수록 좌우를 오가는 하중 이동의 크기와 차체가 기우는 각도가 커진다. 차체가 좌우로 기우는 현상을 롤 모션이라고 부르며, 이는 자동차의 핸들링을 위태롭게 하는 결정적 방해 요소다.

자동차 서스펜션은 네 바퀴의 독립적 움직임을 보장하기 위해 보통 코너마다 한 개씩, 네 개의 독립된 스프링을 사용한다. 하지만 변칙적인 서스펜션 메커니즘이 난무하는 F1에서 레이스카에 사용되는 스프링엔 정해진 개수가 없다. 코너 스프링은 우선 이전 장에서 설명된 스프링 요건을 모두 충족해야 한다. 통상적 4-스프링 서스펜션의 코너 스프링은 전후 하중 이동뿐만 아니라 좌우 하중 이동도 지탱한다. 코너 스프링이 단단하면 차체의 롤 각도도 준다.

만약 코너 스프링만 사용해 차체의 롤 모션까지 지탱하려면 좌우 하중 이동으로 쏠리는 무게를 충분히 지탱할 수 있을 정도로 스프링이 더 단단해져야 한다. 예를 들어, 좌회전 코너가 많은 도로를 달리면 하중이 우측 휠에 쏠리는 경향이 크기 때문에 차체의 우향 롤을 막으려면 우측 코너 스프링을 보강해야 한다. 하지만 좌우 코너에 서로 다른 강도의 스프링을 사용하면 마치 굽 높이가 다른 구두를 신고 달리는 것처럼 자동차의 직진성을 크게 해친다. 따라서 같은 바퀴 축의 좌우 코너에는 같은 스프링을 사용하는 것이 일반적이다. 주행 거리의 약 20% 구간에서 우측 앞바퀴에 특별히 무게가 많이 쏠리고 이를 지탱하기 위해 이 위치에 매우 단단한 스프링이 필요하다면 별다른 스트레스를 받지 않을 좌측 앞바퀴에도 원칙적으로 같은 강도의 스프링을 사용해야 한다. 코너 스프링만 사용해 롤 모션을 지탱하려면 스트레스가 가장 심한 코너에 필요한 만큼 좌우 스프링 강도를 동시에 늘려야 하고, 그 결과 좌우 스프링 모두 지나치게 탱탱해질 위험성이 있다. 양쪽 구레나룻이 포인트인 최신 남성 헤어스타일을 주문받은 미용실 아주머니가 총각의 양쪽 귀를 오가며 구레나룻 길이와 모양을 맞춰 자르다 결국 양쪽 모두를 날리고 "총각, 미안해~"를 연발하듯 안타까운 결말이다. 이는 '직진 성능을 높이려면 가능한 한 부드러운 스프링을 사용해야 한다'는 대원칙을 정면으로 거스르는 행위이기도 하다. 코너 스프링이 너무 단단하면 타이어와 도로 사이의 접촉 성능이 떨어져 핸들링 성능도 떨어진다.

똑똑한 발명품, 안티롤 바

이쯤 되면 '코너 스프링은 직진에 잘 맞도록 부드럽게 두고 롤 모션만 지탱할 방법은 없을까?' 하는 의문이 생긴다. 다행히 이 문제는 과거 같은 문제를 고민했던 자동차 엔지니어들에 의해 말끔하게 해결되었다. 이들은 'ㄷ' 자 형태의 긴 쇠막대로 좌우 휠을 물리적으로 연결하는 아이디어를 생각해냈다. 이 쇠막대가 오늘날 자동차 서스펜션의 세 번째 필수 요소인 안티롤 바 Anti-roll bar다.

안티롤 바는 이름 그대로 차체의 롤 모션을 반대하는 막대로

서, 스태빌라이저Stabiliser 혹은 스웨이바Sway bar라고도 불린다. 혹자는 안티롤 바를 마법의 장치로 추켜세운다. 메커니즘이 워낙 간단한 데다, 매우 저렴한 비용으로 핸들링 성능을 비약적으로 향상시켜주는 장치이기 때문이다. 무엇보다 이 단순한 아이디어 덕분에 직진 라이드 성능을 희생하지 않고도 차체의 롤 모션을 진정시키고 코너링 시 앞뒤 타이어의 접지력 배분까지 조절할 수 있는 유용한 방법이 생겼다.

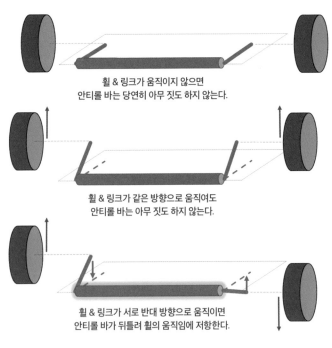

휠 & 링크가 움직이지 않으면
안티롤 바는 당연히 아무 짓도 하지 않는다.

휠 & 링크가 같은 방향으로 움직여도
안티롤 바는 아무 짓도 하지 않는다.

휠 & 링크가 서로 반대 방향으로 움직이면
안티롤 바가 뒤틀려 휠의 움직임에 저항한다.

[그림 1] 안티롤 바의 원리

안티롤 바는 [그림1]처럼 좌우 휠을 물리적으로 연결한다. 좌우 휠이 움직이지 않으면 안티롤 바는 휠에 아무 짓도 하지 않는다. 과속 방지턱을 넘을 때처럼 좌우 휠이 같은 방향으로 움직이면 양쪽 두 링크의 각도는 변하지만 안티롤 바는 여전히 휠에 아무 짓도 하지 않는다. 하지만 좌우 휠이 서로 반대 방향으로 움직이면 두 휠의 중간에 낀 스틸 바가 꽈배기처럼 뒤틀려 휠을 원래의 위치로 되돌리려는 스프링 반발력이 생긴다. 이처럼 안티롤 바는 좌우 휠이 수직 방향을 따라 서로 어긋날 때만 힘을 쓴다.

　　직선 구간을 달리다 속도를 높이거나 줄이면 차체는 앞 혹은 뒤로 수평하게 기울기 때문에 같은 축의 좌우 휠은 같은 방향, 같은 크기로 움직인다Heave motion. 이 경우엔 안티롤 바가 있어도 그만, 없어도 그만이다. 자동차가 코너링을 시작하고 차체가 한쪽으로 기울면 좌우 휠의 수직 위치가 어긋나고 안티롤 바가 힘을 쓰기 시작한다. 좌우 휠의 높이 차, 즉 롤 각도가 커지면 안티롤 바의 저항력이 커져 코너 바깥쪽 휠의 코너 스프링이 더 단단해지는 효과가 생긴다. 이처럼 안티롤 바를 사용하면 굳이 사방의 코너 스프링을 보강해 서스펜션을 돌처럼 단단하게 만들지 않고도 롤 모션을 효과적으로 지탱할 수 있다. 코너 스프링을 건드리지 않기 때문에 직선 구간에서 서스펜션의 라이드 성능과 타이어 접지력을 크게 희생시키지 않지만 롤 모션을 지탱할 수 있으니 안티롤 바의 발명은 '신의 한 수'이다.

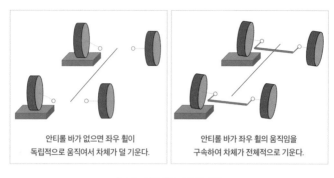

안티롤 바가 없으면 좌우 휠이
독립적으로 움직여서 차체가 덜 기운다.

안티롤 바가 좌우 휠의 움직임을
구속하여 차체가 전체적으로 기운다.

[그림 2] 안티롤 바의 부작용

부작용 없는 약이 없듯이 안티롤 바의 이득에는 치러야 하는 대가가 있다. 좌우 휠을 상하 방향으로 서로 어긋나게 하는 원인은 스티어링이나 코너링으로 인한 차체의 롤 모션만이 아니다. 한쪽 휠만 돌부리에 걸린 경우에도 좌우 휠은 상하로 어긋난다. 안티롤 바가 없다면 좌우 휠은 서로 독립적으로 움직일 수 있다. 덕분에 한쪽 휠이 돌부리를 타 넘거나 폿홀에 빠져도 반대편 휠이 크게 영향을 받지 않아 라이드 성능이 대체로 균일하게 유지될 수 있다. 하지만 좌우 휠 사이에 안티롤 바가 체결되면 좌우 휠이 물리적으로 구속되기 때문에 한쪽 휠만 움직여도 반대편 휠의 움직임을 유발한다. 안티롤 바가 지나치게 단단하면 마치 그 옛날 소달구지의 통짜 축처럼 한쪽 휠만 돌부리에 걸려도 차체 전체가 들리는 지경에 이를 수 있다. 서스펜션을 지워 없애는 효과다.

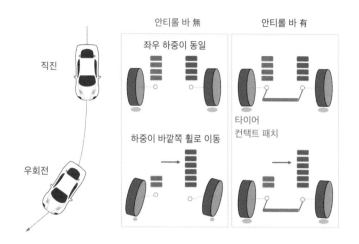

안티롤 바 無   안티롤 바 有

직진

좌우 하중이 동일

하중이 바깥쪽 휠로 이동

타이어
컨택트 패치

우회전

[그림 3] 핸들링에 미치는 안티롤 바의 영향

코너링 시 안티롤 바를 사용해 차체의 롤 모션을 줄이면 핸들링 성능이 나아지는 이유는 무엇일까? 서스펜션의 기하학적 목표는 타이어 접지력이 최대가 되는 휠과 노면 사이의 각도를 가능한 한 일정하게 유지시키는 것이다. 특히 휠이 수직축에서 얼마나 기울었는지가 타이어의 접지력에 큰 영향을 미치는데, 이를 캠버Camber라고 부른다. 정지 상태의 휠은 노면과 일정한 기하학적 각도를 유지한다. 차체가 기울면 당연히 이 각도도 변하고 그 결과 타이어와 노면 사이의 최적 상태가 깨진다.

[그림 3]의 자동차가 직진 상태에서 타이어와 노면이 수직을 이루어야 최상의 접지 성능을 기대할 수 있다고 가정하자. 그런데 차가 우회전하여 차체가 기울면 타이어는 더 이상 노면과 수

직으로 접촉하지 않고, 서스펜션 조인트들의 위치도 비대칭 상태가 된다. 타이어와 노면 사이 캠버가 커지면 타이어의 한쪽 모서리가 들려 컨택트 패치의 크기가 준다. 이때 적절한 강도의 안티롤 바를 사용하면 코너링 시 차체의 롤을 줄여줘 타이어와 노면의 접촉성이 개선되고 접지력도 향상된다. 게다가 차체가 덜 휘청여서 안정성 향상에도 도움을 준다.

여기까지의 내용은 모든 자동차에 적용할 수 있다. 지금부터 이어질 내용은 안티롤 바를 신속하게 바꿀 수 있는 레이스카에 적용되는 안티롤 바 이론이다.

레이스카에서 안티롤 바가 하는 가장 큰 역할은 코너링 시 바깥쪽 타이어의 기계적 다운포스를 빠르게 증가시켜 코너링에 필요한 접지력이 타이어에서 빨리 생성될 수 있도록 돕는 것이다. 안티롤 바가 없거나 너무 부드러우면 똑같은 롤 모멘트를 지탱하기 위해 차체가 더 많이 기울어야 한다. 서스펜션이 힘의 평형을 이루는 스프링 반발력이 모이기까지 더 긴 시간이 필요하단 뜻이다. 그 결과 자동차의 반응이 굼뜨고 시간 지연도 커진다. 단단한 안티롤 바를 설치하면 회전 궤적 바깥쪽 휠로의 하중 이동이 빨라져 스티어링에 대한 핸들링 반응이 민감해진다. 양산형 자동차의 경우 핸들링 반응이 너무 민감하면 드라이버가 다음 액션을 취할 여유가 줄어들어 위험할 수 있다. 반면 레이스카에서 예리한 핸들링 반응은 큰 장점이다. 레이스카 서스펜션에 단단한 안티롤 바가 사용되는 이유다.

세상의 모든 것은 과하면 탈이 난다. 좋은 약도 적당히 써야 명약이고 어떤 일에서 그럭저럭 재미를 봤다면 과한 욕심은 참는 게 현명하다. 안티롤 바가 코너링 성능 개선에 특효약이라 해서 더 강한 것을 찾다 보면 코너링 성능은 어느 순간 무너진다. 코너링 중 차체가 궤적 바깥쪽으로 기울면 안티롤 바가 바깥쪽 휠을 바닥으로 눌러줘 타이어가 더 큰 접지력을 내기에 유리한 것은 사실이다. 하지만 궤적 안쪽 휠은 위로 들리는 힘을 받는다. 지나치게 단단한 안티롤 바를 단 상태에서 코너링이 격해지면 하중 이동이 빨라져 궤적 안쪽 휠이 거의 공중으로 뜬다. 이 지경에 이르면 사실상 궤적 바깥쪽 휠만 타이어 구실을 하게 되어, 코너링 성능이 좋아지기는커녕 자동차가 미끄러지기 시작한다. 이때부턴 큰 사고만 면해도 다행이다. 코너링 성능 향상을 꾀한다면 앞뒤 안티롤 바가 단단할수록 좋지만 네 바퀴 모두가 도로에 붙어 있을 정도의 유연함이 남았을 때 그쳐야 한다.

레이스카의 코너링 성능에 가장 적합한 안티롤 바 셋업을 찾는 첫 단계는 앞뒤 안티롤 바의 강도와 코너링 속도를 동시에 늘려가며 코너링 반응을 테스트하는 것이다. 안쪽 타이어가 공중에 들리고 전체 타이어 접지력이 줄기 시작하면 더 단단한 안티롤 바에 대한 욕심을 버릴 타이밍이다. 그리고 이 지점에서 또 다른 처방을 시작해야 한다.

앞뒤 안티롤 바는 이미 단단해질 대로 단단해졌다. 레이스카가 코너에 진입하면 하중이 궤적 바깥쪽 휠에 집중되어 앞뒤 축 모두 바깥쪽 타이어의 접지력은 상승하지만 안쪽 타이어는 간신히 도로와 붙어 있는 상태가 된다. 만약 전륜 바깥쪽 타이어의 접지력이 후륜 바깥쪽 타이어의 접지력에 미치지 못하면 언더스티어(앞바퀴가 코너 밖으로 밀리는 현상)가, 그 반대이면 오버스티어(뒷바퀴가 코너 밖으로 밀리는 현상)가 발생한다. 운이 좋아 전후 타이어 접지력이 정확하게 균형을 이루면 언더스티어나 오버스티어는 생기지 않지만(뉴트럴 스티어) 그런 행운은 잘 찾아오지 않는다. 언더스티어와 오버스티어는 모두 앞뒤 타이어에서 발생하는 접지력의 불균형에서 비롯된 현상이다. 뉴트럴 스티어에서 멀어질수록 레이스카의 핸들링은 어려워진다. 따라서 접지력이 부족한 바퀴 축의 접지력을 늘려주거나 접지력이 상대적으로 큰 바퀴 축의 접지력을 줄임으로써 둘 사이의 발란스를 맞추어야 한다.

안티롤 바는 코너링 시 전후 타이어의 기계적 접지력 배분을 조절하는 매우 유용한 조절 수단이다. 왜일까? 자동차에 발생하는 전체 좌우 하중 이동의 크기는 코너링의 세기와 자동차의 디자인에 의해 정해지는 값이다. 단순히 안티롤 바의 강도를 바꾼다고 횡방향 하중 이동의 크기가 커지거나 작아지진 않는다. 안티롤 바는 하중 이동의 속도를 조절할 뿐이다. 하지만 앞뒤 축 두 개의 안티롤 바를 사용하면 전체 하중 이동에서 앞바퀴 축과 뒷바퀴 축이 분담하는 하중 이동의 비율을 조절할 수 있다. 전체 하중 이동의 크기는 일정하기 때문에 한쪽 축이 부담하는 하중의 크기를 바꾸면 다른 축이 부담해야 할 하중 이동의 크기가 그만큼 늘거나 준다. 이를 활용해 앞뒤 타이어에 발생하는 기계적 접지력 배분을 조절할 수 있다. 안티롤 바가 레이스카의 핸들링 발란스를 조절하는 가장 쉽고도 파워풀한 튜닝 수단인 이유이다. 레이스카 핸들링 발란스에 미치는 안티롤 바의 영향을 이해하려면 우선 '롤 커플Roll Couple'을 알아야 한다.

롤 커플, 고통 분담의 크기

롤 모션은 어떤 힘이 차체의 옆구리를 밀어 차체가 좌우로 기우는 현상이다. 따라서 롤 모션이 생기려면 어떤 형태로든 차체의 옆구리를 미는 힘이 있어야 한다. 이 힘은 잠긴 차 문을 흔드는 팔 근력일 수도 있고, 강한 측풍일 수도 있으며, 진행 방향을 바꿀 때 생기는 관성일 수도 있다. 이 같은 횡력이 만들어내는 롤 모션의 강도를 롤 모멘트Roll Moment라고 한다. 자동차 차체에 작용하는 전체 롤 모멘트의 크기를 100이라 하면, 자동차의 서스펜션은 반드시 100의 롤 모멘트를 지탱할 수 있어야 한다. 그렇지 못하면 자동차는 옆으로 뒤집혀 구른다. 자동차에는 전후, 두 개의 바퀴 축이 있고 롤 모멘트는 이 두 축의 서스펜션이 분담한다. 두 바퀴 축이 전체 롤 모멘트를 함께 지탱하는 역학 작용을 '롤 커플', 두 축의 상대적 고통 분담 비율을 '롤 커플 배분Roll Couple Distribution'이라고 부른다. 예를 들어, 전체 롤 모멘트를 앞뒤 축이 같은 비율로 지탱한다면 롤 배분은 50:50, 롤 커플 비는 50%이다.

$$롤\ 커플\ 비\ (\%) = \frac{전륜\ 롤\ 모멘트}{전체\ 롤\ 모멘트} \times 100$$

여기까지 무슨 말인지 몰라도 걱정할 필요 없다. 롤 커플에 대한 이해를 돕기 위해 바퀴 수가 다른 네 종류의 자동차를 예로 들 것이다. 자동차에서 바퀴 수가 달라지면 주행 중 생기는 롤 모션을 지탱하는 메커니즘도 달라진다. 이 네 종류의 자동차가 똑같은 롤 모션을 지탱하는 모습이 어떻게 다른지 살펴보면 롤 커플의 개념을 직관적으로 이해할 수 있다.

우리가 할 시뮬레이션은 자동차의 옆구리를 밀어버리는 것이다. 실험할 자동차는 모두 무게 중심 높이가 같고 무게 중심에서 같은 크기의 횡방향 힘을 받는다. 이 힘이 차체에 롤 모멘트를 가한다. 이 횡방향 힘을 일정하게 유지한 상태에서 종방향 가속도를 바꿔본다. 종방향 가속도로 가능한 경우의 수는 셋이다. 첫째, 종방향 가속이 없는 경우다. 자동차가 정지해 있거나 일정한 속도로 달리는 정적 상태가 이에 해당한다. 둘째와 셋째는 브레이킹과 가속이다. 이제 1) 횡방향 힘 + 정속, 2) 횡방향 힘+브레이킹, 3) 횡방향 힘+가속, 이 세 가지 롤링 시나리오를 네 종류의 서로 다른 자동차에 적용해 보자.

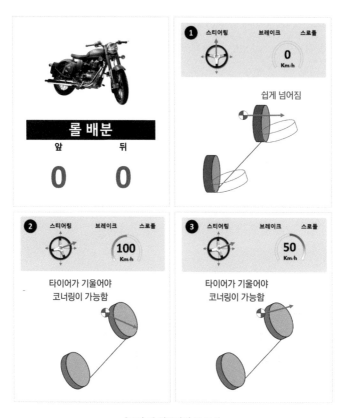

[그림 4] 이륜차의 롤 모션

첫 번째 자동차는 두 바퀴로 달리는 모터바이크다. 모터바이크에는 앞뒤 서스펜션 어디에도 롤 모션을 지탱할 수 있는 장치가 없다. 둘 중 아무도 롤 모션을 책임지지 않는 이륜차의 롤 배분은 0:0이다. 모터바이크는 자연 정지 상태에서 절대로 홀로 설 수 없다. 좌우 힘의 균형이 1g이라도 깨지면 모터바이크는 무조건 쓰러진다. 아무런 보조 수단 없이 모터바이크를 제자리에서 단 10초만이라도 세워둘 수 있는 이가 있다면 그는 '균형의 달인'으로 불려야 마땅하다. 모터바이크의 서스펜션은 롤 모션과 직접적인 상호 작용이 없다. 스태빌라이저 없이 모터바이크가 쓰러지지 않을 수 있는 유일한 방법은 바퀴를 쉬지 않고 굴리는 것이다. 하지만 달리는 바이크가 롤 모멘트를 받고도 쓰러지지 않을 수 있는 이유는 스티어링 코렉션Correction을 통한 균형 유지와 회전하는 팽이가 수직으로 서 있을 수 있는 힘의 원천, 자이로스코픽 효과Gyroscopic Effect 때문이다. 모터바이크의 코너링 성능을 결정하는 가장 중요한 요소는 코너링에 필요한 타이어의 기울기와 이를 민첩하게 컨트롤할 수 있는 라이더의 능력이다.

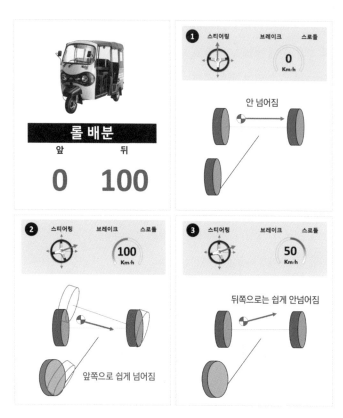

[그림 5] 싱글 프런트 휠 삼륜차의 롤 모션

모터바이크의 후륜 축에 바퀴 하나를 더 달면 귀여운 삼륜차, 툭툭Tuc Tuc이 된다. 비로소 모터바이크에 없던 롤 모션 지탱 장치가 후륜 축에 생겼다. 이제 모든 롤 모션은 후륜이 지탱한다. 전륜 축은 여전히 롤 모션 대응력이 없다. 롤 배분은 0:100,

롤 커플 비는 0이다. 가만히 서 있는 툭툭을 옆에서 밀면 두 개의 후륜 덕에 쓰러지지 않고 서 있을 수 있다. 싱글 프런트 휠 삼륜 디자인의 치명적인 문제는 속도를 줄이며 코너에 진입하는 턴-인에서의 불안정성이다. 턴-인하는 툭툭의 롤 모멘트는 감속으로 인해 전륜 축에 더 많이 쏠리지만 앞바퀴 축에는 롤 모멘트를 지탱할 방법이 전혀 없기 때문에 차체의 롤 모션이 커지고 그 결과 후륜 안쪽 타이어가 공중에 들린다. 이것이 싱글 프런트 휠 삼륜차를 타고 급하게 코너를 돌면 쉽게 앞으로 뒤집히는 이유다. 보통 가속보다 브레이킹을 세게 하기 때문에 이 문제는 가볍게 볼 수 없다. 안전을 위해 툭툭 디자인은 자동차에 절대 사용하면 안 된다고 나는 생각한다. 반면 가속 페달을 밟으며 코너를 빠져나가는 것은 상대적으로 수월하다. 툭툭을 가속하면 롤 모멘트가 안정한 뒷바퀴 축으로 쏠리기 때문이다.

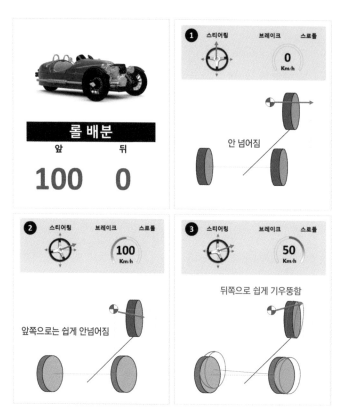

[그림 6] 싱글 리어 휠 삼륜차의 롤 모션

전륜이 두 개인 삼륜차도 생각해볼 수 있다. 이 자동차의 구조와 역학은 앞서 등장한 싱글 프런트 휠 삼륜차를 180도 회전하면 얻을 수 있다. 롤 배분은 100:0이다. 정지 상태에서 옆구리를 밀면 전륜 축이 롤 모멘트의 100%를 지탱하기 때문에 역시 쓰러지지 않고 서 있을 수 있다. 이 삼륜차는 급브레이크를 밟으며 코너에 진입해도 안정성에 큰 무리가 없다. 전륜 축이 롤 모멘트를 지탱할 수 있기 때문이다. 하지만 코너를 빠져나오며 가속하면 롤 모멘트가 뒤 축으로 쏠린다. 그 결과 전륜 축 안쪽 타이어가 공중으로 들리며 차체가 뒤로 기울어지거나 넘어질 수 있다. 디자인이 신선하지만 코너링 가속이 형편없으니 빛 좋은 개살구라 할 만하다.

싱글 휠이 어느 축에 달려 있건 간에 삼륜차는 롤 모션의 고통을 한 축에만 부담시키는 가혹한 시스템이다. 스트레스가 골고루 분산되지 않고 한 곳에만 몰리는 자연계의 모든 시스템은 불안정하고 붕괴할 위험이 있다. 마치 분배의 정의가 무너진 사회가 삐걱거리듯이 말이다. 자연의 이치는 놀랍도록 세상 모든 것을 관통한다.

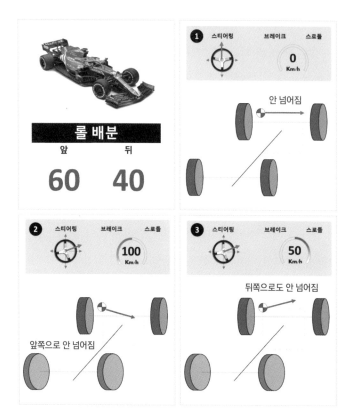

[그림 7] 사륜차의 롤 모션

　자동차 바퀴 수가 넷이 되면 삼륜차의 치명적 단점인 롤 오버 문제가 덜해지고 자동차의 안정성이 비교할 수 없을 정도로 좋아진다. 네 바퀴가 아닌 자동차를 타려면 빠지는 바퀴 수마다 보험을 하나씩 더 들어두어야 할 과학적 근거다.

네 바퀴를 달고 달리면 코너에서 웬만해선 뒤집히지 않는다는 것은, 네 바퀴 자동차는 모두 코너링 안정성이 그럭저럭 괜찮다는 뜻이다. 일상에서 롤 오버는 여간해선 일어나지 않는 사고다. 네 바퀴 자동차를 타면 코너에서 뒤집힐 염려는 크게 안 해도 되기 때문에 사람들은 코너링 성능을 높일 다른 방법을 생각할 여유를 찾았다. 네 바퀴 자동차에서 롤 오버 대신 고민하는 문제는 코너에서 전륜이나 후륜 중 한쪽만 지나치게 옆으로 미끄러져 드라이버가 차를 통제할 수 없는 상황이다. 안티롤 바는 이 문제를 해결한 혁신적 시스템이다. 안티롤 바의 등장으로 자동차가 롤 모션을 더 유연하게 지탱할 수 있게 되었을 뿐만 아니라 코너링 발란스도 튜닝이 가능해졌다.

공정한 분배는 전체를 이롭게 한다

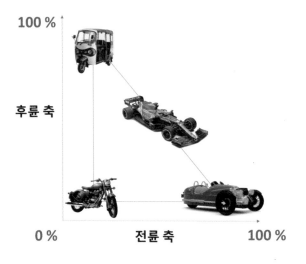

[그림 8] 롤 커플 배분

앞서 예로 든 자동차들의 롤 커플 배분을 [그림 8]처럼 한 좌표 평면에 나타내면 원점에는 모터바이크, 가로축과 세로축 끝엔 삼륜차가 자리한다. 사륜차는 이 세 차종이 그리는 삼각형의 빗변 어딘가에 있다. 사륜차의 좌우 바퀴 사이 거리를 0으로 만들면 이륜차도 되고 삼륜차도 되기 때문에 이 다이어그램은 네 바퀴 자동차에 적용 가능한 모든 롤 커플 비를 보여준다. 그리고 그 중간 지대엔 무한한 선택의 가능성이 존재한다. 자동차 엔지니어의 목표는 이 중간 지대에서 자동차의 코너링 성능이 최대가 되는 지점, 즉 최적의 롤 커플 비를 찾는 것이다.

롤 커플 비는 코너링 중인 자동차의 언더스티어 혹은 오버스티어 특성에 직접적인 영향을 미친다. 이 롤 커플 비를 조절할 수 있는 가장 파워풀한 튜닝 수단이 바로 앞뒤 서스펜션의 안티롤 바다. 별도의 스태빌라이저를 사용하지 않는다면 차체를 옆으로 미는 전체 롤 모멘트는 반드시 앞뒤 바퀴 축이 나누어 지탱한다(앞+뒤=100%). 어떤 자동차의 앞뒤 서스펜션의 구조가 기하학적으로 같고 두 쪽 모두에 같은 안티롤 바를 달았다면 롤 모멘트는 앞뒤로 각각 50%씩 배분된다. 만약 한쪽 축에 더 부드러운 안티롤 바를 달면(<50%) 반대 축이 상대적으로 강해지기 때문에(>50%) 반대 축이 많은 롤 모멘트를 지탱하도록 만들 수 있다. 더 많은 롤 모멘트를 버티는 바퀴 축은 안쪽 바퀴가 들릴 가능성이 더 크고, 그 결과 접지력이 떨어진다. 따라서 앞쪽에 더 단단한 안티롤 바를 달면 언더스티어 경향이, 그 역으로 하면 오버스티어 경향이 강해진다. 뒤쪽 바퀴의 접지력이 부족해 오버스티어 경향이 심한 레이스카를 치료하려면 이론상 1) 뒤쪽 안티롤 바를 부드럽게 하거나 2) 앞쪽 안티롤 바를 강하게 해야만 한다. 하지만 실전에서는 접지력이 부족한 뒤쪽의 안티롤 바 강도를 낮추어야 한다. 앞쪽 안티롤 바를 보강하더라도 오버스티어 현상은 줄일 수 있겠으나 이는 앞바퀴의 접지력을 희생시켜서 차가 돌지 않게 만들 뿐, 접지력 감소로 인한 미끄러짐을 유발한다. '코너에서 접지력이 부족한 바퀴 축에 더 소프트

한 안티롤 바를 사용하라'는 서스펜션 튜닝 팁에는 이런 이유가 숨어 있다.

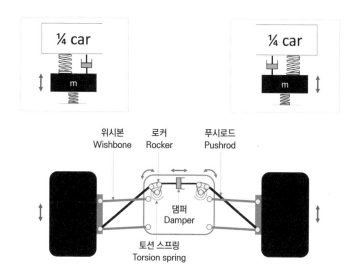

[그림 9] 레이스카 안티롤 바의 예

F1 레이스카의 안티롤 바 원리도 로드카 안티롤 바와 100% 같다. 다만 사용하는 안티롤 바의 디자인과 메커니즘이 다를 뿐이다. 일반 자동차와는 달리 F1 레이스카의 서스펜션 코너 스프링과 안티롤 바는 서로 완벽하게 독립적이고 역할이 서로 중첩되지 않는다. 두 로커가 링크로 연결되어 있어서 코너 스프링은 양쪽 휠이 동시에 상하로 움직일 때만, 안티롤 바는 양쪽 휠이 상하로 엇갈릴 때만 힘을 쓴다.

PART 2

F1 레이스카의 실용 과학

HUMAN LIMITS

EXTREME RACING CHALLENGES

01
통찰Insight

엔진 파워, 브레이크 토크, 공기 역학 계수, 기어박스 효율, 서스펜션 스트럿 강도 등 실험실 환경에서 계측 가능한 모든 영역에서 최고 성능의 자동차 파트만을 한데 모아 자동차를 완성했다고 가정하자. 온갖 최신·최고 장비로 무장한 이 자동차는 트랙에서도 가장 빠른 레이스카여야 하지 않을까?

레이스카를 망치는 방법

실험실의 계측 결과는 레이스카의 성능을 예측하는 데 있어 가장 중요한 기반 데이터다. 하지만 계측 데이터를 토대로 예측한 레이스카의 성능이 실제 트랙 주행에서 확인되지 않거나, 예측을 크게 빗나가는 경우도 적지 않다. 실험실에서 측정된 차량 파트의 성능만으로 완성될 레이스카의 주행, 핸들링 성능을 정확하게 예측할 수 있다면 톱 레이스 팀이 트랙에서 수십여 명의 현장 인력을 쓸 이유가 없다. 데이터를 토대로 예측된 레이스카의 잠재력을 실제 성능으로 100% 실현하는 과정은 수많은 주행 테스트와 시행착오, 때로는 행운이 따라야만 가능한 골치 아픈 작업이다.

레이스카는 예측 가능한 가장 보통의 환경 조건에 맞게 만들어진다. 하지만 실제 트랙으로 나오는 순간 레이스카는 수많은 불확실성에 노출된다. 노면 상태, 기상 변화, 바람의 방향, 공기 밀도 등 우리 주변의 환경 변화엔 정해진 패턴이 없다. 레이스카의 진짜 성능은 타이어, 브레이크, 엔진, 차체가 노출되는 환경의 변화에 따라 달라진다.

레이스카의 성능 예측을 방해하는 무수한 불확실성 요소에는 외부 환경이 아닌 인간도 있다. 같은 레이스카의 코너링 발란스를 두고 어떤 드라이버는 안정감을, 다른 드라이버는 불안감을 느낄 수 있다. 같은 레이스카를 한 명의 드라이버에게 맡겨도 어제의 그와 오늘의 그가 느끼는 레이스카의 반응이 다르다. 톱 레이싱 드라이버들은 이 변동의 폭이 좁을 뿐이다. 레이스카의 실제 성능은 드라이버의 손에 맡겨져 트랙 위를 전력으로 달리기 전까지 확신할 수 없는 주관적 수치다. 인간의 모든 행위와 인식은 주관적이기 때문이다.

'설계-시뮬레이션-제작-테스트-레이스'로 이어지는 레이스카의 라이프 사이클 막바지에 등장하는 이 불확실성은 차량 개발을 책임지는 엔지니어링 팀 입장에선 짜증 나는 일이다. 그러나 모터레이스를 매력적인 스포츠로 만드는 가장 중요한 요소이기도 하다. 경쟁력 있는 레이스카를 만드는 일은 마지막 순간까지 어렵다.

반면 최상의 레이스카를 최악의 레이스카로 둔갑시키긴 쉽다. 최상의 레이스카를 만드는 일은 '확률의 신'이 지배하는 도박의 영역이지만, 정 반대의 레이스카를 만드는 일은 '과학의 신'이 지배하는 엔지니어링 영역이다. 레이스카를 망치는 방법을 터득하면 그 반대로만 해도 최악은 면할 수 있다. 이쯤에서 자신이 '바퀴를 하나 빼', '기름통에 몰래 구멍을 뚫어', '핸들을 뽑아버려' 따위의 답을 하고 있다면 당신은 엔지니어링 마인드는 물론 유머 감각까지 부족한 것이니 분발하자. 나는 지금 '우사인 볼트의 질주를 방해하는 장애 요소를 알고 이를 피할 방법을 고민해 보자'는 것이지 '다리를 걸거나 신발을 벗기는 훼방의 기술을 찾자'는 것이 아니다.

무능한 자에게 운전대를 맡겨라

1996년 가을 어느 날의 저녁이었다. 철부지 대학생이었던 나는 별생각 없이 TV에 AFKN 채널을 틀어두었다가 우연히 에릭 클랩튼의 콘서트 실황을 보게 되었다. 당시 AFKN은 수도권에서만 볼 수 있는 주한 미군을 위한 TV 방송 채널이었고, 인터넷이 널리 보급되지 않았던 그 시절 젊은이들이 미국의 팝 음악을 여과 없이 접할 수 있는 보물 창고였다. 나는 그의 빼어난 기타 플레이에 순식간에 매료되었고 급기야 '나도 저렇게 기타를 연주를 하고 싶다'는 무모한 생각을 하기 시작했다. 그날 이후 내 머릿속은 블랙 보디에 화이트 피크 가드를 두른 에릭의 '펜더 스트라토캐스터Fender Stratocaster'를 갖고 싶단 욕망으로 가득 찼다. 저 검은 기타만 있으면 나도 에릭이 될 수 있을 것만 같았다. 제정신이 아니었는지, 나는 고향에 계신 어머니께 전화를 걸어 "일렉기타 사게 돈 좀 주세요"라고 뻔뻔하게 말했다. 그런데 평소 같았으면 무섭게 꾸짖으셨을 어머니께서 다정한 목소리로 "얼마나 필요한데?" 하시는 것이었다. 당황한 나는 '이렇게 된 마당에 크게 부르자' 하는 생각에 대뜸 "100만 원이요"라고 대답했다.

놀랍게도 일은 술술 풀렸다. 어느 천재 기타리스트의 탄생 스토리에 등장해도 어색하지 않을 정도로 기묘하게, 어머니는 "알았다. 곧 은행 계좌로 부쳐줄게"라고 하셨다. 나는 혹시라도 어머니께서 변심할까 두려워 쏜살같이 은행으로 달려가, 입금된 100만 원을 찾아들고 종로 낙원 상가로 향했다. 하지만 '마미론' 100만 원과 수중의 용돈이 전부였던 내 예산은 내가 갈망했던 펜더 에릭 클랩튼 시그니처 모델을 사기엔 턱없이 부족했다. 대신 에릭의 기타 모양을 닮은 블랙&화이트 펜더 아메리칸 스탠다드 한 대와 20W 싸구려 기타 앰프를 구입했다. 예산에 맞추기 위한 어쩔 수 없는 선택이었지만 'Made in USA' 펜더 기타는 아마추어가 첫 기타로 선택하기에 꽤나 고급이었고, 현재 물가로 따져도 일렉 기타에 100만 원짜리 태그는 싼 가격이 아니다. 당시 긴 머리를 찰랑이며 친절하게 나를 도와주었던 록커 악기사 점원 형은 이 기타 모델로도 얼치기였던 나를 홀리기에 충분히 황홀한 기타 사운드를 뽑아냈다. 그걸 지켜본 나는 '기다려라. 나도 곧 에릭이 된다'는 기대감에 행복했다.

하지만 자취방 구석에서 이 녀석이 내는 소리는 나의 기대를 완벽하게 무너뜨렸다. 내 손이 만드는 기타 사운드는 에릭의 기타 사운드와 비교 자체가 불경스럽다 싶을 정도로 허섭스레기였다. 나는 그제야 깨달았다. 에릭 클랩튼의 진품 기타를 내 손에 쥐여주어도 나는 그가 만드는 단 한 노트도 흉내 내지 못할 것이라는 것을 말이다.

예술, 스포츠, 엔지니어링을 막론하고 사람이 개입하는 창조의 과정에선 사람이 가장 중요하다. 모터레이스 역시 드라이버의 운전 실력이 가장 중요하다. 페르난도 알론소Fernando Alonso나 세바스티앙 오지에Sebastian Ogie 같은 특급 드라이버들에게 적당히 잘 달리는 자동차를 맡기면 이들은 이 차의 거의 모든 성능을 한계치까지 완벽하게 활용할 것이다. 야생마처럼 반응이 예민한 레이스카를 맡기더라도 이들은 금세 적응해 잘 달린다. 좋은 레이스카를 망치는 가장 간단하고 쉬운 방법은 무능한 드라이버에게 운전대를 맡기는 것이다. 당신이 한 레이스 팀의 보스라면 막대한 개발 비용을 투입해서 많은 이의 노력으로 탄생시킨 레이스카를 무능한 드라이버의 손에 '절대' 맡기지 않을 것이다.

하지만 같은 클래스에서 우열을 다투는 프로페셔널 드라이버끼리의 이야기라면 실력 차이는 레이스카 간의 기계적 성능 차이를 훨씬 뛰어넘을 정도로 결정적이진 않다. 비슷한 경력과 실력을 갖춘 드라이버 간 경쟁에서 승패를 결정짓는 가장 중요한 요소는 레이스카의 성능 차이다.

신용 등급을 떨어뜨려라

레이스카의 핸들링 성능을 결정짓는 가장 중요한 자동차 파트는 타이어다. 앞바퀴로 방향을 바꾸고 네 바퀴로 달리는 모든 자동차는 그것이 최고급 스포츠카든, 패밀리 밴이든, 소형 화물차든 차종과는 관계없이 기본적으로 같은 '동역학Dynamics' 원리를 따른다. 모든 자동차의 빠르기와 방향, 즉 속도Velocity를 바꾸는 힘은 타이어와 도로 표면 사이에 발생하는 접지력Traction & Grip이라고 여러 차례 반복했다. 자동차는 타이어 힘의 크기와 방향에 따라 가속, 감속, 코너링한다. 레이스카 엔지니어들은 민첩한 레이스카를 만들기 위해 타이어가 모든 방향에서 가능한 한 큰 접지력을 낼 수 있는 방법을 찾기 위해 고심한다. 하지만 타이어 접지력이 커진다고 해서 레이스카 핸들링 성능이 무조건 좋아지는 것은 아니다.

레이스카에서 가장 정복하기 어려운 성능은 아마도 'Controllability'일 것이다. Controllability는 한국어로 보통 '제어 가능성'으로 해석되지만 이 단어만으로는 그 맥락을 정확하게 전달하기 어렵다. 레이스에서 Controllability는 '드라이버의 컨트롤 입력에 대해 자동차가 얼마나 예측 가능하게 반응하는가'를 나타내는 지표이기 때문에 '예측성'이 더 정확한 표현이 아닐까 생각한다. 제아무리 접지력이 뛰어난 자동차도 같은 컨트롤에 대해 반응이 때에 따라 달라 드라이버가 움직임을 예측할 수 없거나, 접지력의 한계가 너무 분명해 의도치 않게 이 한계를 넘었을 때 낭떠러지에서 발을 헛디딘 것처럼 접지력이 걷잡을 수 없이 추락한다면 이 자동차는 결코 좋은 레이스카가 될 수 없다. 혹시라도 타이어가 스트레스를 이기지 못하고 미끄러지기 시작하면 드라이버가 대응할 수 있도록 가급적 완만하게 미끄러지는 것이 좋은 레이스카가 갖춰야 할 덕목이다.

동일한 조작에 대한 반응이 일정하고 예측 가능한 레이스카는 드라이버에게 신뢰감을 준다. 신뢰감 높은 레이스카는 트랙 마일리지가 늘수록 드라이버가 레이스카의 잠재 성능을 학습하고 그 최대치까지 도전하기에 용이하다. 그 결과 랩 타임도 더 빠르다. 드라이버가 레이스카를 신뢰할 수 있으면 컨트롤에 여유가 생겨 드라이버가 레이스의 흐름, 차량 각부의 상태, 타이어 컨디션, 다음 구간의 예측 등 여러 상황 변화에 신경을 쓸 수 있다는 보너스도 따른다. 럭비공처럼 어디로 튈지 모를 레이스카를 운전하는 드라이버는 그저 트랙을 벗어나지 않고 달리기 위해 전전긍긍할 수밖에 없다.

레이스카의 예측성은 레이스카의 '신용 등급'이다. 레이스카 엔지니어의 목표는 레이스카의 신용 등급을 최대로 만드는 '셋업Setup'을 찾는 것이다. 레이스카 셋업은 새시, 에어로 키트Aero kits, 브레이크, 디퍼런셜, 엔진, 기어박스, 서스펜션, 타이어를 망라한 모든 변수의 조합을 말한다. 이들이 한데 어우러져 주어진 트랙에서 가속, 감속, 코너링을 가장 잘할 수 있는 상태가 가장 이상적인 결과다. 가속, 감속, 코너링이 가장 잘 되려면 트랙 전 구간에서 네 개의 타이어가 1)가능한 한 지면과 오래 접촉하고, 2)높은 접지력을 유지하고, 3)네 타이어 사이의 접지력 배분이 일정해야 한다. 핸들링 성능이 우수한 셋업을 찾는 일은 같은 요리 재료를 가지고 가장 좋은 맛을 내는 재료 간의 최적 배합 비율을 찾는 일과 비슷하다. 재료의 배합 비율을 아무렇게나 해도 맛이 좋은 음식은 세상에 없다. 주어진 트랙에 가장 적합한 레이스카 셋업을 찾는 일은 수많은 미지수가 포함된 연립방정식이고 그 해解는 항상 변한다.

발란스는 산술적 균형이 아닌 황금 비율

자동차의 핸들링 성능을 평가하거나 언급할 때 '발란스Balance'라는 용어가 자주 등장한다. F1 레이스 TV 중계 중에도 간혹 해설자가 언급하는 소리를 들을 수 있다. 발란스란 단어는 '균형'이라는 우리말 단어로 바꾸어 쓸 수도 있다. 하지만 "우리 오늘 클럽 갈까?" 하지 않고 "우리 오늘 술 마시며 춤추러 갈까?" 했을 때 느껴지는 어색함처럼 '균형'이란 단어는 '물리적 평형'의 뉘앙스가 짙어 발란스란 용어의 느낌을 대체하기에 어색한 느낌이 있다. 레이스 엔지니어링에서 발란스의 의미는 물리적 평형보다는 '황금 비율'에 가깝다.

자동차가 커브 구간을 무사히 통과하려면 타이어가 미끄러져 도로 경계를 벗어나지 않아야 한다. 타이어가 미끄러질 때는 접지력이 뚝 떨어지기보다는 완만하게 떨어지는 것이 좋다. 이렇게 되면 드라이버가 슬립에 대처할 시간이 길어져 사고를 피할 가능성이 커진다. 좌회전 코너를 통과하던 중 타이어가 버틸 수 있는 접지력 한계에 도달해 타이어가 코너 우측 바깥으로 미끄러지기 시작하면 전·후륜 타이어가 거의 동시에 같은 속도로 미끄러지는 것이 가장 좋다(뉴트럴 스티어). 어떤 자동차의 핸들링 발란스가 좋다는 것은 타이어가 접지력의 한계에 도달했을 때 앞뒤 타이어가 비슷한 속도로 동시에 미끄러지기 시작함을 의미한다. 반대로 핸들링 발란스가 나쁘다는 것은, 전후 타이어 중 어느 한쪽이 먼저 미끄러져 차체가 스핀하려는 경향이 큰 상태를 의미한다. 만약 전륜 타이어가 더 많이 미끄러지면, 차체 머리가 트랙 바깥쪽으로 쏠리는 경향이 심해지고(언더스티어) 스티어링 휠을 더 많이 틀어도 반응이 없는 통제 불능 상태에 이르면 트랙 이탈 외에는 다른 선택의 여지가 없다. 반대로 더 많이 미끄러지는 쪽이 후륜 타이어라면, 차의 꼬리 부분이 코너 바깥으로 쏠리고(오버스티어) 심하면 중심을 잃고 코너 안쪽으로 스핀을 일으킨다.

자동차의 핸들링 발란스는 변화가 적을수록 좋고 변하더라도 그 정도가 완만해야 한다. 그래야 드라이버가 변화를 감지하고 대응할 수 있다. 가령 코너 입구에서 50:50이었던 전후 축 접지력 배분이 코너 출구에서 80:20으로 돌발적으로 변한다면 뒷바퀴가 상대적으로 미끄러짐에 매우 취약해지고 드라이버가 이에 적절하게 대응하지 못하면 스핀을 일으킨다. 자동차의 발란스는 정지 상태에서 각 타이어에 배분된 하중 분포와 유사하게 타이어의 접지력이 상승 혹은 감소하는 방식으로 유지되는 것이 좋다. 예를 들어 정지 상태에서 어떤 자동차의 하중이 전륜에 40%, 후륜에 60% 배분된다면, 코너링 시 타이어에서 발생하는 접지력 배분도 가급적 40:60에서 크게 벗어나지 않는 것이 가장 이상적이다.

발란스를 조절하는 방법들

레이스카의 핸들링 발란스를 조절하는 방법에는 여러 가지가 있다. 당장 타이어의 공기압이나 캠버 각Camber angle을 바꾸면 네 바퀴의 접지력 배분을 쉽게 바꿀 수 있다. 하지만 우리가 원하는 것은 '타이어의 접지력이 최대한 확보된 상태'에서 이들 사이의 힘 배분이 일정한 상태를 원하는 것이지 단순히 분배 비율 숫자만 맞추는 것이 아니다. 사회 구성원 모두가 가난해지면 계층 간의 소득 불평등 문제는 사라진다. 하지만 이 방법은 소득 분배비율만 50:50에 더 가깝게 만들 뿐 빈곤의 근본적 문제를 해결하지 않는다. 이 문제는 부자들의 불공정한 독주를 막고 약자들을 더 잘살게 만드는 방향으로 해소되어야 한다. 핸들링 발란스최적화의 목적도 이와 같다. 바른 이치는 세상 어디에나 통한다.

F1 레이스카 타이어의 접지력에 가장 크고 직접적인 영향을 미치는 자동차 요소는 공기 역학이다. 차체의 공기 역학적 디자인이나 앞뒤 날개를 통해 유도된 다운포스로 타이어를 누르는 수직 하중을 인위적으로 증가시킴으로써 타이어의 접지력을 높일 수 있다는 얘기는 이미 여러 차례 설명했다. 공기 역학적 다운포스로 유도된 접지력을 '공기 역학적 접지력Aerodynamic Grip', 앞뒤 바퀴 축 사이의 공기 역학적 접지력 비율을 '에어로 발란스Aero Balance'라 부른다. 공기 역학적 다운포스는 매우 복잡한 공기흐름의 결과물이다. 다운포스에 가장 큰 영향을 미치는 요소는

앞뒤 바퀴 축 위치에서 측정한 지표면과 차체 사이의 공간, 일명 '라이드 높이(Ride Height: 지상고)'다. 다운포스는 라이드 높이가 낮을수록 증가하고 그 결과 타이어의 접지력도 커진다. 라이드 높이의 앞뒤 비율을 바꾸면 에어로 발란스를 바꿀 수 있다. 전체적인 라이드 높이가 낮으면 좌우 하중 이동도 줄어들어 좌우 타이어 사이의 접지력의 변화도 줄어든다. 공기 역학적 다운포스의 분배는 앞뒤 날개의 각도로도 미세하게 조정이 가능하다. 날개의 각도가 클수록 공기와 부딪히는 면적이 커져 다운포스가 커진다. 앞쪽의 다운포스가 크면 오버스티어 경향이, 뒤쪽의 다운포스가 크면 언더스티어 경향이 강해진다.

공기 역학적 다운포스는 레이스카가 고속으로 달릴 때 생긴다. 따라서 에어로 발란스는 시속 약 150km 이상 고속으로 달리는 완만한 커브 구간에서 효과가 크게 나타난다. 이 이하의 속도에서는 공기 역학적 다운포스에 의한 접지력 조절 효과가 떨어지므로 다른 핸들링 발란스 조절 방법을 사용해야 한다.

타이어의 접지력에 직접적인 영향을 미치는 또 다른 자동차 요소는 서스펜션이다. 서스펜션은 하중 이동의 분담, 타이어와 도로의 물리적 접촉 시간, 타이어 컨택트 패치의 형태를 바꾸는 방식으로 접지력을 조절하는 수단이다. 서스펜션으로 조절 가능한 타이어의 접지력을 통상 '기계적 접지력Mechanical Grip', 이 기계적 접지력의 전후 배분을 '기계적 발란스Mechanical Balance'라 부른다.

서스펜션의 부품을 이용해 타이어의 기계적 발란스를 튜닝하는 방법은 여러 가지다. 서스펜션 튜닝은 코너링 시 타이어에 전달되는 하중 이동의 크기를 조절함으로써 타이어 접지력의 발란스를 맞추는 방식이다. 안티롤 바는 이를 위한 가장 중요한 발란스 조절 장치다. 전후 안티롤 바는 차체의 롤 모션에 대한 전후 저항력 배분을 조절한다. 두 바퀴 축 중 어느 한쪽에 더 단단한 안티롤 바를 달면 전체 하중 이동 중 더 많은 비율을 단단한 축이 부담한다. 단단한 안티롤 바를 달면 코너링 시 안쪽 바퀴가 들릴 가능성이 커지고 그 결과 접지력도 떨어진다. 전륜 서스펜션의 안티롤 바를 강하게 하면 전륜 타이어의 접지력이 낮아져 언더스티어 경향이 커지고, 반대로 강도를 낮추면 오버스티어 경향이 커진다. 후륜 서스펜션의 안티롤 바를 강화하면 오버스티어 경향이 커지고, 반대로 강도를 낮추면 언더스티어 경향이 커진다.

서스펜션 스프링의 강도를 바꿔 핸들링 발란스를 조절할 수도 있다. 서스펜션 스프링은 자동차의 하중을 지탱할 뿐만 아니라 도로의 경사, 요철 등으로 인한 수직 충격을 완충한다. 더 단단한 스프링이 달린 바퀴 축은 완충 작용이 덜해 상대적으로 부드러운 스프링이 달린 바퀴 축보다 접지력이 떨어진다. 만약 더 단단한 스프링을 전륜 서스펜션에 부착하면 언더스티어 경향이, 그 반대인 경우 오버스티어 경향이 나타난다. 후륜 구동 레이스카는 가속 시 뒷바퀴의 접지력이 큰 것이 유리하기 때문에 보통 언더스티어 경향이 강하게 서스펜션을 설정한다.

브레이크도 중요한 발란스 조정 수단이다. '브레이크 발란스'
는 브레이크 페달을 밟았을 때 앞뒤 축에 가해지는 브레이크 토
크의 비율을 말한다. 전후 브레이크 토크의 크기는 전후 브레이
크 유압 실린더에 가해지는 압력 배분으로 조절이 가능하다. 전
륜 축 브레이크에 더 강한 제동력이 필요하면 전륜 브레이크 피
스톤에 상대적으로 더 큰 압력을 가하는 식이다. 브레이크 발
란스 조정의 목적은 브레이크가 완전히 잠기는 현상, '브레이크
로킹Brake Locking'을 피하는 것이다. 후륜 브레이크에 과도한 압력
이 실리면 감속 시 뒷바퀴가 잠겨 타이어가 미끄러지기 쉽다. 코
너-인 구간에서 뒷바퀴 로킹이 발생하면 레이스카의 꼬리 부분
이 튕겨 나가 스핀을 일으킬 가능성이 크다. 반대로 전륜에 브레
이크 로킹이 발생하면 앞 타이어가 미끄러져 감속 시 방향 전환
능력을 상실할 수 있다.

정성스레 잘 만든 레이스카를 망치고 싶지 않다면 지속적으
로 접지력과 브레이크 토크의 적절한 분배 방법을 찾고 그 영향
을 확인해야 한다. 무지막지한 엔진 파워와 고가의 부품으로 레
이스카를 무장해도 '분배의 균형'이 무너지면 레이스카는 '머리
없는 닭'처럼 우왕좌왕하는 꼴을 면하기 어렵다. 나누지 않으면
다 잃는다.

02
목표 Goal

한날한시에 태어난 일란성 쌍둥이도 생김새는 같을지언정 성격은 다르다. 같은 부품으로 조립된 같은 사양의 레이스카도 그 특성과 성능은 다를 수 있다. 레이스카의 미묘한 성격은 물리적 레이스카 차대가 아니라 레이스카 셋업이 만든다.

레이스카 셋업 시트Sheet는 서스펜션, 공기 역학, 새시, 타이어, 브레이크, 파워 유닛, 디퍼런셜, 하중 배분과 무게, 각종 센서 초기값의 세부 사항을 망라한 세부 내역이다. 그리고 레이스카를 세팅-업Setting-up하는 작업은 트랙의 난이도, 트랙의 모양, 기후, 드라이버의 취향에 따라 레이스카의 가속 성능, 내구성, 핸들링 발란스가 최적화되도록 레이스카를 바꾸는 작업이다. 가속 성능과 내구성은 간단한 셋업 변경으론 바꾸기 어렵다. 엔진, 브레이크, 보디 파트 등을 교체하는 대수술이 필요하다. 통상적으로 말하는 레이스카 셋업 과정은 이미 조립된 레이스카의 여러 파트를 조정해 접지력을 극대화하고 원하는 핸들링 발란스를 만드는 것이다.

접지력 극대화는 레이스카 셋업의 궁극적 목표다. 클론 드라이버들이 클론 레이스카를 타고 레이스를 펼치면 접지력을 가장 크게 내는 레이스카가 가장 빠르다. 접지력이 높으면 코너를 더 빠른 속도로 통과할 수 있어 랩 타임이 단축된다. 그러나 타이어 접지력이 아무리 높아도 코너에서 핸들링 발란스가 무너진 레이스카는 심한 언더스티어나 오버스티어 때문에 코너를 안정적으로 통과할 수 없다. 이 불안정성을 해소하려면 속도를 줄이는 가슴 아픈 선택을 해야 한다.

핸들링 발란스는 접지력만큼 중요한 레이스카 셋업의 목표다. 레이스카의 핸들링 발란스를 바꾸는 과정에서 가장 먼저 해야 할 일은 레이스카의 핸들링 성능에 영향을 미치는 튜닝 요소에 어떤 것들이 있는지 알고, 이 튜닝 요소들 간의 상호 간섭과 상대적 영향력의 크기를 파악하는 것이다. 에어로 파트, 서스펜션 파트, 휠 지오메트리, 브레이크 발란스, 정지 하중, 타이어가 가장 대표적 셋업 튜닝 요소다. 어떤 튜닝 요소는 상황에 따라 작은 조정으로도 접지력과 핸들링 성능을 크게 바꿀 수 있으므로 상황에 맞는 핵심 튜닝 요소를 알고 이를 적극적으로 활용하는 것이 튜닝 효과를 높이는 가장 현명한 전략이다.

두 개의 영역

[그림 1] 정상 상태와 과도 상태

달리는 자동차는 두 가지 상태를 오간다. 하나는 차체에 작용하는 모든 힘과 모멘트가 역학적으로 평형을 이뤄 차체의 움직임이 거의 없는 정상 상태Steady State다. 위 사진에서 트램펄린 위에서 있는 헬퍼가 정상 상태이다. 다른 하나는 위치와 속도 변화가 진행 중인 과도 상태Transient State다. [그림 1]에서 번지 하네스를 달고 뛰는 어린이가 과도 상태이다. 자동차는 정상과 과도, 이 두 상태 사이를 시종일관 오가는 시스템이어서 현재 상태를 어느 하나로 명확하게 구분짓기 어렵다. 자동차가 현재 어떤 상태에 있는지를 판단하는 가장 확실한 기준은 서스펜션의 움직임 유무다. 자동차가 정상 상태에 이르면 서스펜션 움직임이 사라진다. 레이스카가 길고 완만한 커브를 정속으로 통과할 때가 대표적인 정상 상태의 예다. 반대로 자동차가 과도 상태에 있으면 서스펜션이 쉴 새 없이 움직인다. S자 장애물 구간을 통과하거나 요철이 심한 트랙을 달릴 때 자동차는 계속 과도 상태에 머문다.

셋업 튜닝은 타이어 접지력을 극대화하고 드라이버의 능력으로 통제 가능한 레이스카를 만들기 위한 소리 없는 싸움이다. 자동차의 모든 요소는 이 싸움에 영향을 미친다. 그리고 레이스카가 어떤 상태 영역에 있느냐에 따라 튜닝 요소의 효과는 달라진다.

정상 상태 타이어에 직접적 영향을 미치는 셋업 튜닝 요소는 레이스카의 최대 접지력을 결정한다. 정상 상태에선 타이어 컨택트 패치의 크기와 모양이 일정하게 유지된다. 최대 접지력 조절에 가장 효과적인 레이스카 요소는 '캠버'와 '타이어 압력'이다. 캠버와 타이어 압력이 정상 상태 타이어 컨택트 패치 크기를 결정하는 가장 중요한 인자이기 때문이다. 따라서 접지력이 최고가 되는 캠버와 타이어 압력을 먼저 찾고 다음 튜닝 단계로 넘어가야 한다. 최초 캠버와 타이어 압력이 선택되면 다음 튜닝 과정에선 이 둘을 건드리지 않는 것이 좋다. 이 두 요소를 고정시킨 상태에서 다른 서스펜션 요소를 조정해 드라이버가 원하는 핸들링 발란스를 찾아야 최적 셋업 찾기 과정에 혼란이 덜하다.

과도 상태의 핸들링에 영향을 미치는 셋업 튜닝 요소는 대부분 정상 상태에 이르는 과정에서 생기는 타이어 컨택트 패치의 하중 변화 특성을 바꾼다. 컨택트 패치를 누르는 하중 변화가 적어야 접지력이 일정하고 핸들링 발란스 변화도 적다. 서스펜션 스프링과 댐퍼, 토-인Toe-in 설정이 과도 상태 핸들링 발란스에 가장 큰 영향을 미친다.

레이스카 셋업 튜닝은 드라이버를 만족시키는 과정이기도 하다. F1 드라이버는 숙련도가 높아서 이들의 의견은 객관적인 텔레메트리 데이터와 대체로 일치한다. 순수하게 드라이버의 취향을 만족시키기 위한 셋업 튜닝은 접지력 향상에 관계된 것이라기보다 드라이버가 느끼는 불편함을 최대한 줄이기 위함이다. 그리고 드라이버는 정상 상태보다 과도 상태 중에 나타나는 예상치 않은 변화에 불편함을 느낀다. 보통 브레이크 바이어스Bias, 토-인, 카스터Caster, 댐퍼, 안티롤 바 세팅을 사용해 드라이버를 만족시킨다.

핸들링 발란스 평가를 위한 트랙 쪼개기

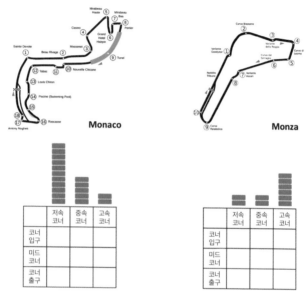

[그림 2] 저속 코너가 우세한 모나코 서킷(좌) VS 고속 코너가 우세한 몬자 서킷(우)

하나의 트랙에는 곡률이 다른 여러 코너가 혼재한다. 위 그림
은 저속 코너가 우세한 가장 대표적인 트랙, 모나코 서킷과 고
속 코너가 우세한 가장 대표적 트랙, 몬자 서킷의 차이를 보여
준다. 한 트랙의 모든 코너는 크게 세 개의 카테고리로 나뉜
다. 곡률이 작은 코너를 고속 코너(High Speed corner: HS), 곡률
이 큰 코너를 저속 코너(Low Speed corner: LS), 그 중간을 중속

코너(Mid Speed corner: MS)라 부른다. 보통 코너링 속도가 시속 250km 이상이면 고속 코너, 시속 100km 이하면 저속 코너, 나머지를 중속 코너로 분류한다. 각각의 코너는 코너 입구Corner entry, 미드 코너Mid-corner, 코너 출구Corner exit, 세 구간으로 나뉜다. 따라서 한 트랙의 모든 코너는 코너 속도(곡률)와 코너링 순서에 따라 총 3×3=9개의 영역으로 분류할 수 있고 레이스카의 핸들링 발란스는 이 9개 영역에 대해 평가된다. "저속 코너 입구에서 언더스티어 경향이 심하다", "고속 코너 출구에서 오버스티어로 차가 불안하다." 식으로 말이다. 레이스카의 기본 핸들링 특성이 파악되면 이를 기준으로 삼고 두고 셋업을 바꿀 때마다 어떤 핸들링 영역이 어떻게 얼마나 변했는지를 추적한다. 드라이버가 이 아홉 개의 모든 영역에서 만족하는 시점이 오면 이때가 이 트랙을 위한 셋업의 최적점이다.

'코너 속도'에 따른 핸들링 발란스는 공기 역학의 영향을 크게 받는다. 특히 중속 이상의 코너는 공기 역학의 영향이 지배적이다(저속 코너는 공기 역학적 다운포스가 적어서 공기 역학이 아닌 서스펜션에서 핸들링 발란스 문제를 해결해야 한다). F1 레이스카는 트랙 특성에 맞게 리어 윙Rear Wing 다운포스 레벨을 바꾼다. 모나코 서킷처럼 저속 코너가 우세한 트랙은 다운포스가 클수록 좋으므로 다운포스 레벨이 큰 리어 윙을 쓴다. 몬자 서킷처럼 코너가 적은 트랙은 공기 저항을 줄여 직진 속도를 높이기 위해 다운포스 레벨이 낮은 리어 윙을 쓴다. 하지만 리어 윙은 보통 윙 전체를 교체해야 해서 리어 윙의 다운포스 레벨을 바꾸기는 번거롭다.

리어 윙 부착이 끝나면 전후 다운포스 비율인 에어로 발란스는 렌치 하나로 쉽게 바꿀 수 있는 프런트 윙의 플랩 각으로 조절한다. 중속 이상 코너에서 드라이버가 오버스티어를 호소한다면 프런트 윙 플랩의 각도를 줄여 전륜측 다운포스를 줄여야 한다. 반대로 언더스티어 경향이 크면 윙 플랩 각도를 늘려준다.

'코너링 순서'에 있어서 셋업 목표는 셋이다. 이 세 가지 목표 모두 핸들링 발란스가 뉴트럴에 가깝게 유지되어야 한다는 대원칙에는 차이가 없다. 첫 번째, 코너 입구에서 안정성을 높이는 것이다. 이를 위해 브레이크 바이어스, 엔진 브레이크 맵, 리미티드 슬립 디퍼런셜, 안티롤 바가 주로 사용된다.

두 번째, 코너 탈출 구간에서 접지력을 최대로 높이고 풀 스로틀 상대에서 언더스티어나 오버스티어를 최소로 만드는 것이다. 이를 위해 사용되는 셋업 요소는 리미티드 슬립 디퍼런셜, 프런트 윙 플랩 각도, 라이드 높이, 스프링, 안티롤 바 등이 있다.

세 번째, 드라이버가 원하는 바대로 레이스카가 반응하게 만드는 것이다. 레이스카의 셋업 조정은 드라이버가 핸들링에 가장 어려움을 느끼는 트랙 구간의 문제점 해결에 집중한다. 이 개선 과정에선 드라이버의 주관적 의견이 가장 중요한 가이드라인이다. 다만 드라이버가 느끼는 핸들링 특성은 시간이 흐르고 트랙의 컨디션이 바뀌고 드라이버가 더 능숙해지면 바뀔 수 있는 것이어서 객관적 데이터로 증명되지 않은 드라이버 의견을 무조건 맹신하는 것은 피해야 한다.

객관적 데이터를 믿어라

어떤 이상 징후가 있으면 그 원인을 찾고자 하는 것이 사람의 본능이다. 드라이버가 범하는 오류 중 하나는 차의 어떤 셋업 요소를 바꾼 후 핸들링 발란스에 변화가 생겼다고 느끼면, 변화의 원인이 바꾼 그것이라고 확신하는 것이다. 하지만 그 둘 사이에 실제론 인과관계가 없는 경우가 있다. 셋업 튜닝 과정에서 드라이버의 의견이 중요하지만 드라이버의 판단이 오염되면 의사의 오진으로 엉뚱한 곳을 수술하는 꼴이 날 수 있다. 그래서 레이스카 셋업 최적화 과정에선 판단의 객관성을 유지하는 것이 대단히 중요하다. 어떤 셋업 설정을 바꿀 때는 이 세부 내용을 드라이버에게 알리지 않는 것, 즉 블라인드 테스트 관계를 유지하는 것이 좋다. 드라이버가 셋업 변경 내용을 알면 레이스카 핸들링에 어떤 변화가 생길지 예측하게 되고, 예상되는 변화에 선제적으로 대응하는 경향이 나타난다. 블라인드 테스트 기법은 테스트 결과에 객관성을 높여줄 뿐만 아니라, 어떤 셋업 변경에 레이스카 성능 혹은 드라이버가 얼마나 민감하게 반응하는지 알 수 있게 해준다.

일반적이지 않은 셋업 변경을 시도했는데 드라이버는 불만족하고 객관적 데이터에서는 성능 향상이 나타났다면 데이터 오염 혹은 센서 오류의 가능성을 의심할 수 있으나, 그 경향에 일관성이 있으면 믿고 가는 것도 과학이다. 다른 팀이 시도한 방법이 아니라고 해서 불안해할 필요는 없다. 다른 팀의 셋업도 가장 빠른 팀의 셋업 방법을 답습하거나 기존 셋업을 관습적으로 사용하고 있을 가능성이 크다. 객관적으로 수집된 데이터가 가장 과학적이다. 설령 이 셋업이 진짜 최적의 솔루션이 아니다 하더라도 객관적 데이터를 기반으로 하면 평가의 일관성을 유지할 수 있다.

데이터 평가의 객관성은 사용할 수 있는 테스트/평가 툴이 어떤 것이냐에 따라 달라진다. 단순한 랩 타임 비교로는 평가의 객관성과 일관성을 주장하기 어렵다. 그래서 레이스카의 여러 상태를 모니터링하고 기록하는 텔레메트리 장비는 현대 레이스카의 필수 요소다. 실측 실험이나 트랙 테스트 이전에 최적 셋업을 수학적으로 예측할 수 있는 시뮬레이션 툴도 필요하다. 서스펜션 개발과 컨택트 패치 접촉 성능 분석을 위한 7-포스트 리그 _{7-Post rig} 테스트 장비도 유용하다. 스키드 패드 장비로 캠버나 타이어 압력이 타이어 접지력에 미치는 영향을 직접 측정할 수 있으면 좋겠다. 하지만 F1에서 컨스트럭터의 타이어 실험은 금지 항목이니 여기에 포함되진 못한다.

03
세팅-업 개요
Setting Up The Car

레이스 엔지니어링 팀의 목표는 예선과 본 레이스에서 최소 랩타임을 기록하기 위해 레이스카 성능을 최적화하는 것이다. 이 과정은 다양한 엔지니어링 요소를 고려해야 하는 복잡한 프로세스다. 레이스 엔지니어는 최적의 셋업을 찾기 위해 레이스카의 유일한 사용자인 드라이버와 긴밀하게 소통하고 그의 피드백을 엔지니어링 팀에 전달한다. 드라이버의 피드백은 레이스카 텔레메트리 데이터와 더불어 레이스카 성능과 상태를 평가하는 가장 중요한 정보다.

가장 좋은 레이스카 셋업은 드라이버에게 믿음을 주는 셋업이다. 레이스카가 성능 한계치에 도달했음에도 불구하고 레이스카가 드라이버의 예상대로 반응한다면 드라이버는 이 레이스카를 신뢰하게 되고 강화학습을 통해 더 나은 컨트롤러가 된다. 긍정적인 학습 기억은 드라이버가 레이스카의 성능을 최대로 끌어올리는 데 도움을 준다.

매회 달라지는 서킷을 위한 맞춤 작업인 레이스카 셋업에 있어 가장 유용한 레퍼런스는 동일한 서킷에서 팀이 수행했던 과거 자료다. 그 밖에 컴퓨터 시뮬레이션, 시뮬레이터 등의 예측 툴을 사용해 현재 예상되는 성능과 과거의 객관적 성능을 예측 비교한다. 레이스 엔지니어링 팀은 레이스카 셋업 최적화 과정을 위한 논리적 체크리스트를 준비해두고 있다. 예를 들어 만약 전년도 레이스카가 연석 구간에서 불안정했는데 현재 기종이 그 취약점을 극복한 것으로 보이면 엔지니어링 팀은 성능 개선을 위한 다음 방법을 시도해 볼 수 있다.

레이스 주말 동안 두 대의 레이스카에서 수집된 데이터는 모든 엔지니어링 팀과 드라이버 사이에 공유된다. 두 드라이버 간의 상호 비교는 둘 모두의 성능 개선을 위한 가장 효과적인 방법이다. 트랙의 모든 섹션에서 둘 중 하나는 반드시 상대방보다 낫다. 둘 사이의 최고를 취하면 그것이 현재 상태에서 끌어모을 수 있는 최대 레이스 성능이다.

레이스카에 대한 기계적 조정이나 공기 역학적 조정은 반드시 세 차례의 연습 세션 중에 완결되어야 한다. 예선 세션을 위해 레이스카가 핏레인을 떠나는 순간 이 셋업이 레이스에서 사용될 셋업으로 사실상 고정된다.

핸들링 특성

드라이버가 각자의 취향을 드러내는 두 가지 핸들링 특성이 있다. 바로 언더스티어와 오버스티어다. 엔지니어링 팀은 드라이버의 스티어링 입력에 대한 레이스카의 반응 민감도를 객관적으로 표시하기 위해 이 두 메트릭을 사용한다. 여러 차례 반복하지만 언더스티어는 드라이버의 스티어링 입력으로 원하는 만큼 자동차가 조향하지 않는 핸들링 특성, 즉 드라이버가 조향을 원해도 직진하려는 경향이 큰 자동차의 성질을 말한다. 언더스티어는 안정된 상태다. 속도를 높이거나 핸들을 더 돌림으로써 상태를 호전시킬 수 있다. 오버스티어는 언더스티어의 정반대다. 드라이버는 조향을 원하는데 자동차는 스핀 하려는 경향을 보인다. 오버스티어는 불안정한 상태다. 드라이버가 속도를 낮추고 카운터 스티어링 같은 스티어링 보정을 하지 않으면 자동차는 균형을 잃고 스핀한다.

레이스카의 포텐셜을 실제 성능으로 실현하는 것은 트랙의 상태, 타이어 특성, 드라이버의 취향에 맞는 기계적, 공기 역학적 파트의 타협점을 찾는 것이다. 일반적으로, 저속 핸들링 성능은 기계적 파라미터, 고속 핸들링 성능은 공기 역학적 다운포스와 발란스의 영향을 지배적으로 받는다. 셋업 최적화 과정에 통하는 정확한 과학은 없다. 같은 셋업이라도 드라이버의 성격과 취향, 레이스카의 태생적 특성, 트랙 상태의 변화에 따라 좋고 나쁨이 달라진다.

기계적 파라미터

안티롤 바는 코너링 시 롤에 대한 저항력의 크기, 즉 롤 강성을 조절하는 데 사용된다. 코너링 중 롤 각도는 내외 측 휠 사이의 하중 이동의 크기에 비례한다. 롤 각도를 줄이려면 더 큰 강성의 안티롤 바를 사용해야 한다. 각 팀은 안티롤 바 튜닝에 사용할 수 있는 다양한 강성의 토션 바를 갖추고 있고, 서킷의 코너링 스피드 특성에 따라 바 선택을 달리한다. 레이스카의 저속 핸들링 발란스는 안티롤 바로 조절한다. 후륜 안티롤 바를 부드럽게 하면 오버스티어 경향을 줄이고 가속 시 트랙션을 높일 수 있다. 반대로 전륜 바를 부드럽게 하면 언더스티어 경향을 줄일 수 있다.

캠버, 토, 캐스터 모두 조정 가능한 셋업 요소다. 하지만 캐스터는 위시본과 업라이트를 교체해야 하기 때문에 셋업 과정에선 대부분 캠버와 토만 조정한다. 캠버와 토는 정상 상태에서 타이어와 지면이 가장 이상적인 각도를 이루도록 만들기 위한 조절 수단이다. 정적 캠버와 토는 트랙 전 구간에서 영향을 미치기 때문에 캠버와 토 조정엔 타협이 필요하다. 토는 브레이킹 과정 중 자세 안정성을 높이거나 타이어 온도를 높이기 위해 사용되는 대표 파라미터이다. 업라이트에 연결되어 조향각을 바꾸는 트랙 로드에 부착된 쉼의 두께를 달리해 토를 조정한다. 캠버를 키우면 직선 주로에서의 브레이킹과 트랙션 성능이 나빠지는 대신 코너에서의 횡방향 그립을 키울 수 있다. 캠버는 업라이트와 상단 위시본 연결부의 두께를 바꾸는 쉼을 사용해 조정한다. F1 레이스카에서 캠버는 무조건 휠 상단이 차체 쪽으로 기울어진 음Negative의 값을 갖는다. 이는 코너링 시 차체가 롤을 해도 타이어 컨택트 패치의 크기를 최대한 크게 유지하기 위해서다. 이탈리아 몬자 서킷은 고속 구간이 많고 타이어 발열도 심하다. 그 결과 타이어 피부 조직이 갈려 나가는 현상인 그레이닝Graining과 물집처럼 터져버리는 블리스터링Blistering이 늘 문제가 된다. 이를 막기 위해 몬자 서킷에선 캠버 각을 최대한 줄인다. 모나코 같은 저속 서킷에선 곡률이 큰 코너가 많고 타이어 발열과 편마모 문제가 적기 때문에 캠버를 더 과감하게 키울 수 있다.

스프링과 댐퍼 세팅도 레이스카 중요 셋업 파라미터다. F1 레이스카 서스펜션은 매우 단단한 하지만 완벽한 강체Rigid는 아니다. 서스펜션의 상하 움직임은 업라이트에 측정되며 일반적으로 전륜에서 20mm, 후륜에서 50mm 정도다. 이 값은 타이어 눌림Squash의 영향을 반영하지 않은 값으로 타이어 온도와 압력이 변하면 휠 중심의 상하 이동은 더 커질 수 있다. 서스펜션과 공기 역학의 상호 관계는 현대 F1 레이스카의 또 다른 중요 이슈다. 만약 레이스카의 공기 역학 패키지가 차체의 상하 운동에 민감하지 않다면 우리는 서스펜션의 상하 움직임에 있어 더 자유로운 튜닝을 시도할 수 있다. 서스펜션을 더 부드럽게 만들면 울퉁불퉁한 연석 구간도 더 과감하게 가로질러 갈 수 있기 때문에 레이싱라인을 더 짧게, 더 유연하게 활용할 수 있다. 결과적으로 랩 타임도 단축된다. 서스펜션 상하 출렁임 때문에 공기 역학적 다운포스가 크게 출렁인다면 우리는 부드러운 서스펜션을 포기해야 하고 서스펜션 움직임도 제한할 수밖에 없다.

텅스텐 무게 조각인 발라스트는 차량의 무게 배분, 무게 중심을 조절하는 장치다. 무게 배분, 무게 중심은 레이스카의 발란스와 타이어 접지력 배분과 직접적 상관관계를 갖으므로, 발라스트 또한 중요 셋업 파라미터다.

공기 역학적 파라미터

라이드 높이가 변하면 공기 역학적 발란스가 즉각적으로 바뀌기 때문에 라이드 높이는 매우 효과적인 셋업 파라미터다. 레이스카 바닥이 지면에 더 가까울수록 더 큰 다운포스가 유도된다. 따라서 라이드 높이 설정 목표는 '가능한 한 지면과 가깝게'이다. 하지만 라이드 높이가 낮을수록 차체 바닥과 지면과의 충돌도 잦아진다. 이 같은 보터밍 현상은 레이스카 제어를 더 어렵게 만들고 FIA가 정한 포스트 레이스 플랭크 검사의 불합격 사유가 된다. 레이스 전 10cm였던 플랭크 두께가 레이스 후 9cm 미만으로 떨어지면 과도한 마찰로 간주되어 레이스 결과를 박탈당한다.

주행 중 라이드 높이를 일정하게 유지할 방법은 없다. 차량 속력에 따라 다운포스가 바뀌고 그에 따라 라이드 높이도 오르고 내리고를 반복한다. 따라서 달릴 서킷의 특성과 예상되는 다운포스 프로파일을 고려해 정상 상태 라이드 높이를 정해야 한다. F1 레이스카는 통상 전륜 라이드 높이가 후륜 라이드 높이보다 낮다. 이렇게 하면 차체 바닥면이 노즈-다운 형상이 되기 때문에 공기가 차체 아래로 흘러들어 플로어를 거쳐 디퓨저로 나갈 때 차체와 지면 사이에 생기는 저기압 경향이 더 커진다. 그 결과 다운포스가 커진다. 라이드 높이는 새시와 푸시로드 마운팅 포지션 사이에 있는 쉼 두께를 바꾸어 조절한다.

프런트 윙과 리어 윙은 공기 역학적 발란스에 가장 큰 영향을 미치는 파라미터다. 윙은 보통 로우, 미디엄, 하이 다운포스, 이 세 가지 스펙으로 제작된다. 로우 다운포스 윙은 이탈리아 몬자, 하이 다운포스 윙은 모나코, 미디엄 다운포스 윙은 영국 실버스톤이나 캐나다 몬트리올 서킷에서 사용된다. 프런트 윙의 플랩 각도는 발란스 조절을 위해 조정될 수 있다. 2010 시즌 중엔 레이스 중 드라이버가 플랩 각도를 조절할 수 있는 가변형 윙이 사용되기도 했으며 2026 시즌부터 다시 가변형 프런트 윙이 공식적으로 사용된다. 리어 윙의 다운포스 특성은 CFD와 풍동에서 실험되고 팀은 트랙에 맞는 다운포스 레벨을 선택한다. 리어 윙의 플랩 세팅은 잘 건드리지 않는다. 이미 실험적으로 검증된 공기 역학적 특성을 바꾸면 성능 분석이 더 어려워지기 때문이다. 리어 윙은 트랙의 다운포스 레벨에 맞춰 어셈블리 전체를 교체한다. 이후 드라이버의 취향을 맞추기 위한 에어로 발란스 조정은 프런트 윙 플랩 각도로 한다.

브레이크

브레이크 셋업 파라미터는 쿨링과 바이어스다. 브레이크 쿨링은
브레이크가 최적 온도 영역에서 작동할 수 있게 해주는 필수 요
소다. 과열된 브레이크는 제동 불능과 화재의 원인이 된다. 각 팀
은 한 시즌 동안 안정적인 브레이크 성능을 보장하기 위해 다양
한 서킷 특성과 예상치 못한 대기 온도까지 아우르는 다양한 브
레이크 덕트를 제작한다. 한편 브레이크 바이어스는 기본 브레
이크 발란스 설정값에서 전후로 얼마나 벗어나는지를 가리키는
수치다. 브레이크 바이어스는 각 코너별로 드라이버가 능동적으
로 바꿀 수 있다. 기본 브레이크 발란스는 셋업 초기화 절차를
거치는 동안 설정되지만 미세한 튜닝은 자신의 판단과 취향에
맞게 드라이버가 주행 중 직접 바꾼다. 최적 브레이크 발란스 값
은 레이스 시간이 지남에 따라 변한다. 시간이 지날수록 연료 소
모만큼 차가 가벼워지고, 타이어 마모가 늘고, 트랙의 접지력이
좋아지기 때문이다. 레이스 초반 만족감을 주었던 두세 단계의
서로 다른 브레이크 바이어스 프리셋Preset 값이 레이스 후반엔 쓸
모를 잃을 수 있다. 그래서 레이스카 역학 변화에 대한 인지, 학
습, 적응이 빠른 드라이버가 레이스에서도 좋은 성적을 거둔다.

타이어

타이어 온도는 타이어 성능에 매우 큰 영향을 미치는 파라미터이기 때문에 타이어를 적정 온도 영역에서 유지시키는 것은 대단히 중요하다. 타이어 압력과 온도의 적정 영역은 타이어 공급사가 각 팀에 알려주고 각 팀의 셋업은 이 값을 목표로 한다. 타이어 온도에 영향을 미치는 가장 직관적인 셋업 요소는 무게 배분이다. F1 레이스카는 하중이 후륜으로 치우치는 경향이 있는데 적정 타이어 온도를 위해 필요하다면 무게 배분을 바꿔야 한다. 캠버와 토도 타이어 온도를 조절하는데 시도해 볼 만한 파라미터다.

타이어 온도가 적정 온도 영역을 벗어나면 접지력이 급감하고 랩 타임에 악영향을 미친다. 타이어가 너무 뜨거우면 타이어 피부 조직이 갈려 나가는 그레이닝, 물집이 터지는 블리스터 문제가 생긴다. 따라서 레이스 엔지니어링 팀은 모든 타이어의 온도와 압력을 센서로 실시간 모니터링한다. 이를 통해 엔지니어링 팀은 타이어의 상태를 파악할 수 있고 타이어에 문제가 확인되면 이를 드라이버에게 경고하고 이 문제를 극복하는 방법을 드라이버에게 제시한다.

엔진과 기어박스

2010년대 초반까지만 해도 엔진과 기어박스는 적극적인 튜닝이 가능한 영역이었다. 이 당시 각 팀은 서킷 디자인, 서킷에서 공략이 가장 어려운 코너, 사용할 타이어 컴파운드 및 마모 특성에 따라 엔진맵과 기어링을 비교적 자유롭게 선택할 수 있었다. 하지만 현재 이들 요소를 위한 튜닝 기회는 막힌 상태다. 기어링 조합은 한번 정해지면 시즌 중 바꿀 수 없다. 지금도 연습 세션 중엔 다양한 엔진 맵을 사용할 수 있지만, 레이스가 시작되면 엔진 맵을 바꿀 수 없기 때문에 엔지니어링 팀은 레이스에서 사용할 엔진 맵을 신중하게 설계해야 한다.

04
셋업 초기화 절차
Setup Procedure

레이스카를 세팅-업하는 과정을 좀더 구체적으로 알아보자. 레이스카 셋업 하나를 스틴트Stint라고 부른다. 한 스틴트를 구성하는 정보를 주요 카테고리로 나누면 대략 다음과 같다.

대기	서스펜션	공기 역학	브레이크	타이어	섀시	파워 유닛	기어박스	센서
대기 온도 대기 압력 습도 트랙 온도	라이드 높이 서스펜션 스프링 캠버 토 댐퍼 각종 스톱 파트 각종 스톱 갭 위시본 로커 푸시/풀 로드 업라이트	에어로맵 프런트 윙 리어 윙 노즈 플로어 브레이크 드럼 각종 쿨링 각종 스케일링	페달 클레비스 캠 마스터 실린더 캘리퍼 디스크 패드	림 타이어 코드 타이어 압력 타이어 온도	섀시 코드 드라이버 플랭크 T-트레이 스트럿 드라이버 무게 연료 무게 차량 무게 발라스트 무게 하중 배분 연료 셀 코드 연료 셀 타입	ICE MGU-K ES 배기구 드라이브 샤프트 오일 온도 냉각수 온도	기어박스 코드 오일 레벨 디퍼런셜	셋업 라이드 높이 셋업 캠버 셋업 토 셋업 코너 하중 셋업 로커 각도

각 부문의 퍼포먼스 엔지니어들은 방대한 클라우드 시뮬레이션과 계산을 통해 예정된 주행 조건에서 최상의 성능을 낼 것으로 판단하는 셋업 조합을 찾고, 레이스 팀에 이 세부 내역을 제공한다. 이를 베이스라인Baseline 셋업이라 하고, 이를 구성하는 각 파트 넘버와 셋업값은 데이터베이스에 저장되어 레이스카에 탑재된 각종 컨트롤 시스템, 핏 월의 모니터링 시스템, 서포팅 팀의 시뮬레이션 시스템으로 전송된다. 완성된 셋업 오더Order는 레이스 엔지니어의 최종 확인을 거친 후 가라지Garage에 대기하는 메카닉 팀에 전달된다. 메카닉들은 이 셋업 오더에 따라 레이스

카를 조립한다. 레이스카 조립이 끝나면 출격을 위한 본격적인
준비, 셋업 초기화 프로세스에 들어간다.

[그림 1] 셋업 초기화 절차

셋업 초기화 프로세스는 레이스카를 누드 상태로 만들고 진
행된다. '누드 상태'란 윙과 엔진 커버를 모두 탈거하고, 연료 탱
크를 완전히 비우고, 드라이버가 타지 않은 상태를 일컫는다. 먼
저 레이스카를 셋업 휠에 고정시킨다. 셋업 휠은 진짜 휠이 아니
고 레이스카를 셋-업하는 과정에서 레이스카를 정확하게 고정
시키기 위해 휠 대신 끼우는 고정용 프레임이다. 이제 레이스카
서스펜션의 주요 초기 상태를 셋업 목표값에 맞추는 과정을 거
쳐야 한다. 셋업 프로세스는 다음과 같은 여러 센서값이 셋업 오

더에 지정된 값에 이를 때까지 서스펜션을 미세 조정하는 작업
이다. 작업 사양은 일반적으로 다음과 같다.

- **라이드 높이:** 푸시로드에 쉼shim을 넣거나 빼 셋업 높이에 맞춘
  다. 쉼은 간격을 벌리기 위해 심는 쇳조각이다.
- **캠버:** 아웃보드 캠버 각을 조절해 셋업 캠버에 맞춘다.
- **토:** 아웃보드 토 거리를 조절해 셋업 토에 맞춘다.
- **코너 하중:** 무게 배분을 움직여 네 바퀴 밑에서 측정되는 저울
  눈금이 목표하는 셋업 코너 하중이 되도록 맞춘다.
- **로커 위치:** 안티롤 바와 스프링의 프리-로딩을 바꿔 로커의 초
  기 센서값에 맞춘다.

[그림 2] 막바지 셋업 작업

셋업 초기화 작업이 끝나면 셋업 휠을 떼고 레이스 휠을 장착한다. 윙과 엔진 커버도 제 위치에 끼운다. 다시 한 번 레이스카를 저울 위에 올려 하중 배분에 이상이 없는지 확인한다.

이제 드라이버를 탑승시키고 레이스카 총 중량이 규정상 최소 중량을 만족하는지 확인한다. 무게가 모자라면 차에 발라스트(Ballast: 무게추)를 추가해 목표하는 최소 중량과 하중 분배를 맞춘다. 마지막으로 연료 탱크에 계획한 연료량을 주입하면 셋업 프로세스가 끝난다. 이제 레이스카의 모든 전자 시스템을 가동해 레이스카의 모든 센서가 텔레메트리 장비로 신호를 잘 보내는지, 이 센서들이 초기 셋업값을 잘 가리키고 있는지 확인한다. 이상 징후가 발견되면 최대한 빨리 문제의 원인을 찾고 해결해야 한다. 예를 들어, 센서 보정에 오류가 있어서 멀쩡한 차에 비대칭 문제가 있는 것처럼 나타나는데 출발 전 이를 잡아내지 못하면 실제 레이스에서 데이터 분석이 산으로 갈 수 있다. 파워 유닛, 기어박스, 디퍼런셜, 브레이크-바이-와이어의 모든 센서도 텔레메트리 시스템과의 핸드-셰이킹Hand-shaking에 아무 문제가 없어야 한다.

모든 체크리스트가 정상이라면 출발 준비는 끝났다. 드라이버에게 출발 준비가 끝났음을 알리고 레이스카를 가라지 밖으로 유도한다. 이때부터 레이스카 컨트롤은 전적으로 드라이버의 몫이다. 레이스카가 다시 피트로 돌아올 때까지 팀이 레이스카에 해줄 수 있는 일은 아무것도 없다.

05
타이어 Tire

이제 레이스카 셋업을 구성하는 컴포넌트들을 중요도 순서로 간략하게 살펴보자.

레이스카 셋업 성능을 가장 크게 지배하는 요소는 타이어다. 레이스 타이어와 일반 타이어는 서로 99% 이상의 DNA를 공유하지만 제작에 있어 기술적 차이가 있다. 도로용 타이어가 갖추어야 할 덕목에는 접지 성능, 승차감, 정숙성 등 다양한 품질 요소가 있지만 소비자들의 최대 관심사는 언제나 내구성이다. 통상 15,000~20,000km의 경제 수명이 요구되는 도로용 타이어는 스틸 벨트 위에 여러 겹의 합성 섬유 가락을 감아 만드는 것이 가장 대표적 제작 방식이다.

F1 타이어는 내구성뿐만 아니라 경량성도 갖춰야 한다. F1 레이스카는 차 무게의 서너 배가 넘는 충격을 종횡, 상하 방향

으로 받는다. F1 타이어는 일반 자동차에선 경험할 수 없는 이 극악의 스트레스를 지탱하면서도 가벼움을 추구한다. 그래서 나일론과 폴리에스터 섬유를 매우 견고한 패턴으로 짜서 만든다. F1 타이어는 일반 타이어와는 비교할 수 없을 정도로 부드러운 자연 고무와 합성 고무 컴파운드로 제작된다. 그 부드러움 정도는 컴파운드에 첨가되는 물질의 함량에 따라 변하는데, 이를 결정짓는 가장 중요한 성분은 탄소, 유황, 오일로 알려져 있다. 통상 오일 함량이 늘어나면 고무가 더 물러진다. 타이어 컴파운드는 부드러울수록 빨리 달리는 데 유리하지만 마모가 커져 주행 가능 거리는 짧아진다.

F1 타이어는 일반 타이어와는 비교할 수 없이 높은 접지력을 발휘하지만 동시에 무시무시한 속도로 닳아 없어진다. 타이어 표면이 뜯겨지듯 닳아 없어지는 그레이닝이나 물집처럼 터져버리는 블리스터링 현상은 F1 타이어의 고질병이다. F1 타이어 한 세트의 수명은 기껏해야 60~150km 사이다. F1 레이스 한 경기의 총거리가 약 300km 정도인 것을 감안하면 모든 레이스카는 타이어를 1~3회 정도 갈아야 풀 레이스를 마칠 수 있다.

2007년 이후 모든 F1 팀은 단일 타이어 업체로부터 똑같은 타이어를 공급받는다. 현재의 타이어 공급권 계약이 만료되면 이 공급권은 다른 타이어 업체로 넘어갈 수도 있다. 타이어 컴파운드와 제작 방식의 선택에 있어서 타이어 공급사는 배타적인 Exclusive 지위를 갖는다. 하지만 안전성 보완, 레이스 재미 향상 등

공공의 필요성이 제기되는 경우 타이어 공급사는 타이어 재료와 제작법 변경을 요구받기도 한다.

F1 레이스의 핵심 키워드, 타이어

모든 팀이 같은 타이어를 사용하면 타이어가 F1 팀 간의 우열을 결정짓는 요소가 될 수 없다고 오해하기 쉽다. 물론 복수의 타이어 회사가 경쟁하던 시절 F1 레이스에 비하면 타이어 성능 차이가 레이스 결과에 미치는 영향력이 줄어든 것은 사실이다. 그러나 타이어 운용 전략은 여전히 F1 레이스의 승패를 가르는 핵심 요소다. 왜일까?

우선 타이어의 재질, 즉 컴파운드 종류가 바뀌면 랩 타임이 달라진다. 타이어 컴파운드 변경은 즉각적인 자동차 핸들링 성능 변화를 의미한다. 레이스카가 360° 방향에서 버틸 수 있는 가속도의 한계를 그림으로 나타낸 GG 다이어그램의 경계선 형태가 달라지는 것이다. 레이스에선 GG 다이어그램의 경계선을 제일 잘 활용하는 레이스카가 이긴다. 만약 컴파운드 변경 후 성능 경계선이 바뀌면 모든 팀은 타이어의 성능을 다시 학습해야 한다. 레이스카에 아무 짓도 하지 않았는데 새로운 컴파운드 타이어를 달고부터 전체적인 핸들링 성능이 갑자기 좋아지는 레이스카가 있는 반면, 기존 컴파운드 타이어를 달고 달릴 땐 핸들링 성능이 좋았던 레이스카가 새 컴파운드 타이어를 사용하고부터 고전을 면치 못하는 경우도 있다. 타이어의 제작 방식이 바뀌어도 비슷한 혼란이 생긴다. 상황이 이렇다 보니 F1 팀들은 타이어 변경 소식에 노심초사하지 않을 수 없다.

타이어의 종류

드라이 타이어 표면의 트레드 패턴을 없애면 타이어와 도로의 접촉 면적이 넓어진다. 지극히 당연한 이 사실을 바탕으로 1960년대 말 슬릭Slick 타이어라 불리는 민무늬 타이어가 탄생했다. F1도 슬릭 타이어를 사용한다. 하지만 슬릭 타이어는 일반 도로에선 절대 사용하면 안 된다. 트레드 패턴이 없으면 젖은 도로를 달릴 때 물을 배수할 수 없고, 비가 많이 오면 노면과 타이어 사이에 수막이 생겨 자동차가 그 위를 둥둥 떠다니는 통제 불능 상태, 즉 '아쿠아플레이닝Aquaplaning' 현상이 생겨 사고 위험이 높아진다. 이 같은 이유로 비가 올 때 쓰는 윗Wet 타이어는 트레드 패턴을 가진다.

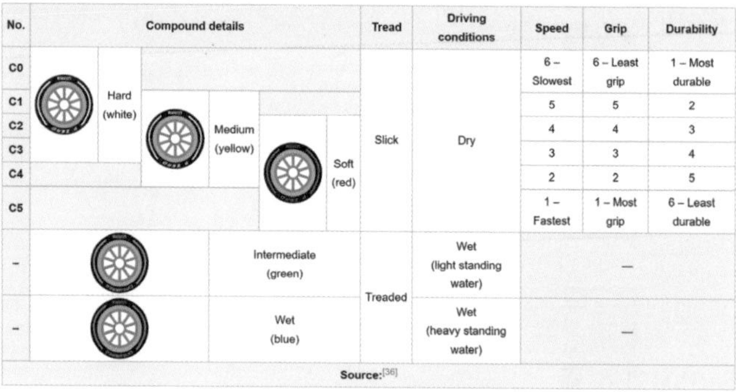

No.	Compound details	Tread	Driving conditions	Speed	Grip	Durability
C0	Hard (white)	Slick	Dry	6 – Slowest	6 – Least grip	1 – Most durable
C1	Hard (white), Medium (yellow)	Slick	Dry	5	5	2
C2	Hard (white), Medium (yellow), Soft (red)	Slick	Dry	4	4	3
C3	Hard (white), Medium (yellow), Soft (red)	Slick	Dry	3	3	4
C4	Medium (yellow), Soft (red)	Slick	Dry	2	2	5
C5	Soft (red)	Slick	Dry	1 – Fastest	1 – Most grip	6 – Least durable
–	Intermediate (green)	Treaded	Wet (light standing water)	—		
–	Wet (blue)	Treaded	Wet (heavy standing water)	—		
Source:[36]						

[그림 1] 2023 시즌 타이어 컴파운드

타이어 공급사가 타이어 제작에 사용하는 컴파운드 종류에 정해진 수는 없지만 통상 다섯 개가 사용된다. 컴파운드 코드네임도 공급사가 정한다. 타이어 공급사는 매 그랑프리마다 세 종류의 드라이 컴파운드 타이어를 선택해 트랙으로 가져온다. 드라이 타이어의 이름은 그 자체로 컴파운드의 물렁한 정도를 나타낸다. 공급사가 선택한 세 개의 드라이 컴파운드 중 상대적으로 가장 단단한 컴파운드부터 가장 부드러운 컴파운드 순으로 하드Hard, 미디엄Medium, 소프트Soft 타이어라 부르고, 구별을 쉽게 하기 위해 타이어 측면의 테두리 색상을 달리한다. 통상 하드는 흰색, 미디엄은 노란색, 소프트는 빨간색을 띤다.

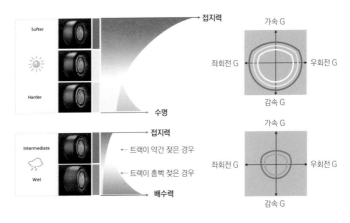

[그림 2] 타이어 성능 비교

　　각 타이어 컴파운드의 접지력을 GG 다이어그램에 표시하면 소프트 컴파운드로 갈수록 타이어의 핸들링 영역이 더 크고 넓어진다. 더 물렁하고 끈적한 타이어를 사용하면 접지력이 좋아져 가속, 감속, 코너링 시 더 큰 힘을 낼 수 있기 때문이다. 실제로 가장 소프트한 F1 드라이 타이어를 만져보면 일반 타이어에서는 느낄 수 없는 끈적함을 느낄 수 있다. 소프트에서 하드 타이어로 옮겨갈수록 타이어의 컴파운드는 더 딱딱해지고 감당할 수 있는 G-포스의 한계도 줄어든다. 대신 수명은 길어진다. 부드러운 지우개로 연필 글씨를 지우면 깔끔하게 잘 지워지긴 하지만 지우개가 쉽게 닳아 없어지고, 딱딱한 지우개로 지우면 지운 자리가 깨끗하지는 않지만 지우개 수명이 오래가는 것과 같은 이치다.

타이어 컴파운드가 같다면 마모 정도가 덜한 타이어가 더 큰 접지력을 낼 수 있고, 그 결과 랩 타임도 짧아진다. 본 경기에선 가급적 새 타이어를 사용하는 것이 절대 유리하다. 모든 F1 팀은 매 그랑프리마다 같은 수량의 타이어를 지급받으며, 이를 연습, 예선, 레이스에 나누어 써야 한다. 따라서 팀들은 새 타이어를 레이스용으로 되도록 많이 비축하기 위해 연습과 예선 경기 동안 타이어 사용량을 꼼꼼하게 관리한다.

타이어 마모 정도가 같다면 다음으로 중요한 성능 변수는 온도다. 타이어 접지 성능은 통상 온도가 높아질수록 끈적함과 비례해 성장하다가 특정 온도 구간에 이르면 상승을 멈춘다. 타이어 접지 성능이 최대가 되는 적정 온도는 트랙의 품질, 컴파운드의 종류, 서스펜션의 셋업에 따라 다르고 원하는 대로 바꾸기도 쉽지 않다.

컴파운드의 물렁함에 따라 접지 성능이 결정되는 드라이 타이어와 달리 젖은 트랙에서 사용하는 웻 타이어는 배수 성능이 접지 성능을 좌우한다. 비는 예고 없이 올 수 있기 때문에 웻 타이어는 매 그랑프리마다 두 종류 모두 준비된다.

핏 스톱 전략과 타이어

F1 팀의 '핏 스톱 전략Pit Stop Strategy'은 기본적으로 레이스 당일 트

랙에서 확인되는 타이어 컴파운드 간의 랩 타임 차이, 마일리지에 따른 성능 하락, 트랙 노면 상태와 온도, 남아 있는 타이어 수량과 상태 등을 고려해 레이스를 가장 빨리 마칠 수 있는 타이어 사용 순서와 교체 시기를 찾는 일종의 수학 문제 풀이다. 딱딱한 지우개를 사용하면 한 페이지를 지우는 데 드는 시간은 더 걸리지만 오래 쓸 수 있어 새 지우개를 사러 가는 번거로움을 덜 수 있다. 부드러운 지우개를 사용하면 한 페이지를 지우는 데 드는 시간은 짧지만 금세 닳아 없어져 지우개를 또 사러 가야 한다. 수백 페이지 분량을 모두 손으로 지워야 할 때 이 두 지우개 중 어떤 것을 사용해야 일이 더 빨리 끝날지는 직접 해보기 전까진 알기 어렵다. 하지만 정답은 반드시 둘 중 하나다. F1 경기 규정은 레이스 내내 자신에게 유리한 타이어 컴파운드만을 사용하는 부작용을 막기 위해 '모든 팀은 지급받은 타이어 세트 중 두 종류 컴파운드를 최소 한 번 이상 사용해야 한다'라고 못 박아두었다. F1 팀들은 지급받은 컴파운드 성능을 고려해 풀 레이스를 가장 빨리 끝낼 수 있는 타이어 운용 방법을 모색하고, 주어진 타이어와 궁합이 가장 잘 맞는 레이스카 셋업을 찾기 위해 그랑프리 주간 내내 바쁘게 움직인다. 마치 시한폭탄을 풀 코드를 찾는 화이트 해커처럼.

셋업의 목표는 타이어를 향한다

거듭 강조하지만 셋업 튜닝의 최종 목적지는 타이어를 향한다. 잘된 셋업은 타이어와 노면과의 접촉을 시종일관 일정하게 유지하고 접지력을 최대로 올려준다. 가장 단순하지만 가장 확실한 셋업 튜닝은 접지력이 뛰어난 타이어를 사용하는 것이다. 타이어는 드물게 새시 하드웨어 업그레이드 없이도 손쉽게 튜닝할 수 있는 파트이기도 하다.

자동차가 도로를 달리면 타이어는 열을 받는다. 타이어 컴파운드는 열을 받을수록 조직이 부드럽고 연해진다. 타이어 조직이 연해지면 타맥의 미세한 요철과의 밀착이 좋아져 접지력이 향상된다. 하지만 더 뜨거운 타이어가 무조건 더 좋은 것은 아니다. 타이어 컴파운드의 온도가 올라가면 타이어 내부 공기가 팽창하고 그 결과 타이어 압력이 올라간다. 과도한 압력은 타이어를 풍선처럼 부풀게 하는데, 이는 타이어와 도로 접촉면을 둥글게 만들어 컨택트 패치의 크기를 줄인다. 컨택트 패치 축소는 접지력 감소로 이어진다. 타이어의 기본 압력은 컴파운드가 최적 온도로 달궈졌을 때 컨택트 패치의 크기가 최대가 되는 시작점에 맞춰져야 한다. 타이어 성능이 최대가 되는 최적 온도를 알고 있다면 타이어가 과열되지 않도록 드라이빙 스타일을 조절하는 것은 드라이버의 몫이다.

레이스카 타이어의 압력은 가능한 한 낮을수록 좋다. 컨택트 패치의 크기를 키우는 데 유리하고, 온도 상승 시 발생할 풍선 효과도 감안해야 하기 때문이다. 하지만 압력이 지나치게 낮으면 타이어 마모가 커지고 급격한 스트레스에 노출되었을 때 파열될 가능성이 높아진다. 따라서 실제 레이스에선 안전을 위해 반드시 타이어를 지정된 최소 압력 이상으로 충전해야 한다.

보통의 로드카 타이어 컴파운드는 60~70℃, 스포츠카 컴파운드는 70~95℃, 레이스카 컴파운드는 75~105℃에서 최대 성능을 보인다. 따라서 출발 직후부터 타이어의 최대 성능을 기대하는 것은 무리다. 레이스카의 경우 랩 타임을 기록하는 플라잉 랩 시작 전 한두 바퀴를 오로지 타이어 웜업만을 위해 달린다. 기록 타이밍 직전 타이어 온도를 최적 온도까지 끌어올리기 위함이다. 서스펜션 지오메트리가 타이어 웜업을 잘해주면 시간 낭비가 줄어 레이스에 유리하다.

타이어 압력은 서스펜션 반응 속도도 변화시킨다. 타이어 압력이 증가하면 휠의 상하 방향 스프링 탄성이 증가해 도로의 굴곡이나 표면 상태에 대한 반응이 민감해진다. 반대로 압력을 낮추면 휠의 반응은 둔감해진다. 타이어 압력 조절만으로 서스펜션 스프링 특성을 변화시킬 수 있다는 의미다. 하지만 튜닝 측면에서 볼 때 서스펜션 스프링 반응은 가급적 서스펜션 스프링과 지오메트리의 몫으로 두는 것이 좋다. 튜닝 변수의 증가는 트러블 슈팅Trouble-shooting을 어렵게 만들 뿐이다.

06
서스펜션 기하학
Suspension Geometry

서스펜션은 자동차의 승차감, 접지력, 핸들링을 지배하는 필수
요소다. 자동차에 서스펜션이 없다면 운전은 취미가 될 수 없다.
자동차에 서스펜션이 없다면 운전은 아무 여과 없이 전달되는
노면의 충격을 이 악물고 견디며 해야 하는 고달픈 노동이다. 서
스펜션이 부적절한 자동차는 원치 않는 방향으로 쏠리거나, 타
이어가 비정상적으로 마모되거나, 안정성이 떨어진다.

서스펜션 셋업은 더 과감한 퍼포먼스를 펼치는 자동차일수
록 그 중요성이 커진다. 자동차의 고유한 치수와 관성, 장착된 타
이어, 공기 역학, 트랙 컨디션 등 고유한 조건하에서 전체적인 하
중 배분 변화를 최소로, 타이어 접지력을 최대로 만들어주는 서
스펜션 설정값을 통상 서스펜션의 '최적점'이라 부른다. 그리고
이 최적점을 찾는 과정을 우리는 '서스펜션 튜닝'이라고 말한다.

서스펜션 튜닝은 기존 파트를 완전히 다른 파트로 바꾸는 것일 수도, 이미 있는 파트의 설정값을 바꾸는 것일 수도 있다. 시험 주행 없이도 튜닝 후 예상 성능을 보여줄 적절한 시뮬레이션 툴이 없다면 서스펜션 튜닝은 엔지니어링 이론, 경험, 시행착오에 의존해야 하는 반복 과정이다. 로드카에서 서스펜션 튜닝은 개인의 취향에 따른 맞춤 양복의 문제지만 레이스카에서 튜닝은 성공 혹은 실패, 둘 중 하나로 수렴하는 생과 사의 외과 수술 문제다.

퍼포먼스카 서스펜션 튜닝엔 다양한 타협이 필요한데, 이 타협은 예상되는 서스펜션의 동역학적 변화를 근거로 삼아야 한다. 서스펜션 동역학 이해를 위한 첫 단추는 서스펜션 지오메트리다. 서스펜션 지오메트리는 단어의 뜻 그대로 서스펜션의 기하학적 형상이다. 이는 비단 서스펜션 각 파트의 정지 상태 위치뿐만 아니라, 휠이 움직일 때 나타나는 서스펜션 서브 파트들의 기하학적 위치 변화Kinematics를 아우르는 개념이기도 하다. 서스펜션 지오메트리 튜닝의 목적은 직진 성능을 해치지 않는 범위 내에서 터닝 시 접지력을 극대화할 수 있는 최적점을 찾는 것이다.

서스펜션 지오메트리를 튜닝하는 가장 손쉬운 방법은 정지 상태인 휠의 각도를 조정하는 것이다. 가장 파워풀한 튜닝 요소는 휠 캠버와 토Toe다.

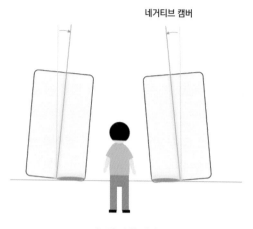

네거티브 캠버

[그림 1] 휠 캠버

휠 캠버는 타이어를 내리누르는 무게가 타이어 컨택트 패치에 배분되는 비율을 조절할 수 있는 서스펜션 요소다. 캠버 각은 차량을 정면에서 보았을 때 휠이 수직선으로부터 기운 각도로 정의된다. 휠이 지면과 수직을 이루면 캠버 각은 0이다. 휠 상단이 차량 쪽으로 기울면 네거티브Negative 캠버, 바깥쪽으로 기울면 포지티브Positive 캠버로 부르는 것이 널리 통용되는 표준이다. 네거티브 캠버를 사용하면 휠의 바깥쪽 모서리가 들려 수직 하중이 컨택트 패치 안쪽으로 쏠린다. 반대로 포지티브 캠버를 사용하면 컨택트 패치 바깥에 더 큰 하중이 실리게 된다.

직진하는 자동차에서 컨택트 패치 크기를 최대로 만들어주는 것은 제로 캠버, 즉 휠이 수직일 때다. 캠버 각이 커지면 타이어 컨택트 패치 크기는 줄어든다. 따라서 직선으로만 달려야 할 자동차에 캠버 튜닝으로 얻을 수 있는 이득은 없다.

자동차가 턴을 시작하면 하중은 회전 중심의 바깥쪽 타이어, 바깥쪽 모서리로 쏠린다. 이를 고려하여 미리 휠 상단을 안쪽으로 살짝 기울여두면 터닝 시 바깥쪽 휠이 수직에 가까워져 컨택트 패치가 커지는 효과가 생기고 그 결과 접지력 손실이 적어진다. 하지만 캠버 각이 과도하게 크면 하중이 한쪽 모서리로 몰리기 때문에 직진 접지력을 해친다. 이로 인해 가속 시 휠 스핀이 커지고 감속 시 제동 거리가 늘어날 수 있다.

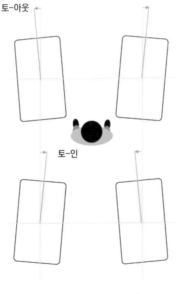

[그림 2] 휠 토-아웃과 토-인

자동차 핸들링을 손쉽게 튜닝할 수 있는 또 다른 요소인 토는 하늘에서 내려다봤을 때 휠이 차량과 이루는 각도를 일컫는다. 토-인은 양발의 발가락이 안으로 모아진 형태, 토-아웃Toe-out은 팔자걸음 형태다. 핸들링에 유리한 토 세팅은 전후 휠이 약간 다르다. 터닝 중인 자동차의 안쪽 휠은 바깥쪽 휠보다 회전 반경이 짧다. 따라서 안쪽 휠의 각도가 더 커야 회전이 수월하다. 전륜엔 토-아웃이 주로 적용된다. 토-아웃을 키우면 터닝 시 같은 스티어링 입력으로도 안쪽 휠 각도는 더 크게, 바깥쪽 휠 각도는 더 작게 하는 효과를 얻을 수 있다. 스티어링에 드는 노력이 줄기 때문에 터닝도 쉬워진다.

반대로 후륜에는 토-인이 주로 쓰인다. 토-인을 해두면 터닝 시 안쪽 휠 각도는 줄고 바깥쪽 휠 각도는 늘기 때문에 회전이 더 어려워진다. 대부분의 퍼포먼스카는 후륜 구동 방식이므로 토-인으로 인한 이 같은 반-터닝Anti-Turning 경향은 구동축의 오버스티어를 막아줘 접지력을 향상한다. 토 세팅이 위력을 발휘하는 터닝 구간도 전후 휠이 다르다. 감속이 이뤄지는 코너 진입 구간에선 하중이 전륜으로 쏠린다. 따라서 전륜 토 세팅이 핸들링에 주된 영향을 미친다. 반대로 가속하는 코너 탈출 구간에선 하중이 후륜으로 쏠리기 때문에 후륜의 토 세팅이 중요해진다.

정지 상태의 캠버나 토 조정만으로 만족할 만한 핸들링 성능을 얻을 수 있다면 좋겠지만 사실 이것이 쉽지 않다. 서스펜션 튜닝이 어려운 이유는 서스펜션이 쉼 없이 움직이는 기계요소이기 때문이다. 서스펜션 지오메트리는 휠의 움직임에 따라 쉴 새 없이 변한다. 서스펜션은 정상 상태뿐만 아니라 과도 상태에서도 제 역할을 해야 한다.

07
서스펜션 기구학
Suspension Kinematics

자동차 기구학_{Kinematics}은 움직일 의도로 만들어진 여러 자동차 요소의 이동 궤적, 이동 거리, 각도 변화, 상대적 위치 변화를 다루는 엔지니어링 영역이다. 자동차에서 움직이도록 만들어진 요소가 뭐였는지 떠올려 보자. 우선 바퀴가 회전한다. 축을 중심으로 회전만 하는 바퀴는 기구학 측면에서 고정 부품과 다를 바 없고 재미도 없다. 그러니 이 부분은 과감하게 넘어가도록 하자. 그다음은 무엇을 살펴야 할까? 후드, 트렁크 도어, 캐빈 도어, 와이퍼도 움직이는 파트다. 이들 요소는 의도된 동선을 따라 일정하게 움직여야 하고, 동선 이동 중 어떤 간섭이나 스트레스를 받지 않도록 CAD_{Computer Aided Design}로 설계된다. 드라이버의 스티어링 휠도 움직인다. 스티어링 시스템은 드라이버의 스티어링 입력을 조향 휠의 각도로 바꿔준다. 마지막 요소는 휠 허브다. 휠 허브는 상하 방향으로 일정한 궤적을 따라 움직이도록 만들어진다.

그렇다면 F1 레이스카에서 기구학적으로 움직이도록 설계된 기계요소는 무엇일까? F1 레이스카에서 유일하게 움직이도록 설계된 기구학적 요소는 둘이다. 첫 번째는 전륜 스티어링 메커니즘이다. 스티어링 메커니즘의 주된 역할은 드라이버가 입력한 스티어링 컬럼각을 전륜의 Ackermann 각으로 바꾸는 것이다. 두 번째 요소는 휠 허브의 상하 운동이다. 휠이 부착된 업라이트Upright가 상하 궤적을 따라 움직이면 여기에 기계적 링크로 연결된 모든 서스펜션 컴포넌트가 연달아 움직인다.

업라이트의 수직 위치에 영향을 받는 영역은 크게 셋이다. 첫째, 스프링, 댐퍼, 안티롤 바가 집약된 서스펜션 인보드 시스템이다. 인보드 시스템은 형태만 다를 뿐 우리가 익히 알고 있는 자동차 서스펜션과 역할이 똑같다. 휠의 상하 이동이 푸시로드를 밀고 당겨 로커의 회전 운동으로 바뀐다. 로커의 회전각은 기구학적 링크를 거쳐 스프링, 댐퍼, 안티롤 바의 변형을 일으키고 이에 상응하는 힘과 회전력이 생긴다. 로커로 구동되는 이 부품들을 인보드 컴포넌트라고 한다. 둘째, 휠 블록 자체의 위치와 각도다. 휠이 수직으로 꼿꼿이 선 위치로부터 기울어진 각도를 나타내는 캠버, 휠의 스티어링 각을 나타내는 토Toe가 휠의 상하 이동에 따라 변하는 대표적인 휠 각도다. 이를 통틀어 아웃보드Outboard 컴포넌트라고 한다. 셋째, 차체가 가속을 받을 때 차체의 쏠림을 방해하는 기구학적 안티 특성이다. 휠의 상하 위치가 바뀌면 차체가 기울어질 때 중심으로 삼는 순간 회전 중심 Instantaneous pivot point이 바뀌어 서스펜션이 분담할 하중의 크기도 변한다.

인보드 기구학

[그림 1] 서스펜션 인보드의 예

휠의 상하 이동은 업라이트에 연결된 푸시로드를 통해 인보드 로커의 회전 운동으로 바뀐다. 로커는 인보드 서스펜션의 모든 컴포넌트에 기계적으로 물려 있어서 로커가 움직이면 모든 인보드 컴포넌트가 따라 움직인다. 인보드에는 대략 서스펜션 스프링, 안티롤 바, 범프 스톱, 드룹 스톱, 댐퍼, 각종 액추에이터가 자리한다. 휠의 상하 이동과 인보드 모든 컴포넌트의 위치 이동 사이의 기하학적 관계를 인보드 기구학Inboard kinematics이라 한다. 인보드 기구학을 알면 서스펜션이 지탱해야 할 전체 수직 하중 중 어떤 인보드 컴포넌트가 얼마나 큰 힘을 부담하는지 계산할 수 있다. 예를 들어 휠이 상하 방향으로 z만큼 움직이면 로커는 r만큼 움직인다. 로커의 회전각 r은 동시에 인보드 컴포넌트 #1을 x1만큼, 컴포넌트 #2를 x2만큼… 컴포넌트 #n을 xn만큼 움직인다. 휠의 상하 방향 단위 이동에 대한 인보드 컴포넌트의 이동 거리 x/z를 모션 비Motion ratio라 한다.

$$모션 비 = \frac{인보드 컴포넌트의 이동 거리}{휠의 상하 이동 거리}$$

한편, 어떤 일을 하는 데 들이는 에너지, 일의 크기는 다음과 같이 정의된다.

$$일 = 힘 \times 이동 거리$$

그리고 기계적 연결 메커니즘을 움직이기 위해 입력한 에너지는 링크를 거쳐 출력까지 보존된다. 이를 에너지 보존 법칙이라 한다. 어떤 서스펜션 컴포넌트가 한 일은 자동차의 수직 하중 일부를 지탱하는 데 쓴 일이므로, 에너지 보존 법칙을 적용하면 다음과 같은 공식이 완성된다.

> 수직 하중이 한 일 = 서스펜션 컴포넌트가 한 일

이를 힘과 이동 거리의 식으로 전개하면 다음과 같다.

> 수직 하중 × 휠 상하 이동 거리 =
> 인보드 컴포넌트 힘 × 인보드 컴포넌트 이동 거리

$$\text{수직 하중} = \text{인보드 컴포넌트 힘} \times \frac{\text{인보드 컴포넌트의 이동 거리}}{\text{휠의 상하 이동 거리}}$$

> ∴ 수직 하중 = 인보드 컴포넌트 힘 × 모션 비

따라서 인보드 컴포넌트의 힘, 휠과 컴포넌트 움직임 사이의 기구학적 모션비를 알면 이 컴포넌트가 지탱하는 수직 하중의 크기를 계산할 수 있다. 그리고 이를 모든 컴포넌트에 적용하면 인보드 서스펜션의 여러 컴포넌트가 차를 누르는 전체 수직 하중을 어떻게 분담하는지에 대한 큰 그림이 나온다.

수직 하중$_{스프링}$ = 스프링 힘 ×모션비$_{스프링}$

수직 하중$_{안티롤 바}$ = 안티롤 바 힘 × 모션비$_{안티롤 바}$

수직 하중$_{댐퍼}$ = 댐퍼 힘 × 모션비$_{댐퍼}$

수직 하중$_{스토퍼}$ = 스토퍼 힘 × 모션비$_{스토퍼}$

수직 하중$_{엑추에이터}$ = 엑추에이터 힘 × 모션비$_{엑추에이터}$

수직 하중$_{마찰 저항}$ = 마찰 저항 × 모션비$_{마찰 저항}$

∴ 전체 수직 하중 = 수직 하중$_{스프링}$ + 수직 하중$_{안티롤 바}$ +

수직 하중$_{댐퍼}$ + 수직 하중$_{스토퍼}$ +

수직 하중$_{엑추에이터}$ + 수직 하중$_{마찰 저항}$

그리고 이들 인보드 컴포넌트의 분담 비율을 조절해 원하는 서스펜션 반응 특성을 튜닝한다.

아웃보드 기구학

[그림 2] 서스펜션 아웃보드의 예

서스펜션 아웃보드는 인보드와 푸시로드로 연결된 휠 허브 뭉치다. 이 아웃보드를 조정하면 휠의 지오메트리를 바꿀 수 있다. 정지한 레이스카의 휠 캠버와 휠 스티어 각은 처음 설정한 셋업 값과 같다.

휠 캠버 = 셋업 캠버

휠 스티어 각 = 셋업 토

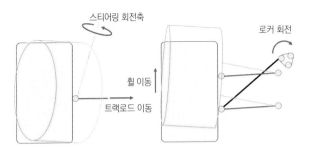

[그림 3] 스티어 캠버와 스티어 토(좌), 범프 캠버와 범프 토(우)

드라이버가 스티어링 휠을 돌리면 Ackermann 스티어 각, 즉 눈에 보이는 기하학적 조향 각도가 생긴다. 동시에 스티어링 휠에 연결된 스티어링 링크들의 기구학적 위치 이동으로 휠의 캠버와 토가 바뀐다. 이 같은 캠버와 토 변화를 각각 스티어 캠버Steer camber와 스티어 토Steer toe라고 한다. 휠 센터가 움직여도 서스펜션 링크들의 기구학적 위치 이동으로 캠버와 토가 모두 바뀐다. 휠 센터의 상하 움직임으로 인한 캠버와 토 변화를 각각 범프 캠버Bump camber와 범프 토Bump toe라고 부른다. 따라서 움직이는 레이스카의 전체 캠버와 스티어 각은 다음과 같다.

휠 캠버 = 셋업 캠버 + 스티어 캠버 + 범프 캠버

휠 스티어 각 = 셋업 토 + 스티어 토 + 범프 토 + *Ackermann* 스티어 각 코너링 중엔 바깥쪽 휠로의 하중 이동으로 양쪽 타이어의 하중 차이가 커진다. 이 와중에 캠버와 스티어 각이 변하면 타이어 컨택트 패치 모양이 변하고, 스티어와 범프 결과 나타나는 슬립각이 횡방향 타이어 힘에 직접적 영향을 미친다. 서스펜션 기구학의 설계 목표는 타이어 컨택트 패치 성능을 최대로 만들 수 있는 캠버와 스티어 각의 궤적을 찾는 것이다.

코너링 구간에선 주행 궤적 바깥쪽 휠의 머리가 바깥으로 기운다. 코너링의 강도가 클수록 이 경향은 더 커진다. 따라서 횡방향 가속도의 크기가 클수록 궤적 바깥쪽 휠의 머리를 궤적 안쪽으로 더 기울여야, 즉 네거티브 캠버를 키워야 휠이 꼿꼿이 선 모양을 유지할 수 있다. 잘 설계된 스티어 캠버와 범프 캠버 기구학은 트랙의 코너링 특성에 따른 타이어 컨택트 패치 크기 손해를 보상하기에 과하지도, 모자라지도 않은 네거티브 캠버를 만든다.

코너링 구간에서 주행 궤적 안쪽 휠의 회전 반경은 바깥쪽 휠 회전 반경보다 작아야 한다. Ackermann 스티어링은 코너에서 안쪽 휠이 바깥쪽 휠보다 더 작은 회전 반경을 가질 수 있도록 안쪽 휠에 더 큰 스티어링 각을 주는 기구학적 장치다.

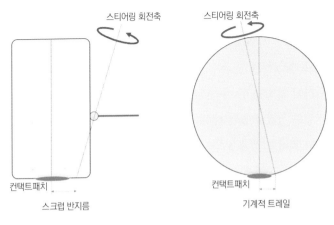

스티어링 회전축

컨택트패치

스크럽 반지름

컨택트패치

기계적 트레일

[그림 4] 스크럽 반지름과 기계적 트레일

기계적 트레일Mechanical Trail과 스크럽 반지름Scrub Radius도 스티어와 휠 움직임에 따라 변한다. 이 둘은 모두 전륜 스티어링 회전축이 노면과 만나는 점과 타이어 컨택트 패치의 힘 작용점까지의 거리다. 기계적 트레일은 차를 옆에서 보았을 때, 스크럽 반지름은 차를 앞에서 보았을 때 거리라는 점이 다르다. 기계적 트레일이 클수록 스티어링 후 휠이 원위치로 돌아오려는 회전력이 커진다. 휠을 원위치시키는 데 힘이 들지 않기 때문에 드라이버의 노력이 덜 든다. 스크럽 반지름이 크면 타이어의 힘이 전륜을 '11' 자로 만들려는 힘이 커진다. 그 결과 드라이버가 스티어링 각도를 일정하게 유지하기 위해 더 큰 힘으로 버텨야 한다. 대신 드라이버가 타이어의 접지력을 더 민감하게 느낄 수 있다.

컴플라이언스, 설계하지 않았지만 존재하는 움직임

CAD 등 컴퓨터를 이용한 설계는 서스펜션의 기하학, 기구학적 변화를 정확하게 예측해주지만 실제 서스펜션의 위치 변화와 변형을 정확하게 예측하는 데는 한계가 있다. 가장 큰 원인은 제작과 조립 과정에서 생기는 사람에 의한 오차다. 컴퓨터 설계는 사람의 실수를 고려하지 않는다.

레이스카는 코너링 가속으로 인한 하중 변화가 매우 심하다. 레이스카의 서스펜션은 과격한 하중 변화를 견디도록 제작된다. 하지만 과격한 하중 변화는 반드시 서스펜션 구조물에 미세한 변형을 일으킨다. 차량 구조물에 외부의 힘이 가해졌을 때 새시와 서스펜션 구조물이 휘거나 변형하는 정도를 나타내는 수치를 컴플라이언스Compliance라고 한다. 컴플라이언스는 대부분의 로드카에서 큰 문제를 일으키지 않지만, 레이스카에서 컴플라이언스는 매우 신중히 다뤄야 할 성질이다. F1 레이스카는 아주 작은 캠버와 토 변화에도 핸들링 발란스 변화가 크게 바뀐다. 서스펜션 컴포넌트들의 기구학적 변위를 CAD로 아무리 정확하게 설계한다 하더라도 컴플라이언스를 예측하지 않으면 의도치 않은 구조물의 변형 때문에 핸들링 발란스의 이론값과 실젯값이 크게 다를 수 있다. 따라서 서스펜션 아웃보드의 기구학적 변화를 정확하게 예측하려면 실측 시험을 통한 보정이 반드시 필요하다. K&CKinematics & Compliance 테스트 장비는 실제 레이스카를 테스트 리

그Rig에 올리고 휠의 상하 이동 궤적에 따른 서스펜션의 기구학적 변화를 측정한다. 동시에 휠이 힘을 받을 때 서스펜션에 나타나는 변형도 측정한다.

하중 변화에 따른 서스펜션 변형을 고려하지 않으면 진짜 서스펜션 지오메트리 변화를 예측할 수 없다. 따라서 기구학적 변화와 컴플라이언스는 항상 함께 고려되어야 한다. 휠 캠버와 휠 스티어 각은 컴플라이언스까지 고려함으로써 완전한 형태를 갖춘다.

> 휠 캠버 = 셋업 캠버 + 스티어 캠버 +
>
> 범프 캠버 + 컴플라이언스 캠버

> 휠 스티어 각 = 셋업 토 + 스티어 토 + 범프 토 +
>
> *Ackermann* 스티어 각 + 컴플라이언스 토

더 단단한 서스펜션 구조물을 사용하면 컴플라이언스를 줄일 수 있지만 무게가 느는 단점이 있다. 전체적으로 서스펜션이 더 딱딱해지는 효과도 감안해야 한다. 기구학적 특성은 설계와 제작이 끝나면 쉽게 바꿀 수 없으므로 설계 단계에서 신중하게 결정된다.

기구학적 안티 반응Kinematic Anti-behaviour

정상 상태와 과도 상태 모두에서 수직 하중 변화를 버티는 것이 서스펜션의 기본 임무다. 특히 주행 중 생기는 전후좌우 하중 이동은 레이스카의 핸들링 발란스에 영향을 미친다. 하중이 늘거나 줄면 타이어 컨택트 패치 모양이 바뀌기 때문이다.

레이스카를 십자 모양으로 4분할하면 각 휠에 가해지는 수직 하중은 인보드 서스펜션 힘과 안티-서스펜션 힘으로 지탱된다. 안티-서스펜션 힘은 하중 이동의 방향에 따라 이름을 달리하지만 어느 방향으로도 그 원리는 같다. 코너에서 스티어링 휠을 틀면 하중이 횡방향으로 이동하고 차체가 코너 궤적 바깥으로 기운다. 이때 차체의 롤 운동을 거부하는 기구학적 특성이 안티-롤이다. 브레이크를 밟으면 하중이 전륜으로 이동하고 차체가 앞으로 기운다. 이때 차체의 피치 운동을 거부하는 기구학적 특성이 안티-다이브Anti-Dive, 가속할 때 차체의 피치 운동을 거부하는 기구학적 특성이 안티-스쿼트Anti-Squat다.

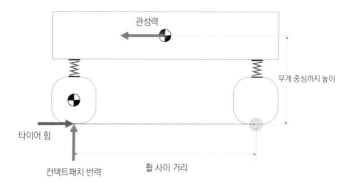

[그림 5] 하중 이동의 생성과 이를 지탱하는 컨택트패치 반력

안티 반응은 [그림 5]로 이해할 수 있다. 코너링이나 브레이킹으로 타이어가 힘을 작용하면 크기는 같고 방향은 반대인 관성력이 생기고, 이로 인해 관성 방향 쪽 휠로 하중이 이동한다.

관성력 = 타이어 힘

하중 이동의 근원인 관성력은 하중이 줄어드는 휠을 중심으로 회전력을 유발하고 이 회전력은 컨택트 패치 반력으로 생긴 회전력과 평형을 이룬다.

관성력 × 무게 중심까지 높이 = 컨택트 패치 반력 × 휠 사이 거리

$$\therefore \text{컨택트 패치 반력} = \text{관성력} \times \frac{\text{무게 중심까지 높이}}{\text{휠 사이 거리}}$$

$$= \text{타이어 힘} \times \frac{\text{무게 중심까지 높이}}{\text{휠 사이 거리}}$$

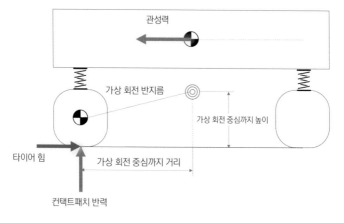

[그림 6] 가상 회전 중심에서의 회전력 평형

한편, 차체에 관성력이 작용하면 차체가 관성 방향으로 기울며 원 궤적을 그린다. 차체가 원 궤적을 그리려면 [그림 6]에서처럼 차체 하단 어딘가에 가상의 회전 중심ᵥᵢᵣₜᵤₐₗ ₚᵢᵥₒₜ ₚₒᵢₙₜ이 있어야한다. 이 가상 회전 중심은 서스펜션 상하 위시본을 연장한 두 선이 만나는 점이다. 이 가상의 회전 중심에서 생기는 회전력의 합은 다음과 같다.

$$\text{회전력 합} = \text{타이어 힘} \times \text{가상 회전 중심까지 높이}$$
$$- \text{컨택트 패치 반력} \times \text{가상 회전 중심까지 거리}$$

앞서 구한 컨택트 패치 반력을 위 식에 대입하면 회전력 합에 대한 다음의 식을 얻는다.

$$\text{회전력 합} = \text{타이어 힘} \times \text{가상 회전 중심까지 높이}$$
$$- \text{타이어 힘} \times \frac{\text{무게 중심까지 높이}}{\text{휠 사이 거리}} \times \text{가상 회전 중심까지 거리}$$

$$= \left(\frac{\text{가상 회전 중심까지 높이}}{\text{가상 회전 중심까지 거리}} - \frac{\text{무게 중심까지 높이}}{\text{휠 사이 거리}} \right)$$
$$\times \text{타이어 힘} \times \text{가상 회전 중심까지 거리}$$

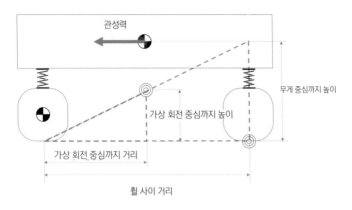

관성력

무게 중심까지 높이

가상 회전 중심까지 높이

가상 회전 중심까지 거리

휠 사이 거리

[그림 7] 관성에도 기울어짐이 없는 서스펜션 지오메트리

　상하 위시본 수평 각도를 기구학적으로 조정해 가상 회전 중심이 '휠 사이 거리와 무게 중심까지 높이가 그리는 녹색 삼각형의 빗변'에 놓이게 하자. 녹색의 큰 삼각형과 핑크색의 작은 삼각형은 기울기가 같으므로, 즉

$$\frac{\text{가상 회전 중심까지 높이}}{\text{가상 회전 중심까지 거리}} = \frac{\text{무게 중심까지 높이}}{\text{휠 사이 거리}}$$

이므로 회전력의 합은 회전력 합은 0이 된다.

$$\therefore \text{회전력 합} = 0$$

이 말은 새시가 기우는 가상의 회전 중심이 '휠 사이 거리와 무게 중심까지 높이가 그리는 삼각형의 경사면'에 있으면 관성이 생기는 커브 구간에서도 새시가 기울어지지 않음을 의미한다. 완벽한 안티-회전Anti-Rotation 반응이다. 관성 때문에 생기는 하중 이동은 원래 서스펜션과 기구학적 안티-서스펜션 구조가 나누어 지탱한다.

> 하중 이동량 = 서스펜션 힘의 총합 + 기구학적 안티 서스펜션 힘

하중 이동량은 트랙 곡률에 따라 결정되는 일정한 값이기 때문에 기구학적 안티-회전 효과를 키우면 서스펜션이 감당해야 하는 힘의 몫이 준다. 기구학적으로 완벽한 안티-회전을 만들면 서스펜션은 움직이지 않고, 아무 일도 하지 않는다.

이 그림과 이론은 롤과 피치 운동 모두에 적용할 수 있다. 위 그림을 레이스카를 앞에서 본 모습이라고 가정하자. 이때 휠 사이 거리는 트랙 거리(Track width: 윤거), 타이어 힘은 컨택트 패치의 횡방향 힘이다. 관성력은 원심력이다. 원심력은 새시의 롤 모션을 유발하고, 롤 회전 중심을 롤 중심Roll centre이라 한다. 롤 중심이 '트랙 거리와 무게 중심까지 높이가 그리는 삼각형의 경사면'에 있으면 원심력을 받아도 새시가 롤 모션을 만들지 않는 안티-롤Anti-Roll 반응을 보인다.

같은 그림을 레이스카를 옆에서 본 모습이라고 가정하자. 이

때 휠 사이 거리는 휠베이스, 타이어 힘은 컨택트 패치의 종방향 힘이다. 관성력은 제동과 가속 시에 생기는 바로 그 관성력이다. 이 관성력은 새시의 피치 모션을 유발한다. 이 피치 모션의 회전 중심을 감속 시엔 다이브 센터Dive centre, 가속 시엔 스쿼트 센터 Squat centre라 한다. 피치 센터가 '휠베이스와 무게 중심까지 높이가 그리는 삼각형의 경사면'에 있으면 차체는 피치 모션을 만들지 않는 안티-피치Anti-Pitch 반응을 보인다.

이처럼 기구학적 안티-서스펜션 설계를 통해 새시의 롤 모션 과 피치 모션을 완전히 없애는 것이 이론적으로 가능하다. 이렇 게 되면 롤과 피치 모션을 지탱함에 있어 인보드 서스펜션의 역 할이 없어진다. 안티-서스펜션 구조를 활용해 롤/피치 모션을 줄이면 라이드 높이 변화가 줄어 공기 역학적 효율도 높일 수 있 다. 하지만 실제 레이스카에선 인보드 서스펜션과 안티-서스펜 션을 같이 활용한다. 인보드 서스펜션은 노면의 불규칙 형태를 완충하고 핸들링 밸런스를 원하는 방향으로 바꾸는 서스펜션 의 핵심이고, 안티-서스펜션 효과는 단지 거들 뿐이다.

스프링, 댐퍼 등 인보드 파트가 서스펜션의 성능을 결정짓는 핵심 요소이긴 하지만 눈으로 잘 보이지 않는 아웃보드의 영향 도 무시할 수 없는 영향력을 가졌음을 기억하자. 눈에 보이는 것 이 전부는 아니다.

08

스티어링 기구학
Steering Kinematics

스티어링 기구학은 통상 Ackermann 스티어링 메커니즘을 가리킨다. 스티어링 기구학은 타이어의 최대 성능을 이끌어내기 위한 여러 튜닝 요소 중 하나다. 스티어링 기구학의 의미와 목적, 튜닝이 타이어 성능에 어떤 영향을 미칠 수 있는지 살펴보자.

Ackermann 스티어링의 원래 정의

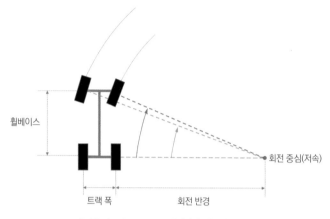

[그림 1] Ackermann 스티어링이 필요한 이유

[그림 1]의 자동차는 저속 코너링 중이다. 이 책의 1부, 챕터 06 '자전거 모델'에서 등장한 [그림 10]과 같은 동작이다. 이 경우 모든 타이어는 온전히 굴러가기만 하고 좌우로의 미끄러짐이 없다. 차량이 곡선 경로를 따라 이동할 때, 모든 타이어는 공통의 회전 중심 주위로 각자 고유한 궤적을 따라간다. 빨간 화살표는 궤적 안쪽의 전륜 조향각, 초록 화살표는 궤적 바깥쪽 전륜 조향각이다. 눈으로 보아도 이 두 조향각의 크기는 서로 다르다. 빨간 화살표가 표시하는 각도, 즉 궤적 안쪽 휠 각도가 더 크다. 주어진 곡률의 코너를 미끄러짐 없이 돌기 위해서는 궤적 안쪽 휠이 바깥쪽 휠보다 더 큰 각도로 조향해야 함을 의미한다. 원래

414

Ackermann 스티어링은 저속에서 미끄러짐 없이 수월한 코너링을 실현하기 위한 기하학, 기구학적 설계를 말한다.

코너의 회전 반경, 휠베이스(전후 축간 거리), 트랙 폭(좌우 휠간 거리)이 주어지면 좌우 Ackermann 스티어링 각도는 다음과 같이 구할 수 있다.

$$\text{내측 스티어링 각} = \frac{\text{휠 사이 거리}}{\text{회전 반경} - 0.5 * \text{트랙 폭}}$$

$$\text{외측 스티어링 각} = \frac{\text{휠베이스}}{\text{회전 반경} + 0.5 * \text{트랙 폭}}$$

그리고, 이 두 앞바퀴 조향 각도 차이를 동적 토Dynamic Toe라고 부른다. 동적 토는 차량의 회전 반경이 작을수록 커진다. Ackermann 스티어링은 피트 레인이나 거리 주차 시 타이어의 미끄러짐을 방지하기 위한 실용적 조치이다.

Ackermann 스티어링의 새로운 가능성

차량이 속도를 내기 시작하면 상황이 조금 복잡해진다. 이 책의

1부, 챕터 06 '자전거 모델'에서 등장한 [그림 11]의 상황이다. 속도가 빨라지면 모든 타이어가 미끄러지기 시작한다.

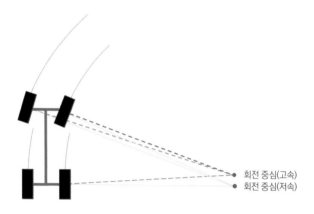

회전 중심(고속)
회전 중심(저속)

[그림 2] 속도 변화에 따른 Ackermann 스티어링의 목표 변화

그리고 [그림 2]처럼 모든 휠의 회전 반경이 원의 반지름에 되도록 회전 중심이 앞으로 이동한다. 일정 속력으로 곡선 경로를 통과하는 차량은 원심력을 버티기 위해 같은 크기 타이어의 횡방향 접지력이 필요하다. 이 상황에서 Ackermann 스티어링의 목표는 저속에서처럼 방해가 적은 회전이 아니라, 각 타이어의 슬립 상태를 튜닝해 전체 접지력 성능을 극대화하는 것이다. 그 열쇠는 타이어 수직 하중과 타이어 접지력 관계를 이해하는 데 있다.

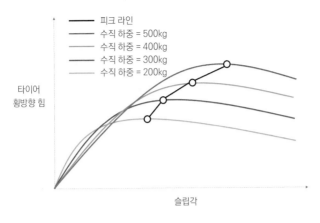

[그림 3] 수직 하중이 바뀔 때 슬립각의 크기와 타이어 횡방향 힘의 관계

[그림 3]은 다양한 수직 하중 조건에서 타이어 횡방향 힘과 슬립각의 관계를 보여준다. 타이어에 가해지는 수직 하중이 클수록 타이어의 횡방향 힘은 커진다. 또한 수직 하중이 커질수록 힘의 최댓값에 도달하기 위해 더 큰 슬립각이 필요하다. 수직 하중과 최고 슬립각 사이의 관계를 피크 라인Line of Peaks라고 한다. 수직 하중과 슬립각, 타이어 힘 사이에 나타나는 이 경향은 모든 타이어에서 나타나는 것은 아니며, 타이어 컴파운드나 스트럭쳐에 따라 다를 수 있다. 코너링에 의한 횡방향 하중 이동으로 인해 궤적 바깥쪽 타이어는 더 큰 힘으로 눌리고 안쪽 타이어는 그 반대가 되기 때문에 이 피크 라인을 파악하는 것은 매우 중요하다. 코너링 시 좌우 두 타이어가 최대 성능을 발휘하려면 스티어링을 했을 때 각각이 받는 수직 하중에서 최대의 타

이어 접지력이 나오는 좌우 슬립각을 타이어에 주어야 한다. [그림 3]의 특성을 가진 타이어의 경우, 하중을 뺏기는 안쪽 타이어보다 하중이 실리는 바깥쪽 타이어에 더 큰 슬립각을 주어야 하므로, 스티어링 휠을 돌렸을 때 바깥쪽 타이어가 안쪽 타이어보다 더 많이 조향하도록 스티어링 메커니즘을 설계해야 한다. 이는 저속에서 Ackermann 스티어링의 원칙과 정면으로 충돌하는 결론으로 우리는 이를 안티-Ackermann 스티어링이라고 부른다. Ackermann 스티어링을 선택할지, 안티-Ackermann 스티어링을 선택할지의 여부는 레이스카에 장착된 개별 타이어가 최대 성능을 내는 피크 라인 특성을 기준으로 판단해야 한다.

스티어링 기하학에서 Ackermann 수준은 백분율로 나타낸다. 100% Ackermann은 좌우 타이어의 회전 중심이 미끄럼 없는 기하학적 저속 회전 중심과 완벽하게 일치함을 의미한다. 이를 기준으로 성능 목표와 예상 작동 조건이 나올 수 있도록 스티어링 기하학을 튜닝한다.

레이스카 스티어링 설계의 고민

스티어링 기하학을 선택할 때 고려해야 할 몇 가지 중요 요소가 있다. 먼저, 레이스카가 달릴 트랙의 빠르기와 곡률 특성을 파악해야 한다. 트랙이 느리고 타이트할수록 헤어핀이나 저속 코너를 공략하는 데 도움이 되는 Ackermann 메커니즘을 사용하는 것이 더 중요해진다. 모나코 트랙의 악명 높은 헤어핀인 턴 6에서 안티-Ackermann 스티어링을 사용하는 것은 미친 짓이다. 회전 반경이 큰 고속 코너가 많은 트랙을 달려야 한다면 안티-Ackermann 스티어링 사용을 통해 타이어 성능을 높일 수 있다.

서스펜션 디자이너는 차량과 트랙 특성을 고려해 한 바퀴 동안 모든 네 타이어에 가해지는 수직 하중을 예측해야 한다. 하중 요소에는 차량의 정적 무게, 하중 이동, 다운포스, 보터밍이 있다. 이를 통해 각 코너마다 필요한 슬립각 목표를 정하고 이에 맞게 스티어링 메커니즘을 설계해야 한다. 하지만 많은 경우, 패키징 제약과 실현 가능성 부족으로 인해 모든 트랙 코너에서 목표를 만족하는 스티어링 기구학을 설계하는 것은 불가능하다. 서스펜션 디자이너는 어느 선에서 타협하고 가능한 최선의 성능을 찾아야 한다.

Ackermann 스티어링은 개별 타이어의 슬립각을 조정하는 가장 강력한 방법이지만, 유일한 방법은 아니다. 하중 이동에 따른 서스펜션 기구학을 통해 범프 스티어링을 최적화하면 필요한 스티어링 각도를 얼마든지 조정할 수 있다. 링크와 링크 사이에서 생기는 설계하지 않은 움직임, 컴플라이언스도 코너링 시 타이어 스티어링 각도에 영향을 미칠 수 있다. 타이어의 스티어링과 슬립에 영향을 미치는 서스펜션 요소를 잘 이해하고 이를 스티어링 기하학과 함께 고려해야 코너링 성능 극대화의 가능성이 열린다.

09
라이드 높이
Ride Height

라이드 높이는 곧 차체 바닥 평면과 노면 사이의 거리다. 자동차에서 라이드 높이를 바꾸면 차체의 무게 중심 높이가 바뀌기 때문에 하중 이동 특성도 바뀐다. 여기에 더해 F1 레이스카에서 라이드 높이는 다운포스의 스케일을 결정하는 가장 큰 인자다. 따라서 라이드 높이는 타이어 접지력을 좌우한다. 레이스카의 무게 중심을 낮추고 공기 역학적 이득을 높이려면 라이드 높이는 낮을수록 좋다.

레이스카의 디자인 라이드 높이와 변동 허용 범위는 레이스카를 설계할 때 정한다. 그리고 실제 레이스카의 정지 상태 라이드 높이는 실험과 시뮬레이션을 통해 (디자인 라이드 높이 + 변동 허용 범위) 내에서 공기 역학 성능에 가장 유리할 것으로 예측되는 값으로 설정된다. 정지 상태 라이드 높이는 푸시로드 끝에 작은 금속 쉼Shim을 끼워 넣거나 빼면서 바꾼다. 이 최초의 라이드 높이는 공기 역학, 기구학, 서스펜션 지오메트리 등의 변화를 측정하는 기준선이 되며, 이를 '셋업 라이드 높이'라 한다. 모든 서스펜션 파트의 변위와 힘은 이 셋업 라이드 높이를 기준으로 계산된다. 예를 들어, 주행 중 측정한 라이드 높이가 셋업 라이드 높이보다 낮다면 차체를 누르는 다운포스가 작용함을 알 수 있고, 높이차로부터 다운포스 크기도 역산할 수 있다.

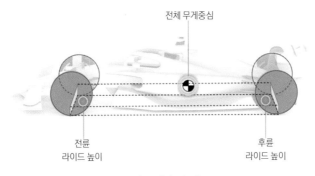

전체 무게중심

전륜
라이드 높이

후륜
라이드 높이

[그림 1] 라이드 높이

라이드 높이를 낮추면 이득이 많지만 고민도 생긴다. 휠이 상승할 때 차체의 배가 지면에 더 빨리 닿는다. 그 결과 휠과 서스펜션이 자유롭게 움직일 수 있는 이동 공간이 줄어든다. 서스펜션 스프링이 범프에 막혀 변형 능력을 잃으면 서스펜션 기능이 무력화되므로 라이드 높이를 줄일 땐 범프 가능성을 줄이기 위해 더 단단한 스프링을 사용해야 한다. 하지만 단단한 서스펜션 스프링을 사용하면 타이어 컨택트 패치와 노면의 접촉 시간이 줄어 접지력 손실이 따르므로 공기 역학적 접지력 상승과 기계적 접지력 하락 사이의 균형점을 잘 찾아야 한다.

[그림 2] Kerb 라이딩

라이드 높이는 또 노면의 편평도, 수막 존재 여부, 코너링 시 최단 경로에 위치한 연석Kerb의 울퉁불퉁한 정도에 따라 조정되어야 한다.

차체 바닥이 수평면과 이루는 각을 레이크 각Rake Angle이라고 한다. 차체가 앞으로 기울면 양Positive의 레이크, 반대면 음Negative의 레이크다. F1 레이스카의 라이드 높이는 앞이 낮고 뒤가 높은 양의 레이크 형태다. 이러한 라이드 높이 형태는 레이스카 차체 전체를 거대한 디퓨저 형태로 만들어줘 다운포스 생성에 유리한 것으로 알려져 있으나, 사실 전후 라이드 높이 차가 적을 때 더 큰 다운포스를 내는 레이스카 디자인도 있다.

만약 트랙 구간별로 라이드 높이를 바꿀 수 있다면 공기 역학적 이득을 능동적으로 취할 수 있다. 그래서 F1에선 라이드 높이를 선택적으로 조절하려는 다양한 시도가 있었다. 그중 1990년대 등장한 전자식 액티브 서스펜션은 이를 위한 가장 확실하고 정확한 방법이었다. 새시의 피치 변화를 막아 라이드 높이를 최대한 낮추려는 다양한 패시브Passive 시스템들도 시도되었다.

- 브레이크 칼리퍼에 걸리는 압력으로 감속 구간을 감지하고 이 압력을 전륜 서스펜션의 액츄에이터로 유도해 다이브를 막는 시스템
- 전·후륜 서스펜션의 압축 변형을 유압 라인으로 연결해 하중 이동을 받는 축에 더 많은 유압력이 가게 하는 FRICFront and Rear Inter-Connected 시스템
- 후륜 서스펜션에서 코너 스프링을 떼고 로커 사이에 두 개의 센터 스프링을 직렬 연결한 뒤 하중에 따라 스프링 작동 개수를 바꾸는 방식으로 스프링 강성을 바꾸고 다이브 현상을 억제하는 시스템

이 같은 편법들은 모두 F1에서 금지, 퇴출되었다. F1 기술 규정은 레이스카가 트랙을 달릴 때 동역학적 외력에 의한 서스펜션 변형이 아닌 인위적 장치를 통해 라이드 높이가 바뀌는 것을 더이상 허용하지 않는다. 레이스카의 공기 역학적 특성을 드라이버가 바꿀 수 있는 시스템, 장치도 금지한다.

현재까지 살아남은 유일한 능동적 라이드 높이 조절 방법은 스티어링 시스템과 휠 상하 운동 사이의 기구학을 조절해 코너에서 핸들을 많이 틀면 휠이 위로 많이 들려 전륜 라이드 높이를 낮추고, 직선에서 핸들을 원위치시키면 라이드 높이가 원래 위치로 돌아가게 하는 것이다. 스티어링 휠을 한쪽 끝에서 반대쪽 끝으로 돌리면 캠버와 토가 바뀌어 라이드 높이가 변한다. 이 메커니즘에 변칙적 캠 구조를 설치해 라이드 높이 변화를 더 약탈적으로 사용하려던 시도가 있었지만 이 또한 좌절되었다. 현재는 엔드-투-엔드End-to-End 스티어에 따른 라이드 높이 변화가 5mm보다 크면 공기 역학 성능을 바꾸기 위한 부정행위로 간주된다.

F1 레이스카 셋업 과정에서 라이드 높이는 최우선 설정값이고 여기엔 양보와 타협이 없다. 셋업 라이드 높이가 정해지면 다른 서스펜션 요소들은 어떻게든 이 라이드 높이에서 제 역할을 할 수 있도록 조정되어야 한다.

10
날개Wings

포르쉐 911 모델에 기본 장착되는 속도 가변형 날개는 리어 스포일러Spoiler의 대표적 예다. 하지만 포르쉐 GT3 모델에 달린 날개는 스포일러라기보다 레이스카의 리어 윙에 가깝다. 이 둘은 부착 위치, 생김새, 기대 효과가 유사하지만 하나는 스포일러고 다른 하나는 리어 윙이다. 현실에서 이 둘이 자주 혼동되는 것은 지극히 당연하다.

[그림 1] 스포일러와 윙

스포일러와 윙은 모두 자동차의 공기 역학 성능을 개선하기 위한 액세서리다. 하지만 로드카의 리어 스포일러와 레이스카 리어 윙은 디자인 콘셉트와 작동 메커니즘이 다르다.

스포일러는 주로 로드카의 트렁크 위나 후방 윈도 상단에 부착되지만 경우에 따라 다른 부위에도 등장하기도 한다. 스포일러는 꼬리뿐만 아니라 머리에도 장착되는데 프런트 스포일러는 별도로 에어 댐스Air dams라고 불리기도 한다. 스포일러의 제1 목적은 달리는 차체 주변의 공기 스트림라인을 정리해 공기 저항을 줄이는 것이다. 이 점에서 스포일러는 다운포스 증가가 최우선인 리어 윙과 다르다. 이 부착물이 '스포일러'로 불리는 이유는 이 파트가 자동차의 주행을 방해하는 공기 흐름을 역으로 방해하기Spoil 때문이다.

자동차가 전진하려면 공기라는 매질을 화살처럼 관통해야 한다. 이때 발생하는 공기 저항을 드래그라 부른다. 저속에서 우리는 공기의 존재를 인식하지 못한다. 하지만 유체는 속도의 제곱에 비례하여 끈적함이 증가하기 때문에 고속으로 달릴수록 자동차는 더 큰 공기의 저항을 받는다. 공기 저항은 고속 주행을 목적으로 하는 자동차의 가장 큰 장애 요소다. 공기 저항이 크면 같은 속도를 내기 위해 더 많은 파워와 에너지를 소모해야 한다. 공기 저항을 줄이는 것은 자동차 입장에서 여러모로 이득이다.

차체를 타고 흐르는 공기의 경로를 스트림라인이라 부른다. 자동차의 머리가 가른 공기의 일부는 차체 위의 스트림라인으로, 나머지는 차체 바닥과 도로 틈새의 스트림라인을 타고 흐른다. 마찰이 없는 이상적인 상태라면 차체 주변의 스트림라인 전체가 평행한 층을 이루고, 이 층이 붕괴되지 않고 차체 끝까지 빈틈없이 평행선을 유지할 것이다. 하지만 현실에선 이 이상적 평행 스트림을 관찰할 수 없다. 차체에서 거리가 먼 스트림라인은 그럭저럭 평행선을 유지한다. 하지만 스트림라인이 차체에 가까워질수록 차체와 공기 경계면 사이의 마찰 때문에 공기 흐름이 느려진다. 이렇게 생겨난 위층과 아래층 사이의 속도 차가 공기 소용돌이Vortex를 만든다. 자동차 관통 전 평행이던 스트림라인은 차체 꼬리로 갈수록 이 소용돌이의 영향을 받아 지저분해진다. 어감에서 알 수 있듯이 지저분한 스트림라인은 공기 역학적으로 좋지 않다. 난류로 인해 차체 꼬리 부분에 공기가 미처 채워지지 않아 진공이 발생하고, 이 저기압 포켓때문에 차체가 뒤로 빨려 들어가는 효과가 생긴다. 공기 저항이 증가하는 셈이다. 바짝 뒤따르는 레이스카에겐 공짜로 끌어주는 힘Tow이 생기는 셈이니 이중의 손해다. 잘 설계된 스포일러는 머리빗처럼 스트림라인을 가다듬어 공기 저항을 현저하게 줄여준다.

스포일러는 리어 윙처럼 능동적으로 다운포스를 유도하진 않지만 이와 유사한 효과를 내기도 한다. 같은 부피의 공기 분자는 속도가 빠를수록 압력이 낮아지고 느릴수록 압력이 높아진다. 같은 시간 동안 더 긴 경로를 이동해야 하는 차체 위쪽 스트림라인의 공기는 차체 바닥의 스트림라인보다 속도가 빠를 수밖에 없다. 이로 인해 차체 위 공기 압력이 차체 바닥의 공기 압력보다 낮아지고, 그 결과 차체가 위로 들리는 리프트 현상이 생긴다. 리프트가 발생하면 타이어의 접지력이 떨어지기 때문에 고속 주행 중 턴을 할 경우 스핀을 일으킬 수 있다. 리어 스포일러는 차체 꼬리로 떨어지는 스트림라인을 단축시켜 리프트를 줄일 수 있다.

스포일러나 리어 윙을 부착한 실제 자동차 혹은 모델을 가지고 풍동 실험, CFD 분석 등을 통해 공기 역학적 이득을 확인하지 않은 의문의 스포일러나 리어 윙은 자동차 장식물에 지나지 않는다. 그럼에도 불구하고 멋진 날개를 달고 일반 도로를 달리는 내 차의 모습이 그저 좋은 당신이라면 괘념치 말고 그냥 즐기자.

[그림 2] 프런트 윙과 리어 윙

반면 F1 레이스카의 프런트/리어 윙은 스포일러가 아니라 땅 밑으로 날기 위한 날개다. 레이스카의 리어 윙은 애초부터 공기의 흐름을 방해할 목적으로 디자인된다. 고속의 공기가 리어 윙에 부딪히는 힘을 이용하여 다운포스를 키우는 것이 레이스카 리어 윙의 목표다. 다운포스를 키우려면 윙의 각도를 키워야 하는데 이는 필연적으로 공기 저항 증가라는 부작용을 낳는다. 레이스카 리어 윙은 광범위한 속도에서 코너링 시 접지력 증가를 목적으로 하기 때문에 드래그 페널티를 피할 수 없다.

F1 레이스카에선 두 날개가 생성하는 다운포스의 전체 크기뿐만 아니라 두 힘의 균형도 중요하다. 고속 커브를 통과하는 레이스카에선 전후 축 다운포스 크기의 비율Aero Balance이 곧 전후 축 타이어 컨택트 패치를 누르는 수직 하중의 비율, 접지력의 비율이다. 즉, 고속 커브에선 '에어로 발란스=핸들링 발란스'다. 따라서 코너 통과 속도가 150km/h가 넘는 고속 커브의 정상 상태 핸들링 발란스는 거의 에어로 발란스만으로 조절한다. 레이스카 셋업 설명에서 잠시 언급하였다시피 리어 윙은 트랙 특성에 맞게 윙 전체를 통으로 바꾼다. 그리고 에어로 발란스는 프런트 윙의 플랩각으로 조절한다. 고속 커브에서 언더스티어 경향이 심하면 프런트 윙 플랩각을 키워 전륜 쪽 다운포스를 키운다. 반대로 오버스티어 경향이 크면 플랩각을 낮춰 전륜 쪽 다운포스를 낮춘다.

F1의 공기 역학 성능에 영향을 미치는 파트는 약 100여 개다. 플로어 끝에 붙은 작은 쇳조각, 날개 끝에 붙은 'ㄱ'자 거니, 위시본 형상, 각종 쿨링 파트 등 미세한 부품들이 모여 레이스카의 전체 공기 역학 성능을 결정한다. 이 중 윙은 가장 중요한 에어로 파트다. F1 레이스카에 날개가 없었다면 F1 레이스는 지금처럼 고속으로 코너를 돌지 못했을 것이고, 코너에서의 핸들링 발란스도 드라이버의 능력과 운에 맡겨야 했을 것이다.

11
스프링 Spring

정지 상태의 캠버와 토 조정만으로 주행 시 핸들링 성능을 원하는 방향으로 유도할 수 있다면 정말 좋겠지만 사실 이것이 쉽지 않다. 서스펜션 튜닝이 어려운 이유는 서스펜션이 쉼 없이 움직이는 기계요소이기 때문이다. 움직이는 자동차의 서스펜션 반응은 서스펜션 기구학을 통해 예측이 가능하다. 이전 장에서 설명했듯이 서스펜션 기구학은 휠이 상하로 움직임에 따라 캠버, 토, 컴플라이언스 등이 어떻게 바뀌는지를 나타내는 일종의 함수식이다. 좋은 서스펜션 메커니즘은 가속, 감속, 터닝의 정상 상태와 과도 상태 모두에서 고르게 타이어 접지력을 유지시켜 준다.

서스펜션을 구성하는 모든 컴포넌트의 상대적 위치는 휠의 상하 위치에 따라 바뀐다. 즉, 서스펜션 요소의 모든 반응은 휠 움직임의 종속 변수다. 따라서 휠의 움직임이나 요동이 적을수록 서스펜션 반응과 발란스 변화가 적고, 그 결과 타이어 접지력 변화도 줄어든다.

휠 움직임을 지배하는 가장 큰 인자는 노면의 형상과 하중 이동이다. 휠이 받는 노면 충격과 하중 이동으로부터 타이어-노면 접촉의 일관성을 유지하기 위한 필수 부품이 서스펜션 스프링이다. 서스펜션 스프링은 강성으로 그 성능을 나타내는데, 같은 무게로 눌렀을 때 변형이 작으면 상대적으로 단단한, 변형이 크면 상대적으로 부드러운 스프링으로 판단한다.

최적의 서스펜션 스프링 선택을 위해선 크게 세 가지를 고려해야 한다. 첫째, 차량 전체의 무게와 이 무게가 네 바퀴에 배분되는 정도다. 자동차가 무거울수록 이 힘을 지탱하기 위해 스프링 강도가 커져야 한다. 당연히 하중이 더 많이 쏠리는 축에 더 단단한 스프링을 써야 한다. 엔진이 전륜 축에 있어 앞이 무거운 자동차는 전륜 휠에 더 단단한 스프링이 필요하다. 포르쉐 911처럼 엔진이 후미에 있어 뒤가 무거운 자동차는 후륜 스프링이 튼튼해야 할 것이다.

둘째, 지면과 차체 바닥 사이의 공간, 즉 라이드 높이다. 라이드 높이가 낮을수록 차체의 무게 중심이 낮아져 하중 이동이 줄어들고, 그 결과 하중 발란스 변화가 적어져 타이어 접지력이 좋아진다. 낮은 라이드 높이는 공기 저항도 줄이고 다운포스도 높여준다. 하지만 차체의 높이를 낮추면 휠이 상하로 움직일 수 있는 여유가 줄어든다. 라이드 높이가 낮아지면 노면 충격 시 휠이

스토퍼를 치는 충돌 현상, Bottoming-out이 발생할 가능성이 커진다. 이 문제를 피하려면 더 단단한 스프링 사용해야 한다.

라이드 높이는 얼마나 낮추는 것이 좋을까? 이 대목에서 세 번째 고려 사항, 노면 상태가 판단의 근거가 된다. 라이드 높이의 최저점은 달려야 할 노면의 매끄러운 정도에 따라 달라진다. 만약 새로 깐 아스팔트처럼 노면이 매끄럽다면 라이드 높이가 낮아도 괜찮다. 불균일한 노면으로부터 오는 충격이 적어서 서스펜션이 감당해야 할 스트레스가 작기 때문이다. 반대로 울퉁불퉁한 노면을 달려야 한다면 라이드 높이를 높이고 더 부드러운 스프링을 사용함으로써 노면으로부터 전달되는 충격을 흡수해야 한다.

[그림 1] 전륜 히브 스프링의 위치

대부분의 로드카는 네 휠의 스프링 강도를 독립적으로 선택할 수 있다. 하지만 좌우 스프링 강도를 다르게 설정하는 경우는 없다. F1 서스펜션도 마찬가지다(단, 북미 NASCAR 레이스카는 비대칭 셋업 사용이 흔하긴 하다). [그림 1]은 토션 바가 사용된 전륜 스프링의 위치를 보여준다. 휠이 상하로 움직이면 로커가 회전하고 로커와 끼움 맞춤으로 물려있는 토션 바가 뒤틀려 스프링 반력을 생성한다.

전·후륜 스프링의 상대적 강도 차이는 오버스티어, 언더스티어로 대표되는 핸들링 발란스에도 영향을 미친다. 더 강한 스프링이 장착된 휠 축이 반대쪽 휠 축보다 접지력을 잃기 쉽다. 전후 하중 배분이 정확히 50:50인 자동차가 있다고 가정하자. 전륜 스프링 강도가 더 큰 자동차는 전륜부터 접지력이 줄기 때문에 언더스티어 경향이 높다. 반대로 후륜 스프링 강도가 크면 오버스티어 경향이 높아진다. 하지만 전후 스프링 강도를 바꿈으로써 핸들링 발란스를 조절하는 것은 피하는 것이 좋다. 언더스티어를 줄이기 위해 프런트 스프링 강도를 줄이면 브레이킹 시 앞쪽으로 쏠리는 다이브 현상이 심해진다. 오버스티어를 줄이기 위해 리어 스프링을 부드럽게 하면 가속 시 차가 뒤쪽으로 쏠리는 스쿼트 현상이 심해진다. 스프링 튜닝의 목적은 직진 주행 시 발생하는 하중 이동을 지탱하고 타이어와 노면 사이의 접촉을 높이는 것이어야 한다. 스프링으로 핸들링 발란스를 조절하는 것은 좋은 방법이 아니다.

12

안티롤 바
Anti-Roll Bar

전후 스프링 강도를 바꿈으로써 핸들링 발란스를 조절하는 것은 가급적 피해야 한다고 했다. 그렇다면 핸들링 발란스 조절을 위한 바람직한 서스펜션 튜닝 방법은 무엇일까?

터닝 중인 자동차는 횡 가속으로 인한 하중 이동과 서스펜션 스프링의 유연성 때문에 차체가 코너의 바깥쪽으로 기운다. 자연히 코너 바깥쪽 휠의 서스펜션 스프링은 수축되고 코너 안쪽 휠 스프링은 늘어난다. 코너 스프링만 있다면 좌우 휠의 운동은 완전히 독립적이다. 하지만 이 독립성이 터닝 시 차체의 발란스를 해친다. 터닝 시 차체의 롤이 커지기 때문이다. 차체의 롤 모션을 제어하기 위해 사용하는 서스펜션 요소인 안티롤 바 메커니즘은 기초 섹션에서 상세하게 다루었다. 안티롤 바는 좌우 휠을 연결하는 물리적 링크로서 두 휠의 비대칭 상하 이동을 구속한다. 즉, 이 링크 덕에 한쪽 휠이 들리면 반대 휠도 들리고 한쪽 휠이 처지면 반대 휠도 이를 따라간다.

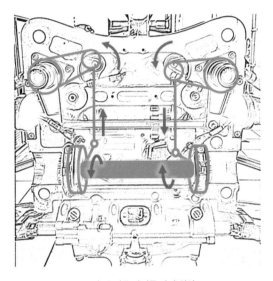

[그림 1] 전륜 안티롤 바의 위치

안티롤 바는 토션(뒤틀림) 스프링이다. 자동차가 터닝할 때 만 서스펜션 스프링 강도를 높여주는 장치로 이해하면 쉽다. 좌우 에서 휠과 로커를 연결하는 푸시로드가 비대칭 상하 운동을 하 면 좌우 로커의 회전 각도에 차이가 생겨 토션 바가 뒤틀리고 스 프링 복원력이 생긴다. 안티롤 바의 스프링 강성이 크면 클수록 좌우 휠의 상하 운동을 일치시키려는 힘이 커져 코너에서 차체 의 롤이 줄어든다. 반대로 부드러운 안티롤 바를 사용하면 좌우 휠의 독립성이 커져 롤 모션도 커진다. 안티롤 바는 직선 구간의 핸들링 성능에는 영향을 미치지 않는다. 하중이 좌우로 이동하여 롤 모션이 발생하는 터닝 시 핸들링 성능에 영향을 미친다.

터닝 시 차체가 경험하는 전체 하중 이동은 전후 안티롤 바가 나누어 지탱하는데, 두 축 사이의 배분 정도를 롤 배분Roll Distribution 또는 기계적 발란스라 칭한다. 어느 한 축의 안티롤 바를 교체하면 기계적 발란스가 바뀐다. 상대적으로 더 단단한 안티롤 바가 부착된 축이 더 많은 하중 이동을 감당한다. 하중 이동을 더 많이 지탱하는 축은 접지력이 한쪽 휠에 더 많이 집중되기 때문에 축 전체 접지력이 떨어지는 경향이 있다. 터닝 시 전후 축 접지력이 균형을 이뤄 핸들링 안정성이 가장 좋아지는 롤 배분, 기계적 발란스를 찾는 것이 핸들링 발란스 튜닝의 궁극적 목표다.

안티롤 바는 미드 코너 핸들링 발란스를 튜닝하는 가장 파워풀한 서스펜션 요소다. 핸들링 발란스 튜닝을 위한 안티롤 바 선택에는 골든 룰이 있다. 반드시 핸들링 발란스에 문제를 일으키는 축의 안티롤 바를 손봐야 한다는 것이다. 예를 들어, 미드 코너 구간에서 언더스티어가 심한 차가 있다고 가정하자. 언더스티어는 전륜의 접지력이 후륜에 비해 상대적으로 부족해 차머리가 레이싱 라인의 곡률을 충분히 따라가지 못하는 상태를 말한다. 따라서 전륜의 접지력을 높이거나 후륜의 접지력을 떨어뜨려야 전·후륜 접지력의 균형을 맞출 수 있다. 이 경우엔 전륜 안티롤 바의 강성을 낮춰야 한다. 반대로 오버스티어가 심하다면 후륜에 더 부드러운 안티롤 바를 사용해야 한다. 하지만 오버스티어 현상을 막기 위해 전륜의 안티롤 바 강성을 높이는 것은 피해야 한다. 이렇게 하면 핸들링 발란스를 개선할 순 있으나 전·후륜 모두의 접지력을 떨어뜨려 균형을 맞추는 꼴이니 접지력의 하향 평준화를 초래할 수 있다.

13

댐퍼Damper

서스펜션 스프링과 안티롤 바는 공히 스프링 물리 법칙의 지배를 받는다. 여러 스프링을 같은 힘으로 누르면 탄성 강도가 높은 것일수록 변형이 적다. 즉, 강도가 다른 서스펜션 스프링이나 안티롤 바를 사용하면 서스펜션이 지탱할 수 있는 하중의 한계, 혹은 출렁임의 크기가 달라진다. 서스펜션 스프링과 안티롤 바는 서스펜션이 얼마나 크게 움직이는가를 좌우하는 기계요소다.

스프링의 가장 큰 문제는 진동이다. 마찰이 없다면 외력이나 노면의 굴곡으로 인해 한번 출렁이기 시작한 히브 스프링과 안티롤 바는 고유한 진동수(주파수)로 영원히 출렁인다. 현실에선 마찰로 인해 출렁임이 결국엔 잦아들지만 정상 상태를 되찾을 때까지 시간이 걸린다. 진동은 라이드와 핸들링 성능을 해치는 불안정 요소다. 서스펜션이 안정적 라이드, 핸들링 성능을 보이려면 외부 자극에 대해 일정 정도 불감 능력이 있어야 하고, 되도록 빠르게 정상 상태로 복원되는 능력도 필요하다.

외부 자극에 대해 서스펜션이 얼마나 빠르게 반응하고 복원되는지를 조절할 수 있는 기계요소가 댐퍼다. 댐퍼는 과도Transient 핸들링 성능을 튜닝할 수 있는 가장 유용한 장치다. 만약 자동차에 스프링과 안티롤 바만 달려 있다면 브레이킹이나 터닝만으로도 서스펜션이 요동쳐 자세 안정성이 크게 나빠질 수 있다.

자동차에 흔히 쓰이는 댐퍼는 스트럿 혹은 튜브 형태다. 오일로 채워진 긴 튜브 속에 플런저Plunger가 자리하고, 이 플런저가 왕복 운동을 한다. 댐퍼는 플런저가 오일을 통과하는 과정에서 생기는 저항력으로 힘을 발생시킨다. 단단한 댐퍼와 부드러운 댐퍼의 차이는 마치 끈적한 꿀과 맹물 속에서 손을 휘저을 때 필요한 힘의 차이와 같다. 꿀은 물보다 점도가 커서 더 큰 저항력이 발생한다. 댐퍼의 저항력은 통상 플런저의 속도에 비례한다. 댐퍼를 더 빨리 움직이려 할수록 저항력은 커진다. 댐퍼는 수축과 팽창, 두 상태로 구분된다. 서스펜션 디자인에 따라 '수축은 범프Bump, 팽창은 리바운드Rebound', 혹은 그 반대가 될 수도 있다. 댐퍼 튜닝은 범프와 리바운드에 알맞은 댐핑의 강도를 찾는 과정이다.

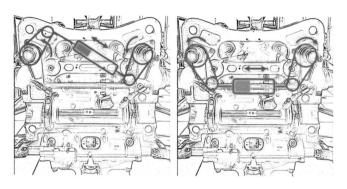

[그림 1] 롤 댐퍼(좌)와 히브 댐퍼(우)

F1 서스펜션에 사용되는 댐퍼 구조는 다양하다. 일반 로드카처럼 네 개의 휠 코너에 스프링과 댐퍼를 함께 설치해 롤&히브 모션을 처리하는 방법도 있지만 대개는 롤 모션과 히브 모션을 분리하고 각 모드에 전용 댐퍼를 사용한다. 그림 1의 좌측은 롤 모션, 우측은 히브 모션 시 로커의 움직임을 보여준다. 두 로커를 연결하는 링크 사이에 롤 댐퍼, 히브 댐퍼가 각각 자리한다. 이 메커니즘을 사용하면 히브 모션과 롤 모션의 범프/리바운드 성능을 독립적으로 조정할 수 있다.

댐퍼 강도는 라이드 성능에 어떤 영향을 미칠까? 댐퍼의 강도를 나타내는 계수, 댐핑이 크면 과도 상태 움직임에 대한 저항력과 정상 상태를 유지하려는 경향이 커진다. 노면이 부드럽고 고른 경우 단단한 댐퍼가 유리하다. 굴곡이 심한 노면 주행을 위한 튜닝이라면 단단한 댐퍼 사용은 피해야 한다. 너무 단단한 댐퍼를 사용하면 서스펜션이 노면 형상을 따라 신속하게 반응할 수 없다. 범프 댐핑을 약하게 하여 범프 감도를 높인다 해도 리바운드 댐핑이 너무 크면 휠이 원래 위치로 오는 것이 너무 더뎌 휠이 일시적으로 공중에 뜨는 상황이 발생한다. 휠이 공중에 뜨면 핸들링 성능에는 독이다. 타이어가 접지력을 100% 잃기 때문이다. 댐퍼가 전체적으로 너무 부드럽게 설정돼도 문제다. 범프 후 서스펜션 출렁임 때문에 타이어 접지력이 들쑥날쑥해져 핸들링 안정성을 해친다.

스프링 강도와 댐퍼 강도는 통상 같은 방향으로 조정된다. 턴-인과 코너 출구처럼 서스펜션이 출렁이는 과도 상태에서 핸들링이 불안하다면 댐퍼 튜닝을 통해 일정 정도 극복이 가능하다. 댐핑을 줄이는 쪽 타이어는 노면과의 접촉이 좋아져 접지력이 향상된다. 전륜 댐핑을 줄이면 언더스티어, 후륜 댐핑을 줄이면 오버스티어 경향을 줄일 수 있다.

[그림 2] WRC 랠리카

최적의 범프/리바운드 성능을 찾는 일은 쉽지 않다. 달려야 할 노면 품질과 주행 환경에 따라 특성이 달라져야 하기 때문이다. 댐퍼 튜닝의 가장 극단적인 예는 WRC로 대표되는 랠리카다. 랠리카의 댐퍼는 극도로 하드한 범프, 극도로 소프트한 리바운드로 특징지을 수 있다. 랠리카는 높은 범프 저항 덕분에 갑작스러운 범프 충격 후에도 안정적 자세를 유지할 수 있고, 낮은 리바운드 댐핑 덕에 휠과 노면 굴곡과의 접촉을 비교적 일정하게 유지할 수 있다.

댐퍼 튜닝의 방향은 주어진 주행 환경에 따라 크게 달라진다. 따라서 가장 이상적 댐퍼 튜닝은 실제 노면의 굴곡과 진동 주파수로 휠과 서스펜션을 흔들고 이때 타이어 컨택트 패치를 누르는 하중 변화를 가장 잘 줄여주는 댐핑을 찾는 것이다. 당연히 실제 코스를 달리고 튜닝하고를 반복하며 최적점을 찾는 것이 제일 확실한 방법이다. 하지만 F1에선 실차를 이용한 트랙 시험 기회가 극히 적어서 실험적 방법 외 다른 대안이 없다. 비단 F1뿐만 아니라 양산 자동차 개발 과정에서도 실험적 방법으로 서스펜션의 과도 반응을 튜닝한다. 가장 널리 활용되는 서스펜션 과도 반응 실험 장비는 7-포스터7-Poster 혹은 셰이커Shaker다. 7-포스터는 상하로 움직이는 네 개의 휠 팬Wheel Pan과 차체에 누르는 힘을 가하는 여러 개의 액추에이터로 구성된다. 먼저 레이스카를 휠 팬 위에 올리고 액추에이터를 레이스카 보디의 단단한 힘점에 부착한다. 이 액추에이터를 제어해 힘의 크기와 폭,

파형으로 차체를 누를 수 있고 이를 통해 트랙에서 새시에 작용하는 다운포스를 실험적으로 구현한다. 휠 팬 아래에도 액추에이터가 있다. 휠 팬이 상하로 움직이면 그 위에 놓인 휠도 같이 움직이므로 노면의 굴곡 프로파일 변화를 재현할 수 있다. 각 팀은 모든 이벤트, 세션, 레이스마다 레이스카의 여러 상태를 로그 데이터로 남긴다. 이 로그 데이터에 기록된 휠의 진동과 다운포스 변화를 액추에이터 움직임으로 재생하면 레이스카가 실제 트랙에서 달리는 것처럼 서스펜션을 흔들 수 있다. 이 실험을 통해 목표하는 트랙의 진동 환경에서 서스펜션 과도 반응을 관찰하고 컨택트 패치 하중 변화를 줄여줄 최적의 스프링과 댐핑을 찾는다.

14
브레이크 Brake

수동 변속기가 멸종되다시피 한 국내에서 대다수 운전자들이
인식하는 자동차는 스로틀 페달을 밟으면 빨라지고, 브레이크
페달을 밟으면 느려지는 기계다. 도로 주행은 이 두 페달과 스티
어링 조작을 필요한 만큼만 병행하면 된다. 일상 주행 맥락에서
스티어링과 스로틀 페달 컨트롤은 안전을 크게 위협하지 않는
다. 파워풀한 엔진을 탑재한 자동차들도 가속 과정에서 사고를
일으키는 경우는 드물고, 로드카의 스티어링 기어비는 안전을
감안해 둔감하게 설정되거나 차량 속도에 따라 전자적으로 조
절된다.

브레이크는 위험 요소

대부분의 자동차 사고는 브레이킹 과정에서 생긴다. '브레이크 페달을 밟으면 무조건 자동차를 세울 수 있다'는 믿음은 위험천만하다. 우리는 안전해지기 위해 브레이크 페달을 밟지만 겁 없이 아무 때나 브레이크 페달을 밟다간 사고를 자초할 수 있다. 브레이킹 안전성을 크게 개선하는 가장 확실한 방법은 고성능 브레이크를 장착하는 것이다. 그러나 브레이킹엔 하드웨어 업그레이드로도 해결되지 않는 치명적인 위험 요소가 숨어 있다. 브레이킹의 위험성은 운전을 배우는 과정에서도 심각하게 다뤄지지 않으며, 대다수 운전자가 이 중요한 사실을 잊고 살아간다. 레이스카의 브레이킹 과정을 알면 안전한 브레이킹 방법도 터득할 수 있다.

레이스카는 한 코너를 통과하기까지 대략 여섯 단계를 거친다. 각 단계별로 페달 컨트롤 방법이 다르다.

첫 번째, 직선 코스에서 풀 스로틀로 전력 질주하다 코너 입구가 가까워지면 직선 코스 말미에 풀 브레이크를 밟는다. 필요한 감속은 코너 진입 전에 모두 끝마쳐야 한다. 직선 구간에서 감속해야 타이어의 모든 그립을 브레이킹에 온전히 쓸 수 있기 때문이다. 아주 약간의 코너링도 타이어의 그립을 횡방향으로 분산시킨다.

두 번째, 코너에 접어들면 트레일 브레이킹Trail Braking을 시작한다. 트레일 브레이킹은 브레이크를 부분적으로 밟은 상태에서 코너에 진입하는 기술이다. 트레일 브레이킹의 목적은 감속이 아니라 풀 브레이킹으로 인해 앞으로 쏠렸던 하중이 갑자기 뒤로 이동하는 현상을 막는 것이다. 이 기술은 오로지 레이싱 드라이버를 위한 것이다. 일반 도로에서 트레일 브레이킹을 구사하다간 큰 사고로 이어질 수 있다. 트레일 브레이킹을 안정적으로 구사하려면 수많은 시행착오를 통해 브레이킹 강도에 따른 하중 이동 변화를 몸으로 기억해야 한다. 레이스 트랙에선 풀 브레이크를 밟았다가 급작스레 발을 떼는 순간 차의 머리가 순간적으로 들리는 것이 느껴진다. 하중 이동은 접지력 배분 변화를 의미한다. 턴 구간에서 브레이크 페달을 불연속적으로 밟거나 떼면 접지력 전후 배분이 요동쳐 자동차가 스핀을 일으킬 수 있다. 따라서 일반 도로에선 직선 구간에서 이미 감속을 마치고 턴-인 이전에 브레이크 페달에서 발이 떨어져 있어야 한다. 트레일 브레이킹 여부에 상관없이, 브레이크 페달에서 발을 뗄 때에는 부드럽게 하는 것이 발란스 유지의 키포인트다.

세 번째, 브레이크 페달에서 발을 완전히 떼고 가속 페달로 이동한다. 브레이크-스로틀 페달 교차는 최대한 부드럽게, 연속적으로 이어져야 한다. 로드카 운전 시에도 이 원칙은 여전히 유효하다. 브레이킹과 가속 사이에 불연속적 충격이 발생하지 않도록 조심해야 한다.

네 번째, 브레이킹에서 가속으로 전환이 완료되면 잠시 동안

부분 스로틀로 최대 곡률 포인트를 돌게 된다. 이를 에이펙스Apex 라 한다. 이 구간에서 스로틀 컨트롤은 가속을 위한 것이 아니 라 마찰로 인한 감속을 보상하며 등속을 유지하는 것이 목적이 다. 이 구간에선 10~20%의 스로틀만 사용한다. 등속 유지는 차 량 하중의 전후 발란스, 즉 접지력 배분을 일정하게 유지시키는 가장 확실한 방법이다.

다섯째, 코너 출구가 보이면 스티어링을 점차 풀기 시작한다. 이와 더불어 스로틀 페달도 더 깊게 밟는다. 이후 레이스카는 최 대한 빨리 풀 스로틀로 복귀해야 한다. 풀 스로틀 시점은 엔진 의 파워와 접지력에 따라 달라진다. 접지력에 비해 파워가 세면 풀 스로틀 시기를 늦춰야 한다. 200마력을 넘지 않는 대다수의 로드카로 트랙을 달리면 풀 스로틀로 코너를 빠져나와도 그립 을 놓칠 확률이 크지 않지만, 일반 도로에선 그 어디서도 풀 스 로틀을 밟으면 안 된다. 레이싱 코너 탈출을 한답시고 일상에서 레이스 드라이빙을 흉내 내는 어리석은 짓은 하지 말자.

잠기면 안 된다

[그림 1] 브레이크 잠김

브레이킹이 위험해지는 또 다른 때는 브레이크 토크가 너무 커 브레이크가 완전히 잠길 때Lock-up이다. 브레이크를 밟았을 때 휠이 잠기면 타이어 마찰력이 급격히 떨어지고 타이어가 미끄러지기 시작한다. 타이어가 미끄러지면 우리는 더 이상 브레이크 페달로 자동차의 속도를 줄일 수 없다. 양산형 자동차에 널리 쓰이는 ABSAnti-Lock Brake System는 브레이크 잠김이 감지될 때 브레이크를 살짝살짝 빈번하게 풀어줌으로써 잠김 현상으로 생길 마찰력 손실을 줄여준다.

브레이크 록업이 생기면 타이어에도 상처가 남는다. 타이어가 잠긴 상태에서 미끄러져 일부만 닳으면 평평해진 부위(플랫 스폿: Flat Spot)가 생긴다. 플랫 스폿은 타이어가 회전할 때마다 불필요한 진동을 일으키고 브레이크를 세게 밟을 때마다 플랫 스폿에서 반복적으로 휠이 잠겨 심하면 타이어 파열이 생길 수 있다.

[그림 2] 브레이크 발란스 조정(Adjustment) 버튼

브레이크는 코너 입구에서의 핸들링 발란스에도 영향을 미친다. F1 레이스카에는 ABS가 없다. 대신 브레이크 발란스를 드라이버가 바꿀 수 있다. 기본 브레이크 발란스는 기본 브레이크 맵으로 결정되고 대략 60% 수준이다. 드라이버는 트랙 구간별 록업 경향에 따라 브레이크 바이어스 +/- 버튼을 이용해 실시간으로 브레이크 발란스를 원하는 방향으로 바꿀 수 있다. 만약 코너 입구에서 전륜 브레이크가 잠기면 타이어 접지력이 떨어져 언더스티어 경향이 강해진다. 이때는 브레이크 바이어스를 후륜 쪽으로 이동해 전륜 브레이크 잠김을 막으면 핸들링 발란스가 개선된다. 반대로 후륜 브레이크가 잠기면 후륜 접지력 저하로 오버스티어가 생기므로, 브레이크 바이어스를 전륜 쪽으로 이동시킨다.

15
레이싱 라인
Racing Line

일상의 도로 주행은 도로 좌우 경계 혹은 차선이 안내하는 길을 수동적으로 따라가는 비교적 단순한 경로 추적Path-following이다. 일상 운전에서 드라이버는 최단 거리 혹은 최단 시간 경로를 고민할 필요가 없다. 그래서 심신만 건강하면 누구라도 자동차를 운전할 수 있다. 반면 레이스 드라이빙은 많은 변수를 동반한 최적화 프로세스다. 레이싱 드라이버는 매 순간 주어진 트랙 곡률에서 최대의 직진 가속도를 뽑아낼 수 있는 스로틀, 브레이크, 기어 포지션 입력값을 찾아야 한다. 트랙 경계를 벗어나지 않는 한 이동 경로도 자유롭게 선택할 수 있다. 레이싱 드라이버는 랩타임이 최소가 되는 가상의 이동 경로를 스스로 선택하며 따라가야 한다.

누군가 점 A에서 점 B까지 따라갈 경로를 점선으로 미리 표시해준다면, 이 점선을 따라 선을 그리는 것은 일도 아니다. 하지만 레이스가 미리 그어진 선을 따라가는 게임이라면 무슨 재미가 있겠는가? 레이스는 드라이버에게 레이스 트랙이라는 빈 종이를 주고 가장 짧고 효율적인 선을 그리게 하는 게임이다. 그리고 드라이버가 답으로 그린 선을 레이싱 라인Racing Line이라고 한다.

[그림 1] 트랙에 선명하게 드러난 레이싱 라인

레이싱 라인은 레이스 트랙 위에 그려진 가상의 선으로, 이 선을 따라 달리면 레이스카가 트랙을 가장 빨리 완주할 수 있다. 어떤 레이스 트랙에선 레이싱 라인이 육안으로 보이기도 한다. 수많은 레이스카가 비슷한 레이싱 라인을 따라 달리는 과정에서 타이어 러버가 타맥 표면에 쌓여 마치 일부러 그린 듯한 검은 선이 생기는 경우다. 비가 그친 후 트랙이 마르는 과정에서도 타이어와의 접촉이 많은 노면의 수분이 먼저 증발하면서 레이싱 라인이 선명하게 드러나기도 한다. 최고의 F1 드라이버는 레이싱 라인을 가장 잘 그리는 드라이버다. 레이싱 라인의 모양은 달리는 구간이 코너인지 직선인지, 코너라면 곡률의 크기가 큰지 작은지, 레이스카의 엔진 파워와 타이어 그립이 어떤지에 따라 달라진다.

완벽한 레이싱 라인을 찾기는 어렵고, 최적의 레이싱 라인은 드라이버마다 다르다. 하지만 레이싱 라인을 찾는 원리는 크게 어렵지 않다. 함께 레이싱 라인을 그려보자.

트랙 토막 내기

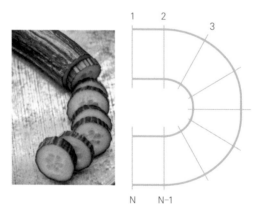

[그림 2] 트랙 토막내기

먼저 트랙 전 구간을 일정한 크기의 마디로 잘게 나눈다. 더 정확한 레이싱 라인을 원하면 마디를 촘촘하게, 대충 하려면 마디를 듬성듬성 나누면 된다. 이 결과 전체 트랙 구간에 N개의 마디가 생긴다.

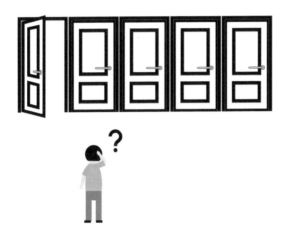

[그림 3] 어떤 문을 선택할 것인가?

그다음 토막 난 트랙 마디마다 폭을 가로질러 여러 개의 문을 놓는다. 같은 크기, 같은 너비의 문을 [그림 3]처럼 나란히 배치한다. 이 문의 개수 역시 우리가 선택하기 나름이다. 일단 다섯 개를 놓자. 게임의 규칙은 간단하다. 당신은 출발선에서 다섯 개의 문 중 맨 왼쪽 문을 통과한다. 다음 마디엔 아까와 똑같은 다섯 개의 문이 보이고, 당신은 이 중 하나를 선택한다. 이제 선택한 문으로 이동해 문을 열고 통과한다. 이 과정을 반복하며 결승선까지 가면 된다.

[그림 4] 미니 레이싱 라인

'다음 마디 확인—문 선택—선택한 문으로 이동—통과'를 반복할 때마다 당신은 미니 레이싱 라인을 그리게 된다. 미니 레이싱 라인은 조금 전 내가 통과했던 문(조금 전), 지금 내가 선택한 문(지금), 그리고 다음으로 내가 선택할 문(다음), 이 세 개의 문을 연결한 선이다.

문을 선택하는 방법

방금 전 문을 통과하고 다음 선택 마디에 놓인 다섯 개의 문을 본다. 이제 어떤 문을 선택할지가 문제다. 당신이 무속인이라면 매번 점을 쳐 가장 재수 좋은 문을 택하려 하겠지만, 지성인이 취할 행동은 아니다. 과학적으로 문을 선택하는 방법은 목표를 어떻게 정하느냐에 따라 달라진다. 이 목표를 목표 함수Objective function 혹은 비용 함수Cost function라고 한다. 당신의 임무는 이 목표를 가장 적은 노력으로 달성하는 것이다. 목표를 어떻게 정해야 가장 효율적인 레이싱 라인을 그릴 수 있을까?

먼저 이동 거리를 가장 짧게 하는 전략이 있다. 이동 거리가 짧으면 이동 시간을 줄일 수 있다. 이때 목표 함수는 아래와 같다.

목표 1 = (이동 거리 1 + 이동 거리 2) 가 가장 작은 경로

방향 전환을 가장 완만하게 하는 전략도 있다. 방향 전환이 완만하면 이동 경로의 곡률이 작아져 속도를 더 높일 수 있다. 이때 목표 함수는 아래와 같다.

목표 2 = (방향 전환 1 + 방향 전환 2) 가 가장 작은 경로

목표 1과 2는 나의 능력과 상관 없이 트랙의 기하학적 형태만 고려한 전략이다.

이 두 전략에 상대적 가중치를 두면 이 두 목표를 하나로 엮을 수도 있다.

> 목표 1 ↔ 2 = { 목표 1 × 가중치 + 목표 2 ×
> (100% - 가중치) } 가 가장 작은 경로

이 목표 함수의 장점은 두 목표를 적절하게 섞을 수 있는 유연성이다. 가중치를 1로, 즉 '이동 거리 최소화'에만 두면 목표 1로, 가중치를 0으로 둔다. '방향 전환 최소화'에만 두면 목표 2로, 가중치를 0과 1 사이에 둔다.

이동 시간을 가장 짧게 하는 것을 목표로 할 수도 있다. 내가 낼 수 있는 힘으로 가장 빨리 이동할 수 있는 경로를 찾는 것이다.

> 목표 3 = (이동 시간 1 + 이동 시간 2) 이 가장 작은 경로

목표 3은 트랙의 기하학적 형태와 내 능력을 함께 고려해야 해서 앞의 목표들보다 달성이 더 어려운데, 이것이 레이스의 진짜 목표다. 이동 거리가 같을 때 이동 시간은 속도가 클수록 짧다. 따라서 레이스의 목표는 아래와 같다.

$$목표 3 = \left(\frac{이동\ 거리\ 1}{속력\ 1} + \frac{이동\ 거리\ 2}{속력\ 2} \right) 이\ 가장\ 작은\ 경로$$

직선 구간에서 레이스카의 최고 속력은 엔진 파워에 좌우된

다. 하지만 이 엔진 파워도 타이어 트랙션이 충분해야 구동력으로 온전히 변환된다.

$$직선\ 최고\ 속력 : 속력\ 1 = \left(\frac{최대\ 타이어\ 트랙션 - 공기\ 저항}{레이스카\ 질량} \right) \times 시간\ 간격 + 이전\ 속력$$

코너에서 최고 속도는 전적으로 타이어 접지력과 코너 곡률의 지배를 받는다.

$$코너\ 최고\ 속력 : 속력\ 2 = \sqrt{\frac{최대\ 타이어\ 접지력}{레이스카\ 질량} \times 회전\ 반경}$$

결국 전 구간 레이싱 라인의 모양을 결정하는 가장 중요한 요소는 타이어 컨택트 패치의 접지력 한계다. 레이스는 출발선부터 결승선까지 정해진 목표를 만족하는 문을 선택하며 진행하면 된다. 각각의 라인에서 내가 선택한 문들, 즉 출발선부터 결승선까지 그린 미니 레이싱 라인을 한데 모으면 전체 레이싱 라인이 완성된다.

레이싱 라인

이제 목표를 달리할 때 레이싱 라인이 어떻게 바뀌는지 살펴보자.

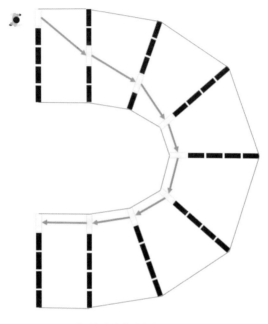

[그림 5] 최단 거리 레이싱 라인

먼저 이동 거리를 최대한 줄이는 전략으로 달렸다. 시작부터 끝까지 최단 경로만을 선택해 달리면 [그림 5] 같은 모양이 될 것이다.

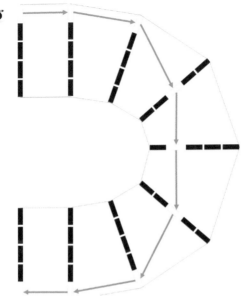

[그림 6] 최소 곡률 레이싱 라인

　방향 전환(곡률)을 최대한 줄이는 전략으로 달리면 어떨까? 시작부터 끝까지 방향 전환을 최대한 자제하며 완만한 경로를 선택해 달리면 [그림 6]의 모양이 될 것이다.

　하지만 실제 레이스는 최단 경로, 최소 방향 전환이 아닌 최소 이동 시간을 목표로 한다. 레이스카는 트랙의 모든 마디에서 엔진 파워와 타이어 접지력이 허락하는 가장 빠른 속도로 달려야 하고, 이 속도로 각각의 미니 레이싱 라인의 통과하는 시간을 모두 합했을 때 가장 빠른 경로를 선택해야 한다.

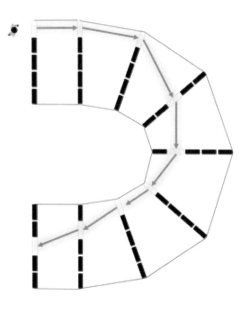

[그림 7] 최단 시간 레이싱 라인

　보편적으로 나타나는 레이싱 라인의 형태는 코너 입구 구간
에선 가장 완만한 방향 전환으로 타이어 접지 효율을 극대화하
고, 코너 탈출 구간에선 최단 경로를 선택해 엔진 파워를 온전
히 사용하는 [그림 7] 같은 형태다.

　이처럼 레이싱 라인의 수학적 의미는 의외로 간단하고 하늘
에서 새의 눈으로 트랙을 내려다볼 수만 있다면 그럴듯하게 그
리기도 어렵지 않다. 하지만 드라이버의 눈으로 트랙을 보면 아
마 생각이 달라질 것이다. 유튜브, 혹은 어느 검색창에서든 'F1

helmet cam' 같은 문장을 검색하면 드라이버의 시야에 잡히는 트랙을 볼 수 있다. 개방적이고 탁 트인 시야에서 경기에 임할 것이라는 생각과는 달리, 차체에 시야가 가리고 답답하다는 느낌을 감출 수가 없다. 이런 느낌은 코너링을 할 때 더 극적으로 느껴지는데, 코너 구간에 진입했을 때 F1 드라이버에게는 저 멀리 코너의 끝이 살짝 보일 뿐이다. 일반인의 눈으론 가장 짧은 라인도, 가장 완만한 라인도, 가장 빠른 라인도 알 길이 없다. F1 드라이버는 불충분한 시각 정보, 기억, 경험, 예측, 본능을 활용해 자신의 레이싱 라인을 그린다. 그럼에도 불구하고 이들의 레이싱 라인은 컴퓨터가 예측한 최적 레이싱 라인과 놀랍도록 일치한다. 또, 같은 레이싱 라인을 따라가도 F1 드라이버는 일반인보다 두 배 이상의 속도를 거뜬히 낸다. 레이싱 라인의 이론과 실제는 이렇게나 다르다. 어떤 일을 함에 있어 교과서적 이론에 능통했다고 현장의 지혜를 존중하지 않는 것은 매우 위험하고 어리석은 태도다.

16

불확실성
Uncertainty

현대 F1 레이스에서 정확한 날씨 예측은 레이스의 성패와 직결된다. 기상 변화에 신속하게 대응하지 못한 팀은 레이스에서 반드시 실패한다. 모든 F1 팀은 레이스 트랙 주변의 기상 변화를 실시간으로 모니터링한다. 하지만 첨단 위성 기술을 활용한 기상 예측도 지구상 특정 위치의 기상 변화를 분 단위로 예측할 정도로 정확하진 못하다. 기상 변화의 불확실성Uncertainty은 F1의 오락성을 높여주는 요소이지만, 레이스카 셋업과 전략을 책임져야 하는 엔지니어들에겐 신의 저주다.

과학에서 베팅으로

비가 예고된 날이면 F1 레이스 팀은 초비상 상태가 된다. 기상 상태가 바뀌면 레이스 트랙의 온도, 습도, 접지력 예측값이 쓸모없어지고, 예상 조건에 맞춰 준비한 레이스카 셋업과 레이스 전략도 모두 버려야 한다. 레이스 당일 날씨가 예선Qualifying 날씨와 크게 다르지 않으면 보통 퀄리파잉 셋업이 레이스 셋업으로 사용된다. 만약 레이스 스타트 한두 시간 전에라도 비가 오기 시작하면 웻 컨디션에 맞게 셋업을 조정할 여유 시간이 있어서 나름대로 이성적 대처가 가능하다. 하지만 만약 레이스 당일 드라이 스타트 후 미지의 시점부터 비가 올 것으로 예측되면 레이스카 셋업 결정은 과학의 영역에서 도박의 영역으로 바뀐다. 레이스 중간에 비가 올 것에 베팅하고 웻 셋업Wet Setup으로 레이스에 출전한 팀은 반드시 비가 내려야 좋은 결과를 기대할 수 있다. 기상 예측이 빗나가 레이스가 드라이 상태로 끝나버리면 '비 온다'에 베팅했던 팀들은 판돈을 다 잃는다. 당연히 그 반대에 베팅한 드라이 셋업Dry setup 팀들은 좋은 결과를 얻을 확률이 높아진다.

기상 예보에 가장 민감한 사람은 레이스 전략가Race Strategist다. 레이스 전략은 타이어 교체 타이밍 선택이 가장 큰 비중을 차지한다. 모든 레이스카는 레이스가 끝나기 전까지 1회 이상 타이어를 교체해야 하는데, 반드시 두 종 이상의 컴파운드를 사용해야 한다. 타이어 교체 타이밍을 결정하는 가장 중요한 판단 근거는 랩을 거듭함에 따라 나타나는 타이어의 접지력 변화다. 접지력 변화는 랩 타임의 증감으로 판단한다. 접지력이 높으면 랩 타임이 줄고, 반대면 늘어난다. 연습 세션과 예선이 끝나면 이 기간 중 사용했던 컴파운드 3종의 최소 랩 타임과 랩 타임 변화 양상이 대략 드러난다. 이 변화 곡선을 연장해 각 컴파운드의 한계 수명도 예측한다. 각 팀의 레이스 전략가는 트랙 컨디션 변화에 따른 랩 타임 변화를 관찰하면서 타이어 수명에 맞는 핏 스톱 타이밍을 정하고, 이때 장착할 타이어 컴파운드도 결정한다.

비가 오면 이 모든 예측이 쓸모를 잃는다. 노면의 접지력이 급락하고 레이스카가 감당할 수 있는 모든 성능 한계가 떨어진다. 웻 타이어를 달아도 가장 하드한 드라이 타이어 성능에 훨씬 못 미치며, 이때의 성능을 예측할 기초 데이터도 없다. 드라이버가 실수할 가능성도 커진다. 마른 노면에선 랩이 거듭될수록 트랙의 온도가 높아져 접지력이 상승한다. 타이어에서 떨어져 나온 고무 파편들이 노면에 박히며 접지력이 높아지는 효과도 나타난다. 하지만 비가 오면 이런 공짜 이득이 모두 사라진다.

[그림 1] 기상 변화의 불확실성

　비가 올 경우를 대비해 F1 경기 운영 규칙은 여러 가지 대
응 프로토콜을 마련해두었다. 비가 오는 경우라 하더라도 레이
스 스타트의 기본은 스탠딩 스타트(Standing start: 정지 상태에서 출
발)다. 만약 비가 너무 많이 와서 스탠딩 스타트 과정 중 안전사
고가 예상되면 레이스 디렉터Race director는 스탠딩 스타트 대신 저
속으로 세이프티 카 뒤를 따라 달리다 출발하는 플라잉 스타트
Flying start를 선언할 수 있다. 레이스 시작 후 드라이버의 안전이 걱
정될 정도로 기상이 악화되면 레이스 디렉터는 세이프티 카를
선언해 트랙의 안전을 최우선으로 확보한다. 이때 각 팀의 레이
스카는 저마다의 판단에 따라 현 기상 상황에 적합한 웻 타이
어로 바꿔 달 수 있다. 모든 레이스카가 풀 웻Full wet 타이어를 달

고도 안전한 레이스 진행이 어려울 만큼 강우량이 많다고 판단되면, 레이스 디렉터는 레이스 중단이나 취소를 결정한다.

Plan B

젖은 노면을 고속으로 달릴 때 자동차의 안전을 위협하는 가장 큰 위험 요소는 수막현상이다. 수막현상을 줄이려면 타이어와 노면의 접촉면이 물로 채워지지 않도록 물길을 터주어야 한다. F1 드라이 타이어는 그루브가 없는 슬릭 타이어다. 반면 F1 웻 타이어는 그루브가 있어서 컨택트 패치가 젖은 노면에 닿을 때 그루브 사이에 물을 머금었다가 떨어질 때 그 물을 발산한다. 이 경우에도 웻 타이어의 그루브 패턴은 타이어 컨택트 패치와 트랙 사이의 접촉이 최대화될 수 있도록 설계된다. 웻 타이어는 인터미디엇Intermediate과 풀 웻, 두 종류다. 인터미디엇은 노면이 부분적으로 젖었거나 비의 양이 적을 때 사용된다. 풀 웻은 인터미디엇에 비해 배수력이 월등히 높아 비의 양이 많을 때 우월한 성능을 보이지만, 인터미디엇에 비해 마찰 저항이 커서 성급히 사용하면 레이스 페이스를 잃을 수 있다. 만약 비가 그치고 트랙이 마르기 시작하면 적절한 시점에 풀 웻에서 인터미디엇으로 바꿔야 한다. 하지만 너무 성급하게 인터미디엇으로 바꾸면 접지력 부족으로 통제력을 잃을 수 있다.

타이어의 접지력은 기계적 접지력과 공기 역학적 접지력에 의해 결정된다. 이 둘의 합이 클수록 더 빠르고 안정적인 랩을 펼칠 수 있다. 보통 기계적 접지력은 저속 코너링 구간의 성능을, 공기 역학적 접지력은 직선과 고속 코너링 구간의 성능을 지배한다. 비가 오면 트랙 모든 구간에서 속도를 줄여야 하기 때문에 공기 역학적 영향이 크게 준다. 따라서 비가 오면 기계적 접지력을 더 많이 낼 수 있는 레이스카가 더 좋은 핸들링 성능을 보인다. 타이어의 기계적 접지력은 타이어와 노면이 더 세게, 더 오랫동안 밀착될수록 높아진다. 타이어 컨택트 패치 크기는 서스펜션 지오메트리와 셋업을 통해 조절할 수 있다. 레이스 엔지니어는 기상 상태와 노면 상태, 드라이버의 피드백, 다양한 시뮬레이션 결과를 바탕으로 웻 컨디션에 맞게 서스펜션을 다시 셋업한다.

웻 컨디션을 위한 레이스카 셋업은 방어적 성격이 강하다. 비가 오면 기계적 접지력을 지키는 것이 가장 중요하기 때문에 타이어와 노면이 가능한 한 오래 접촉할 수 있도록 드라이 컨디션 셋업보다 부드러운 서스펜션 스프링, 댐퍼, 안티롤 바가 사용된다.

드라이 컨디션에선 라이드 높이Ride Height가 낮을수록 좋다. 라이드 높이를 낮춰야 공기 역학적 다운포스 생성에 유리하고 무게 중심도 낮출 수 있기 때문이다. 하지만 비가 오면 낮은 라이드 높이는 위험요소로 돌변한다. 트랙 군데군데에 고인 물 위를 차체 바닥이 고속으로 스치고 지나가면 차체가 마치 수상스키처럼 물 위에 떠서 통제 불능이 되는 아쿠아플레이닝Aquaplaning 상태가 된다. 따라서 비가 오면 아쿠아플레이닝 현상이 일어나지 않도록 레이스카의 라이드 높이를 높여야 한다. 라이드 높이가 커지면 차체와 디퓨저 등에 의해 생성되는 다운포스의 크기가 현저하게 줄기 때문에 앞뒤 윙의 플랩 각도를 최대한 높여 줄어든 다운포스를 보상해야 한다.

비 때문에 셋업을 바꾸더라도 핸들링 발란스는 드라이 셋업과 최대한 비슷하게 유지해야 드라이버가 적응해야 할 발란스 변화 충격을 줄일 수 있다. 이를 위해 전후 다운포스 레벨, 전·후륜의 서스펜션 스프링 강도를 드라이 셋업과 같은 비율로 증가 혹은 감소시킨다.

F1 엔진은 토크와 파워가 매우 크다. 노면이 미끄러우면 타이어가 버틸 수 있는 힘의 한계가 낮아져 엔진의 출력을 타이어 컨택트 패치의 탄성력으로 온전히 전달할 수 없다. 접지력에 비해 엔진 출력이 크면 엔진 토크를 타이어 컨택트 패치까지 가능한 한 부드럽게 전달하는 것이 좋다. 그래서 비가 오면 토크 공격성이 덜한 엔진 맵이 사용된다. F1 레이스카의 엔진 맵 교체는 소프트웨어를 통해 간단하게 처리된다. 웻 셋업에선 엔진이 최고 출력까지 도달하는 시간을 다소 완만하게 설정해 후륜의 과슬립Over-slip을 최대한 억제한다. 기어비 변경이 자유로웠던 과거엔 기어비를 줄여 최고 출력에 도달하는 시간을 늘렸다. F1에서 기어비 변경이 금지된 이후엔 '쇼트 시프팅Short Shifting'이란 드라이빙 기술로 이와 유사한 효과를 내기도 한다. 쇼트 시프팅은 엔

진이 최고 출력에 도달하기 전에 기어를 변속해 후륜의 과슬립을 피하는 기술이다. 또 코너링을 쉽게하기 위해 LSD 디퍼런셜 세팅도 완만하게 조정된다.

이렇듯, 레이스 중 비가 오면 이변이 속출한다. 우선 사고 빈도가 높아져 세이프티 카나 레드 플래그(레이스 중단)이 등장할 가능성이 높다. 레이스가 중단되면 애써 벌린 뒤차와의 격차는 한순간에 물거품이 된다. 레이스카 성능도 하향 평준화되어 드라이버 실력 차가 레이스 결과에 더 잘 반영된다. 판이 흔들리면 게임은 더 치열하고 재밌어진다. 프레임에 갇혀 허둥대는 사람들의 모습을 전지적 시점으로 보는 것만큼 재밌는 것도 없다. 다만 프레임 속에 갇힌 자들의 고생도 생각하자. 비가 오면 〈오징어 게임〉의 참가자처럼 앞으로 무슨 일이 터질지 몰라 긴장해야 하는 드라이버와 레이스 팀은 죽을 맛이다.

PART 3

F1의 인문학

EXTREME RACING CHALLENGES

HUMAN LIMITS

01
우상화 Idolisation

'수억 명', '수천억 원', '초고속', '익스트림' 등 F1이란 스포츠를 묘사하기 위해 쓰이는 수식어는 하나같이 최상급이다. F1은 다양한 모터스포츠 종목 중 하나일 뿐인데도 전 세계 모터스포츠 팬덤의 동경과 인기를 독식한다. 경제 규모로 따져도 전 세계 모터스포츠 시장에서 F1이 차지하는 비율은 독점에 가깝다. 콜라 시장의 코카콜라, 에너지 드링크 시장의 레드불에 비견될 만큼 F1의 위상은 전 세계 모터스포츠 시장에서 절대적이다. 모터스포츠 바닥에는 'F1 is not good at looking down(F1은 아래를 거들떠보지 않는다)'라는 말이 있다. 세간의 눈에 콧대 높고 건방진 스포츠로 보이는 F1을 비꼬는 동시에 F1이 타의 추종을 허락하지 않는 독점적 상품임을 인정하는 말이다.

나는 F1의 독점성 Exclusiveness과 시장 가치가 과대평가되었다고 생각하지 않는다. F1의 시장성과 흥행성은 반세기가 넘는 세월 동안 유럽, 미국을 비롯한 전 세계 여러 나라에서 증명되었다. 아시아 지역으로 시야를 좁혀도 F1은 인기 상품이었다. 수백만 명의 F1 마니아를 보유한 일본의 F1 사랑은 말할 것도 없고, F1 그랑프리가 열렸던 아시아 국가인 중국, 말레이시아, 싱가포르에서도 F1은 큰 사랑을 받았다. F1 레이스 관람을 위한 라이선스 구독과 현장 관람 흥행 성적도 좋다. 우리나라에서도 F1에 대한 평가는 브랜드 가치, 기술 어필, 엔터테인먼트 요소, 경제 효과 등 여러 방면에서 후한 편이다. F1에 대한 대중 인지도도 낮지 않다. 2010년 '코리안 그랑프리Korean Grand Prix'가 시작될 당시 한국의 거의 모든 매체가 F1의 이모저모를 대중에게 친절하게 소개한 덕분이다.

F1은 아직 한국 대중의 사랑을 받지 못한다. 한국과 비슷한 경제 수준의 여러 국가에서 검증된 F1의 흥행 잠재력은 유독 한국에서 터지지 않았다. 그 이유는 무엇일까? '다른 나라 사람들은 재미나게 즐기는 이 스포츠를 한국인은 왜 즐기지 못하는가?'라는 단순한 질문이지만 그 대답은 간단치 않다. 나는 F1이라는 스포츠에 대한 편견과 오류를 바로잡고 F1의 과학과 이모저모를 쉬운 일상의 언어로 설명함으로써 그 대답을 대신하고자 한다. F1에 늘 따라붙는 '최고의 …, 최상의 …' 류의 정보는 될 수 있는 대로 피할 것이다. F1에 대한 백과사전식 지식 전달도 지양하고 싶다. F1에 대한 'Wow' 팩터는 인터넷에 널린 정보

만으로도 충분하다(물론 인터넷에 떠도는 정보를 100% 믿진 말자).

우상화를 거두자

F1은 자동차 경주의 한 형태다. 합의된 규칙에 따라 만든 자동차를 드라이버가 타고 정해진 거리를 가장 짧은 시간에 완주하면 승리한다. 레이스를 즐기는 데 꼭 필요 없는 복잡한 기계요소나 그 속의 숫자들, 드라이버의 몸값, 그 밖에 무의미한 Wow 팩터를 굳이 섭렵하려 들지 말자. F1 배경 지식이 많으면 좋겠지만, 이도 저도 귀찮다면 F1 레이스 하이라이트 클립을 찾아 심심풀이 시청하기를 권한다. F1 레이스카를 둘러싼 복잡한 엔지니어링 기술이나 레이스 전략 따위는 몰라도 그만이다. 우사인 볼트의 경쾌한 스프린트를 즐기기 위해 그가 신은 운동화에 쓰이는 특수 소재를 탐구할 필요는 없다. 타이거 우즈의 섹스 스캔들이 이슈가 되었던 건 사실이지만 그가 갤러리를 구름처럼 몰고 다닌 이유는 그의 호쾌한 스윙 때문이지 그의 사생활 때문이 아니다.

우리가 F1을 지나친 선망의 대상으로 보고 있는 것은 아닐까? F1을 범접할 수 없는 우상으로 보고 있다면, 그 우상은 파괴되어 마땅하다. 한 가지 예를 들어보자. 그동안 나는 한국의 여러 매체가 다룬 F1 관련 기사를 두루 보았다. 그리고 이들에게

서 한 가지 공통점을 발견했다. 거의 모든 매체가 F1 레이스카를 꼭 'F1 머신'이라 부르고 있는 것이었다. 심지어 F1 레이스카의 올바른 명칭이 '자동차Car'가 아닌 '머신Machine'이란 우스갯소리도 떠돈다. 당연히 이는 사실이 아니다. F1 현장의 어느 엔지니어도 F1 레이스카를 '머신'이라 부르지 않는다. FIA(국제 자동차 연맹)의 F1 규정에도 F1 레이스카의 공식 명칭은 분명히 'Car'로 정의되어 있다. F1 레이스카를 'Machine'으로 표현한 구절은 F1 기술 규정, 경기 운영 규칙 어디에도 없다. 'Machine'이란 단어는 '가공하다'라는 뜻의 동사로서 F1 기술 규정에 대여섯 번 등장하며, 유럽의 자동차 매체들도 보통 'F1 car'라는 표현을 쓴다.

유독 한국 매체들이 F1 레이스카를 'F1 머신'이라 힘주어 부르는 이유는 무엇일까? 사실 F1 레이스카를 뭐라 부르든 상관할 바 아니다. 해외 자동차 매체들도 'F1 머신' 혹은 '머시너리Machinery'란 표현을 간혹 사용한다. 하지만 그들은 '이것은 자동차의 한계를 뛰어넘는 굉장한 기계다'에서의 '기계'처럼 비유적 맥락으로 사용하거나 특별한 의미 부여 없이 자동차의 유의어로 사용하는 경우가 대부분이다. 영어에서 'Machine'이란 단어는 'Car'보다 더 모호하고 포괄적인 집합명사다. 엄밀히 말하면 'Machine'보다 'Car'가 더 구체적이고 정확한 엔지니어링 용어다.

반면 국내 매체들은 'F1 머신məʃiːn'이란 사운드가 한국인의 귀에 주는 낯선 느낌을 통해 F1 레이스카에 특별하고 고급스러운 색채를 씌운다. "F1 경주에 사용하는 레이스카는 '자동차'가 아닌 '기계'라고 불러야 옳습니다"라는 말은 영 어색하다. 'Machine'과 '기계'는 언어 종류만 다를 뿐 같은 단어지만 우리는 '기계'라는 한국어 단어에서 '머신'이란 영단어가 주는 세련된 느낌을 받지 못한다. 국내 미디어들은 머신이란 단어를 시나브로 기술 용어로 둔갑시켰다.

F1 레이스카는 사용 목적과 성능이 특별할 뿐 자동차의 한 종류다. 외계의 문명도 아니요, 현존하는 인류 기술을 초월하는 놀라운 비밀을 숨기고 있지도 않다. 시간과 비용, 특수한 노력이 들긴 하겠지만 F1 레이스카 수준의 레이스카는 한국의 기술로도 충분히 만들 수 있다. F1에 대한 과도한 우상화를 거두자. 우리는 그저 레이스카를 탐미하고 레이스의 스피드와 드라마를 즐기면 그만이다. 우상은 가까이하기에 벅차고 불편하다.

02

코리안 그랑프리
Korean Grand Prix

2010-2013 F1 코리안 그랑프리의 무대인 전남 영암 서킷이 당초 싱가포르나 모나코 서킷 같은 스트리트 서킷Street Circuit으로 계획되었다는 사실을 기억하는 이는 많지 않다. 도심에 가깝지도 않고 공도로 사용될 법하지도 않은 레이스 트랙이 스트리트 서킷이 될 뻔했다 하니 이상하게 들리겠지만, 행사를 추진했던 지자체와 프로모터가 바랐던 대로 코리안 그랑프리가 대성공을 거뒀다면 영암 서킷의 모습과 위상은 지금과는 많이 달랐을 것이다.

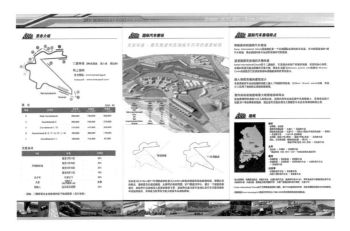

[그림 1] 영암 그랑프리 서킷 조감도

2010년 10월로 시간을 되돌려 보자. 코리안 그랑프리가 잭팟을 터뜨린다. 이를 테마로 서킷 주변에 한국인의 욕망을 응축한 마법의 단어, '그랑프리 신도시' 개발 계획이 발표된다. 이벤트 성공의 모멘텀을 타고 서킷 주변으로 신도시가 성공적으로 들어선다. 영암 신도시가 세계적 F1 명소가 된다…… 하마터면 우리나라는 세계에서 몇 안 되는 F1 스트리트 서킷을 가질 뻔했다.

한국인의 눈높이에 맞지 않는 F1

황금알을 낳는 거위가 되길 원했던 F1 코리안 그랑프리는 누적

되는 적자를 감당치 못해 결국 중단되었다. 중단 이후에도 코리안 그랑프리는 한동안 FOM(Formula One Management: F1의 상업 권리 소유사)과의 이벤트 계약이 끝나기만을 기다리는 애물단지였다. 코리안 그랑프리 중단 사태로 지역민에게 전가된 엄청난 재정 손실의 책임을 묻기 위해 사업 결정권자들에게 대한 법적 행동도 있었지만, 결국은 세월 속에 묻혔다.

온몸의 무게를 실은 주먹 한 방을 상대의 턱에 명중시키면 싸움은 깔끔하게 끝난다. 하지만 주먹이 빗나가 몸이 균형을 잃으면 상대의 역공을 피하기 더 어려워진다. 코리안 그랑프리는 막대한 경제 이익과 전시 효과를 노리고 거대한 지방 정부의 예산이 투입된 '꽉 쥔 주먹 한 방'이었다. 그리고 주먹은 목표를 크게 빗나갔다. 풍족할 리 없는 지방 재정을 끌어모아 투자한 사업이 빚만 남기고 연기처럼 사라졌으니 여론의 질타, 정치적 후폭풍이 들이치는 것은 당연하다. 가장 아픈 공격은 'F1은 겉만 번지르르한 남의 잔치다'라는 비판이다. 한국인 대부분이 잘 알지도 못하는 외국 스포츠를 비싼 개최료까지 주며 들여와 '해외에서 최고의 스포츠로 각광받고 있으니 한국에서도 반드시 성공할 것이다'라는 자기 최면적 희망으로 시작된 사업이었으니 이 비판엔 맞설 방법이 없다. 첫 코리안 그랑프리 프로젝트가 공식 출범했을 때 내가 가장 걱정했던 것이 바로 이 지점이다. 부실한 모터스포츠 팬 베이스를 기반으로 치렀던 코리안 그랑프리는 남의 잔치에 내 집, 내 밥상만 내어준 우스운 꼴이 되었다.

한국은 F1 그랑프리를 치렀던 나라다. 그러나 국내에서 F1의 인기는 처참하다. 절대다수 한국인에게 F1은 '그럴싸한 업적이 필요했던 지자체장과 대박을 좇던 이벤트 프로모터가 의기투합해 달려들었다가 실패한 예산 낭비의 대표적 사례'로 기억된다. 그리고 F1 레이스는 한국에서 그저 비인기 스포츠 중 하나일 뿐이다. 2010-2013 코리안 그랑프리의 흥행 성적은 처참했다. 코리안 그랑프리가 열릴 당시의 '코리안 그랑프리, 수백억 적자가 예상된다'는 기사는 매년 'Ctrl+C, Ctrl+V' 한 것처럼 뉴스 포털에 등장했다. 유럽의 스포츠 매체들도 2010년 첫 코리안 그랑프리 개최 이후 한 해도 거르지 않고 '코리안 그랑프리, 미래가 불투명하다'라는 기사를 내보냈다.

첫 코리안 그랑프리의 실패

[그림 2] 코리안 그랑프리 브로슈어

첫해부터 절룩대던 코리안 그랑프리는 FOM과의 계약 기간을 채우지 못하고 2014년 공식 중단되었다. F1과의 계약 불이행으로 한국 측이 물어야 할 위약금이 행사 강행 시 발생할 적자보다 클 경우, 남은 계약 기간 동안 울며 겨자 먹기로 코리안 그랑프리가 재개될 가능성이 조심스럽게 점쳐지기도 했지만 냉랭한 국내 여론을 무시하고 행사를 강행하기는 어려웠다. 우여곡절 끝에 행사가 재개되었던들 대내외적으로 환영받는 잔치가 되었을 리 없다. 코리안 그랑프리는 멈추는 게 옳았다. 계약 중단 사후 처리가 어떻게 진행되었는지 정확히 알 길은 없다. 행정 결정권자의 오판에서 비롯된 손해는 보통 조용하게 결손 처리되고, 그 부담은 국민과 주민이 십시일반해온 것이 관례이니 아마도 그렇게 처리되었을 것이다.

짐작건대 영암 코리안 그랑프리 사업 추진의 근거가 되었을 '코리안 F1 그랑프리 예비타당성 조사'는 이 사업이 '실패 위험도 낮은 초우량 사업'이라고 호언장담했을 것이다. 이 부실 설계도를 바탕으로 지자체의 성과 지상주의와 일부 이벤트 브로커의 이해관계가 만나 화학 반응을 일으켰다. 프로젝트 출범 초기, '코리안 그랑프리 순항할까? 그것도 영암에서?'라고 생각했던 나의 우려는 첫해에 현실이 되었다.

코리안 그랑프리를 위해 한국행을 준비하던 레이스팀 크루들이 어느 날 나를 불렀다. 자기들이 한국에서 머물 호텔을 배정받았는데 이름이 무려 영국 왕궁 이름인 '버킹엄'이라는 것이었다. 그런데 호텔 모습이 좀 이상하다며 내게 사진 한 장을 보여주었다. 사진 속엔 빨간 네온사인 간판을 단 '버킹엄 모텔'이 있었다. 나는 이들에게 한국 모텔의 특징과 러브 호텔의 존재, 대실이란 숙박 형태도 알려주었다. 같이 있던 일본인 친구는 일본에도 러브 호텔이 있다며 숟가락을 얹었다. 모두들 박장대소하며 신기해했다. 아니나 다를까 코리안 그랑프리에서 팀 크루의 숙소 문제는 해외에서도 화제의 뉴스가 되었다.

한국에서 복귀한 크루들은 장거리 해외 이동을 밥 먹듯이 하는 본인들에게도 '영국-인천-목포-영암', 다시 '영암-목포-인천-영국'으로 이어지는 여정은 지옥 같았다고 했다. 이듬해부터는 전세기를 대절해 중국을 경유, 무안 공항을 이용한 것으로 기억한다. 첫 코리안 그랑프리는 국내 모터스포츠 팬들조차 즐기기 힘든 축제였다. 사업 진행 과정, 기반 시설, 흥행, 전 세계 F1 팬들의 반응, 모두 엉망이었다. 코리안 그랑프리는 결국 침몰했다.

2010-2013 코리안 그랑프리 실패의 원인을 두고 많은 말이 오갔다. 하지만 나는 무수한 원망의 참, 거짓을 따질 필요를 느끼지 못했다. 나를 가장 아프게 했던 것은 'F1 코리안 그랑프리가 다시 돌아올 가능성이 사라졌다'는 사실이었다. 몇 사람의 성급한 판단으로 한국 사회에서 '코리안 그랑프리'는 입에 담기 어려운 금기어가 되었다. 행여 미래에 코리안 그랑프리를 위한 더 나은 입지와 여건이 조성되고, 이를 뒷받침할 충분한 역량의 기획자가 나타나 '고양이 목에 방울 달기'에 나선다 하더라도, 시

작부터 정치적 반대와 비관적 여론에 막힐 것이 뻔했다. 코리안 그랑프리에 씌워진 이 올무는 앞으로 누군가 이 의제를 다시 꺼내려 할 때마다 그를 피 흘리게 할 것이란 생각이 들었다.

두 번째 코리안 그랑프리

그로부터 10년이 지난 2024년 5월, 태화홀딩스 강나연 회장과 태화홀딩스 CFO 니콜라 셰노 부부의 소개로 인천시가 F1 회장 스테파노 도미니칼리를 만나 F1 개최 의향서를 직접 전달했다. 불가능할 것이라 생각했던 일이 일어나고 있었다. 2024년, F1의 정치적 중심에 있는 두 인물을 꼽자면, F1 회장 스테파노 도미니칼리와 현 르노 알핀 F1 팀의 이그제큐티브 어드바이저 플라비오 브리아토레다. 공교롭게도 이 둘은 모두 이탈리안이고, 현재 코리안 그랑프리 프로젝트를 진두지휘하는 인물인 강나연 회장 부부와 막역한 사이다. F1의 비즈니스 다이나믹스는 최고위 네트워크 싸움이다. 강나연 회장 부부는 비즈니스 네트워크를 바탕으로 오랜 기간 F1 최고위층과 소통하고 헌신적으로 투자하며 수년간 코리안 프로젝트의 기반을 다져왔다. 강 회장 부부는 인천의 코리안 그랑프리 개최 의향을 이끌었고, F1이 이 제안을 긍정적으로 검토하는 단계까지 성공시켰다. 2024년은 행사 유치와 사업 성공을 위한 치밀하고 섬세한 로드맵 기획이 필요한 시점이었다.

코리안 그랑프리의 비즈니스 로드맵 목표는 명확했다. 과거 실패에서 나타난 모든 문제점을 해결하는 것이다. 우선 후보지로 거론되는 인천 송도는 그랑프리를 치르기에 최적의 위치다. 첫 코리안 그랑프리의 최대 실패 원인으로 지적되었던 접근성, 숙박, 부대시설 등 단기간에 해결할 수 없는 지리적 문제로부터 자유롭다. 서울 수도권 인구가 한두 시간 이내에 모일 수 있는 위치고, 세계 최고 수준의 국제공항이 코앞에 있다. 인구밀도가 상대적으로 낮고 호텔, 카지노, 교통 등 기반 시설이 잘 갖춰진 한국형 미래 도시다. 2026년부터 사용되는 F1 레이스카는 전기와 100% 친환경 에너지를 사용하여 환경 이슈도 거의 없다. 레이스카의 소음은 3일 동안 매일 3 시간 정도이고, 과거만큼 거부감이 들 정도로 크지도 않다. 젊은 세대가 주류인 도시이니만큼 F1을 민원의 대상이 아닌 축제의 장으로 즐길 가능성도 높다. 국내 모터스포츠의 인기도 끓어오르고 있다. 국내 최대의 모터스포츠 이벤트인 슈퍼레이스 챔피언십의 관람객 수는 쉽게 1~2만을 넘기고 있다. 10년 전과 비교하면 천지개벽의 변화다. F1 입장에서도 한국이 시즌에 추가되면 한국, 일본, 중국, 싱가포르로 이어지는 그림 같은 아시아 투어 일정을 팬들에게 제공할 수 있다. 레이스카에만 열광하던 전 세계 모터스포츠 팬들에게 K-Pop의 나라 한국을 찾을 새로운 동기를 준다.

우리는 2014년 같은 일로 큰 실패를 겪었고 혹독한 대가를 치렀다. 하지만 이 실수에서 부족함을 배웠고, 그간 국제적 모터 스포츠 이벤트를 치를 충분한 역량과 위상을 키웠다. 당신이 이 책을 읽고 있을 지금, 코리안 그랑프리의 미래는 이미 결정되었을지 모른다. 두 번째 코리안 그랑프리의 성공을 빈다.

03
K-기술 K-Tech

F1은 왜 한국인의 사랑을 받지 못할까? 답은 간단하다. F1 그랑
프리엔 한국인의 눈높이에 맞는, 한국인이 열광할 만한 한국적
오락 요소가 없다. 잉글랜드 프리미어 리그EPL는 아득히 먼 이국
땅에서 펼쳐지는 딴 나라 잔치지만 한국인은 이 잔치에 열광했
다. 한국 야구 팬들의 신앙과도 같았던 메이저 리그MLB도 우리
잔치가 아니지만 우린 이 잔치를 즐겼다. EPL과 MLB에는 있고
F1에는 없는 한국적 오락 요소? 그렇다. F1 그랑프리엔 '박지성
과 손흥민', '박찬호와 류현진'이 없다.

　F1을 한국인의 관심 영역으로 단시간에 끌어올리는 작업은
한국인 F1 드라이버의 탄생 없이는 사실상 불가능하다. 더 안타
까운 것은 앞으로도, 그것도 꽤 오랫동안 'F1의 박지성과 박찬
호'는 등장하지 않을 것이라는 사실이다. 현재 시점에 유러피언

포뮬러 시리즈에서 대활약하는 한국인 유망주 드라이버가 없다면, 한국인 F1 드라이버의 탄생은 아무리 빨리 잡아도 향후 10년 내에는 불가능하다(이 예상의 근거는 다른 챕터에서 다룰 것이다). 상황이 이렇다 보니 바쁜 한국 대중이 F1을 즐겨야 할 만한 동기가 딱히 보이지 않는다.

한국의 F1 진출, 가능할까?

어떤 방식으로든 한국의 F1 진출이 절실하고 아쉽다. 'F1의 손흥민'의 등장만큼 매력적이진 않지만 현재로서 가장 개연성 있는 한국의 F1 진입 방식은 한국 엔지니어링 기업이 기술 공급사Technical Supplier로서 F1에 참여하는 것이다. 그렇다면 한국의 기술력은 F1에 진입 가능한 수준인가?

[그림 1] F1 타이어

현재 F1 진출에 가장 근접한 'Made in Korea' 기술은 타이어다. '한국타이어'는 Formula E, 독일 투어링 카 챔피언십(Deutsche tourenwagen masters: DTM)을 비롯한 세계적 모터스포츠 시리즈의 공식 타이어로 참여할 정도로 우수한 고성능 타이어 제작 기술력을 갖추고 있으며, F1 진출을 위한 충분한 데이터를 축적했다. '금호타이어'도 다양한 국제 모터스포츠 시리즈에 꾸준히 참여하면서 고성능 타이어 개발 역량을 증명해왔다. 독자들이 이 글을 읽는 시점에 이미 국내 타이어 브랜드가 F1 공식 타이어 공급사가 되어 있을 수도 있다.

F1 레이스는 타이어 공급사가 만든 타이어, 컨스트럭터가 만든 레이스카, 컨스트럭터가 선택한 드라이버, 세 독립 요소의 조합이 만들어내는 결과다. 그중 타이어는 F1 레이스카 구성 요소 중 유일하게 F1 컨스트럭터의 통제 범위 밖에 있다. 모든 F1 컨스트럭터는 이벤트마다 타이어 공급사가 일방적으로 가져오는 타이어 세트를 사용해야 한다. 드라이버는 제한된 연습 주행 시간 내에 지급받은 타이어의 성능 한계와 특성을 학습한다. 각 팀은 이 드라이버의 피드백을 바탕으로 미지의 타이어 능력을 최대한 활용하는 나름의 레이스카 셋업을 찾는다. F1 타이어 공급사는 F1이 요구하는 수준의 안전한 타이어를 공급할 수 있다면 독립적이고 배타적인 지위를 갖는다.

하지만 타이어 공급사도 지켜야 할 의무가 있다. 타이어 공급사는 각 팀이 타이어 성능을 예측하고 컴퓨터 시뮬레이션에 활용할 수 있도록 모든 팀에게 객관적인 타이어 데이터나 타이어 모델을 제공해야 한다. 예를 들면 수학적 타이어 모델과 이를 구성하는 모든 변숫값, 주행 조건에 따른 타이어 반지름의 변화, 타이어의 저항, 기후·온도 변화에 따른 접지 성능 변화 등의 정보가 여기에 해당된다. 따라서 F1 컨스트럭터들이 요구하는 데이터에 대응할 수 있는 기술 인력과 지원 체계를 갖추어야 한다. 이 기술 지원 능력만 있다면 한국 타이어 브랜드의 F1 진입을 가로막는 기술적 장애 요소는 없을 것으로 생각된다.

아울러 이 방식은 한국인 엔지니어의 F1 진출 통로도 될 수 있다. 현재 F1에는 상당수의 일본인 타이어 전문가들이 활동한다. 이들은 과거 F1 공식 타이어였던 '브리지스톤BRIDGESTONE' 출신 엔지니어다.

무엇보다 F1 타이어 공급을 통한 광고 효과는 상상 이상으로 거대하다. 바퀴 없이 달릴 수 있는 자동차는 없으니 모든 출전 차량이 공급사의 브랜드 타이어를 달아야 하고, 오픈 휠 레이스카이기 때문에 2시간의 레이스 동안 타이어 브랜드가 쉬지 않고 방송에 노출된다. 또 타이어는 레이스카의 성능과 레이스 결과에 가장 큰 영향을 미치는 요소다. 타이어에 대한 뉴스는 그것이 극찬이건 논란이건 시즌 내내 미디어와 팬들의 입에 오르내린다.

전 세계 프리미엄 타이어 시장의 판도엔 오랫동안 변화가 보이지 않는다. 타이어 시장은 보수적인 소비자로 가득하다. 설령

'HANKOOK'과 'KUMHO'의 품질과 가격 경쟁력이 세계적 프리미엄 브랜드 타이어들보다 객관적으로 높다 하더라도, 세계 시장이 품질과 가격만 보는 실용주의자일지는 의문이다. 단언컨대 후발 주자인 Made in Korea 타이어가 프리미엄 브랜드 그룹에 진입하는데 있어 F1보다 효과적인 마케팅 발판은 없다. F1 타이어 프로그램에 막대한 비용이 드는 것은 부인할 수 없는 사실이다. 하지만 타이어 시장의 후발 주자로서 F1 진출 없이 'PIRELLI', 'GOODYEAR', 'MICHELIN', 'BRIDGESTONE', 'CONTINENTAL', 'FIRESTONE'의 철옹성을 뚫는 것은 불가능에 가깝다. F1을 통해 프리미엄 타이어 브랜드로 거듭난 일본 브랜드 브리지스톤의 사례는 놓쳐서는 안 될 벤치마크다.

그렇다고 해서 우리 타이어 업체가 손을 내밀면 F1이 손을 잡아준다는 보장은 없다. 한국타이어도 이미 한 차례 고배를 마신 경험이 있다. 프리미엄 타이어 업체들은 F1 타이어 공급권을 얻기 위해 늘 경쟁해왔고 F1도 이 경쟁을 통해 큰 이득을 챙겼다. 기존의 공식 F1 타이어 공급사가 '목 좋은 가게'를 이유 없이 비워줄 리도 없다.

결국, 방법은 내공을 잘 쌓아두고 있다가 기회가 오면 잡는 것이다. 역사적으로 F1 타이어 공급사는 브랜드의 인지도가 정점에 이르고 투자 비용에 비해 광고 효과가 떨어질 때쯤이면 F1을 떠났고, 새로운 타이어 업체가 그 빈자리를 채워왔다. 배는 띄웠으니 물때가 오기를 기다리자. 준비된 한국 타이어 브랜드는 물이 차오르길 기다리다 때가 되면 노를 저어 바다로 나가야 한다.

타이어가 아닌 다른 엔지니어링 부문은 F1 진입이 쉽지 않을 것으로 생각된다. F1 레이스카에 쓰이는 재료와 부품은 지난 수십 년 동안 F1 현장에서 내구성, 성능, 신뢰성, 안전성이 검증된 것들이다. 이를 공급하는 영국과 유럽의 엔지니어링 업체와 F1의 신뢰 관계 사이엔 한국 업체가 비집고 들어갈 틈이 없어 보인다.

더 확실한 흥행 요소가 필요하다

한국이 타이어 공급자로서 F1에 진입할 가능성은 매우 높다. 하지만 실제로 F1과 한국 타이어 브랜드가 손을 잡는 날이 온다 하더라도 한국에서 F1이 인기를 누릴 가능성은 여전히 미지수다. 아마도 한국 대중은 F1에서 정서적 유대감을 나눌 '우리 편' 요소를 찾을 수 있을 때 비로소 F1에 관심을 주기 시작할 것이다. F1과 한국의 유기적 연결 고리, 예를 들어 EPL의 명문 구단 첼시 선수들의 가슴을 장식했던 'SAMSUNG' 로고 정도의 임팩트 말이다. 한국에서 모터스포츠의 낮은 위상을 감안하면 코리안 F1 팀 등장 정도는 되어야 F1이 한국인의 관심사가 될 수 있을 것이다.

이렇게 말하면 비난의 화살이 엉뚱하게 국내 자동차 회사로 향한다. 가뜩이나 국내 소비자들로부터 내수 시장을 역차별한다 원망 받는 국내 자동차 기업들이다. '코리안 F1 팀'이란 키워드를 꺼내면 국내 자동차 기업들은 '한국에서 F1 그랑프리가 열려도 F1에 참가 못하는 자동차 회사'라는 비난을 덤으로 받기 십상이다. 이는 F1을 '자동차 기술의 끝판왕'으로 오해한 데서 생기는 편견이다. 사실 국내 자동차 기업들은 기술력이 부족해 F1과 거리를 두고 있는 것이 아니다. 코리안 F1 팀의 탄생을 논하자면 마뜩잖지만, 이웃 나라 일본의 F1 역사를 엿볼 필요가 있다. 계속해서 한국 기업, 특히 한국 자동차 기업의 F1 진출 가능성을 살펴보자.

04
K-팀 K-Team

앞서 나는 한국의 기술 분야 중 타이어가 F1 진출에 가장 가깝다고 말했다. 하지만 한국과 F1의 유기적 고리를 만들 국내 기업의 F1 진출, 특히 한국 자동차 기업의 F1 진출 없이 국내에서 F1에 대한 관심이 높아지길 기대하는 것은 무리다. F1에 대한 호감을 수직 상승시킬 한국인 F1 드라이버 탄생도 국내 기업의 F1 진출 없이는 어렵다.

계급 제도는 여전히 존재한다

전남 영암에서 코리안 그랑프리가 열릴 무렵 한국 최대 자동차 기업인 '현대-기아차'는 국산 자동차 비판론자들로부터 '코리안

F1 그랑프리에도 참가 못 하는 이류 자동차 회사'라는 식의 비난을 받았다. 한국산 자동차가 놀라운 발전을 이루었지만 세계 자동차 시장에선 여전히 유럽, 미국 브랜드 아래 서브-클래스에 위치한다. 다른 나라에선 유례를 찾기 힘들 정도로 높은 한국산 자동차의 자국 자동차 시장 점유율은 유지보수 편리성과 경제성을 빼고 생각하면 국산 브랜드에 대한 한국 소비자의 브랜드 충성도나 신뢰도를 반영한다고 보기 어렵다. 한국 소비자는 경제적 자유가 허락된다면 제네시스보다 메르세데스와 포르쉐를 원한다. 전근대 계급 사회에서 신분 상승이 지독히도 어려웠던 것처럼 세계 자동차 시장에서 '이류, 가성비 자동차'의 낙인을 완전히 지우는 과정은 절대 쉽지 않다.

세계 자동차 시장이 한국산 자동차에 대해 우호적이지 않은 상황에서 우리의 경쟁 상대인 유럽과 일본의 자동차 메이커들은 이미 F1에 진출한 경험이 있다. 이 중 일부 자동차 메이커의 F1 프로그램은 여전히 진행형이다. 반면 한국 자동차 메이커들은 2014년 이전까지만 하더라도 몇몇 랠리 대회에 간헐적인 스폰서십과 참가가 있었을 뿐 국제 모터스포츠에 적극적이지 않았다. 한국 자동차 메이커의 짧은 모터스포츠 이력은 현대-기아와 메르세데스 사이의 간극을 설명하는 중요한 증거일 수 있다.

현대자동차가 WRCWorld Rally Championship 프로그램을 시작한 2014년을 기점으로 한국 자동차 메이커의 국제 모터스포츠 대회 참가가 본격화되었다. 랠리는 경쟁 차들이 정해진 도로나 비포장 구간을 단독으로 주파한 시간을 기준으로 승부를 가리는 모터스포츠이며, 모든 경쟁 차량이 출발선을 동시에 출발해 결승선 도착 순위를 가리는 레이스와는 형태가 다르다. 현대는 WRC 참가 5년 만에 매뉴팩처러Manufacturer 챔피언을 차지할 정도로 투자를 아끼지 않았고 투어링 카 챔피언십까지 활동 영역을 넓히는 등 브랜드 가치 향상에 모터스포츠를 잘 활용했다. WRC에 참가하는 완성차 기업의 수가 크게 줄어 유명 브랜드들 간의 진검 승부 기회가 줄었지만 현대가 WRC에서 이뤄낸 성과는 실로 칭찬받아 마땅하다.

자동차는 중산층 소비자가 한두 해 봉급을 한 푼도 쓰지 않고 모아야 살 수 있는 고가의 제품이다. 당연히 소비자는 자동차를 구매함에 있어 매우 신중하고 보수적일 수밖에 없다. 자동차 메이커의 모터스포츠 이력은 소비자가 자동차를 선택할 때 최우선 고려 사항이 아니다. 하지만 모터스포츠는 자동차 메이커의 기술력과 기술 발전 방향을 선보이는 자랑거리로서 소비자의 선택에 감성을 더해주는 매력 요소다. 상당수 소비자는 어떤 자동차 메이커가 톱클래스 모터스포츠에 참가한다는 사실이 그 메이커의 '자동차 제작 기술력'을 증명하는 것으로 생각한다. 국산 자동차 메이커들은 이 후광 효과를 꽤 오랫동안 간과하고 있었다. 그런 탓에 실제 기술력이나 자동차의 품질과는 무관하게 시장에서 저가, 저품질의 이미지를 벗지 못한 측면도 있다.

'국내에서 열리는 F1 그랑프리에도 참가 못 하는 이류 자동차 회사'라는 국산 자동차 메이커에 대한 비난은 '모터스포츠=기술력의 척도', 그리고 '국산 자동차=이류'라는 편견에 기댄 결과다. 이런 식의 공격은 F1 비즈니스 생리를 몰라서 하는 말이다.

레드불, 날개를 달아줘요

영국 프리미어 리그 첼시 팀의 유니폼에 SAMSUNG 로고가 붙어 있다 해서 한국 기업 삼성이 첼시 구단의 선수 구성과 훈련, 경영을 책임진다고 생각할 사람은 없다(기업이 직접 구단을 소유하고 운영하는 한국 프로야구 시스템과는 달리, 해외 스포츠 리그의 팀들은 스폰서십 시스템으로 운영된다). 2010 F1 시즌을 시작으로 4년 연속 F1 컨스트럭터스 챔피언을 차지한 레드불 레이싱Red Bull Racing 팀은 에너지 드링크를 만들어 팔던 레드불의 마테쉬츠Mateschitz 회장이 어느 날 아침 "드디어 레드불이 레이스카를 직접 만들 때가 왔다"라며 대오각성해 공장 부지를 사고 건물을 짓고 엔지니어들을 고용하여 세운 결과물이 아니다. 이 팀은 '레드불'이란 이름으로 불리기 전 '재규어Jaguar'라는 이름으로, 그 이전에는 '스튜어트Stewart'란 이름으로 운영되던 독립 레이스 팀이었다. 에너지 드링크 회사 '레드불'은 처음엔 제품 광고를 위해 스폰서로서 F1 팀과 손을 잡았다가, F1 비즈니스에서 기회를 발견하고 이 팀을 인수한 스폰서이자 투자자다.

F1의 모든 컨스트럭터는 간판명과 상관없이 모터스포츠 생태계에서 독자 생존해온 독립 엔지니어링 회사다. 가장 오래된 F1 팀의 역사는 해방 후 대한민국 정부 수립 무렵까지 거슬러 올라간다. 대부분의 F1 팀은 오랜 세월 레이스카 엔지니어링 기술과 경험을 축적하고, 투자를 유치하고, 레이스카를 제작하면서 현재까지 생존한 소규모 자동차 회사다. 모든 F1 팀은 타이틀 스폰서의 이름으로 경쟁하고 생존하고 성장한다. 르노-닛산 얼라이언스의 프리미엄 브랜드 '인피니티Infiniti'가 레드불 레이싱 팀을 후원한다고 해서 인피니티의 양산형 자동차 기술이 레드불 레이스카에 직접 이식되지는 않는다.

2009 시즌, F1 팀의 비즈니스 메커니즘을 보여주는 흥미로운 사건이 벌어졌다.

[그림 1] 2009년 3월 브론 GP 레이스카

[그림 2] 2009년 9월 브론 GP 레이스카

    [그림 1] 과 [그림 2]에 등장하는 레이스카는 2009 시즌에 참가한 어느 팀의 레이스카다. 이 둘은 사진이 찍힌 시기만 다를 뿐 같은 해의 같은 차다. 하지만 이 두 레이스카의 리버리Livery, 즉 페인트 워크와 스티커 부착 상태는 사뭇 다르다. 그 이유는 무엇일까?

    이 팀은 2014~2021 시즌 연속 F1 컨스트럭터 챔피언이었던 메르세데스 팀의 전신이다. 그러나 이 사진들에서 '실버 애로우Silver Arrow' 메르세데스의 힌트는 전혀 찾아볼 수 없다. 2008년 서브 프라임 모기지 사태로 촉발된 미국발 경제 위기 탓에 세계 경제는 큰 충격을 받았다. 세계 유수의 기업들이 닥쳐올 경기 침체에 대비해 허리띠를 조르기 시작했다. F1을 비롯한 여러 모터 스포츠에 투자해온 혼다도 2008년 말 갑자기 F1 프로그램 포기를 선언했다. 혼다의 F1 철수 결정은 팀의 내부 직원들조차 발표 당일 뉴스를 통해 알았을 정도로 극비리에 진행되었다. 철수 발표 당일까지 이 깜짝 발표에 대한 '찌라시' 뉴스 하나 돌지 않았기 때문에 혼다의 철수는 F1 섹터 전체가 긴장할 정도로 매우 충격적인 사건이었다. 혼다는 자사가 보유한 팀 지분 100%를 당시 혼다 F1 팀의 최고 경영자였던 로스 브론Ross Brawn에게 헐값에 넘기고 F1 프로그램에서 손을 뗀다(로스 브론은 2013 시즌을 끝으로 F1 은퇴를 선언했다가 3년 후인 2016년, F1의 새 소유주 리버티 그룹의 경영진으로 다시 F1으로 돌아왔다). 당시 혼다에 있었던 한 동료의 이야기로는 철수 발표 전날까지 영국 브라클리Brackley의 공장에서 함께 일하던 일본인 엔지니어들이 이튿날 모두 사라져 의아해하고 있던 차에 혼다의 F1 철수 발표가 전격적으로 이루어졌다고 한다.

혼다가 F1 프로그램을 포기했다고 해서 이 레이스 팀이 물리적으로 해체된 것은 아니었다. 혼다는 이 팀의 소유주이자 테크니컬 파트너였지만 객관적으로 보면 혼다는 엔진 공급사이자 팀의 타이틀 스폰서에 가까웠다. 혼다의 갑작스러운 탈출로 이 팀은 하루아침에 타이틀 스폰서를 잃고 간판 없이 장사를 해야 할 신세가 되었다. 그러나 타이틀 스폰서를 잃는다고 해서 팀의 정체성과 연속성이 모조리 증발되는 것은 아니다. 통상 한 F1 팀의 재정 운용은 회사 지배 구조의 영향을 받지만, 컨스트럭터로서의 엔지니어링 활동은 독립적, 연속적이다. 다만 타이틀 스폰서가 없으면 팀 명칭과 리버리 문제가 남는다. 이 팀은 2009 시즌 개막 전까지 미처 타이틀 스폰서를 구하지 못했고 변변한 스폰서 스티커 하나 없는 [그림 1]의 초라한 레이스카로 2009 시즌을 시작한다. 팀의 이름은 당시 팀 최대 주주였던 사장의 이름을 따서 급하게 브론 GP_{Brawn GP}로 정했다.

팀은 존폐를 걱정해야 할 처지였지만 2009 시즌 브론 GP의 레이스카는 F1 기술 규정의 허점을 파고든 영리한 공기 역학 디자인으로 타 컨스트럭터의 레이스카보다 월등하게 빨랐다. 브론 GP 팀은 시즌 중반 일찌감치 컨스트럭터 챔피언을 확정지었다. 불과 반년 전 공중분해 위기에 처했던 이 팀에 기적처럼 다시 스폰서들이 몰려들기 시작했고 팀은 마침내 [그림 2]의 모습으로 훈훈하게 시즌을 마감했다. 그리고 이듬해인 2010년, 공룡 자동차 회사 메르세데스-벤츠에 인수되어 이후 메르세데스-AMG의 이름으로 수차례 F1 챔피언에 올랐다. 브론 GP 팀은 1년도 채 안 되는 기간 동안에 지옥과 천당을 오갔다.

메르세데스가 현재 이 팀의 소유주이자 테크니컬 파트너이지만 냉정하게 말하면 이 팀의 핏줄에 메르세데스가 피가 흐른 기간은 팀의 수십 년 역사 중 일부에 불과하다. 2009 시즌 챔피언이 된 브론 GP 팀의 레이스카는 사실 그 전 12개월 동안 '혼다의 자본으로 혼다의 영광을 위해 개발된 혼다의 레이스카'였다. 만약 혼다가 석 달만 더 참고 기다릴 인내심이 있었더라면 혼다는 꿈에 그리던 F1 드라이버 월드 챔피언십과 컨스트럭터스 챔피언십 모두를 차지하는 영광을 누렸을 것이다. 그리고 이 팀은 지금까지 혼다 F1 팀으로 남았을지도 모른다. 안타깝지만 혼다의 운은 거기까지였다.

코리안 F1 팀이 있었다

지갑 두둑한 스폰서를 만나면 언제라도 그가 원하는 옷으로 갈아입고 그의 광고 모델이 되는 것이 F1 팀을 비롯한 모든 프로페셔널 스포츠 팀의 생존 방식이다. F1 스폰서십의 역사를 보면 한국은 F1과 무관하지 않다. 한국에서 주목하는 이는 많지 않았지만, LG는 2009년부터 2013년까지 F1의 공식 후원사로서 마케팅 활동을 벌였다. 하지만 이보다 무려 15년 전에 F1에 진출했던 또 다른 한국 기업이 있었다. 이 기업은 한두 해도 아니고 무려 14년 동안 F1 팀에 투자하였다.

[그림 3] 주식회사 한진

　　이 기업은 한진이고 당시 F1 스폰서십 프로그램을 진두지휘
했던 사람은 한진해운 조수호 회장이다. 조 회장은 F1의 열혈 팬
이었다. 조 회장은 급기야 1994년 대한항공과 한진 그룹의 이름
으로 심텍Simtek F1 팀을 후원하기 시작했다. 하지만 이 팀의 성
적이 신통치 않자 1995년 티렐 F1 팀으로 후원처를 변경했고,
1997년부터는 베네통 F1 팀을 후원하기 시작하였다. 2001년부
터는 르노 F1 팀을 후원하며 한진HANJIN 로고를 레이스카 전면에
등장시킨다. 하지만 조 회장은 2007 시즌을 끝으로 F1 스폰서
십을 중단한다. F1에 대한 조 회장의 관심이 갑자기 식었던 것일
까? 이유는 조 회장이 2006년 향년 52세를 일기로 별세했기 때
문이다.

[그림 4] 한진의 F1 스폰서십

'F1 팀을 후원하는 것과 F1 진출은 다르지 않나?' 의아해할 수 있다. 하지만 자동차 회사조차 스폰서 형식으로 F1 팀과 파트너십을 맺는 사례는 F1에서 비일비재하다. 한국인에게 F1이란 이름조차 생소하던 시절, 조 회장은 무려 14년 동안 F1 팀에 투자했다. 조 회장의 마지막 후원 팀이었던 르노 F1 팀은 영국 옥스퍼드의 엔스톤Enstone에 있었다. 조 회장이 2001년까지 후원했던 베네통 F1 팀도 옥스퍼드 엔스톤Enstone에 있었다. 티렐 F1 팀 역시 옥스퍼드 엔스톤Enstone에 있었다. 조 회장이 후원했던 티렐, 베네통, 르노는 이름만 바뀌었을 뿐 같은 컨스트럭터였다. 이 엔스톤 팀은 이후 2011년부터 5년간 로터스 F1 팀으로 변신하였다가 2016년 다시 르노 자동차 그룹으로 편입되었다. 조 회장은 1997년부터 2007년까지 줄곧 한 컨스트럭터의 VIP 투자자였다. 조 회장이 세상을 떠난 이듬해인 2007년, 르노 F1 팀은 그를 추모하기 위해 '한진' 헌정 레이스카를 제작해 말레이시안 그랑프리에 참가했다. 평행세계의 다른 우주에서 건강하게 살아 있는 조 회장은 '르노 F1 팀'을 '한진 F1 팀'으로 만들었을지 모를 일이다.

모터스포츠, 돈 낭비가 아니다

다시 처음의 논란으로 돌아가 보자. 현대-기아차는 'F1 코리안 그랑프리에도 참가 못 하는 이류 자동차 회사'라는 비난을 받을 이유가 전혀 없었다. 이것은 어느 한국 식품 회사를 'F1 코리안 그랑프리에도 참가 못 하는 이류 식품 회사'라며 비난하는 격이다. 하지만 비판의 워딩을 조금만 손보면 현대-기아차를 향했던 비판은 유효해진다. 'F1 코리안 그랑프리 시대가 올 때까지 모터스포츠 투자에 인색했던 거대 자동차 회사.' 세계 자동차 시장을 가열하게 두드리는 현대-기아차는 2014년 풀타임 WRC 프로그램을 시작하기 전까지 톱클래스 모터스포츠에 변변한 투자 이력이 없었다. 글로벌 자동차 기업을 표방했던 현대-기아차가 비판받아 마땅했던 이유다.

가장 이상적인 한국 기업의 F1 진출 방법은 코리안 F1 팀을 만드는 것이다. 현대-기아차는 이를 실행할 충분한 자원이 있다. 하지만 무에서 유를 창조하는 길에는 목표 달성에 투입될 비용과 시간의 '불확실성', 경험 미숙, 시행착오로 인한 '비효율성' 등 많은 위험 요소가 숨어 있다. 2010년, 백지상태에서 F1 팀을 시작하려던 미국의 US F1 프로젝트가 차체 제작 단계에서 없던 일이 되었던 사례는 '창조 방식'의 위험성을 보여준다.

자동차 회사를 단기간에 만들 수 없듯, F1 컨스트럭터도 쉽게 만들 수 있는 결과물이 아니다. 한국 기업들은 우선 스폰서십이라는 형태로 F1과의 거리를 좁혀야 한다. 그 기업이 자동차 생산량 세계 5위권 안에 드는 현대-기아차라 할지라도 예외는 아니다. 이후 점진적으로 F1에 대한 투자를 늘리고 궁극적으로 메르세데스, 르노, 혼다처럼 파워 유닛까지 공급해 기술력을 인정받는 것을 목표로 해야 한다. 인정하긴 싫지만, 현대자동차가 세계 자동차 시장에서 작동하는 계급의 '유리 천장'을 극복하려면 지금처럼 톱클래스 모터스포츠에 투자를 지속해야 한다. 만년 하위 팀이던 '레드불 레이싱'이 2010년 F1 정상에 오르기까지 모회사 레드불은 밑 빠진 독에 물 붓듯 투자하며 무려 7년을 기다렸다. 일본의 혼다, 토요타도 수십 년 동안 다양한 모터스포츠에 투자했다. 현대자동차의 WRC 프로그램은 매우 의미 있는 출발점이다. 현대자동차는 글로벌 모터스포츠 투자를 통해 세계 소비자들에게 '꽤 괜찮은 자동차'로 인정받을 수 있는 기초를 마련했다. 현대자동차는 이 기초를 딛고 꾸준히 성장할 것이다.

사적인 욕망을 위해 개인이 레이스카를 만들고 즐기는 모터스포츠 활동은 일반의 눈높이에선 사치로 보인다. 그러나 개인 취미 활동을 위한 하위 클래스 레이스카 제작에도 수많은 엔지니어링 업체의 부품과 구현 작업이 소요된다. 모든 모터스포츠 프로그램은 레이스카 설계, 제작, 튜닝, 유지보수를 위한 하드코어 엔지니어링 생태계를 만든다. 기업의 모터스포츠 활동으로 시야를 넓히면 자동차 기업은 모터스포츠 프로그램을 통해 엔지니어링 포트폴리오의 스펙트럼을 넓히고, 자사의 퍼포먼스 라인과 연동해 시너지 효과를 얻을 수 있다. 외국인 대면 공포증을 이기는 가장 확실한 방법은 망신으로부터 도망치는 능력을 키우는 것이 아니라 영어 말하기 능력을 키우는 것이다. 과거 우리 자동차 회사들은 퍼포먼스카 시장을 외면했었다. 퍼포먼스카 시장은 독일과 이탈리아 메이커의 안방이다. 국산 자동차 시장은 사장님과 아빠를 위한 차종으로 가득했다. 하지만 현대는 다양성이 돈이고 무기인 시대다. 이제 현대자동차도 독자적인 퍼포먼스 라인을 내세워 퍼포먼스카 시장을 넘보고 있다. 퍼포먼스카 시장 공략에 가장 효과적인 기업 전략은 모터스포츠 프로그램을 통해 레이스카 개발 마일리지를 쌓는 것이다.

모터스포츠는 국산 자동차에 대한 국내외 자동차 소비자들의 냉소를 줄일 수 있는 좋은 마케팅 수단이기도 하다. 트렌디한 디자인으로 소비자의 시선을 끌고 당대 최고 미남 미녀 배우를 운전석에 앉히는 방식으로 쌓은 브랜드 호감도는 바삭한 모래성처럼 위태롭다. 더욱이 자동차 소비자들의 감성과 이성은 소셜 미디어나 인플루언서의 의견에 갈수록 더 민감하게 반응한다. 소비자로부터 단단한 신뢰를 얻지 못한 브랜드의 평판은 인터넷 커뮤니티에 익명의 불만 고발 글 하나로도 와르르 무너질 수 있다. 기술 기반 기업이 소비자의 신뢰를 얻을 수 있는 가장 좋은 방법은 보유 기술의 우수성을 증명하고, 신기술 개발을 위한 지속 가능한 노력을 보여주는 것이다. 국산 자동차의 품질 문제가 불거졌을 때 '그러면 그렇지!' 하던 소비자의 생각을 '그럴 리 없는데?'로 바꾸려면 모터스포츠 같은 극한 테스트를 통해 품질과 한계를 적극적으로 증명하는 것도 좋은 방법이다. 값비싼 광고 모델, 모터쇼 전시, 바겐 세일, 긴 보증 기간만으로 국산 자동차에 대한 세계 소비자들의 색안경을 벗기기는 무리다.

나는 한국 기업들이 스폰서십 형태로라도 F1과 가까워지길 바란다. 특히 한국 자동차 기업들이 톱클래스 모터스포츠에 대한 투자를 늘려 궁극적으로 모터스포츠를 R&D의 한 축으로 활용해야 한다고 생각한다. 모터스포츠는 엔진, 타이어, 서스펜션 등 자동차 핵심 기술의 경연장이자 검증의 장이다. 국내 자동차 기업들은 국제 모터스포츠에 참여함으로써, 전 세계 자동차 소비자들에게 '메이드 인 코리아' 자동차 브랜드의 달라진 기술 위상을 어필할 수 있다.

05
K-드라이버 K-Driver

지금까지 머지않은 미래에 현실적으로 가능하면서도 F1에 대한 대중의 관심을 높일 수 있는 한국의 F1 진출 방향을 살펴보았다. 이제부터는 한국 F1 팬들에게 불편한 이야기를 시작하려 한다.

한국인 F1 드라이버, 가능할까?

앞서 나는 'F1의 손흥민' 등장 없이 F1을 한국인의 관심 영역으로 끌어당기기는 매우 어려울 것이라 말했다. 한국인 F1 드라이버의 탄생은 분명 F1에 대한 한국인의 관심을 증폭시킬 뿐만 아니라 한국 모터스포츠 저변 확대에도 강력한 자극이 될 것이다. 생소했던 피겨 스케이팅 기술을 한국인 대다수가 알게 된 경이적인 현상은 '김연아'의 성공 이전엔 상상조차 할 수 없었다. '박태환'의 등장 전까지 수영은 근처 수영장에서 배우는 생활 체육이었을 뿐, 어느 누구도 한국인 챔피언을 기대했던 종목이 아니다.

'F1의 손흥민'이 되기 위한 도전이 아예 없었던 것은 아니다. F1 드라이버의 꿈을 위해 유러피언 주니어 포뮬러 시리즈에 참가한 한국인 드라이버도 여럿 있었고 지금도 어딘가에서 도전 중인 이가 있을지도 모른다. 안타깝게도 'F1의 손흥민' 탄생은 '풋볼 플레이어 손흥민'의 탄생보다 어렵다. 한국인 F1 드라이버의 등장을 원치 않는 한국인 F1 팬은 없을 것이기에 나의 이 염세적 태도가 누군가에겐 불편할 수 있다. 그러나 근거 없는 긍정주의와 막연한 기다림은 아무 변화도 만들지 못한다.

역사적인 첫 코리안 그랑프리를 몇 개월 앞두고 당대 최고 인기 예능 프로그램이었던 〈MBC 무한도전〉은 'F1 특집'을 방영했다. 이 에피소드는 무도 출연진이 말레이시아 세팡 서킷에서 F1 레이스카처럼 생긴 주니어 클래스 싱글 시터 레이스카를 체험해보고 프로페셔널 드라이버의 랩 타임에 도전하는 내용이었다. 프로그램 방영 후 일부 언론 매체는 '이 테스트에서 가장 우수한 실력의 출연자를 코리안 그랑프리에 출전시킬 계획이었으나 일정이 맞지 않아 아쉽게 출전을 포기했다'라는 가짜 뉴스를 실었다. 코리안 그랑프리가 임박하자 최초의 한국인 F1 드라이버 탄생 가능성을 예견하는 뉴스 기사도 등장했다. 그로부터 십수 년이 흘렀지만, 그동안 한국인 F1 드라이버 데뷔는 없었다.

이 같은 가짜 뉴스는 페이지 뷰 수를 늘리기 위한 장난질일 뿐, 기사가 거짓임을 알았을 때 대중이 느낄 혼란은 책임지지 않는다. 지금부터 나는 한국인 F1 드라이버의 탄생 가능성을 차가운 머리로 따져보려 한다.

F1 드라이버의 인생

수많은 자동차 매체가 입을 모아 F1의 전설 '마이클 슈마허_{Michael Schumacher}'를 찬양하고 그의 전설을 뛰어넘은 '루이스 해밀턴_{Lewis Hamilton}'의 위대함을 설파한다. 이들은 마치 조선의 사관처럼 F1 드라이버들의 일거수일투족을 기록하고 기사화한다. 어찌 보면 'F1의 역사'는 F1 레이스의 기록이라기보다 'F1 드라이버의 등장, 성공 그리고 실패'에 대한 기록이다.

F1 드라이버는 의심의 여지 없이 레이스카를 가장 정밀하고 민첩하게 운전하도록 훈련된 완벽에 가까운 드라이버이다. 실제로 F1 드라이버의 텔레메트리(Telemetry: 레이스카에 부착된 여러 센서에서 측정된 신호를 재가공해 레이스카의 상태를 실시간으로 기록하는 장치) 데이터와 랩 타임 시뮬레이션(어떤 레이스카가 트랙 한 바퀴를 완주하는 이론적 최소 시간을 컴퓨터로 예측하는 작업)이 예측한 이상적 드라이빙 결과값을 비교하면 그 차이가 크지 않다. F1 드라이버의 플라잉 랩(Flying lap: 가장 빠른 기록을 내기 위한 전력 질주) 텔레메트리

기록은 랩이 반복되어도 '새로 고침' 버튼을 누른 것처럼 일정하다. F1 드라이버의 컨트롤은 완벽에 가깝다.

그럼에도 불구하고 나는 이들이 전 인류 중 가장 뛰어난 드라이빙 재능을 타고 난 20인이라 생각하지 않는다. 가장 보편의 F1 드라이버의 탄생 과정을 함께 따라가다 보면 당신도 나의 삐딱함을 이해할 것이다.

소싯적 일본 TV 만화 시리즈 〈신세기 사이버 포뮬러〉를 본 사람은 누구나 '카자미 하야토'처럼 포뮬러 레이스 드라이버가 되는 상상을 해봤을 것이다. 만약 당신이 이미 20대라면 F1 드라이버의 꿈이 실현될 가능성은 0에 수렴한다. 이제 시간을 되돌려 내가 세상의 모든 가능성에 활짝 열려 있던 생명의 시작으로 돌아가자. 그리고 가장 보편적인 F1 드라이버 탄생 과정을 밟으며 다시 태어난 내가 F1 드라이버의 꿈을 이룰 가능성을 따져보자. 당신이 유럽에서 태어났다면 앞으로의 이야기는 F1 드라이버가 되기 위해 당신이 거쳐야 할 인생이다. 당신이 비유럽인이라면 이 인생에 '우여곡절'이 더해진다.

[그림 1] 고-카트

　당신은 제법 긴 거리도 잽싸게 달리는 튼튼한 일곱 살 소년이다. 남들에 비해 경제적으로 자유로운 부자 아버지 덕분에 많은 것을 누리고 살고 있다. 이 부자 아버지는 특이하게도 모터스포츠의 광팬이다. 태생적 운명으로 결정되는 이 두 조건이 허락되지 않으면 당신이 F1 드라이버가 될 가능성은 없다. 만약 당신이 이 두 조건을 타고난 행운의 사나이라면 주말마다 아버지의 손에 이끌려 [그림 1]의 자동차를 타며 드라이버 커리어의 첫걸음을 시작한다. F1 드라이버 인생의 첫 관문인 '고-카트Go-Kart'이다.

　고-카트는 그랑프리 레이스를 경험할 수 있는 가장 쉬운 방법이다. 고-카트는 기어 변경이 필요치 않고 여성이나 어린이들도 즐길 수 있으며 속도감 넘치는 모터스포츠다. 물론 모든 자동차

레이스는 위험하다. 그래서 카팅을 두고 100% 안전을 장담할 순 없지만, 가장 안전한 모터스포츠임에는 틀림없다. 헬멧 속을 타고 도는 나의 거친 숨소리, 레이스의 긴장감, 동물적으로 끓어오르는 경쟁심, 구수한 휘발유 타는 냄새. 이만한 재미를 주는 스포츠도 드물다. 고-카트의 최고 속도는 승용차의 시내 주행 속도에도 못 미치지만 고-카트를 통해 몸이 느끼는 속도감은 상상 이상이다.

지금부터 목소리가 굵어지는 사춘기 무렵까지 카팅 챔피언십에서 경력을 쌓아야 한다. 여기에 필요한 비용은 자비로 충당한다. 2010년대 중반 유러피안 카팅 챔피언십 참가에 드는 비용은 통상 자동차 가격을 포함해서 연간 약 3만 파운드, 우리 돈으로 약 5,000~6,000만 원 수준이었다. 그간의 인플레이션을 고려하면 현 시세를 어림짐작해 볼 수 있을 것이다. 앞으로 몇 년 동안 지역, 국내, 국제 카팅 챔피언십을 차례로 경험해야 한다. 레이스카의 동역학과 반응, 그 때의 감각 피드백을 당신의 신경 세포에 기억시키는 것이 이 시기의 주목표다. 프로페셔널 드라이버로서의 잠재력을 찾고 계발하는 시기이며, 카팅 챔피언십에서 자랑할 만한 성적을 거뒀다면 당신의 부자 아버지도 기꺼이 당신의 주니어 포뮬러 시리즈 진출을 지원할 것이다.

[그림 2] 포뮬러 포드

턱수염이 제법 까칠해지는 중학 졸업반 나이가 되면 좀 더 그
럴싸한 포뮬러 레이스카를 타고 마일리지를 쌓아야 한다. 대표
적인 주니어 입문 포뮬러 시리즈에는 '포뮬러 포드Formula Ford'가
있다. 포드Ford가 엔진을 공급하는 싱글 시터 레이스카인 포뮬
러 포드는 1940~1950년대 F1 레이스카처럼 앞뒤 날개가 만드
는 공기 역학 효과 없이 기계적 접지력으로만 달리는 기본에 충
실한 레이스카다. 엔트리급 주니어 포뮬러 챔피언십에 참가하기
위한 차량 대부분은 직접 구매하고 차량 정비와 투어에 드는 비
용도 자비 부담이 일반적이다. 아버지의 경제적 여유 덕분에 당
신은 주니어 포뮬러 시리즈 입문을 무사히 마친다.

유럽의 주니어 포뮬러 시리즈에서 꾸준하게 주목할 만한 성적을 거둔다면 이제 F1 드라이버의 꿈을 가슴에 품을 만하다. 만약 당신의 챔피언십 성적 곡선이 들쑥날쑥하거나 해를 거듭할수록 하향 추세를 보인다면 프로페셔널 드라이버보다 지금까지의 경험을 바탕으로 레이스카 엔지니어에 도전하는 것도 나쁘지 않은 선택이다.

성인 체력이 완성되는 10대 후반이 되면 레이스카 앞뒤에 제법 큰 날개가 달린 싱글 시터 레이스카에 몸을 적응시켜야 한다. 당신은 엔트리급 주니어 포뮬러 시리즈에서 이미 레이스 드라이버로서의 재능을 증명했다. 이제부터 걱정은 이전보다 치솟을 비용이다. 다행히 아직까진 아버지의 경제력이 감당할 만한 수준이다. 그런데 그동안 같은 꿈을 향해 달리던 주변 친구들이 하나둘 레이스 트랙을 떠난다.

한편 하위 주니어 시리즈 경쟁에서 탁월한 실력과 재능을 보이며 당신의 질투심을 자극했던 라이벌들이 가족의 경제력에 크게 구애받지 않고 상위 주니어 시리즈에 안착했다는 소식이 들려온다. 이 시점이 되면 당신 앞에 F1 드라이버로 가는 두 갈래 길이 놓인다. 하나는 '지름길', 다른 하나는 '조금 험한 길'이다. 주니어 시리즈 성적에서 당신을 압도했던 몇몇 소년 드라이버는 차세대 F1 스타를 찾는 드라이버 매니지먼트 회사의 레이더에 포착된다. 이 매니지먼트 회사는 톱 F1 팀들과 공생 관계에 있다. 까다로운 선발 기준을 뚫고 선택받은 이 소년 드라이버들은 르노, 메르세데스, 페라리, 맥클라렌 등 톱 F1 팀의 '영 드라이버 프로그램Young driver programme'에 흡수된다. 앞으로 이들은 소속 팀과 투자자들의 후원을 받으며 수년간 상위 주니어 시리즈에 참가하면서 차세대 F1 드라이버로 길러진다. EPL의 전설 데이비드 베컴David Beckham과 웨인 루니Wayne Rooney는 맨체스터 유나이티드Manchester United의 유소년 팀이 배출한 스타 선수다. F1 영 드라이버 프로그램은 EPL의 유소년 프로그램 같은 시스템이다. 2010 시즌부터 2013 시즌까지 4년 연속 챔피언을 거머쥔 세바스티안 페텔Sebastian Vettel은 코흘리개 어린 시절 레드불의 영 드라이버 프로그램에 발탁되었고, 이 프로그램의 도움으로 유러피언 F3를 거쳐 19세의 어린 나이에 F1 드라이버로 데뷔했다. F1 최초의 흑인 드라이버이자 최다 챔피언 기록을 가진 루이스 해밀턴은 드라이빙 인스트럭터 생활을 하며 슈퍼 리치 라이벌들과 경쟁하다 맥클라렌 F1 팀의 영 드라이버 프로그램의 선택을 받아 스타가 되었다. 이 '지름길'은 당신의 F1 진출 가능성을 서너 배쯤은 높여준다.

[그림 3] 포뮬러 4

안타깝게도 당신의 실력이 경쟁자들을 압도하기엔 조금 부족해서 영 드라이버 프로그램에 발탁되지 못했다면, 어쩔 수 없이 '험한 길'을 걸어야 한다. 앞으로도 당분간은 가족의 경제적 후원에 의존해야 한다. 다행히 당신의 도전을 응원하는 지인으로부터 일부 후원을 받을 수 있었다. 그래서 다음 단계 포뮬러 레이스 시리즈로 진출한다. 과거 이 시기를 대표하는 클래스에는 'MBC 무한도전'이 세팡 서킷에서 체험했던 포뮬러 BMW_{Formula BMW}나 포뮬러 르노 2.0_{Formula Renault 2.0}가 있었지만 지금은 모두 없어졌고, 최근엔 지역별 F4 또는 Formula Regional 시리즈가 남았다. 이제부터 타는 레이스카는 F1 카의 거의 모든 요소를 체험할 수 있는 훈련 기종이다. 어린 드라이버들은 이 시리즈를 통해 F1 드라이버로서의 가능성을 냉정하게 평가받는다. 성적이

나쁘면 F1 드라이버의 꿈은 더 멀어진다. 지금부턴 챔피언십에서 적어도 3위 안에 들어야 한다. 이 목표에 도달하면 다음 상위 레벨인 포뮬러 3 시리즈에 도전할 만하다.

[그림 4] 포뮬러 3

만약 유럽의 중산층 가정에서 태어난 소년이 여기까지 왔다면 그야말로 기적 같은 일이다. 당신도 부자 아버지의 도움이 없었다면 여기까지 오지 못했다. F4 시절 1~2억 원에 머물던 시리즈 참가 비용은, F3로 오면서(지역이나 시리즈에 따라 약간의 변동은 있지만) 우리 돈으로 수억 원을 훌쩍 넘어선다. 한 명의 유러피언 F1 드라이버를 키우는 과정은 유전 탐사나 신약 개발처럼 성공보다 실패의 가능성이 더 높다. 여기엔 본인의 노력과 부모의 경제적 희생은 물론, 당신의 미래 가치에 기꺼이 투자할 스폰서가 필요하다. 'No money, No F1 driver.' 이것이 바로 '현역 스무 명의 F1 드라이버가 세계 60억 인구 중 최고의 재능을 타고난 드라이버들이다'라고 말할 수 없는 이유다.

F1은 경제적 진입 장벽이 살인적으로 높은 스포츠다. 대부분의 유러피언 F1 드라이버들은 앞서 언급된 주니어 포뮬러 시리즈에 자비로 참가할 수 있을 정도로 부유한 가정에서 나고 자란 행운아들이다. 당신의 타고난 재능이 마이클 슈마허의 그것보다 못하단 보장은 없다. 만약 100% 공개 트라이 아웃Open Try-Out을 통해 진정한 탤런트Talent를 선발하고 이들의 성장이 경제적인 이유로 좌절되지 않게 도움을 주는 F1 드라이버 육성 프로그램이 있다면 우리는 타고난 부가 아닌 타고난 재능을 바탕으로 성장한 F1 드라이버를 볼 수 있었을 것이다. 물론 그렇게 될 가능성은 전혀 없다.

그럼에도 불구하고 나는 프로페셔널 레이스카 드라이버들의 실력이 그들의 부유한 성장 환경 때문에 역으로 저평가되어서도 안 된다고 생각한다. 나는 전직 F1 드라이버 조나단 파머, 졸리온 파머 부자가 운영하는 개인 레이스 트랙에서 열린 트랙 데이 행사에서 F3 레이스카와 LMP2 레이스카를 직접 몰아본 적이 있었다. 이들 레이스카의 성능은 F1 레이스카에 비하면 초라하다. 전문 인스트럭터의 도움도 받았다. 하지만 나는 처음 접한 레이스카의 폭발력에 공포를 느꼈고, 사전에 학습한 트랙 공략 시퀀스를 모조리 잊어버리는 무기력 상태를 경험했다. 극한의 아드레날린과 죽음의 공포를 동시에 경험하는 묘한 상태. 프로페셔널 레이스카 드라이버는 이 모두를 극복하며 전 구간에서 치명적 실수 없이 레이스를 마쳐야 한다. 레이스카 드라이빙은(보통의 '절대'에 100을 곱한 느낌으로) '결단코' 쉽지 않다. 장담하건대 훌륭한 레이스 드라이버는 타고난 재능보다 노력과 훈련이 만든다.

[그림 5] 포뮬러 2

유러피언 F3European Formula 3나 브리티시 F3British Formula 3 같은 공신력 있는 챔피언십 시리즈에서 3위권 내의 우수한 성적을 거두었다면 체급을 올려 F2 시리즈에 도전할 만하다. F2 시리즈는 F1 팀들이 차세대 F1 드라이버를 발굴하기 위해 투자하는 F1의 2부 리그 격 챔피언십이다. 당신은 F1 팀의 영 드라이버 프로그램으로 초대받지 못했기 때문에 다음 단계 진입을 위한 후원이 필요하다. 당신은 현재 스폰서에게 그간의 성적을 보여주며 F2 진출을 위한 후원을 요청한다.

당신의 커리어를 설계해줄 능력 있는 매니저를 찾는 것도 중요하다. F1 드라이버 마켓은 개인 성적, 스폰서십, 정치력, 물밑 협상으로 움직이는 그레이 마켓Grey market이다. F1 드라이버 탄생에서 매니저의 인맥과 협상력은 드라이버의 능력만큼 중요하다.

2010년대에 접어들어 F2급 시리즈의 무용론이 심각하게 제기되고 있다는 것은 그나마 반가운 소식이다. F2 시리즈에 한 명의 드라이버를 출전시키는 데 드는 비용이 우리 돈으로 수십억인 데 반해, 비슷한 최고 속도와 자동차 성능을 경험할 수 있는 F3는 그 절반에 못 미치는 비용으로 선수를 출전시킬 수 있다. F3 같은 하위 포뮬러 시리즈에서 압도적인 실력과 스타성을 보인 20대 초반의 영 드라이버를 발탁하면 스폰서나 매니저 입장에서도 드라이버 양성에 들어가는 비용을 크게 절약할 수 있다. 이런 이유로 앞서 설명한 모든 단계를 착실하게 밟아 F1에 진입하는 드라이버 수가 줄었다. 16세의 고-카트 선수에서 F1 드라이버가 되기까지 채 4년이 걸리지 않는 경우도 있었다. 이제 F1 데뷔 나이는 20대 초반으로 거의 굳어졌다.

여기까지 무사히 안착했다면 당신의 노력으로 할 수 있는 일은 다 한 셈이다. 이제부턴 행운도 당신의 실력이다. 우선 F1 진입을 위한 마지막 관문인 'F1 영 드라이버 테스트F1 Young driver test' 기회를 잡아야 한다. 영 드라이버 테스트는 팀의 엔지니어와 팀

보스들에게 자신의 존재감을 각인시키고 F1 드라이버 발탁 가능성을 높이는 아주 좋은 기회다. F1 문턱까지 온 주니어 드라이버들은 그들의 매니저와 함께 몇 안 되는 테스트 자리를 얻기 위해 동분서주한다. 다행히 F1 영 드라이버 테스트에 참가할 기회를 잡으면, 주어진 테스트 세션이 끝나기 전까지 당신이 준비된 F1 드라이버임을 증명해야 한다. 테스트가 끝나는 시점은 또 다른 기다림의 시작점이다. 이제부턴 당신과 계약하고 싶다는 팀이 나타날 때까지 기다려야 한다. F1 그리드에 빈자리가 생기려면 기존의 F1 드라이버 중 누군가 은퇴하거나 팀에서 방출돼야 한다. F1으로 콜업되는 신인 드라이버의 수는 1~2년에 한둘을 넘지 않는다. 당신에게 가장 큰 관심을 보였던 팀에서 리저브 드라이버나 테스트 드라이버 역할을 하며 다음 기회가 나에게 오길 기다리는 방법도 있다. F1 드라이버의 꿈을 향한 기다림이 끝내 응답받지 못할 수도 있다.

설상가상 雪上加霜

당신이 비유럽인이라면 F1 드라이버가 될 가능성은 더 떨어진다. 가능하다면 유럽으로 건너가 앞서 언급한 유러피언 주니어 포뮬러 시리즈에서 유럽 출신 드라이버들과 경쟁하고 이겨야 한다. 이 치열한 경쟁 와중에 이방인이라는 태생적 한계도 극복해야 한다. 언어의 장벽과 상품성의 저평가가 그 대표적 예다. 하지만 드라이빙 능력에 대한 평가 기준이 인종, 국적에 따라 다를 순 없다. 가장 중요한 판단 기준은 숫자와 통계가 보여주는 당신의 객관적 퍼포먼스 지표다. 지역, 인종을 초월해 실력으로 다른 경쟁자들을 압도한다면 당신은 F1 드라이버로 선택받을 수 있다.

F1 드라이버 시트 한 자리를 두고 실력, 경력, 계약 조건이 비슷한 유럽인 드라이버와 경쟁한다면 애석하게도 당신이 선택받을 확률은 높지 않다. 이 불리함을 극복할 거의 유일한 방법은 F1에 영향력 있고 자본력이 튼튼한 스폰서 등에 올라타는 것이다.

한국인 F1 드라이버의 탄생 시나리오는 F1 드라이버를 다수 배출한 일본의 사례를 벤치마크할 수 있다. 2021 시즌, F1 드라이버로 깜짝 등장한 유키 츠노다Yuki Tsunoda는 혼다 포뮬러 드림 프로젝트의 장학생이다. 가장 대표적 일본인 F1 드라이버 카무이 고바야시Kamui Kobayashi는 토요타 F1 주니어 프로그램의 마지막 장학생이었다. 토요타가 F1에서 철수하던 해인 2008년, 토요타 팀의 예비 드라이버였던 카무이는 시즌 마지막 두 레이스에서 대타로 출전해 신인이라고는 믿기 어려울 정도의 공격적인 드라이브로 주목받았다. 이 활약을 발판으로 이듬해부터 2012년까지 스위스의 사우버 F1 팀의 넘버 원 드라이버로 활약했다. 토요타의 일본인 F1 드라이버 육성 프로그램이 없었다면 F1 드라이버 카무이 고바야시는 등장하지 못했다. 가장 오랜 기간 F1에서 활동하고 이후 인디500, WEC 등에서 활약한 일본인 F1 드라이버 타쿠마 사토Takuma Sato도 거대 자동차 기업 혼다와 일본 F1 팀이었던 '슈퍼 아구리Super Aguri'의 전폭적인 지원을 받아 F1 드라이버가 될 수 있었다.

한국인 F1 드라이버의 탄생, 쉽지 않다

한국인 F1 드라이버의 탄생은 한국 기업의 적극적 스폰서십이나 코리안 F1 팀의 탄생 없인 사실상 불가능하다. 지금까지 유러피언 주니어 포뮬러 시리즈에 진출한 20세 미만 한국인 선수는 극히 적었다. 국내에서 주니어 드라이버를 육성하고 후원하는 한국 기업도 많지 않다. 한편 최근 F1 데뷔 나이는 아무리 늦어도 25세를 넘지 않는다. 지금 당장 코리안 F1 팀이 생기거나 한국인 F1 드라이버 배출을 위한 전폭적인 영 드라이버 프로그램을 시작한다 해도 어린 선수들을 발굴하고 포뮬러 레이스 드라이버로 키우는 데에는 '적어도' 5~10년의 기간이 필요하다. 한국인 F1 드라이버 탄생은 당연히 그보다 더 오래 걸린다. 어떤 '빅뱅'이 없으면 디데이는 계속 미뤄질 것이다.

2014년, 유러피언 F3 오픈에서 활동하던 한국인 드라이버 임채원 선수가 코파 클라스 경기에서 우승했다. 당시 영국의 모터스포츠 TV 채널을 통해 임채원 선수의 우승 레이스를 볼 수 있었다. 나는 F1이라는 거대한 꿈을 향해 홀로 사력을 다했을 그를 진심으로 응원했다. 국제 모터스포츠에 대한 이해와 관심이 전혀 없는 한국에서 임채원 선수의 도전이 얼마나 큰 노력과 희생을 의미하는지 제대로 평가될 리 없었다. 아쉽게도 그의 F1 도전은 좌절되었지만 척박한 여건 속에서도 온 힘을 다한 그에게 뜨거운 박수를 보낸다.

한국에서 나고 자란 순수 한국인은 아니지만, 풀타임 F1 드라이버에 가장 근접했던 한국계 영국인 드라이버도 있었다. 그의 이름은 Jack Aitken, 한국명 한세용이다. 한세용 선수는 르노 F1의 주니어 팀 소속 드라이버로 여러 주니어 포뮬러 시리즈를 통해 그 실력을 인정받은 차세대 F1 드라이버였다. 그는 오랜 기간 르노 F1의 리저브 드라이버와 테스트 드라이버 역할을 했고 윌리엄스 F1에서 정식 데뷔 레이스도 치렀지만 아쉽게도 풀타임 레이스 시트는 얻지 못했다.

2024년 현재, 한국을 대표하는 F1에 가장 근접한 포뮬러 드라이버는 신우현 선수다. 범 현대가 후손으로 알려져 있는 그는 FIA 포뮬러 3 챔피언십에 출전한 첫 번째 한국 드라이버이다. 그는 2022년 F4 UAE 챔피언십에서 레이싱 데뷔, 같은 해 F4 British 챔피언십에 출전했다. 이후 Formula Regional Middle East 챔피언십, GB3 챔피언십, FIA F3 챔피언십을 거치며 레이싱 마일리지를 쌓았다. 한국인 드라이버 중 F1 진출에 가장 이상적인 트랙 레코드를 만들고 있으며, 잠재력이 큰 기대주다.

마지막으로 완성차 기업뿐만 아니라 한국의 자동차 업계가 한국의 경제 위상에 걸맞은 수준으로 모터스포츠와 드라이버 육성에 투자하기를 희망한다. 성공한 스포츠 스타 뒤에는 광고주가 줄을 선다. 하지만 불가능해 보이는 목표에 도전하는 청춘을 응원하는 '에인절Angel'은 찾아보기 어렵다. 청춘의 가능성에 기꺼이 투자할 에인절이 등장하지 않는 한 우리는 세계적인 한국인 레이싱 드라이버의 탄생을 영원히 보지 못할 수도 있다. 막장 드라마의 필수 요소인 '출생의 비밀'처럼, 스포츠 스타의 성공 뒤에 따라붙는 '경제적 역경과 사회적 무관심을 딛고 일어선 의지의 한국인' 스토리를 한국인 F1 드라이버의 탄생에도 기대하진 말자.

06
채용 Hire

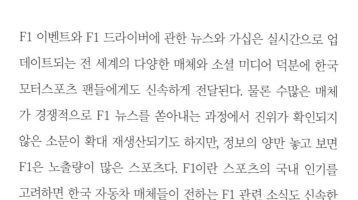

F1 이벤트와 F1 드라이버에 관한 뉴스와 가십은 실시간으로 업데이트되는 전 세계의 다양한 매체와 소셜 미디어 덕분에 한국 모터스포츠 팬들에게도 신속하게 전달된다. 물론 수많은 매체가 경쟁적으로 F1 뉴스를 쏟아내는 과정에서 진위가 확인되지 않은 소문이 확대 재생산되기도 하지만, 정보의 양만 놓고 보면 F1은 노출량이 많은 스포츠다. F1이란 스포츠의 국내 인기를 고려하면 한국 자동차 매체들이 전하는 F1 관련 소식도 신속한 편이다.

하지만 F1 엔지니어링 분야의 팩트를 다룬 시중의 기사나 자료에서는 오류가 심심치 않게 발견된다. 예를 들면 'F1 메카닉들은 모두 석·박사급 엔지니어이며 이들이 레이스를 마치고 팀으로 돌아오면 다시 차량 개발에 투입된다', 'F1 메카닉들의 연봉은 수억 원을 웃돈다' 등의 정보가 그것이다. F1 팀의 내부 사정이 한국의 일반 대중에게 덜 알려진 탓인지 F1 팀의 인력 구성이나 팀 운영에 대한 추측성 정보가 입에서 입으로 전해지고, 그 와중에 정보가 부풀려지거나 왜곡돼 사실처럼 굳어진 모양이다. 이번엔 F1 팀 내부의 이모저모를 정확하게 알아보자.

모터스포츠의 VIP 고객은 우리가 아니다

하나의 F1 팀은 본질적으로 독립 엔지니어링 혹은 독립 자동차 기업이다. 여느 산업체와 마찬가지로 F1 팀에도 사업의 연속성을 유지하고 영업 활동을 지원하는 인력 관리, 회계, 재무, 법률, 구매, 마케팅 등의 지원 조직이 존재한다. 하지만 F1 팀과 다른 산업체와의 차이는 이들이 수익을 창출하는 비즈니스 모델의 차이다. F1 비즈니스 모델을 이해하려면 먼저 모터스포츠의 산업적 특성을 짚어볼 필요가 있다.

모터스포츠는 원동 기계를 이용하는 몇 안 되는 스포츠다. 기계를 사용하기 때문에 대중적인 스포츠의 전형에서 벗어난다. 하지만 프로페셔널 모터스포츠는 게임의 규칙에 따라 승부를 겨루고 성적순으로 이익을 취한다는 점에서 온전한 프로페셔널 스포츠의 형태를 갖추고 있다. 한 리그에 참가하는 여러 선수 혹은 팀이 스포츠 경기라는 상품을 생산하고, 일반 대중이 이를 직간접적으로 소비한다는 점에서 F1은 전통적 프로페셔널 스포츠 비즈니스 모습을 보인다. 모터스포츠 중 가장 많은 사랑을 받는 F1은 전체 매출 중 티켓 판매와 방송 수익이 차지하는 비율이 매우 높다. 하지만 '모터스포츠 부가가치=이벤트 매출'로 단순화한 2-Tier 모델로는 모터스포츠 생태계를 먹여 살리는 비즈니스 모델을 설명할 수 없다. 개별 모터스포츠 팀의 생존 방식으로 시야를 좁히면 이 모델의 한계는 더욱 분명해진다.

여타의 프로 스포츠와 달리 모터스포츠의 1차 고객은 관중이 아니다. 유럽의 F1, 북미의 NASCAR, 호주의 V8 Supercars, 독일의 DTM 시리즈 정도를 제외하면 모터스포츠 전체 매출에서 관람 수익이 차지하는 비중은 그리 높지 않다. 현대 i20와 토요타 Yaris의 박진감 넘치는 드리프팅과 스칸디나비안 플립이 일품인 월드 랠리 챔피언십WRC엔 정해진 트랙도, 그랜드스탠드에 꽉 들어찬 관중도 없다. 페라리, 맥클라렌, 람보르기니 등 우리가 알 만한 거의 모든 슈퍼카가 등장하는 FIA GT 시리즈도 관중석이 비어 있기는 마찬가지다. 미래에서 타임머신을 타고 온 듯한 프로토타입 레이스카와 '24시간 르망Le Mans'으로 유명한 내구 레이스 WECWorld Endurance Championship는 낮밤을 가리지 않고 6시간 넘게 레이스가 진행되기 때문에 꽉 찬 관중을 기대하기 어렵다. 흔히 '추레라'로 불리는 트럭 레이스인 FIA 유러피언 트럭 레이싱 챔피언십은 관람 흥행이 주목적이라면 존재 가치가 없는 스포츠다. 대체로 모터스포츠는 관중이 없어도 체면이 크게 깎이지 않는다. 모터스포츠 산업을 먹여 살리는 진짜 VIP 손님은 따로 있기 때문이다.

모든 남성의 아이돌 레드 페라리는 이자율 4%, 25년 만기 상환 모기지 대출을 끼고 산 30평 아파트에 사는 중산층 가장을 위한 차가 아니다. 하지만 '일반인은 평생 타보지도 못할 사치스런 차를 만들어 판다'며 페라리를 비난하는 사람은 거의 없다. 고가의 페라리를 구매하는 특수층의 수요는 페라리 생산 라인 노동자들에게 안정된 고용과 소득을 제공한다. 경제적으로 중위 소득 그룹에 속할 페라리 생산 라인 노동자들은 피아트 판다나 VW 골프를 탄다. 맥클라렌 팀의 직원 주차장은 맥클라렌 MP4-12C로 가득하지 않다. 애스턴 마틴 공장 주차장도 사정은 다르지 않다.

슈퍼카의 존재 이유는 모터스포츠에도 유효하다. 모터스포츠의 존재 가치는 특별한 경험을 원하는 고자본 특수층의 수요가 증명한다. 레이스카 컨스트럭터는 자동차 기술자를 고용해 이 특수 시장의 요구를 충족시킴으로써 부가가치를 창출한다. 만약 고객이 레이싱 드라이버의 꿈을 이루고픈 재력가라면 레이스카 컨스트럭터는 기꺼이 그가 탈 레이스카를 만들어준다. FIA GT 시리즈는 '페트롤 헤드(Petrol Head: 자동차를 광적으로 좋아하는 마니아층을 가리키는 은어)' 부유층의 욕망과 자본이 탄생시킨 대표적인 모터스포츠다. 모터스포츠가 활발한 영국에선 '레이싱 드라이버'의 꿈을 실현하기 위해 '나만을 위한' 레이스카와 레이스 팀을 만들어 출전하는 부자 아저씨들을 어렵지 않게 볼 수 있다. 만약 고객의 욕망이 자기 회사나 상품을 대중에게 더 많이 노출하는 것이라면, 레이스카 컨스트럭터는 기꺼이 레이스카에 고객의 광고 스티커를 붙인다. 만약 고객 자신이 자동차를 제조하거나 자동차 부품을 생산하고, 이들 제품의 성능, 안전성, 내구성 등을 극한의 조건에서 테스트하고자 한다면 모터스포츠만 한 극한 테스트 환경을 찾기 어렵다.

모터스포츠 섹터는 자본력 풍부한 VIP 고객들의 다양한 욕구가 혼재된 시장이다. VIP 고객에게 고성능의 레이스카와 서비스를 제공함으로써 이들의 복잡 다양한 욕구를 충족시키고, 이로부터 부가 가치를 창출하는 것이 모터스포츠의 진짜 수익 모델이다.

만약 당신이 수조 원대의 자산가라면 F1 팀을 인수해 단번에 팀의 우두머리가 될 수 있다. 하지만 대부분의 경우 F1 팀 수장의 자리는 타 레이스 팀에서의 성과를 인정받아 영입된 전문 경영인으로 채워진다. 레드불 F1 팀을 20년 가까이 이끌고 있는 크리스천 호너Christian Horner는 그 자신이 F3000 시리즈 드라이버였고, 레이스 드라이빙을 은퇴한 25세의 어린 나이에 이미 F3000 팀을 소유했을 정도로 부유한 배경에서 나고 자란 인물이다. 그는 자신의 레이스 팀 운영 경험을 바탕으로 32세의 어린 나이에 레드불 F1 팀의 최고 경영자로 발탁될 수 있었다. 부자 아빠가 팀을 사서 아들의 F1 드라이버 꿈을 이루게 해 준 경우도 있다. 하지만 독자들, 특히 F1 기술자를 꿈꾸는 공학도에게 금수저의 성공 스토리는 아무 감흥도 주지 못하기에 F1의 금수저 이야기는 여기서 멈추자. 세상 어디서나 최고위 인물의 이동은 어차피 돈과 인맥이 지배한다.

최전선에서 싸우는 메카닉

F1을 동경하는 어린 학생들에게 "당신의 꿈은 무엇입니까?"라고 물으면 대부분 "F1 메카닉이 되는 것"이라고 답한다. F1 메카닉은 레이스 투어에 참가해 레이스카를 직접 조립, 정비, 분해한다. 세션이 시작되면 핏 스톱에 투입돼 레이스카의 타이어, 부품 등을 교체하는 핏 크루 역할도 수행한다. 하지만 모든 핏 크루가 메카닉은 아니다. FIA 규정은 각 팀이 트랙에서 운용할 수 있는 전체 인력의 수를 제한하고 있기 때문에 부품 검수, 장비 관리, 청소 등을 전담하는 비 메카닉 인력도 1인 2역으로 핏 스톱에 투입된다. 메카닉은 대부분 고등학교를 졸업하는 만 17세 무렵부터 레이스카 정비의 길로 뛰어들어 오랜 기간 레이스카 조립, 정비 경험을 쌓은 숙련공이다. 이들은 대부분 청소년 시절 '어프렌티스십Apprenticeship'이라 불리는 도제식 교육을 통해 정식 메카닉으로 성장한다. 이들은 숙련된 선배 기술자를 도우며 어깨너머로 레이스카의 조립과 정비를 배운다. F1 메카닉 지망생

이 F1으로 직행하는 경우는 매우 드물다. 대부분은 하위 포뮬러 시리즈에서 기본기를 다진 후 F1 메카닉으로 발탁된다.

[그림 1] 알핀 F1의 핏 크루

메카닉은 차량의 설계, 개발, 성능 분석 등 중장기 엔지니어링 활동엔 참여하지 않는다. 이들은 레이스 전반을 통제하는 레이스 엔지니어, 차량 성능과 셋업을 책임지는 퍼포먼스 엔지니어가 레이스에 사용할 파트 넘버 리스트와 레이스카 셋업 목표값을 적은 주문을 넘기면 이에 따라 레이스카를 준비한다. 메카닉은 항상 목표 시간까지 레이스카 조립을 마쳐야 하고, 예상치 못한 사고가 생기면 다음 목표 시간까지 반드시 레이스카를 복구해야 하는 무거운 책임을 가진다. 메카닉은 가장 긴 시간 일하고 가장 많은 체력을 소비하며 경기 중 크게 다치기도 하는 위험한 직업이지만, 레이스 현장의 솜털 돋는 긴장과 영광을 직접 체험하는 가장 매력적인 직업이기도 하다. 경력과 숙련도에 따라 다르지만, 시중에 알려진 것처럼 모든 메카닉이 고액의 연봉을 누리는 것은 아니다.

무기를 제작하는 테크니션

레이스카를 구성하는 각 파트의 제작은 테크니션이 담당한다. 테크니션은 엔진, 타이어, 휠 드럼, 브레이크 어셈블리, 플랭크, 기타 표준 부품을 제외한 레이스카의 모든 파트를 설계도에 따라 제작, 가공한다. F1 레이스카 제작에는 양산형 자동차 생산 라인에서 볼 수 있는 컨베이어 시스템이나 자동화 공정이 없다. 카본 파이버 콤포짓Carbon fiber composite 제작, 유압 시스템 제작, CNC 가공, 전자 장비 제작, 페인팅 등 새시 및 부품 제작 공정이 테크니션의 손을 거친다. F1 레이스카는 구성품이 모듈화Modular되어 있기 때문에 '총 몇 대의 자동차를 제작한다'는 개념이 없다. 자동차의 뼈대가 되는 모노콕이 한 해에 서너 개 정도 제작되지만, 하자가 발견되거나 파손되지 않는 한 시즌 동안 재사용된다. F1 레이스카 제작 공정의 목표는 시즌 중 부품 손실이 발생해도 남아있는 모든 경기를 마치는데 지장이 없을 만큼 충분한 수량의 부품 모듈을 공급하는 것이다. 하지만 같은 파트라도 성능 스펙별로 설계가 다른 서브 파트를 만들어야 하고, 대부분 정밀 수작업이 필요한 데다 시일이 촉박한 부품 업데이트 요구가 잦아 공급 목표 달성이 쉽지 않다. 그래서 F1 테크니션에겐 높은 숙련도와 집중력이 필요하다.

테크니션도 메카닉과 마찬가지로 도제 교육을 통해 길러진다. 매년 직업 훈련Work placement 시기가 되면 공장 이곳저곳에서 앳된 소년들이 스승 테크니션을 따라다니며 기술을 배우는 모습을 어렵지 않게 볼 수 있다. 영화 〈스타워즈〉 유니버스에서 파다완을 제다이 마스터로 키우는 방식 '어프렌티스십'은 기술자를 양성하는 영국의 오랜 전통이며 그 마스터Master는 아버지나 친인척인 경우가 많다. 아버지가 F1 테크니션인 경우 그 아들도 대를 이어 F1 테크니션의 길을 택할 확률이 높다. 유럽의 엔지니어링 테크니션들이 지금과 같은 명성을 얻게 된 데에는 이 도제의 전통과 효율성이 큰 몫을 했다.

도제를 기반으로 한 유럽의 직업 교육 전통을 감안하면 한국에서 나고 자란 청년이 F1 메카닉이나 테크니션이 되기는 매우 어렵다. 토종 한국인에겐 소년인 자신을 유럽의 엔지니어링 도제 시스템으로 자연스럽게 녹여줄 혈연, 지연, 인맥이 없기 때문이다. 이 부족함을 극복할 유일한 방법은 시간이 더 걸리더라도 다른 모터스포츠에서 메카닉이나 테크니션 경력을 쌓은 후 F1

의 문을 두드리는 것이다. 현재 F1에서 활동 중인 일본인 메카닉의 대부분은 타 모터스포츠에서 기본기와 경력과 쌓은 후 일본 F1 팀을 통해 F1으로 흡수된 사람들이다.

무기를 설계하는 F1 엔지니어

레이스카 디자인, 공기 역학, 전산 유체 역학CFD, 부품 설계, 스트레스 분석, 성능 분석, 전자 제어 등 펜과 종이, 책상과 컴퓨터를 사용하는 F1 컨스트럭터의 모든 프로젝트는 엔지니어의 손과 머리를 거친다. F1 프로젝트에 참여하는 수백 명의 엔지니어는 CAD 디자인, 레이스카에 미치는 공기의 영향 연구, 부품 설계와 파괴 한도 예측, 힘과 속도의 계산, 각종 성능 예측과 분석, 문제점 개선 등 각자의 전문 분야에서 책임을 다한다.

한 F1 팀이 취업 공고를 내면 F1 엔지니어가 되고 싶은 전 세계 엔지니어 지망생들이 이력서를 보낸다. 해당 포지션이 요구하는 자격과 임무에 대한 이해가 없는 상태에서 'F1 엔지니어는 나의 꿈이고 뽑아주시면 열심히 하겠다'는 초보의 이력서는 대부분 휴지통에 버려진다. F1 팀에선 신입 인력의 적응을 돕는 직무 교육을 하지 않는다. 이는 유럽의 다른 엔지니어링 기업들도 마찬가지다. F1 팀은 그들이 원하는 수준의 자격과 능력을 이미 갖추고, 직무에 바로 투입될 수 있는 준비된 인력을 선택한다.

F1 팀이 엔지니어를 탐색함에 있어 가장 선호하는 인력은 타 팀에서 유사한 개발 업무를 했던 경력직 엔지니어다. 타 팀에서 활동하던 엔지니어를 스카우트하면 경쟁 팀의 정보를 얻을 수 있을 뿐 아니라, 경쟁 팀에 인력 공백을 만들어 상대의 전력을 약화시킬 수도 있다. F1에선 인력 이동을 통한 비밀 유출을 최대한 막기 위해 이직하는 엔지니어가 퇴사일까지 뇌를 비우는 기간, 소위 정원 휴가Gardening Leave 기간을 둔다. 정원 휴가 중인 엔지니어는 급여 100%를 받으며 온전히 휴식에 전념해야 한다. 해당 엔지니어의 비밀 취급 권한이 높을 수록 정원 휴가 기간은 늘어난다. F1에서 엔지니어의 팀 간 이동은 빈번하고 자연스러운 일이다. 통상 10여 개의 F1 팀이 활동하고 각 팀당 약 200명의 엔지니어 인력이 있으므로 F1 엔지니어 전체 풀 규모는 어림잡아 약 2,000명 정도다. F1 엔지니어의 채용은 거의 이 엔지니어 풀을 기반으로 한다. 그 결과 신입 엔지니어 채용이 드물고 규모도 작다.

엔지니어 직무는 해당 개발 업무와 유관한 공학 학위와 경력을 필수로 요구한다. F1 프로젝트에는 유체 역학Fluid dynamics, 정역학Statics, 동역학Dynamics, 스트레스 분석Stress analysis, 제어Control 등 기계 공학 과정에서 습득할 수 있는 전공 지식이 가장 많이 활용되지만 이에 국한되진 않는다.

WEC, WRC, DTM 등 이종 모터스포츠나 양산형 자동차 회사에서의 개발 경력도 엔지니어 채용에 유리하게 작용한다. F1

레이스카의 구성 요소는 공기 역학을 제외하면 일반 자동차와 크게 다르지 않기 때문이다. 아울러 F1 팀은 핵심 개발 인력 채용에 있어 박사급 엔지니어를 선호한다. 특히 레이스카 성능 향상이나 공기 역학을 주제로 한 연구 경험이 우대된다. 레이싱 드라이버에서 F1 엔지니어로 진로를 바꾸는 사례도 있다. 하지만 이들도 직무 수행에 필요한 공학적 소양과 학위를 요구받기는 마찬가지다. 팀 국적에 상관없이 영어 커뮤니케이션 스킬은 필수다. 모든 팀의 인력 구성은 다국적이고 팀의 소재지와 무관하게 업무용 공식 언어는 영어다.

학부를 갓 졸업한 Graduate 레벨에서 정식 엔지니어로 발탁되기는 어렵다. 일부 F1 팀이 시행하는 'Graduate 엔지니어 프로그램'을 통해 초급 엔지니어부터 시작하는 것이 신입 엔지니어로서 F1에 진입하는 거의 유일한 방법이다. 이마저도 영국 톱리그 대학의 기계 공학 전공자나 엔지니어링 특성화 대학의 모터스포츠 전공자에게 대부분의 기회가 주어진다. 가장 많은 F1 인력을 배출하는 영국 대학은 케임브리지Cambridge, 옥스퍼드Oxford, 크랜필드Cranfield, 옥스퍼드 브룩스Oxford Brookes, 러프버러Loughborough 대학이다. 특히 모터스포츠 엔지니어링으로 유명한 크랜필드, 옥스퍼드 브룩스, 러프버러, 이 세 개 대학에는 매년 F1 엔지니어의 꿈을 이루기 위해 세계 각국의 학생이 몰려든다.

F1에서 일하는 한국인의 수는 늘고 있다. 앞으로도 세계적인 모터스포츠에서 더 많은 한국인 엔지니어들이 활동하기를 희망

한다. 하지만 이를 가로막는 걸림돌들이 있다. 해외 톱 모터스포츠에서 활동하려면 해당 업계가 요구하는 공학적 소양, 유관 경험, 영어 커뮤니케이션 스킬을 갖추어야 한다. 한국에서 나고 자라 교육받은 엔지니어 지망생이 갖추기 어려운 스펙이다. 한국인이 택할 수 있는 가장 현실적 커리어 경로는 앞서 언급한 영국 유명 대학으로의 유학이다. 이에 드는 적잖은 교육 비용은 개인이 부담해야 한다. 반면 모터스포츠 전분야의 지표가 우리보다 앞서는 일본의 경우 자국 F1 팀이었던 혼다, 토요타, 슈퍼 아구리를 통해 토종 일본인 엔지니어들이 자연스럽게 F1으로 유입될 수 있었다. 이 중 일부는 현재 F1 업계의 톱 엔지니어로 성장했다. 일본의 사례는 한국 자동차 업계가 세계적 모터스포츠에 끈기 있게 투자하면 한국인 자동차 엔지니어의 국제적 위상도 높아질 수 있음을 보여준다.

F1 팀의 힘은 집단 지성이다

호사가들은 F1 인더스트리 겉에 '단단한 껍질'이 있다고 말한다. 껍질에 싸여 속이 보이지 않고, 뚫고 들어가기도 쉽지 않다는 말인데 딱히 틀린 표현은 아니다. 엔지니어링 산업 전 분야에서 F1만큼 흥미로운 분야는 흔치 않다. 만약 당신이 자동차 엔지니어 지망생이라면 모터스포츠, 그중 F1은 젊음을 투자해도 아깝지 않을 목표라고 나는 생각한다. 앞으로 한국 모터스포츠 생태계가 더 커지고 거기서 일하는 공학도도 더 많아졌으면 좋겠다.

다만 〈신세기 사이버 포뮬러〉 속 만화적 상상을 현실과 혼동해 F1 엔지니어링을 동경하진 말기를 당부한다. F1 엔지니어링은 주류 자동차 산업을 능가하는 신비의 기술을 다루는 신세계가 아니며, 재미 가득한 일터도 아니다. F1 엔지니어링 프로젝트는 수년이 걸리는 일반 자동차 회사의 자동차 개발 사이클을 1년으로 압축한 것이며, F1 팀은 수백여 명의 기술자들이 이 공동의 목표를 위해 머리를 맞대고 치열하게 일하는 일터다. 모터스포츠 엔지니어링 분야에서 일하려면 일반 자동차 회사 엔지니어에게 필요한 전문 지식과 프로페셔널리즘을 갖춰야 한다.

세바스티안 페텔을 최연소 F1 챔피언으로 만들어준 레드불 레이싱의 레이스카는 F1역사상 가장 천재적인 F1 레이스카 디자이너로 인정받는 에이드리안 뉴이Adrian Newey의 감각과 통찰력이 반영된 결과물이다. 하지만 에이드리안이 위대한 엔지니어로 평가받는 이유는 무엇보다도 레이스카 개발 프로젝트의 최종 책임자로서 그의 엔지니어링 팀이 챔피언십 우승 레이스카를 만들 수 있도록 이끈 훌륭한 리더이기 때문이다. 사람들은 '로보트 태권 V'가 천재 로봇 공학자, 김 박사 개인의 발명품일 거라 생각한다. 하지만 상식적으로 첨단 무기 체계인 로보트 태권 V를 김 박사 개인이 만드는 것은 불가능하다. 이 프로젝트엔 수많은 엔지니어, 테크니션, 아웃소싱 업체, 지원 인력이 참여했을 것이 분명하다. 이는 김 박사 개인의 성공이 아닌 그가 이끈 프로젝트의 성공이다. 어떤 프로젝트의 성공을 100% 자신의 공이라 주장하는 사람이 있다면 그는 유능한 아랫사람을 둔 운 좋은 무임승차자이거나, 거짓말쟁이일 가능성이 크다.

07

낙수효과
Trickle-Down Effect

연간 자동차 판매량 기준 세계 순위 6~7위권의 완성차 기업 혼다는 첫 로드카 모델을 생산하기 시작한 지 불과 4년 후인 1964년부터 F1 그랑프리에 뛰어들었을 정도로 모터스포츠 투자에 매우 적극적인 기업이었다. 70회가 넘는 F1 그랑프리 우승을 견인하며 엔진 공급사로서도 꽤 성공적이었다. 이처럼 모터스포츠에 공을 들이던 혼다가 2008년 돌연 F1 프로그램 중단을 선언했다. 2008년은 미국 서브 프라임 모기지 사태의 결과 세계경제의 대침체가 시작된 해였다. F1 철수 발표 당시 혼다 모터스포츠 부문 사장은 "F1 프로그램 중단 결정은 세계 경제 위기에서 살아남기 위한 혼다의 피치 못할 선택이니 저희를 용서해 주십시오"라고 호소하며 미디어 앞에서 눈물을 쏟았다. 정계, 재계, 야쿠자 세계를 가릴 것 없이 일본에서 흔히 있는 실패한 지도자의 모습이었지만, 칼날에 위에 위태롭게 놓인 세계 경제의 위기를 보여준 결정적 순간이었다. 전 세계적 경제 위기가 없었어도 사기업의 이윤 추구 본성을 생각하면 혼다의 F1 프로그램은 혼다의 주력 상품인 중·소형 자동차 사업에 직접적 도움이 되지 못했다. F1 팀 유지에 드는 고정 비용도 만만치 않게 컸다.

그런데 눈물을 흘리며 F1을 떠났던 혼다는 6년 뒤인 2014년 F1 판으로 슬그머니 돌아왔다. 혼다의 최고 경영진이 바보가 아닌 이상 사업 타당성 검토 없이 F1 복귀 결정을 내렸을 리 없다. 혼다가 F1을 떠나있던 6년 동안, F1은 "못 살겠다!"라며 집을 나간 혼다를 제 발로 되돌아오게 할 만큼 매력적인 생태계로 변신해 있었다.

F1과 현실의 연결 고리

F1은 모터스포츠의 끝판왕으로 불린다. F1 레이스카의 한계는 자동차가 도달할 수 있는 주행 성능의 최대 경계선이다. 정지 상태에서 시속 100km까지 단 2초 만에 도달하고, 고속으로 달리면 터널 천장을 거꾸로 달릴 수도 있다는 F1 레이스카와 내가 타는 소형 해치백 사이에 연결고리가 있을까? '양산형 자동차 모델에 적용되는 F1 테크놀로지'는 많은 이들이 궁금해하는 주제다. F1을 비롯한 모터스포츠에서 많은 돈을 들여 신기술을

개발해 놓으면 로드카로 흘러가 우리도 혜택을 보는 '낙수 효과 Trickle-down'는 얼마나 될까? 아니, 있긴 한 걸까?

F1이 새로운 기술을 창조하고 그 활용 정도가 점점 커져 마침내 로드카에까지 흘러들어 가는 시나리오는 F1 신앙인들이 간증처럼 듣고픈 이야기다. 하지만 F1의 낙수 효과는 생각보다 크지 않다. 사실 주류 모터스포츠에서 사용되는 대부분의 기술은 완성차 부문에서 이미 사용되고 있거나 완성차에 적용하기엔 기술의 완성도가 모자라 인큐베이션 단계에 머물렀던 기술인 경우가 많다. 'F1은 윗물, 로드카는 아랫물'이라는 생각은 완전히 틀렸다.

F1에선 신기술을 창조할 시간 여유가 없다. 모든 F1 컨스트럭터는 매년 바뀌는 기술 규정을 따라잡기도 바쁘다. 이 바쁜 와중에 '블루 스카이(Blue sky: 세상에 없었던 완벽히 새로운 발견을 위한 연구)' 프로젝트에 자원을 투자하는 것은 F1 컨스트럭터에게 큰 용기와 결단이 필요한 일이다. 그래서 여러 팀이 기술 협의 그룹을 만들어 레이스를 더 흥미롭게, 안전하게 만들어줄 기술 원석을 공동으로 탐색한다. 레이스카에 유용한 기술이 발견되면 이를 갈고 다듬어 F1 레이스카에 공통으로 적용한다. F1 테크놀로지라는 이름으로 돌아다니는 여러 기술은 'Created by F1' 스티커를 달기엔 살짝 부끄럽다. 하지만 F1이 없었다면 자동차에 영영 사용되지 않았을 기술도 있고, 레이스카 개발 경쟁을 통해 자동차로의 융합 속도가 빨라진 예도 있다. F1에서 사용되기 시작해

널리 퍼진 자동차 기술은 'Tweaked by F1'일 가능성이 더 높다.

F1이 얻어 쓴 기술

상용화 가능성이 낮았던 자동차 기술이 F1을 통해 쓸 만하게 다듬어진 후 화려하게 부활한 예는 많다. '클러치 사용의 번거로움이 없으면서 수동 변속기의 변속 품질을 낼 수 있으면 좋겠다'는 아이디어에서 출발한 세미 오토매틱 변속기의 원형은 1940년대에 등장했다. 하지만 메커니즘이 복잡하고 내구성도 낮아 자동 변속기의 편리함과 수동 변속기의 변속 품질을 모두 놓친 실패한 기술로 버려져 있었다. 그러나 페라리 팀은 실패로 보였던 이 아이디어의 잠재력을 재발견했고, F1 레이스카용 세미 오토매틱 기어박스 개발을 시작한다. 페라리도 처음 몇 년간은 내구성 문제로 골머리를 앓아야 했다. 하지만 단점들이 차츰 보완되고 기술이 안정화 단계에 이르자 세미 오토매틱 기어는 기어 변속 속도를 획기적으로 단축하고 변속 실수를 줄여주는 고마운 기술임이 확실해졌다. 로드카에선 기어 변속 타이밍을 놓치면 엔진 회전 속도가 과해져 불필요하게 연료를 태울 뿐이다. 한 기어 포지션을 어쩌다 건너뛰면 엔진 토크가 급락해 가속이 주춤해질 뿐이다. 그러나 F1 레이스에서 기어 변속 실수는 레이스 결과를 바꿀 정도로 치명적이다.

1990년대 중반에 이르자 모든 F1 레이스카에 페라리 타입의 세미 오토매틱 기어박스가 달렸다. 이 무렵 페라리는 로드카 모델에도 이 세미 오토매틱 변속기를 달아 팔기 시작했다. 스티어링 핸드 휠 뒷면에 달린 플래피 패들을 사용해 기어를 변경하기 때문에 변속이 손가락 하나 까딱하는 시간에 이루어지고 스티어링 휠에서 손을 뗄 필요도 없으며 클러치 조작의 번거로움도 사라졌다. 현재는 일반 로드카 모델에서도 패들 시프트로 동작하는 오토매틱 기어박스 오버라이드Override가 흔하다.

맥클라렌 팀은 탄소 섬유로 만든 일체형 모노콕을 레이스카 보디에 처음으로 적용했다. 탄소 섬유는 현존하는 재질 중 무게 대비 강도가 최상급이다. 레이스카 컨스트럭터는 항상 레이스카의 무게를 줄이기 위해 고심한다. 과거 F1 컨스트럭터들은 레이스카의 무게를 줄이기 위해 그저 가벼운 재질을 사용했다. 가벼운 재질은 보통 연약하다. 연약한 재질로 만든 레이스카는 사고가 났을 때 쉽게 파손되고 드라이버를 안전하게 지키지 못한다. 그 결과, 1970년대까지 수많은 드라이버가 트랙에서 목숨을 잃었다. 맥클라렌은 '가볍고 단단한' 소재를 찾다가 항공기 소재로 사용되던 탄소 섬유를 발견했고 이 재료로 모노콕을 제작했다. 그 결과는 혁명적이었다. 오늘날 탄소 섬유는 F1 레이스카 제작의 기본 소재다. 그리고 이 기술은 이미 수많은 드라이버의 생명을 구했다. 탄소 섬유 새시도 F1에서 로드카로 파급된 기술의 대표적인 예이다.

[그림 1] Williams FW15C

윌리엄스Williams 팀은 한때 F1 역사를 통틀어 기술적으로 가장 진보한 F1 레이스카를 만들었다. 1993년 등장한 윌리엄스의 레이스카는 능동형 전자 제어 기술Electronic active control로 완전 무장한 혁신적 자동차였다. 당시는 전자 제어 기술이 양산형 자동차에 부분적으로 사용되기 시작한 시기였다. 윌리엄스의 레이스카처럼 자동차의 거의 모든 부분에 전자 제어 기술을 적용한 자동차는 일찍이 없었다. 타이어가 접지력의 한계 영역에 있을 때 드라이버의 실수나 접지력 손실을 보상해주는 트랙션 컨트롤과 ABS, 직선 구간이나 추월 시 차체의 높이를 들어 공기 저항을 줄여주는 액티브 서스펜션 등이 당시 윌리엄스가 사용한 능동형 전자 제어 기술이다. 윌리엄스의 레이스카는 이 전자 제어 기술 덕분에 경쟁자들보다 한 랩당 무려 1~2초 정도 빨랐다. 이후 FIA는 F1이 전자 제어라는 블랙 매직만 난무하는 경쟁의 장으로 변질할 것을 우려해 드라이버를 능동적으로 지원하는 일체의 '액티브 컨트롤'을 단계적으로 금지하기 시작했다. 하지만 F1을 통해 전자 제어가 자동차에 가져다줄 이득을 확인한 완성차 업계는 엔진, 서스펜션, 브레이킹 등 다양한 영역에서 전자 제어 기술 활용을 늘리기 시작했다. F1 기술 규정은 아직까지 액티브 컨트롤을 금지하고 있어서 F1 레이스카에서 TCS, ABS, ESC 등의 능동형 전자기계Electromechanical 시스템을 찾아볼 수 없지만, 서스펜션에 한정된 액티브 컨트롤 부활 어젠다는 해마다 등장하는 F1의 단골 이슈다. 언제라도 이 '금지령'이 풀리면 F1 컨스트럭터들은 레이스카의 액티브 유닛을 재가동할 것이다.

새로이 등장한 좋은 아이디어를 모든 팀이 합의해 받아들이는 예도 있다. F1은 2014년, 연료 효율 극대화에 초점을 맞춘 소형 하이브리드 엔진 포뮬러를 도입하는 혁명적인 결정을 내렸다. 이로 인해 2.4L V8 자연 흡기 엔진이 1.6L V6 터보 하이브리드 엔진으로 대체되었다. 연료를 미친 듯이 태워 없애며 달리는 것이 매력 포인트인 F1 레이스카와 고효율 친환경 엔진은 처음에 궁합이 맞지 않아 보였다. 하지만 F1은 단 2년 만에 그린 엔진 테크놀로지에서 가장 앞선 분야가 되었다. 2008년 F1을 떠났던 혼다가 2014년 슬그머니 F1으로 돌아오게 된 것도 이 때문이다.

F1 하이브리드 엔진은 브레이크 시스템에서 버려지는 운동 에너지와 배기 시스템에서 버려지는 열에너지를 회수한다. 이를 위해 발전기와 모터 기능을 동시에 하는 모터-제너레이터 유닛 MGU을 엔진 크랭크샤프트와 배기구, 두 곳에 달았고 여기서 회생된 전기로 MGU 모터를 돌려 부족한 엔진의 파워를 보충한다. F1 하이브리드 엔진을 공급하던 르노, 페라리, 메르세데스, 혼다는 이 고성능 꼬마 엔진 기술을 자신들의 로드카 모델에 사용했다.

F1은 로드카 기술뿐만 아니라 다른 분야에도 선순환을 일으킨다. F1은 DC 코믹스의 빌런 랭킹으로 따지면 '조커'에 비견되는 극악의 시험장이다. F1이 없었다면 2시간 동안 15,000RPM에 가까운 속도로 쉼 없이 달려야 하는 엔진은 세상에 필요치 않았을지도 모른다. F1 타이어의 성능은 타이어 공급사가 기술력을 결집해 가장 차지게 만든 타이어의 성능이다. F1 타이어 공급사는 F1 레이스를 통해 자신들이 만든 타이어의 실제 한계를 확인하고 타이어 컴파운드, 카르카스(Carcass: 힘과 압력을 지탱하는 코어 레이어) 디자인, 제작법, 내구성 등을 시험하는 기회를 얻는다. 여기서 얻은 데이터는 양산형 자동차용 타이어 성능 개선을 위한 벤치마크가 된다. F1에서 재급유가 사라진 지금 레이스 완주에 꼭 필요한 연료량을 초과하는 연료 무게는 무조건 마이너스 요소다. F1 엔진 공급사와 파트너십을 맺은 F1 에너지 공급사는 같은 연료량으로 더 먼 거리를 달릴 수 있고, 엔진 실린더

내에 분사되었을 때 마찰을 덜 일으켜 에너지 손실이 적은 연료 포뮬러를 개발하기 위해 노력한다. F1에 참여하는 에너지 회사는 세상에서 가장 빠른 레이스카 엔진 속에서 자사의 연료를 태워 볼 기회를 얻는다. 이를 통해 얻어진 데이터와 기술은 시판용 연료 품질 향상에 활용된다.

실패에서 배운다

'모터스포츠의 사회적 순기능' 같은 거창한 담론까진 아니더라도, 'F1의 미덕'을 꼽으라면 나는 새로운 시도를 비판하거나 주저앉히지 않는 '실험 정신'이라 말하고 싶다. 현 시즌 레이스카 업데이트 일정이 끝나가고 가용 자원과 연구 인력이 다음 시즌의 레이스카 개발로 옮겨가는 7~8월이 되면 F1 팀은 브레인스토밍 모드로 전환된다. 이 기간엔 조직 내에서의 역할을 불문하고 팀의 누구라도 레이스 성적을 높일 수 있는 참신한 아이디어를 제안할 수 있다. 이 과정에선 어떤 아이디어도 비판받지 않는다. 새 아이디어는 창조물이다. 세상에 없는 어떤 것을 만든 이들은 인류 역사를 통틀어도 그 수가 많지 않다. 창조는 학력 고하와 전혀 상관없는, 가장 영특한 뇌를 가진 사람의 행위다. 어떤 이의 창조물을 두고 "나는 너의 창조물을 참고해서 이렇게 더 좋게 만들 수 있었는데 애초에 넌 왜 그렇게밖에 생각하지 못했느냐?"며 악담을 퍼붓는 한심한 카피어_{Copier}들은 이 과정에서 도움이 되지 못한다. 새로이 제안된 아이디어가 실현 가능한 솔루션이라고 판단되면 구현을 위한 설계 작업이 시작되고, 실험과 제작, 현장 투입 일정까지 일사불란하게 기획된다. 하지만 선택받은 모든 아이디어가 성공하는 것은 아니다. 많은 자원을 투입했음에도 불구하고 예상했던 결과에 못 미치는 아이디어도 많다. F1의 치프 엔지니어_{Chief Engineer}가 승인한 개발 아이템 중엔 실패의 수가 상당하다. 실패의 가능성을 인정하고 실패에서 배우는 문화가 없다면 F1 치프 엔지니어 자리는 누구도 오래 버틸 수 없다. F1 치프 엔지니어가 책임져야 하는 '자원 투입 대비 실패율'이 만약 완성차 회사에서 나타난다면 그 책임의 자리는 매년 다른 사람으로 채워질 것이 분명하다.

F1은 언제나 주류 자동차 기업들의 중요한 과외 활동이었다. 르노, 페라리, 메르세데스, 혼다, 토요타, 맥클라렌, 피아트, BMW, 포드, 부가티, 재규어, 로터스, 포르쉐 등 이름만 들어도 알 만한 자동차 기업들이 과거에 F1을 거쳤거나 현재까지 F1에서 활동 중이다. 이들 중에는 F1 엔진만 공급한 회사도 있고, 휠 넛부터 엔진까지를 모두 만드는 회사도 있었다. 1980~2000년대, F1은 자동차 기업들이 자존심을 걸고 싸운 전쟁터였다. 해를 거듭할수록 이들 간의 기술 경쟁이 격화되었고, 그 결과 F1 프로그램 유지 비용은 끝을 알 수 없이 치솟았다. 그 결과 경쟁에 지친 자동차 기업들이 하나둘 F1을 떠나기 시작했다.

어떤 자동차 기업들은 F1에서 끈기 있게 버틴다. 창업의 뿌리를 F1에 두고 있는 페라리는 흔들림 없이 자리를 지킬 것이다. 페라리는 F1의 백본Backbone이다. 페라리와 맥클라렌을 제외한 자동차 기업들은 필요에 따라 F1을 들락날락한다. 자동차 기업들은 '돈을 투자하면 이윤을 남기고, 손해를 보면 재투자하거나 손절하는 기업 논리'의 지배를 받는다. 사실 자동차 회사를 모기업으로 둔 F1 컨스트럭터라 할지라도 F1 프로그램을 통해 벌어들이는 스폰서십 수익과 레이스 상금만으로 모기업으로부터 홀로서기는 쉽지 않다. 소규모 F1 팀은 경영 장부의 발란스를 맞추기도 힘겹다. 그럼에도 불구하고 F1 프로그램을 지속해온 일부 자동차 기업은 F1을 쉽사리 포기하지 못할 것이다. F1은 자동차 기업의 활동 무대 중 '보이지 않는 손'과 시장의 구속을 벗어나, 객관적 기술력과 스톱워치 숫자로 경쟁하는 유일한 생태계이기 때문이다. 완성차 시장에서 서민 자동차 르노가 페라리의 브랜드 가치와 명성을 꺾는 것은 불가능하다. 하지만 F1 레이스에선 르노가 페라리를 이길 수 있다. 계급의 역전이 불편하지 않은 세계. 이 얼마나 짜릿하고 매력적인가!

08
리버리Livery

자동차 외장에 사용할 수 있는 색상의 수는 이론적으로 무한하다. 하지만 인간의 눈으로 차이를 구분할 수 있는 색의 종류에는 한계가 있고, 이 중 자동차에 거부감 없이 사용되는 대표 색상의 수는 손에 꼽을 정도다.

서수남과 하청일

없는 살림에 어떤 색상은 전통의 명차 혹은 아이코닉 모델의 대표 색으로 떼어주어야 한다. 이들의 모델-컬러 조합은 추억의 인기 듀오 '서수남과 하청일', 천재 일렉트로닉 뮤직 듀오 '다프트 펑크Daft Punk'의 케미컬만큼이나 절대적이다. 대중은 자동차의 색상을 말할 때 무의식적으로 이 색의 가장 유명한 짝 모델을 머릿속에 떠올린다. 행여 이 색이 칠해진 다른 자동차 모델을 보면 사람들은 마치 '서수남과 하청일'의 서수남, '다프트 펑크'의 토마가 짝을 이룬 모습을 본 것처럼 어색해 하거나 거부감을 갖기도 한다. 무광의 회색은 람보르기니Lamborghini를 대표하는 색상이다. 형광 연두색은 포드의 고성능 RS 라인 말고는 맘 편히 사용하는 모델이 없다. 망고 노란색은 르노 Sport 라인의 상징 색이다. 망고 노랑을 다른 차에 섣불리 칠했다가는 택시 같다는 놀림을 피하기 어렵다. BMW M3의 오스틴 옐로우가 칠해진 포르쉐 911은 상상조차 싫다. 실버는 주변에서 가장 흔하게 접할 수 있는 자동차 색상 중의 하나지만 실버 하면 생각나는 자동차를 꼽으라면 열에 아홉은 메르세데스를 말한다.

그리고 이 자동 연상 반응의 정점에 페라리가 있다. 빨강은 페라리만을 위한 색이 아님에도 불구하고 자동차 마니아들에게 '레드'는 '페라리를 상징하는 절대 색'처럼 각인되어 있다. '빨간 자동차=페라리' 등식의 탄생 배경은 페라리 F1 팀을 언급하지 않고 설명할 수 없다. 페라리 로드카는 페라리 F1과 DNA를 공유하는 형제. 페라리 F1 팀의 한 세기 역사를 관통하는 상징색은 언제나 '레이싱 레드Racing Red'였다. 그래서 페라리 로드카도 형제의 피부색을 했을 때 가장 멋져 보인다.

F1 팀의 먹거리

비즈니스로서 F1 팀의 주 수입원은 무엇일까? 우선 한 시즌 동안 컨스트럭터 챔피언십 순위 결과에 따라 F1 주관사로부터 받는 상금이 큰 부분을 차지한다. 챔피언십 상금과 별도로 모든 F1 팀은 F1 주관사와 콩코드 계약Concorde Agreement이라 불리는 계약을 체결한다. 계약 조건은 팀에 따라 다르다. 일부 팀은 F1 흥행 기여도와 역사적 중요성을 인정받아 챔피언십 성적과 별개로 고정 배당금을 받는다. 가장 긴 역사와 가장 큰 팬덤을 자랑하는 페라리 팀은 대표적인 콩코드 수혜자다.

F1 팀의 또 다른, 그리고 가장 중요한 수익 모델은 스폰서를 유치해 이들의 상품이나 브랜드를 광고하는 스폰서십 딜Sponsorship Deal이다. F1 팀은 브랜드 노출 기회를 스폰서와 파트너에게 판매한다. 현대 F1 비즈니스에서 스폰서십은 필수 요소다. 어떤 F1 팀의 모든 스폰서가 어느 날 갑자기 스폰서십 계약을 취소한다면 이 팀은 불과 두어 달 후의 생존 가능성을 걱정해야 한다. F1 스폰서십 딜은 F1 팀과 스폰서 간에 1:1로 체결된다. 이 딜을 통해 F1 팀은 수익을 얻고, 스폰서는 고전적 마케팅 수단을 거치지 않고도 세계 시장에 자신의 브랜드나 상품을 홍보한다. 이 비즈니스 모델이 가능한 이유는 F1이 연간 시청 인구가 가장 많은 스포츠 중 하나고, 지극히 사소한 F1 동정까지도 경쟁적으로 전달하는 수많은 스포츠 매체로 인해 F1 팀의 미디어 노출 빈도

가 높기 때문이다. F1에 대한 관심이 전무한 한국에선 체감할 수 없지만 세계 속에서 F1의 인기는 상상 이상으로 높다.

과거 모터스포츠는 비즈니스이기보다 부유한 젠틀맨들의 취미 생활이었다. F1의 탄생도 이와 무관하지 않다. 1960년대 중반, 기업의 스폰서십이 F1에 광범위하게 도입되면서 스폰서십은 F1이 수십억 달러 가치의 하이테크 비즈니스로 변신하는 기폭제가 되었다. 이후 공중파와 위성 방송을 통해 F1 레이스가 전세계 여러 나라에 생중계되기 시작했고, 이때부터 F1은 전 세계를 시장으로 하는 다국적 기업의 제품과 브랜드에 가장 효과적인 광고 매체로 급부상한다. 기업들은 '광고의 성공이 수입의 증가로 이어진다'라는 시장 메커니즘을 일찍부터 알고 있었다. 이들의 눈에 2시간 동안 TV 스크린 가득 잡히는 F1 레이스카는 인류 역사상 처음 나타난 신개념 광고판으로 보였을 것이다. 다른 프로페셔널 스포츠에서도 한 경기의 하프Half나 쿼터Quarter 사이에 방영되는 TV 광고, 선수 유니폼에 붙는 스티커, 경기장 내외의 간판 등이 광고 수단으로 사용된다. 하지만 F1 레이스는 전 세계 F1 시청자의 시선을 2시간 동안 쉼 없이 TV 스크린에 고정시키고, 수십 대의 레이스카를 교차해가며 클로즈업한다. 사람 몸 크기와는 비교할 수 없을 정도로 큰 차체에 광고 스티커를 큼지막하게 붙일 수 있으니 주목성 면에서 이를 따라올 스포츠가 없다.

F1 스폰서의 제1 목표는 광고 효과 극대화를 통한 기업의 매

출 향상이다. 놀랍도록 높은 F1 팬들의 충성도 또한 F1 스폰서의 구미를 당기는 요소다. F1 팬들의 충성도는 연간 약 5~6억 명의 시청자 수로 증명된다. F1 생태계에서 벌어지는 모든 일을 실시간으로 취재, 전달, 분석하는 수많은 온·오프라인 매체, F1 팬들이 직접 제작하고 업데이트하는 방대한 F1 데이터베이스와 블로그도 F1의 인기를 짐작케 하는 지표다. 열성 F1 팬들은 자기의 우상 팀이나 드라이버를 짧게는 몇 년, 길게는 평생 응원한다. 게다가 F1 팬덤은 비단 F1의 스포츠적 재미뿐만 아니라 자동차 테크놀로지에도 관심이 많은 지적 소비층이다. 이 같은 F1 팬덤은 기업 입장에서 군침 도는 판매 타깃이다. 기업이 F1 스폰서십을 통해 조준하는 진짜 과녁은 F1 팬덤이라 해도 과언이 아니다.

F1에서 가장 중요한 광고 매개체는 레이스카다. F1 레이스카가 가장 효과적인 광고 매개체가 될 수 있는 이유는 아이로니컬하게도 모든 F1 레이스카의 생김새가 같아서다. 사실 각 팀의 레이스카 디자인은 서로 다르다. 하지만 스티커를 남김없이 떼고 모든 레이스카를 같은 색으로 칠해놓으면 디자인만 보고 어느 차가 어느 팀의 것인지 구분하는 것은 쉽지 않다.

팀의 정체성과 레이스카의 미학적 완성도를 결정하는 가장 중요한 디자인 요소는 레이스카의 형상이 아니라 색상과 무늬다. F1 레이스카의 고유한 컬러 코드와 무늬를 '리버리_{Livery}'라고 부른다. F1의 충성스러운 팬들은 자신이 응원하는 팀의 리버리에 매우 민감하다. 나의 분신이 될 드라이버와 레이스카가 그리드에서 가장 세련되고 돋보였으면 하는 열망이 있기 때문이다. F1 카의 리버리는 통상 팀의 재정 수입에 기여도가 가장 높은 스폰서가 원하는 대로 정해진다. 여기에 여러 다른 스폰서의 로고나 상품명 스티커가 더해진다. 팬들은 좋든 싫든 내가 응원하는 팀을 후원하는 기업이나 상품에 주목한다. 예를 들어, 응원팀의 리버리가 완전히 바뀌면 팬들은 행여 새 타이틀 스폰서의 평판이나 인지도가 자신의 팀에 나쁜 영향을 끼치지 않을까 걱정한다. 처음 보는 스폰서가 등장하면 팬들은 그에 대한 정보를 능동적으로 찾아보기도 한다. F1 팬들은 한 시즌 동안 이 스폰서들과 심리적 유대감을 갖는다. 기업의 F1 팀 스폰서십에는 이 팀의 팬을 '깐부'로 만들고, 그게 어렵다면 최소한 자기들에게 '우호적인Friendly' 소비자로 끌어안겠다는 계산이 깔려 있다.

WRC나 DTM 시리즈는 양산형 자동차 모델을 베이스로 레이스카를 제작한다. 이들 레이스카는 제아무리 인상적인 컬러 콤비네이션과 스티커로 장식해도 친숙한 베이스 모델이 먼저 눈에 들어온다. 아파트 주차장이나 도로에서 보이는 현대 i20와 현대 i20 WRC 레이스카의 차이는 '레이스카의 색상과 무늬가 더 화려하고 생김새가 더 스포티하다'는 정도다. 메인 스폰서가 이 베이스 모델을 만드는 완성차 회사라면 이는 베이스 모델 혹은 브랜드를 돋보이게 하는 이상적인 시각 효과다(그래서 WRC와 DTM의 타이틀 스폰서는 완성차 회사다). 하지만 리버리에 투영된 자신의 브랜드나 제품이 주목받기를 원하는 스폰서라면 '내가 만든 옷보다 그 옷을 입은 모델'이 더 주목받는 이 상황이 달가울 리 없다. 리버리와 스티커가 레이스카들 간에 극명한 시각적 차이를 만드는 F1이 스폰서들에게 매력적인 광고 매체인 이유다.

각 F1 팀은 저마다의 스폰서십 계약 정책을 갖고 있지만 보통 스폰서의 재정 기여도에 비례해 노출 임팩트가 커진다. 따라서 레이스카의 리버리를 보면 스폰서들 간의 기여도 차이를 가늠할 수 있다. 한 스폰서의 영향력이 지배적이면 레이스카의 리버리는 이 스폰서를 상징하는 색이나 패턴으로 꾸며진다.

[그림 1] 베네통

[그림 2] 말보로

[그림 3] 레드불

레이스카의 리버리에 뚜렷한 패턴이 보이지 않고 여러 무늬가 퀼트처럼 짜깁기된 느낌이라면 목돈을 대는 메인 스폰서 없이 중소 규모의 여러 스폰서만으로 팀이 굴러감을 짐작할 수 있다.

2000년대 중반까지만 하더라도 F1의 최대 스폰서는 담배와 술 제조업체였다. F1의 글래머러스한 이미지는 담배와 술 회사가 즐겨 쓰던 마케팅 포인트와 정확하게 일치했다. 하지만 2000년대 중반 F1은 모든 담배 회사와의 결별을 선언한다. 이 무렵 유럽에서 시행된 강력한 금연 정책에 따라 담배 광고가 불법화되었기 때문이다(술에 대한 규제는 담배만큼 심하지는 않았다). 담배 회사들은 F1을 비롯한 모든 광고 시장에서 퇴출되었고 F1 레이스카의 리버리에서 담배 브랜드는 사라졌다.

F1 최고 인기 팀인 페라리도 이 변화에 직접적인 타격을 받았다. EU의 모터스포츠 담배 광고 금지령 이전까지 페라리 F1 팀의 공식 명칭은 '스쿠데리아 페라리 말보로Scuderia Ferrari Marlboro'였을 정도로 필립 모리스Philip Morris사의 담배 브랜드 '말보로'와 페라리의 파트너십은 끈끈했다. 하지만 어떤 형식으로도 F1을 통해 담배를 광고할 방법이 없어지자 'Marlboro'는 페라리 F1 팀 이름과 레이스카에서 지워졌다.

[그림 4] 정체 모를 바코드를 입은 페라리 레이스카

이런 와중에 페라리 레이스카에 정체 모를 바코드가 등장한다. 공교롭게도 이 바코드의 위치는 담배 금지령이 없었다면 말보로 스티커가 붙었을 법한 자리였다. 얼마 지나지 않아 이 바코드가 말보로를 의미한다는 주장이 언론을 통해 흘러나왔다. 페라리는 이 혐의를 강력하게 부인했지만 집요한 언론의 공세와 거센 비난 여론에 밀려 페라리는 이 바코드마저도 제거했다.

그런데 놀랍게도 말보로의 제조사인 필립 모리스는 2020년대까지 페라리 F1 팀의 메인 스폰서 자리를 유지했다. 공식적인 스폰서링 규모도 매년 1억 달러에 육박할 정도였다. 어찌 된 영문일까? EU의 법망이 페라리 F1 팀에만 느슨하게 적용되고 있던 것일까? F1 레이스카 리버리에 담배 회사나 담배 제품 광고를 싣는 것은 명백한 위법이다. 하지만 담배 회사가 F1 팀을 후원하는 행위 자체는 위법이 아니다. 광고를 실어주지 않아도 굳이 광고비를 주겠다는 광고주를 팀이 거부할 이유는 없다. 말보로는 페라리 F1 프로그램을 통해 직접적 광고 활동을 전혀 할 수 없음에도 불구하고 어떤 이유에서인지 매년 막대한 스폰서십 비용을 페라리에 지불했다.

페라리와 말보로는 긴 역사를 자랑하는 돈독한 파트너다. 스폰서십 계약을 통해 수익을 서로 공유하는 이 둘의 동업은 업계에선 공공연한 비밀이다. 하지만 반대급부가 사라진 말보로 스폰서십이 지속될 수 있었던 가장 큰 이유는 오랜 기간 '말보로 & 페라리' 파트너십으로 형성된 '말보로 레드=페라리 레드' 각인 효과다. 아마도 말보로는 페라리가 새빨간 F1 레이스카로 트랙을 달리는 것만으로도 광고 스폰서십이 잘 작동한다고 판단했던 것 같다. 한편 페라리는 늘 하던 대로 레이스카를 붉게 칠했을 뿐인데, 말보로로부터 막대한 수익을 얻는 셈이니 이것이야말로 모두가 이기는 '윈-윈' 게임이었다.

 F1 스폰서십 적용 범위는 레이스카에 국한되지 않는다. 드라이버와 레이스 팀 크루들이 입는 팀 기어와 팀 키트도 광고 매체다. F1 스폰서는 F1 팀의 이미지와 활약을 자신의 브랜드나 제품 이미지에 중첩시켜서 브랜드 가치 상승을 꾀한다. 어떤 스폰서는 자사의 TV 광고에 파트너 팀을 직접 등장시킴으로써 고객들에게 신뢰감을 준다. 파트너 팀의 이름을 자신의 제품에 직접 사용하는 기업도 있다. 이들은 대개 세계 시장을 공략하는 글로벌 브랜드나 기업이다. F1 스폰서십은 연평균 500만 달러 이상이 소요되는 비싼 광고 방식이다. 하지만 모터스포츠라는 섹시한 형태로 전 세계 주요 국가 시청자들에게 노출되고, TV 시청 중 맥을 뚝 끊어버리는 일방향 광고가 아니라는 점에서 F1은 글로벌 기업들에게 매력적인 광고 매체다.

09
컨스트럭터
Constructor

F1 팀이 가장 많은 나라는 영국이다. 브리티시 그랑프리가 열리는 영국의 작은 마을 실버스톤Silverstone을 중심에 두고 반경 100마일의 벨트 내에 여러 F1 팀이 터를 잡고 있다. 하지만 이 모든 팀이 영국 국적으로 챔피언십에 참가하는 것은 아니다. 팀의 지리적 위치와 컨스트럭터 공식 국적은 회사의 소유, 지배 구조에 따라 다를 수 있다. 예를 들어 르노, 메르세데스, 레드불 팀의 본사는 모두 영국에 있었지만, 컨스트럭터 공식 국적은 모기업의 국적을 따라 각각 프랑스, 독일, 오스트리아이다. F1 벨트는 비단 F1 컨스트럭터뿐만 아니라 이들에게 자재, 부품, 엔지니어링 솔루션을 공급하는 다양한 자동차 엔지니어링 벤더들이 공존하는 생태계다. 이들까지 고려하면 영국 F1 벨트의 경제 규모는 거대하다.

F1 챔피언십에 출전하는 'F1 컨스트럭터'는 F1 경기 운영 규칙에 따라 참가 신청서를 작성한다. 참가를 원하는 회사는 이 신청서에 자신의 '컨스트럭터' 지위를 대표할 자동차_{Car}의 명칭과 소속 드라이버 정보를 기재해야 한다. F1 운영 규칙은 컨스트럭터의 자동차의 이름을 'Name of the chassis'와 'Make of the engine'의 조합이라고 정의한다. '엔진의 메이크'는 레이스카에 사용할 엔진의 브랜드다. 새시는 레이스카에서 엔진을 뺀 나머지이며, 이 새시를 설계·제작하고 완성차로 조립하는 레이스카 제작사를 '컨스트럭터'라 부른다. 컨스트럭터는 원하는 엔진을 선택할 수 있다. 새시가 달라도 엔진이 같을 수 있다는 뜻이다. 반면 새시는 컨스트럭터의 정체성이다. 모든 새시 컨스트럭터는 고유한 새시 이름을 가져야 한다. 모든 참가 팀이 한 업체에서 표준 새시를 공급받는 인디카_{IndyCar}나 포뮬러 E_{Formula E} 시리즈와 달리 F1에선 컨스트럭터가 독자적으로 새시를 제작해야 한다.

컨스트럭터가 만드는 레이스카의 새시-엔진 브랜드 조합이 F1 컨스트럭터의 공식 이름이다. 예를 들어 새시 이름이 '서울'이고 사용하는 엔진 브랜드가 '부산'이면 이 팀은 '서울 부산' 팀이다. 만약 새시 컨스트럭터가 엔진도 만든다면 굳이 같은 이름을 반복하진 않는다. '서울 서울' 팀이 아니라 그냥 '서울' 팀이다. 현대 F1 역사에 등장했던 대표적 '서울' 팀은 페라리, 메르세데스, 르노, 혼다, 토요타 정도를 꼽을 수 있다. 모두 거대 자동차 제조사들이다. 새시와 엔진 모두를 자력으로 해결하는 팀을 워크스Works 혹은 팩토리Factory 팀, 엔진 등 일부 파트를 구매해 사용하는 팀을 커스터머Customer 팀이라 부른다. F1에선 범용 파트인 엔진 브랜드보다 자동차를 만드는 새시 컨스트럭터가 주인공이다. 그래서 새시 컨스트럭터의 공식 이름은 최고가의 스폰서십 아이템이다. F1 브랜딩을 통해 광고 효과를 얻고자 하는 기업은 F1 팀과의 타이틀 스폰서십 계약을 통해 새시 이름을 산다. 그리고 새시 이름에 자신의 브랜드를 노출시킨다. 그냥 '서울' 팀을 '×× 서울' 팀으로 바꾸는 것이다.

F1 컨스트럭터의 이름은 수시로 변하고, 갑자기 등장했다 사라지기도 한다. F1 역사에 기록된 컨스트럭터의 수만 100개가 넘는다. 하지만 이 숫자가 100여 개의 서로 다른 물리적 F1 팀을 의미하진 않는다. 같은 자리, 같은 공장에서 한 줄기 역사를 이어가는 팀인데 타이틀 스폰서십의 변화에 따라 컨스트럭터 이름만 바꾸는 경우가 허다하기 때문이다. 따라서 컨스트럭터 이름으로 F1 팀의 정체성을 판단하는 것은 옳은 방법이 아니다. 컨스트럭터 이름은 현재의 경영 지배 구조 혹은 타이틀 스폰서십 계약상 넘버원 '갑'의 이름을 보여줄 뿐 항구적인 팀의 정체성이 될 수 없다. 팀 정체성은 컨스트럭터 이름보다 팀의 역사적, 지리적 위치에서 찾는 것이 맞다.

탄생한 지 1~2년도 못 버티고 사라진 이름도 많았다. 따라서 현 시점의 F1 컨스트럭터를 나열해봤자 몇 년 안에 쓸모없는 정보가 될 것이 뻔하다. 나는 '진짜' F1 팀을 구분할 확실한 기준을 정해야 했다.

본 원고 작성 시점을 기준으로 팀의 활동 기간이 10년 이상인 팀만을 추렸다. 한 팀의 활동 기간은 팀의 지속 가능성과 F1에 대한 태도를 보여준다. 이보다 어린 팀은 항구적 F1 팀으로 보기 어렵다. F1 역사에서 적지 않은 팀들이 한탕을 노린 장사꾼에 의해 급조됐다 사라졌다. 이들이 만든 팀은 F1은커녕 세상에도 이롭지 않았다. 안정적 고용 창출을 통해 지역 경제에 도움을 줘도 시원찮을 판에, 부자격자들은 갑작스러운 해고 상황을 만들어 지역 사회에 불안만 가중시켰다. 따라서 F1에서 오랜 기간 꾸준히 활동한 팀들만 기록할 가치가 있는 진짜 F1 팀이라고 나는 생각한다. 이들은 F1 비즈니스와 지역 경제를 건강하게 만드는 데 크게 기여했고 앞으로도 지속될 가능성이 높기 때문에 존경받아 마땅하다.

1) 이탈리아 마라넬로_{Maranello, Italty}

이탈리아 마라넬로는 슈퍼카 메이커 페라리의 고향이다. 이 곳에서 현존하는 가장 오래된 F1 팀 스쿠데리아 페라리_{Scuderia Ferrari}가 1950년부터 활동을 이어오고 있다. 페라리는 F1 그랑 프리의 '모조_{Mojo}', 섹시함의 근원 같은 존재다('닥터 이블'에게 모 조를 빼앗긴 바람둥이 첩보원 '오스틴 파워'는 여성들로부터 더 이상 사랑받 지 못했다). F1의 마지막 날은 페라리가 F1을 떠나는 날일 수도 있다. 이 마라넬로 팀은 탄생부터 지금까지 한결같이 'Ferrari' 를 빛내기 위한 팀이었다. 페라리는 F1뿐만 아니라 World Sportscar Championship, 24 Hours of Le Mans, 24 Hours of Daytona, 12 Hours of Sebring, GTGrand Tourer 레이스 등에서 수많은 우승을 거둔 지구 최강의 모터레이스 팀이다. 가장 많은 이들의 사랑을 받고 가장 많은 스폰서십 머니를 번다.

페라리 팀의 원형은 1929년 엔초 페라리Enzo Ferrari가 설립한 알파 로메오 레이스 팀이다. 하지만 팀 운영에 있어 알파 로메오와 갈등을 빚던 엔초는 알파를 떠나 독립을 결심한다. 이후 페라리 배지를 단 독자 모델 개발을 시작하였고 1943년 마라넬로로 이전해 현재에 이르고 있다. 1947년 첫 로드카 모델을 선보였고 1950년부터 F1 그랑프리에 뛰어들었다.

알베르토 아스카리Alberto Ascari, 후안 마누엘 판지오Juan Manuel Fangio, 마이크 호손Mike Hawthorn, 필 힐Phil Hill, 니키 라우다Niki Lauda, 마이클 슈마허Michael Schumacher, 키미 라이코넨Kimi Räikkönen, 페르난도 알론소Fernando Alonso 같은 전설들이 페라리를 거쳤다. 가장 성공적인 페라리 드라이버는 이론의 여지 없이 마이클 슈마허다. 1996년 팀에 들어와 2006년 첫 은퇴까지 다섯 번의 월드 챔피언십 우승, 72회의 그랑프리 레이스 우승을 페라리와 함께 만들었다.

2) 영국 오킹_{Woking, UK}

영국 런던 서부에 위치한 오킹엔 F1에서 두 번째로 오래된 팀, 맥클라렌이 있다. 이 팀은 뉴질랜드 출신 레이싱 드라이버 브루스 맥클라렌Bruce McLaren이 설립한 브리티시 레이스 팀으로 1966년부터 F1 그랑프리에 꾸준히 참가하고 있다. 페라리와 더불어 F1에서 빼고 생각할 수 없는 팀이다. 맥클라렌은 F1 레이스뿐만 아니라 슈퍼카, GT 레이스카, 엔지니어링 솔루션, 레이스카 전자 장비 등 다양한 품목을 생산하는 자동차 기업이다.

에머슨 피티팔디Emerson Fittipaldi, 제임스 헌트James Hunt, 니키 라우
다Niki Lauda, 알랭 프로스트Alain Prost, 아일톤 세나Ayrton Senna, 미카 하
키넨Mika Häkkinen이 팀의 전성기를 이끌었고 F1 슈퍼스타 루이스
해밀턴Lewis Hamilton을 배출하였다.

3) 영국 그로브Grove, UK

산업 혁명의 난개발 열풍을 무사히 피했던 덕에 지금까지 자연

미를 간직하고 있는 영국 코츠월드Cotswolds 벨트의 작은 마을 그로브에는 프랭크 윌리엄스Frank Williams가 설립한 윌리엄스 F1이 있다. 윌리엄스 F1은 1977년 F1 컨스트럭터로 첫 발을 내디딘 후 수많은 우승을 달성한 브리티시 인디펜던트 팀이다. 페라리, 맥클라렌과 더불어 고유한 이름을 지켜온 몇 안 되는 팀이기도 하다.

F1의 전설 아일톤 세나Ayrton Senna가 1994년 불의의 사고로 목숨을 잃을 당시 타던 레이스카가 바로 윌리엄스였다. 윌리엄스는 액티브 서스펜션, 트랙션 컨트롤 등 당대 최고의 첨단 전자 제어 기술을 F1에 이식한 혁신적인 팀이다. 윌리엄스는 한 번도 팩토리 팀이었던 적이 없다. 코즈워스, 혼다, BMW, 르노, 메르세데스 가릴 것 없이 엔진을 사다 쓰는 커스터머 팀이었음에도 불구하고 윌리엄스는 수많은 우승을 달성했다.

4) 영국 엔스톤_{Enstone, UK}

Enstone

2000년 프랑스 자동차 회사 르노는 베네통 F1 팀을 1억 2천만 달러에 인수한다. 당시 르노가 인수한 팀의 원형은 1981년 영국 옥스퍼드 근교에서 시작한 톨만 모터스포트_{Toleman Motorsport} 팀이다. 톨만 팀은 1985년 베네통 그룹에 매각되었고 1986년 베네통 F1으로 이름을 바꿨다. 이후 1992년 지금의 옥스퍼드셔 엔스톤(Enstone, Oxfordshire) 부지로 이전해 현재에 이르고 있다. 복잡한 매각 이력에서 알 수 있듯이 엔스톤 팀은 많은 부침을 겪었다. 톨만-베네통-르노로 이어지는 기간 동안 엔스톤 팀은 네 번의 드라이버 챔피언십, 세 번의 컨스트럭터 챔피언십 우승을 달성했다. 하지만 르노는 2011년 F1 컨스트럭터를 포기하고 F1 엔진 서플라이어로 남기로 결정한다. 팀은 다시 한 개인 투자 회사로 매각되어 로터스로 리브랜드된다. 로터스 F1은 여유롭지 않은 재정 상황에도 불구하고 상위권을 유지하는 최고의 엔지니어링 팀워크를 보인다. 새 파워 유닛 도입 이후 퍼포먼스와 내구성 문제로 단골 커스터머 팀들과 갈등을 빚으며 자존심을 구긴 르노는 명예 회복을 위해 2015년 F1 컨스트럭터 복귀를 선언, 엔스톤 팀을 다시 인수한다. 2016 시즌부터 엔스톤 팀은 르노 자동차 그룹의 풀 워크스 팀으로 재편되었다가 2021년, 르노의 스포츠카 브랜드 알핀Alpine으로 편입되었다.

5) 이탈리아 파엔차_{Faenza, Italy}

이탈리아 파엔차에는 두 번째 이탈리안 F1 팀이 있다. 파엔
차 팀의 원형은 1985년 활동을 시작한 미나르디_{Minardi} 팀이다.
2005년 레드불 그룹에 매각될 때까지 20년 동안 미나르디의
성적은 신통치 못했다. 포디움 피니쉬는 없었고 고작 세 번의 레
이스에서 4위까지 간 것이 최고 성적이었다. 미나르디를 인수한
레드불은 미나르디 간판을 내리고 '붉은 수소'의 이탈리아어 이
름 '토로 로소_{Scuderia Toro Rosso}'로 팀을 리브랜드한다. 이 후 '알파
타우리_{Alpha Tauri}', 'RB' 등으로 개명되었다.

팀의 소유주 레드불은 토로 로소 외에도 영국 밀톤 킨즈에 위치한 쌍둥이 '레드불' F1 팀을 론칭하였다. 레드불은 브리티시 레드불을 시니어 팀 A, 이탈리안 레드불을 주니어 팀 B로 운영했다. 트윈 레드불 시스템은 레드불 드라이버 프로그램을 통해 발탁된 신인을 레드불 B에서 시험하고 실력이 검증되면 레드불 A로 승격하여 안정적 퍼포먼스를 유지하는 시스템이었다. 이 시스템을 통해 레드불은 스타 드라이버 확보에 드는 천문학적 비용을 아끼면서도 팀에 안정적인 드라이빙 퍼포먼스를 공급할 수 있었다. 두 개의 팀이 하나의 이름으로 굴러가기 때문에 실패의 가능성도 줄일 수 있었다. 세바스티안 페텔Sebastian Vettel, 막스 페르스타펜Max Verstappen 등의 신성들이 레드불 프로그램을 통해 배출되었다.

6) 영국 실버스톤_{Silverstone, UK}

Silverstone

1991년 영국 실버스톤 서킷 인더스트리얼 콤플렉스에서 또 다른 브리티시 인디펜던트 F1 팀이 탄생한다. 후에 F1 TV 해설가로 왕성하게 활동한 에디 조던Eddie Jordan이 만든 조던 그랑프리 Jordan Grand Prix 팀이다. 조던은 소규모 소자본의 팀이었지만 2005년까지 네 번의 레이스 우승, 컨스트럭터 챔피언십 3위까지 오르는 눈부신 성과를 이룩했다. 하지만 2000년대 초 대부분의 인디펜던트 팀들이 겪었던 재정난을 극복하지 못했고, 에디 조던은 2005년 팀을 미드랜드Midland 그룹에 매각한다. 미드랜드 F1 팀은 불과 두 시즌도 채우지 못하고 2006년 스파이커Spiker 자동차에 매각되었다. 하지만 스파이커 F1도 오래 지나지 않아 재정 상태가 나빠졌고 팀은 다시 한 인도 사업가에게 팔리게 된다. 이 실버스톤 팀은 포스 인디아Force India, 레이싱 포인트Racing Point를 거쳐 2020년 영국 스포츠카 회사 애스턴 마틴 소속 애스턴 마틴 F1 팀이 된다.

7) 스위스 힌빌Hinwil, Switzerland

스위스 힌빌에도 긴 역사를 가진 인디펜던트 팀이 있다. 이 팀은

1970년대엔 스포츠카, 1980년대엔 메르세데스 레이스카와 르 망 프로토타입 레이스카를 만들던 피터 사우버Peter Sauber가 설립한 F1 팀이다. 사우버 F1은 1993년 메르세데스 엔진을 달고 F1에 첫 발을 내딛는다. 사우버 팀은 인디펜던트 팀으론 드물게 설립자 '피터 사우버'의 정체성을 시작부터 꾸준히 오랫동안 유지했다. 2005년 팀을 BMW에 일부 매각하기도 했지만 이 힌빌 팀은 여전히 피터 사우버의 팀이었고 BMW가 F1에서 철수한 이후에도 팀은 여전히 피터 사우버의 손에 있었다. 2016년 한 투자 회사로 완전 매각되었고 FCA 자동차 그룹과 파트너십을 체결, 2019년부터 알파 로메오 팀이 되었고 2026년에는 아우디 팩토리 팀으로 변신할 예정이다. 한 번도 F1 챔피언십 우승을 쟁취하진 못했지만 키미 라이코넨, 펠리페 마사Felipe Massa 등의 슈퍼스타를 배출한 중요한 팀이다.

8) 영국 밀톤 킨즈_{Milton Keynes, UK}

잉글랜드 중부의 계획도시 밀톤 킨즈에는 F1 역사에서 아주 중요한 팀이 있다. 이 밀톤 킨즈 팀은 F1 레전드 드라이버 재키 스튜어트_{Jackie Stewart}에 의해 1997년에 만들어졌다. 재키는 2년 후인 1999년 팀을 포드 자동차에 매각했고 포드는 스튜어트 팀을 재규어 레이싱으로 리브랜드한다. 재규어 팀은 이후 5년간 별다른 성과를 거두지 못했다. F1에서 얻을 비즈니스 이득이 없다고

판단한 모기업 포드는 2004년 팀을 매각했다. 새 주인은 세계 최대의 에너지 드링크 업체 레드불이었다.

레드불은 지구 최강의 익스트림 스포츠 스폰서다. 레드불은 1995년부터 2004년까지 스위스 힌빌의 사우버 팀과 파트너십을 유지하며 지속적으로 F1에 투자하고 있었다. 2005년 독자적인 F1 프로그램을 시작하기로 결정한 레드불은 재규어 팀을 인수해서 레드불 레이싱으로, 미나르디 팀을 인수해서 토로 로소 팀으로 재편했다. 레드불 레이싱은 F1 역사상 가장 성공한 팀 중 하나다. 레드불은 2010 시즌부터 2013 시즌까지 내리 4년간 드라이버 챔피언십과 컨스트럭터 챔피언십을 싹쓸이했다.

9) 영국 브라클리Brackley, UK

영국 브라클리에 위치한 이 팀 또한 꽤나 복잡한 팔자를 타고났다. 브라클리 팀의 시작은 1977년부터 1998년까지 활동한 티렐 레이싱Tyrrell Racing이다. 티렐 레이싱은 생을 다하기 전 회사와 자산이 여러 조각으로 분리 매각되었는데, 레이싱 팀은 1999년 British American Tobacco에 팔려 British American RacingBAR 팀이 된다. BAR 팀은 혼다와 긴밀한 파트너십을 유지

하다 2006년 공식적으로 혼다 레이싱 팀으로 변신한다. 하지만 2008년 불어닥친 세계 경제 위기의 여파로 혼다가 갑작스럽게 F1 철수를 결정하였고 팀은 하루아침에 주인 없는 신세가 된다. 어쩔 수 없이 당시 팀의 최고 경영자였던 로스 브론이 임시로 팀을 인수하기로 하고 팀을 브론 GP로 리브랜드한다. 혼다의 철수로 비었던 엔진 블록은 메르세데스 엔진으로 채워졌는데 누구도 예상치 못했던 드라마가 펼쳐졌다. 파산 상태와 다름 없던 브론 GP가 시즌 초반부터 압도적인 퍼포먼스를 보이며 일찌감치 2009 시즌 챔피언 자리를 차지한 것이다.

이듬해인 2010년 메르세데스가 F1에 컨스트럭터로 참가할 것을 공식 선언하고 브론 GP를 메르세데스의 팩토리 팀으로 인수한다. 2014 시즌부터 사용하기 시작한 1.6L V6 하이브리드 엔진 포뮬러는 메르세데스에겐 축복이었다. 2014 시즌 뚜껑을 열자 메르세데스 HPP_{High Performance Powertrain}의 엔진은 경쟁자인 르노, 페라리 엔진에 비해 성능, 완성도, 내구성 면에서 압도적으로 우세했다. 2014 시즌 이후 메르세데스 팀은 우월한 엔진 성능과 '루이스 해밀턴 & 니코 로스버그_{Nico Rosberg}'의 강력한 드라이버 라인업을 앞세워 기록적인 연승과 챔피언십 우승을 챙겼다. 그리고 루이스 해밀턴과 함께 F1의 역사를 바꿨다.

10
오프시즌
Off-Season

F1 시즌은 매년 3월에 첫 경기를 시작해 12월에 끝난다. 그리고 다음 시즌이 시작하는 이듬해 3월까지 고작 3개월의 공백기를 갖는다. 레이스가 없는 이 기간 중 F1 팬덤과 여러 언론 매체는 각 팀이 때에 따라 발표하는 보도자료, F1 주변을 떠도는 풍문, 드라이버들의 소셜 미디어나 가십을 확대 재생산하며 갈증을 달랜다. 하지만 같은 기간 F1의 이너서클에선 전쟁이 벌어진다.

스토브리그

프로야구에서 한 시즌이 끝나고 다음 시즌이 시작하기 전까지의 오프-시즌 기간을 일컫는 '스토브리그_{Stove league}' 동안엔 공식 경기가 없다. 선수들은 다음 정규 시즌을 위해 휴식을 취하고 지친 몸을 재활한다. 각 구단은 경기력 향상과 전력 보강을 위해 선수 평가, 계약 갱신, 우수 선수 영입 등의 활동을 벌인다.

F1 오프-시즌도 프로야구의 스토브리그 모습과 크게 다르지 않다. F1도 시즌이 끝나면 다음 해 프리-시즌Pre-season 테스트까지 공식 일정 없이 동면한다. 이전 시즌에서 좋은 활약을 보여 F1 드라이버 시장에 자신의 상품 가치를 증명한 드라이버는 다음 계약에 대한 걱정 없이 오프-시즌을 맞이한다. 보통 톱 F1 드라이버로 인정받는 이들은 오프-시즌 대부분의 시간을 휴식과 훈련으로 채운다. 미처 다음 시즌 일자리를 못 정한 드라이버와 그의 매니저는 이 기간 동안 몇 개 남지 않은 드라이버 자리를 따기 위해 구인 중인 팀들에게 구애하고 계약 조건을 협상한다. 톱 F1 드라이버들을 제외한 드라이버들은 소속 팀과 2년 미만의 단기 고용 계약을 맺는다. 프로페셔널 스포츠의 속성상 소속 팀이 만족할 만한 성과를 내지 못한 드라이버는 방출된다. 특히 신인 드라이버들은 새로운 환경에서의 적응과 고용 불안, 두 가지 고민을 안고 살아간다.

오프-시즌 동안엔 F1 컨스트럭터 지형에도 지각 변동이 일어난다. 지난 시즌 팀의 최종 성적은 팀의 스폰서십 단가와 F1 챔피언십 상금을 결정한다. 좋은 성적을 거둔 팀은 한겨울을 따뜻하게 나고 다음 시즌을 넉넉하게 준비할 수 있다. 반면 그렇지 못한 팀은 팀 유지와 다음 시즌 참가를 위해 허리띠를 졸라매야 한다. 완전히 새로운 팀이 등장하기도 한다. 기존 팀이 새 주인 혹은 새 타이틀 스폰서를 찾으면 이름을 바꾸고 새단장하는 경우도 흔하다. 여러 해 실패를 거듭하다 회생이 불가능할 정도로 팀의 경영 상태가 악화되어 F1을 영원히 떠나는 팀도 생긴다. 이 와중에 발생하는 해고와 임금 체불 등의 피해는 노동자의 몫이다. 인간미 없는 자본주의의 메커니즘은 전 세계 어디서나 같다.

F1 오프-시즌 중 가장 바쁜 사람은 레이스카를 설계, 제작하는 엔지니어와 테크니션들이다. 한 시즌 종료 후 다음 시즌 레이스카 론칭까지 엔지니어링 팀에게 온전히 주어지는 시간은 약 두 달이다. 다음 시즌의 성패는 이 두 달이 결정한다 해도 과언이 아니다. 이 기간 F1 팀에선 야근과 주말 근무가 일상화된다. 레이스카 완성 데드라인을 F1 시즌 개시 시점으로부터 역산해 보면 이들이 감당해야 하는 오프-시즌 노동 강도를 어렵지 않게 가늠할 수 있다.

F1 시즌의 실질적 시작은 2월 말 열리는 프리-시즌 테스트다. 프리-시즌 테스트는 각 팀이 새로운 포뮬러에 따라 제작한 레이스카를 처음으로 대중에 공개하고 성능과 내구성을 시험하는 행사다. 프리-시즌 테스트에 참가하려면 그 이전에 레이스카가 완성되어야 한다는 계산이 나온다. 레이스카는 새시, 서스펜션, 브레이크, 기어박스, 파워 유닛, 조향 장치, 냉각 장치, 휠, 에어로다이나믹 파트가 하나로 뭉쳐진 결합체다. 따라서 차량을 구성하는 모든 파트는 2월 중순 이전에 완성품 상태로 조립을 기다

려야 한다.

모든 파트 제작이 끝났다 해서 바로 레이스카에 사용할 수 있는 것도 아니다. F1 레이스에 참가할 모든 레이스카의 새시와 크럼플 존 구조물들은 반드시 FIA 오피셜의 입회하에 FIA가 정한 모든 크래시Crash 테스트를 통과해야 한다. 예를 들어 드라이버가 탑승하는 세이프티 셀은 중력 가속도의 수십 배가 넘는 충격을 견뎌야 한다. 상상할 수 있는 최악의 충돌 사고에서도 드라이버의 생명은 반드시 지켜져야 한다는 철학이 반영된 합격 기준이다. FIA 크래시 테스트는 모든 F1 팀이 가장 두려워하는 일종의 할례다. 크래시 테스트를 통과하지 못하면 다음 제작 단계로 넘어갈 수 없다. 크래시 테스트 실패가 많아지면 레이스카 론칭 시점도 지연될 수 있다. 테스트를 통과한 새시와 크래시 스트럭처는 FIA에 의해 봉인되는데 이 절차를 '호몰로게이션(Homologation: 공인)'이라고 부른다. 호몰로게이션된 스트럭처는 안전을 위협할 수 있는 긴급한 하자가 발견되지 않는 한 시즌 개시 후 변경할 수 없다. 늦어도 1월 이내에 크래시 테스트 합격증을 받아야 한다.

다시 처음으로

아이로니컬하게도 F1 엔지니어들이 가장 한가해지는 시기는 챔피언십 경쟁이 가장 치열한 시즌 중반이다. 이때가 되면 각 팀은 그간 수집된 여러 데이터를 통해 자신들이 만든 레이스카의 성능, 장점, 한계를 알게 된다. 성공한 퍼포먼스 아이템과 실패한 아이템의 구분도 확실해진다. 이제부턴 선택과 집중을 통해 남은 기간 최선의 결과를 달성하는 것이 팀의 목표다. 실패한 아이템은 미련 없이 폐기 처분된다. 모든 엔지니어들의 백로그Backlog엔 항상 '올해'와 '다음 해', 두 개의 폴더가 있다. 시즌 중반이 지나면 각 팀은 '올해' 폴더에서 살아남은 아이템 중 추가 개선의 여지가 있거나, 이번 시즌 내에 완성도를 높일 수 있거나, 레이스카에 적용했을 때 성능 향상이 기대되거나, 경제성이 타당한 개발 아이템에만 엔지니어링 자원을 투입한다. 나머지 자원은 순차적으로 다음 시즌 레이스카 개발 프로젝트로 재배정된다. 시간이 지날수록 올해의 일감은 점차 줄어들고 11월경이 되면 올해를 위한 레이스카 업데이트가 모두 중단된다. 이 무렵 모든 엔지니어들의 목표는 100% '다음 해' 레이스카의 개발과 성능 향상이다. 이렇게 한 해가 저물고, 다시 처음으로 돌아간다.

11
허점Loophole

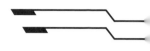

F1은 레이스카를 만드는 공통의 기술 규정을 정하고, 이에 따라 어느 컨스트럭터가 가장 빠른 레이스카를 만들었는지 겨루는 스포츠다. F1 기술 규정은 레이스카 제작 시 '반드시 해야 할 것'과 '절대 하지 말아야 할 것'을 매우 엄격하고 상세하게 기술한다. 매년 F1 팀의 가장 큰 고민은 그해의 기술 규정을 모두 충족하는 합법적 레이스카를 최대한 빨리 만드는 것이다. F1 팀의 그다음 고민은 합법의 테두리 내에서 가장 빠른 레이스카 디자인, 레이스 셋업을 찾는 것이다.

구멍들

모든 F1 팀은 1,000분의 1초라도 랩 타임을 줄이기 위해 온갖 아이디어를 상상하고 사냥한다. 하지만 대부분의 아이디어는 기술 규정의 그물망에 걸려 현실화되지 못한다. F1 기술 규정은 '×××는 하지 마'로 가득하다. 하지만 세상 어디에도 완전무결한 법은 없다. 법적 공방에서 유리한 위치를 점하는 가장 효과적인 트릭은 법 규정이 미처 봉쇄하지 못한 허점을 파고들어 법이 의도한 구속력을 무력화시키는 것이다. F1 기술 규정도 매년 허점 보완을 위해 다시 쓰인다. 그럼에도 불구하고 여전히 허점은 있다. 기술 규정이 미처 막지 못한 구멍을 찾아 이를 남보다 먼저 활용하면 박빙의 개발 경쟁에서 우위를 선점할 수 있다. 이 같은 어뷰징Abusing은 규정 위반은 아니기 때문에 FIA의 미움을 살지언정 처벌로부터는 자유롭다.

규정 위반 여부 판단이 애매한 아이디어가 등장하면 모든 팀은 FIA에 유권 해석을 요청한다. FIA는 현행 F1 기술 규정에 부합하지 않는 아이디어는 기각하고 다른 팀의 유사 시도를 원천 차단하기 위해 모든 F1 팀에게 기각된 내용을 통보한다. 문제는 현행 규정이 미처 막지 못한 구멍을 타고 들어온 편법 아이디어인데 이 경우 FIA 입장에서도 어떤 규정을 근거로 이를 비토Veto 할 명분이 없다. 약탈적 편법은 규정 보완을 통해 다음 시즌에 차단되지만 당해에는 대부분 승인된다. FIA의 합격 도장을 받은 편법 아이디어의 상세 내용은 타 팀에 통보되지 않기 때문에 먼저 제안한 팀의 비밀 무기가 될 수 있다.

꼼수들

운 좋게 법의 그물망을 통과해 F1 바닥을 어지럽혔던 꼼수엔 흥미로운 것들이 많다. 그중 대표적인 사례 몇 가지를 시간 순서대로 소개하려고 한다.

1978 시즌, 브라밤Brabham은 레이스카 꽁무니에 대형 환풍기를 달고 나왔다. 이 환풍기로 차체 바닥 공기를 강제로 빨아들임으로써 다운포스를 증가시킬 목적이었다. 하지만 도로의 돌알까지 흡입한 후 뒤차에 뿌리는 위험한 기술이었던 탓에, 우승을 안겨준 기술임에도 불구하고 이 편법은 금지되었다.

1981 시즌, 로터스는 트윈 새시 시스템을 들고 나왔다. 기본 알맹이 레이스카를 속에 두고 그 겉에 또 다른 껍데기 새시를 씌우는 편법이었다. 껍데기 새시는 오로지 공기 역학적 다운포스를 극대화하기 위한 용도였고 그 위력은 대단했다.

1982 시즌, 브라밤과 윌리엄스의 수냉 브레이크도 유명한 꼼수다. F1 레이스카는 최소 중량에 미달되면 출전을 할 수 없는데 이 팀들은 물탱크에 물을 채워 최소 중량 검사를 통과한 다음 브레이킹 시 물을 배출해 브레이크를 냉각시켰다. 물이 줄어

들수록 차의 중량이 가벼워져 레이스 페이스도 향상되었다. 레이스가 끝나면 물을 보충해 중량 재검사를 통과하였다.

1984 시즌, 위 수냉 브레이크 사건과 유사한 편법이 등장했다. 터보 엔진으로 갈아탄 타 팀들과 달리 자연 흡기식 엔진을 고수하던 티렐은 이미 상대적으로 가벼운 레이스카를 가지고 있었다. 티렐은 엔진 냉각을 위한 워터 인젝션 시스템에서 물을 빼 가벼운 상태로 레이스를 치렀고 마지막 핏 스톱 시 물과 납 구슬을 채워 최소 중량 검사를 통과하는 편법을 사용했다.

2005 시즌 르노는 레이스카 노즈Nose의 상하 진동을 줄이기 위해 '매스 댐퍼Mass damper라'는 메커니즘을 고안한다. 매스 댐퍼는 레이스카 노즈 부분에 설치된 유압 스프링으로 추, 즉 무게를 노즈 운동 반대 방향으로 이동시켜 섀시의 안정성을 높이는 장치였다. 이 장치는 레이스카의 공기 역학을 인위적으로 바꾼다는 이유로 시즌 중 금지되었다.

2009 시즌, 타이틀 스폰서이자 팀의 주인이었던 혼다의 갑작스런 F1 철수 후 위기를 맞았던 브론 GP는 공중분해의 위기를 딛고 챔피언이 되는 드라마를 연출했다. 브론 GP 우승의 일등 공신은 더블 디퓨저Double diffuser라는 편법이었다. 디퓨저는 레이스카 바닥면과 지면 사이를 빠르게 통과하던 공기가 후륜 축을 떠날 때 공기 흐름이 급격히 확산되게 도와주는 구조물로, 레이스카 바닥면과 지면 사이의 공기압을 낮춰준다. 그 결과 다운포스가 생긴다. 더블 디퓨저는 이전에 없었던 복층 구조를 사용해 기

존의 단층 디퓨저보다 탁월한 공기 역학 성능을 보였지만, 이후 금지되었다.

2010 시즌엔 F-덕트란 장치도 등장했다. 맥클라렌 팀이 개발한 F-덕트는 직선 구간에서 인위적으로 리어 윙에 스톨Stall을 일으키는 장치다. 리어 윙에 스톨이 생기면 공기 저항이 줄어 더 빨리 달릴 수 있다. 쟁점은 이 시스템을 어떻게 켜고 끄느냐였는데 드라이버의 스티어링 휠과 페달을 이용해 공기 역학을 컨트롤하는 행위는 불법이기 때문에 콕핏 안쪽에 작은 덕트(구멍)를 만들었다. 직선 주행 시 드라이버가 이 덕트를 손으로 막으면 공기가 내부의 라인을 타고 리어 윙에 도달해 스톨을 유도했다. 당연히 이듬해 금지되었다.

2015 시즌엔 이른바 FRICFront & Rear Interconnected 서스펜션 시스템이 전격 금지되었다. 이 시스템은 전륜과 후륜의 상하Heave 모션을 유압 라인으로 연결해 급가속/감속 시 피치 모션을 획기적으로 줄여주는 기계적 장치였으나 공기 역학에 영향을 미친다는 이유로 금지되었다.

2017 시즌 초, FIA는 모든 F1 팀의 서스펜션을 전수 검사했다. 일부 팀이 서스펜션의 강도를 능동적으로 바꿔 공기 역학적 다운포스를 늘리고 있다는 의혹이 제기됐기 때문이다. 갑작스러운 검열에 뜨끔했던 팀들은 서둘러 서스펜션을 원상 복구했다.

2020 시즌, 메르세데스는 듀얼 엑시스 스티어링Dual axis steering 시스템을 가지고 나왔다. 드라이버가 스티어링 컬럼을 밀고 당

겨 앞바퀴의 토Toe 앵글을 인위적으로 조절할 수 있게 하는 장치였다. 누가 보아도 F1 기술 규정의 취지를 위반한 반칙이었지만 이를 금지하는 조항이 없다는 이유로 사용이 승인되었고, 이듬해에 바로 금지되었다.

편법은 정말이지 성실하다. F1 역사상 가장 크게 논란이 됐던 편법 사례만 해도 이 정도다. 살아남은 편법 사례는 잘 알려지지 않았을 뿐 이보다 훨씬 더 많다. 변종 바이러스처럼 끊임없이 등장하고 지능화되는 편법을 막기 위해 F1 기술 규정은 날로 촘촘해진다. 하지만 F1 팀들은 지치지 않고 규정의 사각지대를 성실하게 뒤진다. 비겁하지만 어쩔 수 없다. 100분의 1초를 다투는 F1이기에 내가 찾은 시한부 꼼수가 규정 취지를 벗어난다 할지라도 망설일 여유가 없는 것이다.

12
카피캣Copycat

2018 시즌, F1은 한동안 표절 논란으로 시끄러웠다. F1 판에 뛰어든 지 고작 3년밖에 안 되는 한 신생 팀의 레이스카 성능이 믿기 어려울 정도로 좋았기 때문이다. 신생 팀의 괄목할만한 성장은 F1의 흥행과 지속 가능성에 도움이 되는 긍정적 요소다. 하지만 이 팀이 논란이 된 이유는, 학교로 비유하자면 시험 성적이 '공부한 기간과 양에 비해' 믿기 어려울 정도로 좋았기 때문이다. 결정적으로 '이 팀의 답안지가 우등생 친구의 것과 너무 흡사'했다. 이 논란의 중심에 있던 팀은 미국 엔지니어링 회사를 모기업으로 둔 하스HAAS F1이었다.

컨스트럭터의 자격

F1 챔피언십의 본질은 '컨스트럭터 간의 기술 경쟁'이다. F1 경기 운영 규칙이 말하는 컨스트럭터의 정의는 무엇일까? 컨스트럭터는 레이스카 구성 파트 중 F1 기술 규정이 정한 지정 파트Listed parts를 직접 설계해 챔피언십에 참가하는 법인을 말한다. 컨스트럭터는 레이스카의 지정 파트에 스스로 설계한 파트만 사용할 수 있다. 컨스트럭터 자격을 위한 지정 파트는 서바이벌 셀, 프런트 임팩트 스트럭처, 롤 스트럭처, 보디 워크다. 쉽게 말해 컨스트럭터가 되려면 고유한 뼈대와 피부로 레이스카를 제작해야 한다. 지정 파트를 직접 만들 필요는 없다. 지정 파트의 독자성만 유지된다면 지정 파트를 외주를 통해 제작해도 컨스트럭터 지위를 얻을 수 있다. 단, 지정 파트를 공급하는 외주 제작사는 F1 챔피언십에 컨스트럭터로 참가할 수 없다. 아울러 F1 규정은 컨스트럭터들 간에 지정 파트의 설계, 도면, 데이터 등의 지적 재산을 이전, 공유, 전달하는 행위를 금지하고 있다. 직원, 컨설턴트, 용역 업체 등 인력 교환을 통한 컨스트럭터 간의 우회적 정보 공유도 허용되지 않는다.

앞서 언급한 네 가지 지정 파트를 제외한 파트나 부품은 직접 제작하지 않고 경쟁 컨스트럭터로부터 구매 사용해도 컨스트럭터 지위는 유지된다. 비지정 파트Non-listed parts의 가장 대표적 예는 엔진, 서스펜션, 기어박스다. 이미 여러 독립 팀이 일부 비지정 파트를 거대 F1 팀으로부터 조달하고 있다. 하지만 이 경우에도 컨스트럭터 혹은 용역 업체 간에 교환할 수 있는 정보는 해당 비지정 파트의 작동과 조립에 필요한 설계 도면에 국한된다.

2018 시즌, 10개의 컨스트럭터 중 레이스카의 모든 파트를 독자적으로 제작하거나 소싱하는 워크스 팀은 르노, 메르세데스, 페라리 세 곳이었다. 하스를 제외한 나머지 여섯 팀은 지정 파트를 스스로 제작하고 비지정 파트도 최대한 자급을 추구하는 독립 팀이었다. 통상 한 컨스트럭터가 탄생해 홀로 서기까지 적게 잡아도 5~6년의 시간이 걸린다. 당시 신생 컨스트럭터 하스는 이 기간을 최대한 줄이고 지속 가능한 저비용 비즈니스 모델을 구축하기 위해 레이스카 제작 과정 곳곳에 아웃소싱을 적극 활용했다. 하스는 주요 비지정 파트를 페라리에서 수급했으며 이를 위해 페라리와 테크니컬 파트너십 관계를 맺었다. 지정 파트는 자체 제작을 고집하지 않고 이탈리안 레이스카 제작사 달라라Dallara에 의한 외주 제작 방식을 택했다.

하스의 저비용 모델에 대한 주변 반응은 다양했다. 2010년대 초, F1의 고비용 구조를 버티지 못하고 팀 구성 몇 년 후 사라졌던 HRT, 케이터럼Caterham, 마루시아Marussia의 실패에서 배운, 신생 소규모 F1 팀의 창의적 생존 전략이란 평가가 있었다. 한편 독자 생존을 위해 오랫동안 기반 구축에 투자해온 중소 규모 독립 팀들은 하스 모델이 거대 F1 팀을 더 배불리고 이들의 영향력을 키워줄 뿐이라며 비판했다. 예상치 못했던 하스의 급성장은 그렇지 않아도 꼴 보기 싫었던 하스와 페라리의 밀월 관계를 더욱 의심하게 만들었다.

문제 유출?

[그림 1] 2018 하스, 2017 페라리

결정적으로 하스가 2018 시즌 선보였던 레이스카는 페라리의 2017 시즌 레이스카의 복제품이라고 해도 무방할 정도로 디자인과 디테일이 비슷했다. 게다가 이 레이스카의 달리기 성능은 전체 10팀 중 4위권에 들 정도로 빨랐다. 이전 시즌과 비교하면 싱글 랩 기준으로 약 3초 정도 빨라졌다. F1에서 랩 타임 3초 시간 단축은 아무리 적게 잡아도 5~6년의 연구 개발 기간이 소요되는 미션이다. 혁명적 룰 변경으로 전체 판이 흔들리지 않고선 1년 사이에 달성이 불가능한 기록이었다.

다른 독립 팀들이 하스의 지정 파트 표절 문제를 제기한 이유가 이 때문이다. 기존 독립 팀들은 매년 수백억 원을 투자해도 거대 F1 팀들의 막강한 자원과 기득권에 눌려 큰 성과를 거두기 어려웠다. 이들이 오랜 세월에 걸쳐 겨우 이룬 성과를 한 신생 팀이 파트너십과 아웃소싱을 통해 단 두 해 만에 이루는 것을 본 기존 독립 팀들은 허탈했다. 만약 지정 파트 표절이 사실이고 이를 통해 쉽게 이득을 보았다면, 누구도 독자 생존의 길을 고집할 필요가 없다.

하스의 표절 문제는 더 큰 논란 없이 사그라들었다. 공교롭게도 지켜보는 눈이 많아지자 하스는 성과를 유지하지 못하고 2019 시즌 다시 하위권으로 밀려났다.

13
세이프티 카
Safety Car

일본 그랑프리는 매년 F1 드라이버의 안전을 되돌아보게 하는 계기다. 그 발단은 2014 시즌 일본 그랑프리 중 한 청년 드라이버를 사망에 이르게 한 사고였다. 아이러니컬하게도 이 사고는 드라이버를 안전하게 보호하기 위한 통제 장치인 세이프티 카(Safety Car: SC) 세션 중 발생했다. 이 사고로 전도유망하던 프랑스 출신 드라이버, 줄스 비앙키Jules Bianchi가 투병 중 목숨을 잃었다. F1이 태생적으로 위험한 스포츠이긴 하지만, 1994년 아일톤 세나의 사망 사고 이후 드라이버의 생명을 보호하기 위한 여러 노력이 있었고 통계적으로 더 안전해진 것도 사실이었다. 그래서 'F1이 드라이버의 생명을 지킬 만큼은 안전해졌다'라고 믿었던 F1 섹터와 팬덤은 이 사고로 큰 충격을 받았다.

세이프티 카는 레이스 중 발생한 사고, 트랙 위의 위험 요소,

악천후로부터 드라이버의 생명을 보호하기 위해, '레이스의 흐름을 통제한다는 스튜어드(Stewards: 경기 심판)의 선언'과 '레이스 흐름을 물리적으로 막는 오피셜 자동차'를 중의적으로 일컫는다. 드라이버나 오피셜의 안전을 위해 급박하게 트랙의 위험 요소를 처리해야 하지만 그 심각도가 레이스 자체를 중단시킬 정도는 아니라고 판단하면 레이스 다이렉터는 'SC'를 선언할 수 있다. SC 세션 중엔 실제로 세이프티 카라 불리는 자동차가 트랙으로 나와 차량의 흐름을 통제한다. 세이프티 카는 경험이 풍부한 서킷 드라이버가 운전하고, 이에 동승한 FIA 안전 책임자가 레이스 통제실과 상의해 위험 상황을 수습한다.

세이프티 카가 트랙에 나오면 모든 레이스카는 속도를 줄이고 세이프티 카의 뒤를 일렬로 따라야 한다. 이때 추월은 허용되지 않는다. 단, 선두로부터 한 바퀴 이상 뒤처진 레이스카Lapped cars들은 레이스 컨트롤의 지시에 따라 세이프티 카를 추월Unlapping 할 수 있고, 나중엔 레이스 대열이 '세이프티 카-선두 차량-나머지 차량' 순서로 초기화된다. 앞서 달리던 레이스카가 핏 레인Pit lane에 들어가거나 고장 등의 문제로 불가피하게 속도를 줄이는 경우도 추월이 허용된다. SC 중 과속은 처벌 대상이다. 너무 느리게 가도 안 된다. FIA가 정한 섹터 시간은 지킬 수 있을 정도의 속도는 유지해야 한다. 불필요하게 속도를 줄여 타 드라이버의 주행을 방해하는 행위를 막기 위한 조치다. 트랙의 안전이 다시 확보되면 얼마 후 세이프티 카가 트랙 밖으로 나간다는 신호가 모든 드라이버들에게 전달된다. 모든 레이스카는 트랙에 표시된 SC 기준 라인을 넘어서기 전까지 현재의 대열을 유지해야 한다. 레이스의 심판인 스튜어드는 SC 룰을 어기는 드라이버에게 페널티를 부과할 수 있다.

줄스의 사고가 있었던 2014년까지는 SC가 선언되어도 트랙의 모든 구간에서 즉시 속도를 줄일 필요는 없었다. 위험 상황에서 먼, 속도를 즉시 줄이지 않아도 되는 트랙 구간이 있었다. 때문에 이 구간에 있는 레이스카들은 세이프티 카의 리딩을 피하기 위해 세이프티 카가 트랙으로 나오기 전까지 전력 질주하는 것이 보통이었다. 2014년, 줄스의 사고도 SC 선언 직후 손해를 줄이기 위해 무리하게 감행했던 드라이버의 과속이 원인이었다.

SC 중에는 핏 스톱도 가능하다. SC 중에는 모든 차량이 속도를 줄여야 하므로 이 기간 중 핏 스톱을 하면 같은 시간 동안 다른 차량들이 내게서 달아나는 거리가 줄어 상대적인 시간 손해가 적다. 핏 스톱 후 대열 후미에 합류해도 경쟁자들에 비해 타이어의 상태가 건강하므로 손쉬운 추월을 기대할 수 있다. 레이스 흐름이 느렸던 SC 중 핏 스톱 타이밍을 놓치고, 레이스 재개 후 타이어 수명이 다해 핏 스톱을 해야 한다면 이 차량은 같은 핏 스톱 시간 동안 상대적으로 더 많이 뒤처지는 손해를 입는다. 레이스 팀 입장에서 SC는 현 상태의 레이스 전략을 무력화하고 이제까지의 격차를 초기화시키는 불확실 요소지만, 관전하는 사람들에게 불확실성은 레이스에 재미를 더해준다. 예상치 않게 터지는 SC 상황은 기존 판세를 뒤집는 대역전극의 발단이 되기도 한다. SC가 선언되면 안전을 위해 핏 레인 출구가 차단되는데, 출구가 막힌 상태에서 핏 스톱을 하면 다시 트랙으로 나갈 수 없기 때문에 반드시 핏 레인 출구가 열려 있을 때만 이 전략을 시도해야 한다. SC가 해제되면 모든 차량이 다시 전력 질주한다.

하지만 SC 중 핏 스톱도 상황에 맞게 써야 좋은 약이다. SC가 선언되는 순간 레이스 팀은 핏 스톱을 할 것인지 말 것인지를 결정하기 위해 여러 변수를 고려한다. 첫째, 당초 계획했던 핏 스톱 타이밍과의 차이다. SC 타이밍과 레이스 전략에 따른 핏 스톱 시기와의 차이가 적을수록 원래 계획했던 전략을 펼칠 수 있어 유리하다. 둘째, 타이어의 건강 상태다. 만약 기존 타이어의 마모가 적고 핏 스톱으로 잃을 시간 손해가 새 타이어로부터 얻을 시간 단축보다 크다면 현 트랙 포지션을 유지하는 편이 낫다. 셋째, 핏 스톱 후 다시 대열로 복귀했을 때 예상되는 순위다. SC 선언 시 이미 하위권에 있었다면 어차피 잃을 것이 없으니 핏 스톱에 망설일 이유가 없다. 어떤 트랙을 달리는지도 중요한 문제다. 모나코처럼 추월이 거의 불가능한 트랙에선 핏 스톱으로 대열을 이탈하여 순위 경쟁에서 밀리면 다시 순위를 만회하기 어렵다. 행여 나보다 페이스가 느린 차량 뒤에 갇히면 속도를 내기 어려워져 새 타이어의 성능을 써볼 기회도 없이 레이스가 끝날 수도 있다. 마지막으로 남은 레이스 동안 새 타이어로 얻을 시간

단축이 핏 스톱에서 낭비될 시간을 보상할 수 있는지 여부다. 남은 거리가 짧다면 핏 스톱은 가급적 피하는 것이 좋다.

줄스 비앙키의 사망 사고 이후 가상 세이프티 카(Virtual Safety Car: VSC)라는 운영 시스템이 도입되었다. VSC의 기능은 세이프티 카가 물리적으로 트랙에 등장하지 않을 뿐 SC와 정확하게 동일하다. VSC가 선언되면 모든 드라이버는 트랙 어느 위치에 있더라도 그 즉시 속도를 줄여야 한다. 또한 통신 시스템을 통해 각 팀에 상황이 통보되고 트랙 주변 전광판에 VSC를 표시해 모든 드라이버에게 VSC 발령을 알린다. 가상 세이프티 카 규정은 위험 요소 발생 시 레이스를 즉각 무력화시켜 과속 사고 가능성을 원천 차단하는 긍정적 효과를 가져왔다. 다만 이 같은 안전장치가 왜 한 청년의 생명이 희생되기 전에 선제적으로 도입되지 못했을까 하는 아쉬움은 도저히 털어내기 어렵다.

[그림 1] 줄스 비앙키

14
안전Safety

모터스포츠가 탄생한 이래로 수많은 프로페셔널 드라이버가 경기 중 사고로 목숨을 잃거나 다쳤다. F1도 예외는 아니다.

F1의 안전

2016 F1 시즌, 첫 경기였던 호주 그랑프리에서도 "이렇게 또 한 명의 드라이버를 잃는구나!" 하는 아찔한 순간이 있었다. 직선 구간에서 톱 스피드로 달리던 베테랑 F1 드라이버 페르난도 알론소가 추월을 시도하다 우측 앞바퀴로 앞차의 뒷바퀴를 스치는 실수를 범했다. 1차 충격이 크진 않았지만 균형을 잃은 그의 레이스카는 트랙을 이탈, 측벽을 들이받고 수차례 텀블링을 반

복하다 막다른 벽에 충돌한 후에야 멈춰 섰다. 차는 원형을 알아볼 수 없을 정도로 부서졌다. 이 정도 스케일의 사고가 일반 도로에서 일어났다면 운전자는 99.999%의 확률로 사망이다. 하지만 놀랍게도 페르난도는 멀쩡한 모습으로 사고 차량에서 터벅터벅 걸어 나왔고, 세상은 현대 F1 레이스카의 안전성을 눈으로 확인했다.

[그림 1] 레이스카의 잔해와 2024년의 로맹 그로장

2020 F1 시즌 막바지 바레인 그랑프리에선 한 드라이버가 불타는 레이스카에 무려 27초 동안 갇혀 있다 자력으로 탈출하는 기적 같은 장면이 연출되었다. 로맹 그로장Romain Grosjean의 차가 67G의 충격으로 벽을 들이받고 두 동강이 나면서 폭발한 초대형 사고였다. 탈출에 성공한 로맹은 양손에 심한 화상을 입었지만 빠르게 건강을 회복했고, 이후에도 프로페셔널 레이스 드라이버 커리어를 계속 이어갔다.

현대 F1 레이스카가 제아무리 안전하다 하더라도 부상과 죽

음의 가능성으로부터 드라이버를 완벽하게 보호할 순 없다. 여성 F1 테스트 드라이버였던 마리아 데 비오타María de Villota는 빈 활주로에서 공기 역학 성능 테스트 도중 정차 중인 화물 트럭과 충돌해 한쪽 안구를 잃고 뇌손상 후유증에 시달리다 홀로 숨진 채 발견됐다. 2013년의 일이다. 앞에서도 잠깐 언급했지만, 그로부터 1년 후, 페라리 팀이 자신들의 차세대 드라이버로 점찍었을 정도로 촉망받던 청년 F1 드라이버 줄스 비앙키가 2014 일본 그랑프리 경기 중 견인차를 들이받고 9개월 동안 의식불명 상태로 있다가 사망했다. F1은 태생적으로 사망, 부상을 동반하는 대형 사고의 위험으로부터 자유롭지 않다. 이를 잘 알고 있는 FIA는 드라이버 생명 보호를 위해 F1 레이스카 설계와 제작에 매우 엄격한 안전 기준을 강제하며, 모든 F1 레이스카는 이 안전 기준을 모두 통과해야 레이스에 참가할 수 있다. 처음부터 F1의 안전 기준이 지금처럼 엄격하진 않았다. F1은 예상치 못한 사고로 드라이버들이 안타깝게 세상을 떠날 때마다 그 원인을 조사하고, 그때까지 드러나지 않았던 안전 사각을 제거함으로써 오늘날의 안전 기준을 만들었다.

안전의 진보

로드카와 레이스카가 공통으로 사용하는 안전장치는 '좌석 벨트'와 '크럼플 존'이다. 크럼플 존은 단어 뜻이 말해주듯, 충돌 사고 발생 시 드라이버에게 가해질 충격을 줄이기 위해 의도적으로 바스러지도록 설계된 희생용 구조물이다. 싱글 시터 레이스카의 경우 모노콕을 제외한 모든 부위가 이 크럼플 존에 해당한다. 하지만 F1 레이스카는 로드카와 비교할 수 없을 만큼 큰 충격 위험에 노출되기 때문에 훨씬 더 강력한 드라이버 보호 조치가 필요하다.

F1 레이스카는 드라이버를 보호하기 위해 초고강도 모노콕을 사용한다. F1 레이스카 새시의 안전성은 1981년 맥클라렌 팀이 탄소 섬유를 활용한 현대적 모노콕을 도입한 이후 도약했다. 서바이벌 셀Survival cell이라고도 불리는 모노콕은 현존하는 오픈 콕핏Open cockpit 솔루션 중 가장 우수한 안전성을 보인다. 일상에선 드라이버의 사망이 예상되는 초대형 사고에서도 모노콕의 보호를 받는 드라이버는 타박상 정도를 비용으로 지불하고 생명을 지킬 수 있다. 모노콕의 재질은 세상에 더 단단한 소재가 등장할 때마다 개선될 것이다. 완성된 모노콕은 반드시 FIA가 정한 크래시 테스트를 통과해야 한다. 또 콕핏의 개방부는 화재 등 위급 상황 시 드라이버가 10초 내에 탈출할 수 있도록 설계되어야 한다. 드라이버의 탈출을 돕기 위해 스티어링 휠은 탈착이 가능하다. 6점식 벨트도 원 클릭으로 분리된다.

안전을 위해 드라이버가 반드시 착용해야 하는 안전 기어도 있다. 레이스 헬멧은 의심의 여지 없이 드라이버의 생존에 가장 중요한 안전 장비다. 드라이버가 입는 오버롤Overall 수트는 화재로부터 드라이버의 몸을 보호할 수 있도록 반드시 방염 재질로 제작된다. 현재 F1 드라이버의 오버롤 수트는 NASA의 우주인 수트 재질과 비슷하다. 또 드라이버는 목과 머리를 보호하는 일체형 백본Backbone인 HANSHead And Neck Restraint 시스템을 반드시 착용해야 한다.

F1의 탄생 이래로 줄곧 고수된 오픈 콕핏 레이스카의 안전성에 물음표를 던진 사건이 2009년에 발생했다. 2009 헝가리안 그랑프리 퀄리파잉 주행 중 펠리페 마사가 당한 어처구니없는 사고가 그것이다. 전력 질주하던 펠리페는 앞차의 서스펜션에서 떨어져 나온 스프링을 머리에 맞아 정신을 잃고 벽과 정면충돌했다. 헬멧 덕분에 생명은 건졌으나 두개골이 골절되고 반년 동안 병원에서 재활 치료를 받아야 했다. 당시까지 F1 레이스카는 차체에 가해지는 충격과 롤-오버 사고로부터는 드라이버를 꽤 안전하게 보호할 수 있었다. 하지만 어떤 물체가 콕핏 밖으로 노출된 드라이버의 머리로 밀고 들어오는 경우 드라이버의 생명을 지켜줄 장치는 고작 헬멧이 전부였다.

[그림 2] 윈드 실드와 헤일로

FIA는 이 문제를 고민하기 시작했다. 전투기의 캐노피, 윈드 실드, 삼각 프레임 등 여러 재질과 형태의 드라이버 머리 보호용 구조물이 안전 강화 장치로 제안되었다. 하지만 이 어젠다는 F1 커뮤니티 전체에서 크게 호응을 얻지 못했다. 왜냐하면 새로 도입된 머리 보호 구조물이 드라이버의 안전을 절대 해치지 않을 것이란 믿음이 없었기 때문이다. 드라이버 머리 보호 구조물을 레이스카에 달면 물리적 충격으로부터 드라이버의 머리를 한 차례 더 보호하는 효과를 얻을 순 있지만, 화재 발생 시 드라이버의 탈출을 방해하지는 않을지, 롤-오버 사고 시 파손되어 드라이버를 찌르는 흉기로 돌변할지 누구도 장담할 수 없었다. F1에서 사상 사고는 늘 예상치 못한 시점에 예상치 않은 방식으로 터졌다. 때문에 어떤 큰 변화의 등장은 반드시 이에 상응하는 우려와 저항을 일으킨다.

머리 보호 구조물 도입을 막는 더 큰 걸림돌은 기존 레이스카 디자인에 'Goodbye'를 고하지 못하는 사람들의 관성이었다. 일부 사람들은 새로 생길 머리 보호 구조물이 F1 레이스카의 아름다움을 해친다고 생각했고, 이 장치 때문에 F1 레이스카가 흉해지는 것을 원치 않았다. 심지어 일부 F1 드라이버들조차 이 구조물 등장이 레이스의 야생미를 해친다며 공개적으로 반대 입장을 밝혔다. 사람의 생명을 더 확실하게 지키겠다는 당연한 변화에도 반대론자들은 그럴싸한 반대 논리를 척척 들이댔다.

하지만 이후 F1 드라이버가 머리에 충격을 받아 죽거나 죽을 뻔한 사고가 여러 차례 생겼고, FIA는 결단의 조치를 취해야 했다. 여러 실험을 거쳐 손오공의 헤어밴드 모양을 한 헤일로 구조물이 최종 선정되었다. 그러나 헤일로가 공식적으로 사용되기 시작한 것은 펠리피의 사고로부터 거의 10년이 지난 2018년부터다. 기술적 개혁은 보수적 시선의 저항을 뚫어야 하기에 생각보다 진보가 더디다.

15
미래 Future

'전기 자동차가 자동차의 미래가 될 것이다'라는 학자들의 말은 이미 철 지난 예언이 되었다. 전기 자동차로의 대전환은 이미 진행 중이다. 모터스포츠 섹터에서도 이미 2014년부터 F1의 전기차 버전 레이스 'Formula E'가 생겨 시리즈를 이어가고 있다. 시리즈 규모도 성장세가 주춤하긴 했지만 커지는 추세다. 2022년에는 서울에서 ePrix가 열리기도 했다. 이미 세계적 자동차 회사인 르노, 아우디, 재규어, BMW, 메르세데스, 포르쉐가 직간접적으로 Formula E 레이스에 참가했다. 이제는 'Formula E(전기 자동차)가 Formula 1(자동차)의 미래가 될 것이다'라고 말해도 크게 틀린 것은 아니게 되었다. 페트롤 연료 타는 냄새와 엔진의 으르렁 굉음을 사랑하는 올드 모터스포츠 팬들에겐 실망스러운 일이지만 전 세계 자동차 업계 전체가 올라타고 있는 이 거대한 '전기화_{Electrificatoin}'로의 흐름은 이제 되돌릴 수 없다.

포뮬러 E

[그림 1] Formula E 레이스카

F1과 FE의 레이스카는 외관상 크게 다르지 않다. 이 두 종을 구분 짓는 가장 큰 차이는 동력을 생성하는 방식, 즉 '드라이브트레인'이다. F1 레이스카의 드라이브트레인에는 하이브리드 페트롤 엔진이 탑재된다. 반면 FE 레이스카의 드라이브트레인은 100% 전기 구동이고 이를 위해 배터리, 인버터, 모터가 탑재된다. F1 기술 규정은 드라이브트레인의 구성과 설계에 있어 매우

엄격한 룰을 강제하기 때문에 디자인을 마치면 모든 F1 팀이 유사한 드라이브트레인 형태를 갖는다.

반면 규제가 느슨했던 FE 초기, 각 컨스트럭터는 각자의 드라이브트레인을 비교적 자유롭게 개발할 수 있었다. '남보다 빨리 달리는 방법은 무엇인가?' 이 질문에 FE 팀들은 서로 다른 해법을 제시했다. FE 드라이브트레인의 설계 변수는 크게 셋이다. 가속 성능을 높이기 위한 전기 모터의 토크, 변속 효율을 높이기 위한 기어의 수와 기어비, 이로 인해 초래되는 차체의 무게. 각 팀이 선택하는 해법은 자신들이 최선이라고 생각하는 이 셋 사이의 균형점이다.

FE에서 가장 많은 실험과 연구는 모터에 집중된다. '모터가 얼마나 큰 토크와 속도를 낼 수 있느냐?'는 동력이 전달되는 트랜스미션 사양을 결정하는 중요한 인자다. 레이스카가 코너에서 더 빠르게 치고 나갈 수 있으려면 더 큰 토크가 필요하다. 상식적으로 모터를 많이 달면 토크를 키울 수 있다. 트윈 모터를 사용하는 FE 팀의 레이스카는 최고 속도까지 토크를 크고 일정하게 유지할 수 있기 때문에 달랑 한 개의 기어비를 사용했다. 드라이버는 기어 변속을 할 필요가 전혀 없었다. 하지만 트윈 모터는 무거워서 차체의 무게가 늘고 하중이 모터에 집중되어 무게 발란스를 망치기 쉬웠다.

가벼운 무게와 빠른 모터 회전 속도를 레이스 성능 향상의 해답으로 제시한 팀들은 싱글 모터를 사용했다. 하지만 싱글 모터는 트윈 모터에 비해 토크가 약하기 때문에 토크를 키우기 위해 트랜스미션이 필요했다. 전기 모터에서 발생한 토크는 트랜스미션을 거쳐 디퍼런셜에 도달한다. 트랜스미션의 기어 구성 또한 각 팀이 자유롭게 선택할 수 있었다. FE 시리즈 초기, 사용하는 싱글 모터의 토크와 회전 속도 범위에 따라 2단에서 5단까지 다양한 기어 구성이 등장했다.

해를 거듭하고 모터의 효율과 성능이 좋아지면서 트랜스미션 내 기어의 수는 점차 줄었다. 최근 FE에 도입된 고성능 전기 모터는 고속에서도 충분한 토크를 생성하기 때문에 굳이 기어를 사용해 토크를 키울 필요가 없다. 기어의 개수가 늘면 자동차 무게와 드라이버가 기어 변속에 낭비하는 시간이 늘기 때문에 꼭 필요치 않다면 기어의 수는 적을수록 레이스카에 유리하다. 제반 사항을 고려해 가장 효과적인 솔루션을 제시하는 팀의 퍼포먼스가 가장 좋았고 타 팀들도 이를 따랐다. 마침내 FE도 F1처럼 통일된 파워트레인 포뮬러를 강제하게 되었다.

FE가 F1과 차별되는 또 다른 지점은 타이어다. FE의 각 레이스카는 연습 주행, 퀄리파잉, 레이스에 걸쳐 단 한 세트의 타이어만 사용한다. 따라서 타이어 수명 관리가 매우 중요하다. FE 타이어는 마른 노면, 젖은 노면 모두에서 고른 성능을 내도록 설계되었기 때문에 날씨에 따른 타이어의 교체도 없다. 실제 FE의 타이어는 일반 도로에 사용하는 고성능 타이어와 거의 같다. 경기 중 타이어가 터지면 지난 경기에서 사용하던 중고 타이어로 교체할 순 있지만 타이어를 교체하는 동안 레이스 그룹에서 완전히 멀어지기 때문에 보통 경기 포기Retire를 선택한다.

FE 레이스카의 디자인도 F1과 마찬가지로 타이어의 접지력 향상을 위해 다운포스 증가에 유리하도록 설계된다. 다운포스 레벨이 높을수록 코너에서 더 빨리 달릴 수 있어 랩 타임이 향상되는 레이스카의 원리. 드래그도. 레이스에 영향을 미치는 주요 요소다. 차체에 작용하는 드래그가 크면 가속 시에 공기의 저항을 극복하기 위해 더 많은 에너지를 소모해야 한다. FE 레이스카가 완전 충전으로 사용할 수 있는 전기 에너지 총량은 레이스 총 길이를 감당할 순 있지만 마음대로 쓸 수 있을 만큼 충분하진 않으므로 드래그를 최소화해야 에너지 소모를 줄일 수 있다.

FE에선 에너지 사용량 조절이 F1보다 더 중요하다. FE에선 모든 레이스가 스트리트 서킷에서 치러지기 때문에 에너지 효율을 극대화할 수 있는 직선 고속 구간이 드물다. 시종일관 다른 레이스카와 근거리에서 경쟁하며 급가속, 급제동, 추월을 반복해야 한다. 당연히 불필요한 에너지의 소모가 많아지고 그 결과 에너지가 모두 소진되면 레이스에서 리타이어할 수밖에 없다. 2017 시즌 기준으로 한 대의 FE 레이스카는 레이스 동안 총 28kWh의 에너지를 사용할 수 있었다. 한 레이스를 완주하려면 약 55kWh의 에너지가 소모되기 때문에 드라이버 한 명당 두 대의 차량이 필요했다. 그 결과 FE의 핏 스톱에선 드라이버가 차량을 통째로 옮겨 타는 모습을 볼 수 있었다. 2018 시즌부터 도입된 2세대 레이스카는 배터리의 성능이 54kWh로 향상되어, 모든 레이스카가 핏 스톱 없이도 레이스를 완주할 수 있게 되었다. FE에는 팬이 레이스에 직접 영향을 미치는 인터액티브 장치, 'Fan Boost'가 있다. 인터넷을 통해 팬들이 드라이버에게 투표하고 인기 톱 3 드라이버에게 파워 부스트를 제공한다. 농담처럼 들리겠지만 사실이다. F1도 2026 시즌부터 이와 비슷한 부스트 시스템을 도입할 예정이다.

FE 레이스카는 F1 레이스카보다 공기 역학적 다운포스에 대한 의존도가 현저하게 낮기 때문에 FE 타이어에선 기계적 접지력이 매우 중요하다. FE 레이스카는 타이어의 접지력을 최대한 높이기 위해 F1에 비해 훨씬 더 부드러운 서스펜션을 사용한다. 스프링과 댐퍼 등의 서스펜션 세팅은 F1과 마찬가지로 자유롭게 선택할 수 있다.

FE는 F1의 미래일까?

FE는 F1이 미래를 결정하는 데 유용한 벤치마크가 될지언정 F1이 'F1e'가 되지는 않을 것으로 예상된다. 아직까진 F1의 어느 누구도 'Fully Electric F1'을 원하지 않는다. 하이브리드 테크의 세대는 바뀌겠지만 당분간 하이브리드 F1 시대는 계속될 것이다. F1은 2026년부터 파워 유닛을 혁명적으로 바꿀 것이라고 선언했다. 하지만 파워 유닛의 작동 원리는 현재의 틀을 그대로 유지한다. 내연 기관 매커니즘, 즉 ICE 매커니즘에도 아무런 변화가 없다. 그렇다면 F1이 말하는 변화란 무엇일까?

F1의 새로운 실험
- 지속 가능한 연료, 순탄소 중립, 엔진 효율 향상

F1의 궁극적 목표는 F1 레이스, 생산 설비, 부대 행사, 인력 이동, 물류 이동을 포함한 F1 이벤트가 환경 및 지구온난화에 영향을 미치지 않도록 탄소 중립 F1Carbon Neutral F1을 달성하는 것이다. 하지만 이는 전략적 이상향일 뿐이다. 2026 시즌 F1 기술규정으로 드러난 구체적 변화는 앞으로 F1 엔진이 완전하게 지속 가능한Sustainable 합성 연료를 사용해야 한다는 것이다. 이 연료는 SAF(Sustainable Aviation Fuel: 지속 가능한 항공유)라고도 불리며 현재 농업 폐기물 등에서 추출된 재생 알코올, 수소, 이산화탄소 CO_2를 결합해 합성된다. 연료 생산을 위한 원료 수급만으로도 식량 수요를 자극해 인류에 악영향을 미칠 수 있는 바이오 연료와 달리 SAF는 식량 원료를 두고 경쟁하지 않기 때문에 경제윤리적 명분도 선명하다.

또한, F1 연료는 전체 라이프 싸이클 동안 순탄소 중립을 유지해야 한다. 순탄소 중립이란 연료 원료의 조달부터 내연 기관에서의 연소/배기에 이르는 사이클 동안 추가적인 이산화탄소가 대기로 방출되지 않도록 관리하는 것을 말한다. 연료 생산 과정에서 대기 중의 이산화탄소를 포집해 이를 연료 생산에 사용한다. 연료가 엔진에서 연소될 때는 원래 포집된 이산화탄소와 동일한 양이 방출되도록, 즉 순탄소 배출량을 0으로 만듦으로써 탄소 중립을 유지한다.

2026 규정에 따른 F1 내연 기관 열효율 목표는 50% 이상이다. 내연 기관의 열효율이 높아지면 동일한 출력 생산에 소비되는 연료의 양이 줄어, 단위 에너지 당 이산화탄소 배출량이 감소한다. 또 하이브리드 시스템의 MGU 파워를 470마력 이상으로 높이고, 에너지 회수량과 재사용량을 키움으로써 연료 소비와 탄소 발자국을 줄일 예정이다.

F1의 이 실험이 성공하면 1) F1은 기후 변화에 대응하는 인류의 노력에 동참하면서 2) 현재와 같은 고성능의 경주를 유지하고 3) 순탄소 배출 없는 내연 기관 하이브리드 엔진의 새 역사를 열게 된다. 거센 전동화 물결에 밀려 세상에서 곧 사라질 것만 같던 내연 엔진이 F1을 통해 탄소 배출 걱정 없는 친환경 동력원으로 극적 부활하는 기적이 일어날지 지켜볼 일이다.

르노 자동차 그룹의 루카 데 메오Luca de Meo 회장은 F1의 오랜 팬이다. 그는 한 공식 석상에서 F1의 미래를 시사하는 발언을 했다. 그의 말을 빌리자면 F1도 언젠가 화석 연료 시대와 작별을 고해야 한다. 그가 생각하는 미래의 대안은 수소 내연 엔진

Hydrogen ICE이었다. 아직까지 수소 내연 엔진은 배터리-모터, 수소 연료 전지-모터 조합에 비해 효율성과 기술적 완성도가 떨어져 실용화 단계까지 오지 못했고, 연구가 진행 중인 기술이다. 하지만 수소 내연 엔진 기술이 무르익으면 전기 자동차와의 차별화, 환경 친화, F1의 DNA를 모두 지킬 수 있는 혁신적인 대안이 된다. 이 기술이 실사용 가능한 상태에 이르면 완성도가 조금 부족하더라도 부족한 대로 운영의 묘를 발휘해 시작해볼 수 있을 것이다.

F1 레이스카는 인간이 만들 수 있는 자동차의 성능과 내구성의 한계를 확인하고자 좀 더 '실험적'으로 만들어진 자동차다(의도치 않게 수미쌍관으로 책을 마무리한다). 미래를 위해 F1이 감행할 실험이 무엇일지 나 역시 궁금하다. 하지만 미래에 F1이 어떤 모습을 하고 있건 간에 나는 F1에 열렬한 응원을 보낼 것이다.

인고의 시간을 참고 여기까지 왔다면 이제 TV를 켤 차례다. '두!
두우웅!' 넷플릭스에 접속하자. 그리고 넷플릭스 오리지널 시리
즈 〈Formula 1: Drive to Survive(F1, 본능의 질주)〉를 찾아 처음
부터 정주행하자. 이 시리즈는 F1 드라이버들의 삶, F1 비즈니스
이면에서 벌어지는 정치/경쟁/드라마, 이가 악물리는 F1 레이스
현장을 날로 보여주는 다큐멘터리 작품이다. 다소 극화된 면이
있어 100% 날것으로 보긴 어렵지만 F1의 매력을 흠뻑 담은 수
작이고, F1이란 스포츠를 처음 접하는 이들이 무심코 봐도 따
라가기에 전혀 무리가 없는 훌륭한 오락물이기도 하다. 무턱대
고 F1 레이스 시청에 도전했다가 방향을 잃고 무관심의 바다로
떠내려가기보다, 먼저 이 작품을 보며 당신의 뇌에 F1 신경세포
를 만들기를 추천한다. 당신의 뇌가 F1이란 자극에 반응하기 시

작하면 F1은 마침내 당신의 아드레날린 결핍을 해소하고 지적허영심을 채워줄 훌륭한 취미가 될 것이다. 이따금 이 책에 소개된 내용이 영상에 등장하면 화들짝 반가울 것이고, 새 궁금증이 이 책으로 해소될 수 있다면 이 또한 기쁘지 아니한가.

한 권의 책에 F1의 모든 것을 담기는 불가능하다. 이 책은 내 머릿속에 어지럽게 나뒹굴던 지식과 생각의 파편들을 모아놓은 것에 불과하다. 완전하지도 않다. 세상의 모든 일은 반짝이는 다이아몬드 파세트처럼 수없이 많은 면을 가지고 있다. 그렇기에 어느 누구도 어떤 것의 모든 면을 모두 안다고 자신할 수 없다. 우리가 눈으로 보며 진실이라 믿는 것도 굴절된 빛이 만든 허상일지 모른다. 모터스포츠도 예외는 아니다. 솔직히 고백하건대 이것에 대해선 내가 아는 것보다 모르는 것이 더 많다. 단지 나는 한국 사람이 아무도 가지 않던 길을 외로이 가다가, 혹시나 뒤따를 누군가에게 도움이 될까 싶어 지나온 기억을 더듬어 약도를 그렸을 뿐이다. 나는 내 지식과 경험의 한계를 너무 잘 안다. 세상엔 나처럼 모터스포츠 업계에서 밥벌이를 하지 않았더라도 나보다 모터스포츠에 대한 지식과 통찰을 더 많이 가진 실력자들이 널렸다. 이 책은 한국 모터스포츠 산업에 신선한 숨을 불어넣을 숨은 실력자들에게 보내는 SOS 신호이기도 하다.

다시 쓰는 나의 첫 번째 F1 이야기는 여기까지다.

부록

EXTREME RACING CHALLENGES

HUMAN LIMITS

F1 아는 척하기
— 필수 용어들

용어	설명
Aerodynamics	현대 F1 레이스카 성능을 결정짓는 가장 중요한 요소로, 물체 주변을 흐르는 공기의 역학.
Apex	레이스카의 레이싱 라인이 트랙의 코너 안쪽과 맞닿는 지점. 에이펙스를 밟으며 주행하는 것이 이론상 가장 빠른(최단 거리) 코너링 방법이다.
Appeal	팀이나 소속 드라이버가 오피셜에 의해 부당하게 페널티를 받았다고 판단하는 경우 이에 불복하기 위해 팀이 밟는 공식 절차.
Aquaplaning	비가 심하게 올 때 수막으로 인해 레이스카의 타이어가 접지력을 잃고 물 위에 떠다녀 제어할 수 없는 상태.

Ballast	레이스카의 전후 무게 배분을 조절하거나 규정된 최소 무게를 맞추기 위해 부착하는 작은 텅스텐 조각.
Bargeboard	레이스카 측면을 타고 흐르는 공기의 유동을 돕기 위해 앞바퀴와 사이드포드 사이에 수직으로 부착되는 판.
Blistering	타이어 과열 시 타이어 러버 일부가 물러지거나 부스러져 레이스카의 핸들링 성능이 저하되는 현상.
Bottoming	레이스카 바닥이 트랙 표면과 부딪히며 불꽃을 튀기는 현상. 서스펜션 스프링이 엔드 스톱과 부딪히는 현상을 지칭하기도 한다.
Brake Balance	전후 휠 사이의 브레이크 토크 배분 비율. 드라이버는 스티어링 휠에 위치한 스위치를 통해 브레이크 발란스를 변경할 수 있다.
Brake locking	급제동 시 타이어가 접지력의 한계를 초과하여 휠이 회전을 멈추는 현상. 타이어가 잠긴 상태에서 미끄러지면 한 면만 닳아 평평해지는 플랫 스폿(Flat spot)을 초래한다.
Camber	도로면을 기준으로 휠이 수직에서 기울어진 정도.
Chassis	엔진과 서스펜션이 부착되는 레이스카의 메인 프레임.
Chicane	레이스의 속도를 낮추기 위해 연속해서 이어지는 급코너 구간
Clean Air	공기가 방해받지 않고 부드럽게 흐르는 상태. 앞서 달리는 레이스카가 있으면 난류가 발생해 공기 역학적 성능이 저하된다.

Cockpit	드라이버가 탑승하는 공간.
Compound	타이어 러버를 구성하는 성분의 배합. 한 컴파운드는 최소 열 가지 이상의 성분으로 합성된다.
Differential	코너링 시 좌우의 핸들링 발란스를 맞추기 위해 바깥쪽 휠이 더 빨리 달릴 수 있도록 좌우 휠 속도를 차등 배분하는 메커니즘.
Diffuser	레이스카의 후미 바닥에 부착하여 다운포스를 유도하는 장치.
Dirty Air	공기의 원활한 흐름이 불가능한 상태. 뒤따르는 차의 공기 역학 성능을 저하시켜 추격을 방해한다.
Downforce	레이스카를 내리누르는 공기 역학적 힘. 코너링 시 접지력과 핸들링 성능을 개선한다.
Drag	레이스카의 진행을 방해하는 공기의 저항.
DNF (Did Not Finish)	레이스를 끝까지 마치지 못하고 중도 포기함. Retirement 와 같은 뜻이다.
Drive-through penalty	레이스 심판인 스튜어드의 판단에 의해 드라이버에 부과되는 페널티의 한 종류. 드라이버는 핏 레인에 들어가 제한 속도를 초과하지 않고 정차 없이 통과해야 한다.
ECU(Electronic Control Unit)	레이스카의 모든 전자 기기를 제어하는 컨트롤 유닛
ERS (Energy Recovery System)	감속 시 버려지는 브레이크의 운동 에너지와 배기구의 열에너지를 회수해 전기 에너지로 저장했다가 파워 부스트가 필요할 때 전기 모터를 돌려 파워를 보강하는 시스템.

Engine mapping	엔진의 반응과 토크 특성을 정의한 일종의 지도. 드라이버는 엔진 맵을 바꿈으로써 엔진이 각 구간에 맞는 토크를 생성하게 한다.
Flat spot	급제동으로 인해 브레이크와 휠이 잠기면 도로와 타이어의 접촉면이 마모되어 평평한 면을 만든다. 이로 인해 타이어 회전 시 진동이 발생한다.
Formation lap	레이스 시작 전 레이스카의 워밍업과 그리드 정렬을 위해 모든 레이스카가 트랙을 한 바퀴 도는 행위.
G-Force	단위 중력 크기의 물리적 힘. 코너링, 브레이킹, 가속 시 드라이버는 매우 큰 G-포스를 경험한다.
Graining	타이어가 마모되면서 작은 고무 파편들이 떨어져 나오는 현상. 이 파편들이 달리는 타이어에 붙으면 타이어 표면이 울퉁불퉁해져 접지력이 저하된다.
Gravel trap	트랙을 이탈하는 레이스카의 속도를 줄이기 위해 코너 바깥쪽에 설치된 자갈밭.
Gurney flap	윙 모서리에 직각으로 부착된 작은 플랩. 다운포스를 증가시킨다.
HANS (Head and Neck Support System)	머리와 목 보호 시스템. 드라이버 어깨 주위를 감싸고 헬멧에 부착된다. 사고나 충격 발생 시 머리를 보호하여 부상을 막는다.
Installation lap	차량의 각종 세팅, 센서 작동, 텔레메트리 연결 및 라디오 전송 상태 등을 시험하기 위해 서킷을 도는 예비 주행.
In-Lap	플라잉 랩을 마치고 핏으로 복귀하는 랩.

Jump start	빨간색 레이스 스타트 시그널 라이트가 모두 꺼지기 전에 그리드를 벗어나는 부정 출발. 드라이버는 페널티를 받는다.
Lapped	선두 레이스카가 최하위 레이스카보다 한 바퀴 이상 앞서 달릴 때.
Lollipop	핏 스톱 시 드라이버에게 1단 기어 준비를 지시하고 언제 출발할지를 알리는 막대판. 현재는 전자식 시그널 장비로 대체되었다.
Marshal	플래그 시그널, 사고 처리, 트랙 청소 등 레이스 진행을 책임지는 코스 진행 요원.
Marbles	주행 중 타이어에서 떨어져 나오는 작은 고무 파편. 레이싱 라인 바깥에 쌓여 트랙을 미끄럽게 한다.
Monocoque	드라이버를 보호하기 위한 탄소 섬유 보호 쉘.
Out-lap	핏에서 트랙으로 진입하는 랩.
Oversteer	드라이버가 의도한 트랙 곡률보다 레이스카의 조향 각도가 더 작은 현상. 리어 휠의 접지력이 떨어져 미끄러지는 경우가 많다.
Paddles	드라이버가 기어 변속 등을 하기 위해 사용하는 스티어링 휠 뒷면의 레버.
Paddock	각 팀의 운송 장비와 모터홈 등이 모여 있는 핏 레인 안쪽의 사적 공간. 허가된 출입증이 있어야 입장할 수 있다.
Parc Ferme	퀄리파잉과 레이스가 끝난 후 레이스카들이 보관되는 제한 구역. 레이스 스튜어드의 허가 없이 레이스카에 접근하거나 레이스카를 손볼 수 없다.

Pit board	드라이버에게 정보를 전달하기 위해 핏에서 드는 표시판. 보통 현재 순위, 앞 차와의 격차, 핏 인 시점 등을 알린다.
Pit wall	팀 매니저와 엔지니어들이 레이스 중 머물며 레이스 진행 상황을 모니터링하는 장소.
Pit	핏 레인과 가라지 사이에 레이스카가 정차하는 공간.
Plank	레이스카 바닥에 부착되는 1cm 두께의 긴 판. 판의 마모 정도는 레이스카의 높이가 과도하게 낮은지 여부를 판단하는 기준이 된다.
Pole position	퀄리파잉 최종 세션에서 가장 빠른 랩 타임을 기록한 드라이버에게 주어지는 그리드의 선두 포지션.
Practice	레이스가 있는 주 금요일과 토요일에 치러지는 연습 주행.
Protest	타 팀의 규정 위반이 의심되는 경우 공식 판단을 요구하거나 스튜어드 결정에 불복하고 어필하는 행위.
Qualifying	레이스 출발을 위한 그리드 포지션을 결정하는 예선 경기. 세 개의 세션으로 구성되며 1, 2 세션에서 정해진 순위 안에 들지 못하면 다음 세션으로 올라갈 수 없다.
Retirement	사고나 기계적 문제로 인해 레이스 완주를 포기함.
Run-off area	레이스카가 트랙을 이탈할 경우 트랙으로 안전하게 돌아올 수 있도록 디자인된 트랙과 안전벽 사이의 여유 공간.
Ride height	레이스카 바닥과 지면 사이의 거리.

Rubbered in	타이어 러버가 트랙 노면에 달라붙는 현상. 트랙의 접지력을 향상시키는 효과를 낸다.
Safety car	레이스의 전체적 속도를 줄이기 위해 트랙에 나가 선두 차량을 이끄는 고성능 자동차. 통상 '마샬'들 이 트랙에서 사고를 수습하거나 위험 요소를 제거 해야 할 때 스튜어드의 판단으로 선언된다.
Scrutineering	레이스카의 안전성과 규정 준수 여부를 판정하기 위해 수행되는 차량 검사.
Sectors	타이밍을 측정할 목적으로 서킷을 나눈 구간. 한 서킷은 세 섹터로 나뉜다.
Shake down	팀이 새로운 부품이나 장치를 처음 사용할 때 하는 간략한 트랙 테스트.
Sidepod	라디에이터가 부착되는 모노콕 양 옆의 구조물.
Steward	레이스의 진행을 책임지고 각종 결정을 내리는 심판.
Stop-go penalty	드라이버에게 부과되는 페널티의 한 종류로 핏 박 스에 들어가 정해진 시간 동안 멈춰 있어야 한다. 사안의 경중에 따라 시간이 달라지고 핏 스톱 동안 엔 차량을 손볼 수 없다.
Setup	윙의 각도, 서스펜션의 강도, 라이드 높이 등 레이 스카의 성능에 직접적 영향을 미치는 세팅의 조합.
Slipstream	직선 주로에서 앞서가는 레이스카 스트림 뒤에 생 기는 저기압 공간. 이를 바짝 따라가면 공기 저항 을 적게 받아 추월에 유리하다.

Superlicence	F1 레이스에 참가하기 위해 모든 드라이버가 보유해야 하는 라이선스. 슈퍼 라이선스를 취득하기 위해선 FIA가 정한 포인트 요건을 충족해야 한다. 포인트는 비 F1 레이스 시리즈 챔피언십 성적, F1 레이스카 마일리지 등을 통해 적립한다.
Tear-off strips	드라이버들이 헬멧 바이저에 붙이는 투명 플라스틱 스트립. 스트립이 더러워지면 하나씩 떼어 버릴 수 있다.
Telemetry	레이스카의 여러 시스템 신호와 데이터를 핏 월로 전송하는 장치. 엔지니어들은 텔레메트리를 통해 차량의 성능을 모니터한다.
Tethers	사고 발생 시 휠이 차량에서 분리되지 않도록 해주는 안전장치. 이 장치는 마샬이 레이스카에서 떨어져 나온 휠에 맞아 사망한 사건을 계기로 도입되었다.
Traction control	구동축 바퀴가 미끄러질 경우 휠 회전 속력을 낮춰 접지력을 높이는 장치. 2008년 이후 F1에서 사용이 금지되었다.
Tyre warmer	타이어의 온도를 가급적 최적의 상태로 유지시키기 위해 타이어 주변에 두르는 일종의 전기담요.
Warm-up	레이스카의 엔진, 브레이크, 타이어 등이 최적의 작동 온도에 도달할 수 있도록 준비하는 랩. 좌우로 왔다 갔다 하며 타이어의 온도를 올리거나 급브레이크를 잡아 브레이크 패드의 온도를 올린다.
Virtual safety car (VSC)	세이프티 카 투입과 같은 효과를 갖는 경기 운영상 명령. 세이프티 카가 트랙으로 나갈 때까지 기다릴 수 없을 정도로 긴박한 안전 문제가 있을 때 선언한다.

F1 드라이버스
챔피언 기록

시즌	드라이버	나이	소속 팀	엔진	타이어	폴포지션 수	우승 수
1950	Giuseppe Farina	44	Alfa Romeo	Alfa Romeo	Pirelli	2	3
1951	Juan Manuel Fangio	40	Alfa Romeo	Alfa Romeo	Pirelli	4	3
1952	Alberto Ascari	34	Ferrari	Ferrari	Firestone Pirelli	5	6
1953	Alberto Ascari	35	Ferrari	Ferrari	Pirelli	6	5
1954	Juan Manuel Fangio	43	Maserati	Maserati	Pirelli	5	6
			Mercedes	Mercedes	Continental		
1955	Juan Manuel Fangio	44	Mercedes	Mercedes	Continental	3	4
1956	Juan Manuel Fangio	45	Ferrari	Ferrari	Englebert	6	3
1957	Juan Manuel Fangio	46	Maserati	Maserati	Pirelli	4	4
1958	Mike Hawthorn	29	Ferrari	Ferrari	Englebert	4	1
1959	Jack Brabham	33	Cooper	Climax	Dunlop	1	2
1960	Jack Brabham	34	Cooper	Climax	Dunlop	3	5
1961	Phil Hill	34	Ferrari	Ferrari	Dunlop	5	2
1962	Graham Hill	33	BRM	BRM	Dunlop	1	4
1963	Jim Clark	27	Lotus	Climax	Dunlop	7	7

Year	Driver	No.	Constructor	Engine	Tyres		
1964	John Surtees	30	Ferrari	Ferrari	Dunlop	2	2
1965	Jim Clark	29	Lotus	Climax	Dunlop	6	6
1966	Jack Brabham	40	Brabham	Repco	Goodyear	3	4
1967	Denny Hulme	31	Brabham	Repco	Goodyear	0	2
1968	Graham Hill	39	Lotus	Ford	Firestone	2	3
1969	Jackie Stewart	30	Matra	Ford	Dunlop	2	6
1970	Jochen Rindt	28	Lotus	Ford	Firestone	3	5
1971	Jackie Stewart	32	Tyrrell	Ford	Goodyear	6	6
1972	Emerson Fittipaldi	25	Lotus	Ford	Firestone	3	5
1973	Jackie Stewart	34	Tyrrell	Ford	Goodyear	3	5
1974	Emerson Fittipaldi	27	McLaren	Ford	Goodyear	2	3
1975	Niki Lauda	26	Ferrari	Ferrari	Goodyear	9	5
1976	James Hunt	29	McLaren	Ford	Goodyear	8	6
1977	Niki Lauda	28	Ferrari	Ferrari	Goodyear	2	3
1978	Mario Andretti	38	Lotus	Ford	Goodyear	8	6
1979	Jody Scheckter	29	Ferrari	Ferrari	Michelin	1	3
1980	Alan Jones	34	Williams	Ford	Goodyear	3	5
1981	Nelson Piquet	29	Brabham	Ford	Michelin Goodyear	4	3
1982	Keke Rosberg	34	Williams	Ford	Goodyear	1	1
1983	Nelson Piquet	31	Brabham	BMW	Michelin	1	3
1984	Niki Lauda	35	McLaren	TAG	Michelin	0	5
1985	Alain Prost	30	McLaren	TAG	Goodyear	2	5
1986	Alain Prost	31	McLaren	TAG	Goodyear	1	4
1987	Nelson Piquet	35	Williams	Honda	Goodyear	4	3
1988	Ayrton Senna	28	McLaren	Honda	Goodyear	13	8
1989	Alain Prost	34	McLaren	Honda	Goodyear	2	4
1990	Ayrton Senna	30	McLaren	Honda	Goodyear	10	6
1991	Ayrton Senna	31	McLaren	Honda	Goodyear	8	7
1992	Nigel Mansell	39	Williams	Renault	Goodyear	14	9
1993	Alain Prost	38	Williams	Renault	Goodyear	13	7
1994	Michael Schumacher	25	Benetton	Ford	Goodyear	6	8
1995	Michael Schumacher	26	Benetton	Renault	Goodyear	4	9

1996	Damon Hill	36	Williams	Renault	Goodyear	9	8
1997	Jacques Villeneuve	26	Williams	Renault	Goodyear	10	7
1998	Mika Häkkinen	30	McLaren	Mercedes	Bridgestone	9	8
1999	Mika Häkkinen	31	McLaren	Mercedes	Bridgestone	11	5
2000	Michael Schumacher	31	Ferrari	Ferrari	Bridgestone	9	9
2001	Michael Schumacher	32	Ferrari	Ferrari	Bridgestone	11	9
2002	Michael Schumacher	33	Ferrari	Ferrari	Bridgestone	7	11
2003	Michael Schumacher	34	Ferrari	Ferrari	Bridgestone	5	6
2004	Michael Schumacher	35	Ferrari	Ferrari	Bridgestone	8	13
2005	Fernando Alonso	24	Renault	Renault	Michelin	6	7
2006	Fernando Alonso	25	Renault	Renault	Michelin	6	7
2007	Kimi Räikkönen	28	Ferrari	Ferrari	Bridgestone	3	6
2008	Lewis Hamilton	23	McLaren	Mercedes	Bridgestone	7	5
2009	Jenson Button	29	Brawn	Mercedes	Bridgestone	4	6
2010	Sebastian Vettel	23	Red Bull	Renault	Bridgestone	10	5
2011	Sebastian Vettel	24	Red Bull	Renault	Pirelli	15	11
2012	Sebastian Vettel	25	Red Bull	Renault	Pirelli	6	5
2013	Sebastian Vettel	26	Red Bull	Renault	Pirelli	9	13
2014	Lewis Hamilton	29	Mercedes	Mercedes	Pirelli	7	11
2015	Lewis Hamilton	30	Mercedes	Mercedes	Pirelli	11	10
2016	Nico Rosberg	31	Mercedes	Mercedes	Pirelli	8	9
2017	Lewis Hamilton	32	Mercedes	Mercedes	Pirelli	11	9
2018	Lewis Hamilton	33	Mercedes	Mercedes	Pirelli	11	11
2019	Lewis Hamilton	34	Mercedes	Mercedes	Pirelli	5	11
2020	Lewis Hamilton	35	Mercedes	Mercedes	Pirelli	10	11
2021	Max Verstappen	24	Red Bull	Honda	Pirelli	10	10
2022	Max Verstappen	25	Red Bull	RBPTI	Pirelli	17	15
2023	Max Verstappen	26	Red Bull	Honda RBPT	Pirelli	12	19
2024	Max Verstappen	27	Red Bull	Honda RBPT	Pirelli	8	9

F1 컨스트럭터스 챔피언 기록

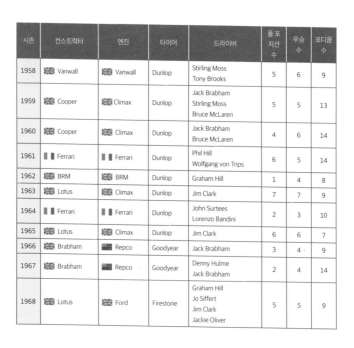

시즌	컨스트럭터	엔진	타이어	드라이버	폴 포지션 수	우승 수	포디움 수
1958	🏴󠁧󠁢󠁥󠁮󠁧󠁿 Vanwall	🏴󠁧󠁢󠁥󠁮󠁧󠁿 Vanwall	Dunlop	Stirling Moss Tony Brooks	5	6	9
1959	🏴󠁧󠁢󠁥󠁮󠁧󠁿 Cooper	🏴󠁧󠁢󠁥󠁮󠁧󠁿 Climax	Dunlop	Jack Brabham Stirling Moss Bruce McLaren	5	5	13
1960	🏴󠁧󠁢󠁥󠁮󠁧󠁿 Cooper	🏴󠁧󠁢󠁥󠁮󠁧󠁿 Climax	Dunlop	Jack Brabham Bruce McLaren	4	6	14
1961	🇮🇹 Ferrari	🇮🇹 Ferrari	Dunlop	Phil Hill Wolfgang von Trips	6	5	14
1962	🏴󠁧󠁢󠁥󠁮󠁧󠁿 BRM	🏴󠁧󠁢󠁥󠁮󠁧󠁿 BRM	Dunlop	Graham Hill	1	4	8
1963	🏴󠁧󠁢󠁥󠁮󠁧󠁿 Lotus	🏴󠁧󠁢󠁥󠁮󠁧󠁿 Climax	Dunlop	Jim Clark	7	7	9
1964	🇮🇹 Ferrari	🇮🇹 Ferrari	Dunlop	John Surtees Lorenzo Bandini	2	3	10
1965	🏴󠁧󠁢󠁥󠁮󠁧󠁿 Lotus	🏴󠁧󠁢󠁥󠁮󠁧󠁿 Climax	Dunlop	Jim Clark	6	6	7
1966	🏴󠁧󠁢󠁥󠁮󠁧󠁿 Brabham	Repco	Goodyear	Jack Brabham	3	4	9
1967	🏴󠁧󠁢󠁥󠁮󠁧󠁿 Brabham	Repco	Goodyear	Denny Hulme Jack Brabham	2	4	14
1968	🏴󠁧󠁢󠁥󠁮󠁧󠁿 Lotus	🏴󠁧󠁢󠁥󠁮󠁧󠁿 Ford	Firestone	Graham Hill Jo Siffert Jim Clark Jackie Oliver	5	5	9

1969	Matra	Ford	Dunlop	Jackie Stewart Jean-Pierre Beltoise	2	6	10
1970	Lotus	Ford	Firestone	Jochen Rindt Emerson Fittipaldi Graham Hill John Miles	3	6	7
1971	Tyrrell	Ford	Goodyear	Jackie Stewart François Cevert	6	7	11
1972	Lotus	Ford	Firestone	Emerson Fittipaldi	3	5	8
1973	Lotus	Ford	Goodyear	1. Emerson Fittipaldi 2. Ronnie Peterson	10	7	15
1974	McLaren	Ford	Goodyear	5. Emerson Fittipaldi 6. Denny Hulme 33. Mike Hailwood (33). David Hobbs (33). Jochen Mass	2	4	10
1975	Ferrari	Ferrari	Goodyear	11. Clay Regazzoni 12. Niki Lauda	9	6	11
1976	Ferrari	Ferrari	Goodyear	1. Niki Lauda 2. Clay Regazzoni	4	6	13
1977	Ferrari	Ferrari	Goodyear	11. Niki Lauda 12. Carlos Reutemann	2	4	16
1978	Lotus	Ford	Goodyear	5. Mario Andretti 6. Ronnie Peterson	12	8	14
1979	Ferrari	Ferrari	Michelin	11. Jody Scheckter 12. Gilles Villeneuve	2	6	13
1980	Williams	Ford	Goodyear	27. Alan Jones 28. Carlos Reutemann	3	6	18
1981	Williams	Ford	Goodyear	1. Alan Jones 2. Carlos Reutemann	2	4	13
1982	Ferrari	Ferrari	Goodyear	27. Gilles Villeneuve 28. Didier Pironi (27). Patrick Tambay (28). Mario Andretti	3	3	11
1983	Ferrari	Ferrari	Goodyear	27. Patrick Tambay 28. René Arnoux	8	4	12
1984	McLaren	TAG	Michelin	7. Alain Prost 8. Niki Lauda	3	12	18
1985	McLaren	TAG	Goodyear	1. Niki Lauda 2. Alain Prost (1). John Watson	2	6	12
1986	Williams	Honda	Goodyear	5. Nigel Mansell 6. Nelson Piquet	4	9	19
1987	Williams	Honda	Goodyear	5. Nigel Mansell 6. Nelson Piquet	12	9	18
1988	McLaren	Honda	Goodyear	11. Alain Prost 12. Ayrton Senna	15	15	25

1989	McLaren	Honda	Goodyear	1. Ayrton Senna 2. Alain Prost	15	10	18
1990	McLaren	Honda	Goodyear	27. Ayrton Senna 28. Gerhard Berger	12	6	18
1991	McLaren	Honda	Goodyear	1. Ayrton Senna 2. Gerhard Berger	10	8	18
1992	Williams	Renault	Goodyear	5. Nigel Mansell 6. Riccardo Patrese	15	10	21
1993	Williams	Renault	Goodyear	0. Damon Hill 2. Alain Prost*	15	10	22
1994	Williams	Renault	Goodyear	0. Damon Hill 2. Ayrton Senna (2). David Coulthard (2). Nigel Mansell	6	7	13
1995	Benetton	Renault	Goodyear	1. Michael Schumacher 2. Johnny Herbert	4	11	15
1996	Williams	Renault	Goodyear	5. Damon Hill 6. Jacques Villeneuve	12	12	21
1997	Williams	Renault	Goodyear	3. Jacques Villeneuve 4. Heinz-Harald Frentzen	11	8	15
1998	McLaren	Mercedes	Bridgestone	7. David Coulthard 8. Mika Häkkinen	12	9	20
1999	Ferrari	Ferrari	Bridgestone	3. Michael Schumacher 4. Eddie Irvine (3). Mika Salo	3	6	17
2000	Ferrari	Ferrari	Bridgestone	3. Michael Schumacher 4. Rubens Barrichello	10	10	21
2001	Ferrari	Ferrari	Bridgestone	1. Michael Schumacher 2. Rubens Barrichello	11	9	24
2002	Ferrari	Ferrari	Bridgestone	1. Michael Schumacher 2. Rubens Barrichello	10	15	27
2003	Ferrari	Ferrari	Bridgestone	1. Michael Schumacher 2. Rubens Barrichello	8	8	16
2004	Ferrari	Ferrari	Bridgestone	1. Michael Schumacher 2. Rubens Barrichello	12	15	29
2005	Renault	Renault	Michelin	5. Fernando Alonso 6. Giancarlo Fisichella	7	8	18
2006	Renault	Renault	Michelin	1. Fernando Alonso 2. Giancarlo Fisichella	7	8	19
2007	Ferrari	Ferrari	Bridgestone	5. Felipe Massa 6. Kimi Räikkönen	11	9	22
2008	Ferrari	Ferrari	Bridgestone	1. Kimi Räikkönen 2. Felipe Massa	8	8	19

2009	🏴 Brawn	▬ Mercedes	Bridgestone	22. Jenson Button 23. Rubens Barrichello	5	8	15
2010	▬ Red Bull	▮▮ Renault	Bridgestone	5. Sebastian Vettel 6. Mark Webber	15	9	20
2011	▬ Red Bull	▮▮ Renault	Pirelli	1. Sebastian Vettel 2. Mark Webber	18	12	28
2012	▬ Red Bull	▮▮ Renault	Pirelli	1. Sebastian Vettel 2. Mark Webber	8	7	14
2013	▬ Red Bull	▮▮ Renault	Pirelli	1. Sebastian Vettel 2. Mark Webber	11	13	24
2014	▬ Mercedes	▬ Mercedes	Pirelli	6. Nico Rosberg 44. Lewis Hamilton	18	16	31
2015	▬ Mercedes	▬ Mercedes	Pirelli	6. Nico Rosberg 44. Lewis Hamilton	18	16	31
2016	▬ Mercedes	▬ Mercedes	Pirelli	6. Nico Rosberg 44. Lewis Hamilton	20	19	33
2017	▬ Mercedes	▬ Mercedes	Pirelli	44. Lewis Hamilton 77. Valtteri Bottas	15	12	26
2018	▬ Mercedes	▬ Mercedes	Pirelli	44. Lewis Hamilton 77. Valtteri Bottas	13	11	25
2019	▬ Mercedes	▬ Mercedes	Pirelli	44. Lewis Hamilton 77. Valtteri Bottas	10	15	32
2020	▬ Mercedes	▬ Mercedes	Pirelli	44. Lewis Hamilton 77. Valtteri Bottas	15	13	25
2021	▬ Mercedes	▬ Mercedes	Pirelli	44. Lewis Hamilton 77. Valtteri Bottas	9	9	28
2022	▬ Red Bull	▬ RBPTI	Pirelli	1. Max Verstappen 11. Sergio Pérez	7	17	28
2023	▬ Red Bull	● Honda RBPT	Pirelli	1. Max Verstappen 11. Sergio Pérez	14	21	30
2024	🏴 McLaren	▬ Mercedes	Pirelli	4. Lando Norris 81. Oscar Piastri	8	6	21

참고 문헌 및 자료

1. William F. Milliken, Douglas L. Milliken, "Race Car Vehicle Dynamics", SAE International, 1994

2. Hans B. Pacejka, "Tire and Vehicle Dynamics", Elsevier Ltd, 2012

3. Thomas D. Gillespie, "Fundamentals of Vehicle Dynamics", SAE International, 1992

4. Dieter Schramm, Manfred Hiller, Roberto Bardini, "Vehicle Dynamics: Modeling and Simulation", Springer Berlin Heidelberg, 2018

5. John C. Dixon, "Tires, Suspension and Handling, Second Edition", SAE International, 1996

6. Carroll Smith, "Drive to Win", Carroll Smith Consulting, 2012

7. Carroll Smith, "Tune to Win", Aero Publishers, 1978

8. Carroll Smith, "Engineer to Win", Motorbooks International, 2004

9. Robin. S. Sharp, Danielle Casanova, Pat Symonds, "A Mathematical Model for Driver Steering Control, with Design, Tuning and Performance Results", International Journal of Vehicle Mechanics and Mobility, Volume 33, 2000 - Issue 5

10. Owner's Workshop Manual, "Red Bull Racing F1 Car RB6", Haynes Publishing, 2011

11. https://www.formula1.com

12. https://www.formula1-dictionary.net

13. https://en.wikipedia.org/wiki/Formula_One

14. http://racingcardynamics.com

15. https://www.yourdatadriven.com

16. https://www.brembo.com/en/car/formula-1

17. https://www.racecar-engineering.com

FORMULA ONE

이미지 출처

Part 1 F1 레이스카의 기초 과학

02 포뮬러Formula

[그림 1] 소형차의 틀
"Renault Clio R.S. Line (V)" by M 93 is licensed under CC BY-SA 3.0 (DE) via Wikimedia Commons

[그림 2] F1 기술 규정에 따른 레이스카 치수
F1 technical regulations 2019

[그림 3] F1 레이스카 디자인
Lukas Raich, CC BY-SA 4.0 〈https://creativecommons.org/licenses/by-sa/4.0〉, via Wikimedia Commons

[그림 4] F1 서스펜션 VS 승용차 서스펜션
(좌) "Formula One 2012 Rd.2 Malaysian GP: Mercedes F1 W03's front suspension" by Morio is licensed under CC BY-SA 2.0 via Wikimedia Commons
(우) "Double Wishbone Suspension, wishbones and upright painted yellow" by RB30DE is licensed under CC BY-SA 3.0 via Wikimedia Commons

[그림 5] F1 새시
"Daniil Kvyat's Red Bull F1 car" by Phil Guest is licensed under CC BY-SA 2.0 via Wikimedia Commons

[그림 6] Alpine A521 VS Bugatti Chiron
(좌) Lukas Raich, CC BY-SA 4.0 〈https://creativecommons.org/licenses/by-sa/4.0〉, via Wikimedia Commons
(우) "Goodwood Festival of Speed - 2016 Goodwood House England Friday 24th June 2016" by Matthew Lamb is licensed under CC BY-SA 2.0 via Wikimedia Commons

[그림 7] Alpine A521 VS Eurofighter Typhoon
(좌) Lukas Raich, CC BY-SA 4.0 〈https://creativecommons.org/licenses/by-sa/4.0〉, via Wikimedia Commons
(우) "The first Eurofighter Typhoon to be delivered to the Austrian Air Force arrives at Hinterstoisser Air Base in Zeltweg, Austria on 12 July 2007. " by Bundesheer (BMLVS) / Markus

[그림 8] Mercedes W25 VS BMW 328

[그림 9] Mercedes W25 VS FW 190 F

03 생김새Look

04 진화Evolution

[그림1] The March 711 Formula One car from 1971

[그림2] The March 711 Formula One car from 1971

[그림3] The Tyrrell P34 at the 2008 Silverstone Classic race meeting

[그림4] Shadow DN8 at Barber Motorsports Park, 2010

[그림5] Villeneuve's Ferrari 312T4

05 뉴턴의 운동 법칙Newton's Law of Motion

[그림 1] 아이작 뉴턴과 인류 역사상 가장 중요한 물리학 발견 《Mathematical Principles of Natural Philosophy》
(좌) "Portrait of Sir Isaac Newton, 1689" in the public domain via Wikimedia Commons
(우) "Newton – Principia (1687), title, p. 5, cropped" in the public domain via Wikimedia Commons

[그림 2] 경량 자동차의 대표 모델, Aerial Atom
"Ariel Atom - Vision Motorsports" by Airwolfhound is licensed under CC BY-SA 2.0 via Flickr

[그림 3] 단거리 육상의 폭발적 파워 분출
"Heat 3 of the Mens 100m Semi-Final" by William Warby is licensed under CC BY-SA 2.0 via Flickr

[그림 4] BBC 〈탑 기어〉의 리처드 해먼드, 제임스 메이, 제레미 클락슨
"Top Gear team Richard Hammond, James May and Jeremy Clarkson 31 October 2008" by Phil Guest is licensed under CC BY-SA 2.0 Generic via Wikimedia Commons

[그림 5] 접지력 없는 자동차의 신세
"One of many stranded cars" by Martin Bravenboer is licensed under CC BY 3.0 via Flickr

06 자전거 모델Bicycle Model

[그림 1] 모터 달린 자전거, 지토바이(모페드)
allen watkin from London, UK, CC BY-SA 2.0 <https://creativecommons.org/licenses/by-sa/2.0>, via Wikimedia Commons

07 안정성Stability

[그림 1] 미국의 세단과 영국의 해치백
(좌) "1980 Cadillac Coupe Deville" by Nick.Pr is licensed under CC BY-SA 2.0 via Wikimedia Commons
(우) "Mini John Cooper Limited Edition" by MiniBlokel is licensed under CC BY-SA 4.0 via Wikimedia Commons

10 스피드 컨트롤Speed Control

[그림 1] 픽시 바이크
Anna Frodesiak, CC0, via Wikimedia Commons

12 기어박스Gearbox

16 공기 저항Drag

17 다운포스Downforce

(우) "X'Air 582 at Kyneton Airport" by Phil Vabre is licensed under GFDL via Wikimedia Commons

[그림 3] 항공기 날개 단면
"Folding wing of a De Havilland Sea Vixen at the Imperial War Museum Duxford" by Mark Murphy via Wikimedia Commons

[그림 5] 스노 플로우 제설차
"Schneepflug auf einer Bundesstraße" by Cropbot is licensed under CC BY-SA 3.0 via Wikimedia Commons

18 컨택트 패치Contact Patch

[그림 1] 타이어 컨택트 패치
CapriRacer, Public domain, via Wikimedia Commons

19 접지력Grip & Traction

[그림 1] 핸들링 성능의 핵심, 타이어
Pixabay

20 성능 한계선Handling Limit

[그림 5] 안정과 불안정의 경계
"NASCAR 2006 - Jeff Gordon Spins at Bristol via Matt Kenseth.Jeff Gordon Spins at Bristol via Matt Kenseth" by Wayne Whaley licensed under CC Attribution 2.0 Generic via Wikimedia Commons

21 하중 이동Load Transfer

[그림 1] 극악의 자동차 모션
"2011 W.E.Rock Round 3" by Thom Kingston is licensed under CC BY 3.0 via Spidertrax

[그림 14] 눈에 보이는 하중 이동
(좌) "AndrewDressel" by AndrewDresselis licensed under CC BY-SA 3.0 via Wikimedia Commons

Part 2 F1 레이스카의 실용 과학

02 목표Goal

[그림 1] 정상 상태와 과도 상태
"Trampoline with assisted bounce, Brighton beach - geograph.org.uk" by David Hawgood is licensed under CC BY-SA 2.0 via Wikimedia Commons

[그림2] 저속 코너가 우세한 모나코 서킷(좌) VS 고속 코너가 우세한 몬자 서킷(우)
(좌) https://commons.wikimedia.org/wiki/File:Circuit_Monaco.svg
(우) https://commons.wikimedia.org/wiki/File:Circuit_Monza.svg

04 셋업 초기화 절차Setup Procedure

[그림 1] 셋업 초기화 절차
"Mercedes F1 Team Garage, British GP, Silverstone 2021" by JEN ROSS is licensed under CC BY 2.0 via Flickr

[그림 2] 막바지 셋업 작업
"Mercedes F1 W05 Melbourne" by J.H. Sohn is licensed under CC BY 2.0 via Wikimedia Commons

05 타이어Tire

[그림 1] 2023 시즌 타이어 컴파운드
Wikipedia

07 서스펜션 기구학Suspension Kinematics

[그림 1] 서스펜션 인보드의 예
"Formula One 2012 Rd.15 Japanese GP: Mercedes F1 W03's DRS pipes at front" by MORIO is licensed under CC BY-SA 3.0 via Wikimedia Commons

[그림 2] 서스펜션 아웃보드의 예
"2011 Canadian Grand Prix" by Mark McArdle is licensed under CC BY-SA 2.0 via Wikimedia Commons

09 라이드 높이Ride Height

[그림 2] Kerb 라이딩
"2012 Singapore GP – Bruno" by Nicolas Lannuzel is licensed under CC BY-SA 2.0 via Wikimedia Commons

10 날개Wings

[그림 1] 스포일러와 윙
(좌) "Porsche 911 Turbo" by Alexandre Prévot is licensed under CC BY-SA 2.0 via Wikimedia Commons
(우) "2016 Porsche 911 GT3 RS in GT Silver, rear left" by Mr.choppers is licensed under CC BY-SA 3.0 via Wikimedia Commons

13 댐퍼Damper

[그림 2] WRC 랠리카
Pixabay

14 브레이크Brake

[그림 1] 브레이크 잠김
"2015.9.26 F1 Rd.14 Suzuka Q1 Lotus (E23 Hybrid)" by Takayuki Suzuki is licensed under CC BY-SA 2.0 via Wikimedia Commons

15 레이싱 라인Racing Line

[그림 1] 트랙에 선명하게 드러난 레이싱 라인
"Later in the day the track started to dry out on the racing line" by Brian Snelson is licensed under CC BY-SA 2.0 via Wikimedia Commons

16 불확실성Uncertainty

[그림 1] 기상 변화의 불확실성
"2011 Canadian Grand Prix" by Mark McArdle is licensed under CC BY-SA 2.0 via Wikimedia Commons

Part 3 F1의 인문학

02 코리안 그랑프리Korean Grand Prix

[그림 1] 영암 그랑프리 서킷 조감도
Korea.net / Korean Culture and Information Service (Photographer name), CC BY-SA 2.0 <https://creativecommons.org/licenses/by-sa/2.0>, via Wikimedia Commons

[그림 2] 코리안 그랑프리 브로슈어
"F1 Grand Prix in Korea (JPNS) (5910821829)" by Republic of Korea is licensed under CC-BY-SA-2.0 via Wikimedia Commons

03 K-기술K-Tech

[그림 1] F1 타이어
"Pirelli Formula One tires1 2017 Catalonia test (27 Feb-2 Mar)" by Morio is licensed under CC BY SA 3.0 via Wikimedia Commons

04 K-팀K-Team

[그림 1] 2009년 3월 브론 GP 레이스카
"Barrichello testing at Barcelona, March 2009" by Jose Mª Izquierdo Galiot is licensed under CC BY 2.0 via Wikimedia Commons

[그림 2] 2009년 9월 브론 GP 레이스카
"Button at the 2009 Singapore GP" by Shiny Things is licensed under CC BY 2.0 via Wikimedia Commons

[그림 3] 주식회사 한진
Minseong Kim, CC BY-SA 4.0 <https://creativecommons.org/licenses/by-sa/4.0>, via Wikimedia Commons

[그림 4] 한진의 F1 스폰서십
"Fernando Alonso au volant de la Renault R26 lors du Grand Prix de Monaco 2006" by Polmars is licensed under CC BY-SA 2.5 via Wikimedia Commons

05 K-드라이버K-Driver

[그림 1] 고-카트
"Javier Villa leading 'The Race Against Cancer'" by 6stringhero is licensed under CC BY-SA 3.0 via Wikimedia Commons

[그림 2] 포뮬러 포드
"The Mygale SJ08a of Garry Jacobson at the Adelaide Parklands Circuit for the opening round of the 2011 Australian Formula Ford Championship" by GTHO is licensed under CC BY-SA 3.0 via Wikimedia Commons

[그림 3] 포뮬러 4
"Tim Tramnitz chasing Oliver Bearman" by Lukas Raich is licensed under CC BY-SA 4.0 via Wikimedia Commons

[그림 4] 포뮬러 3
"FIA F3 Austria 2021 Nr. 18 Collet" by Lukas Raich is licensed under CC BY-SA 3.0 de via Wikimedia Commons

[그림 5] 포뮬러 2
"Zhou beim Rennwochenende in Österreich 2019" by Lukas Raich is licensed under CC BY-SA 4.0 via Wikimedia Commons

07 낙수효과Trickle-Down Effect

[그림 1] Williams FW15C
"Damon Hill's Williams FW15C in the pit garage at the 1993 British Grand Prix" by Martin Lee is licensed under CC BY-SA 2.0 via Wikimedia Commons

08 리버리Livery

[그림 1] 베네통
(좌) "Benetton Ford (1988/89)" by Rennstreckenderwelt is licensed under CC BY-SA 3.0 via Wikimedia Commons
(우)Jason Turner from The Netherlands, CC BY 2.0 <https://creativecommons.org/licenses/by/2.0>, via Wikimedia Commons

[그림 2] 말보로
(좌) "McLaren MP4/6 (1991, #2 Gerhard Berger)" by Morio is licensed under CC BY-SA 3.0 via Wikimedia Commons

12 카피캣Copycat

13 세이프티 카Safety Car

14 안전Safety

15 미래Future

[그림 1] Formula E 레이스카
"Antonio Giovinazzi during free practice" by Eder Lozada is licensed under CC BY 4.0 via
Wikimedia Commons

부록

F1 드라이버스 챔피언 기록

Wikipedia List of Formula One World Driver's Champion

F1 컨스트럭터스 챔피언 기록

Wikipedia List of Formula One World Constructor's Champion

F1

초판 1쇄 발행 · 2025년 1월 31일

글 김남호
펴낸이 김동하

편집 이주형
마케팅 김서현
펴낸곳 책들의정원
출판신고 2015년 1월 14일 제2016-000120호
주소 (10881) 경기도 파주시 산남로 5-86
문의 (070) 7853-8600
팩스 (02) 6020-8601
이메일 books-garden1@naver.com
인스타그램 instagram.com/thebooks.garden

ISBN 979-11-6416-237-6 (13550)